干旱灾害风险及其管理

张　强　王劲松　姚玉璧　等　著

气象出版社
China Meteorological Press

内容简介

在全球气候变暖的背景下，干旱灾害正呈现出发生频率增加、影响范围扩大、灾害强度加重及风险不断加剧的新特征。近年来针对干旱灾害及其风险问题，取得了许多新的研究进展。本书围绕干旱灾害及其风险评估与管理，给出了干旱、干旱灾害和干旱灾损的特征及灾害传递特征，分析比较了各种干旱灾害风险评估方法，论述了干旱灾害风险、关键致灾因子、干旱灾害承灾体脆弱性和孕灾环境敏感性的特征，揭示了干旱灾害风险分布特征及干旱灾害风险对气候变化的响应规律，提出了农业干旱灾害风险防控技术及干旱灾害风险管理与对策措施。

本书可供地理、生态、气象、水文、农业、经济等方面从事科研和业务的专业人员以及政府部门决策管理人员参考，也可供大专院校师生参考。

图书在版编目(CIP)数据

干旱灾害风险及其管理 / 张强等著. — 北京 ：气象出版社，2017.3

ISBN 978-7-5029-6507-5

Ⅰ.①干… Ⅱ.①张… Ⅲ.①旱灾-灾害防治-研究 Ⅳ.①P426.616

中国版本图书馆 CIP 数据核字(2016)第 320835 号

ganhan zaihai fengxian jiqi guanli

干旱灾害风险及其管理

张强　王劲松　姚玉璧　等 著

出版发行：气象出版社

地　　址：北京市海淀区中关村南大街 46 号　　邮政编码：100081

电　　话：010-68407112(总编室)　010-68408042(发行部)

网　　址：http://www.qxcbs.com　　E-mail：qxcbs@cma.gov.cn

责任编辑：陈　红　林雨晨　　终　　审：邵俊年

责任校对：王丽梅　　责任技编：赵相宁

封面设计：博雅思企划

印　　刷：北京中新伟业印刷有限公司

开　　本：787 mm×1092 mm　1/16　　印　　张：13.5

字　　数：346 千字　　彩　　插：8

版　　次：2017 年 3 月第 1 版　　印　　次：2017 年 3 月第 1 次印刷

定　　价：65.00 元

前　言

干旱灾害是全球常见且危害严重的自然灾害之一，其主要特征为发生频率高、持续时间长、波及范围广、危害领域多，对农业、水资源、生态与自然环境、人类生存与健康、能源与交通、国土安全和社会经济发展均能产生严重影响。在全球气候变暖背景下，我国干旱灾害发生频率、影响范围、灾害强度及风险性均呈加重趋势。防旱减灾及其风险管理已成为国家粮食安全、生态安全、水安全乃至国家安全的重大战略问题。

干旱灾害风险评估与管理，是目前国际上公认的旱灾应对策略。干旱灾害风险评估意义在于及早预警干旱灾害风险，并及时向政府和决策部门提交减缓干旱灾害的科学依据和应对措施，通过干旱灾害风险管理手段达到防旱减灾的目的。干旱灾害风险管理是一个包括行政指令和组织机构效能发挥、干旱防御政策和策略贯彻落实，以及干旱灾害应对能力提高在内的系统化过程。通过科学管理，动员社会人力物力，采取预防、减缓和防备等行为，有效地避免、减少或转移干旱灾害不利影响，最终实现经济和社会效益最大化。

本书系统论述了干旱和干旱灾损的特征，研究了干旱灾害风险和关键致灾因子，揭示了干旱灾害承灾体暴露度与脆弱性特征，系统认知控制干旱灾害风险的关键要素，探讨了气候变暖对干旱灾害及其风险影响的特点和规律，为提高干旱灾害防御和风险管理水平提供了科学参考依据。

全书共分 12 章。第 1、2 和 3 章，论述了干旱和干旱灾损的特征及灾害传递特征；第 4 和第 5 章，介绍了干旱灾害风险及其评估方法；第 6、7 和 8 章，介绍了干旱灾害风险的关键致灾因子及其危险性、承灾体脆弱性及孕灾环境敏感性特征；第 9 章分析了干旱灾害风险分布特征；第 10 章揭示了干旱灾害风险对气候变化的响应；第 11 和第 12 章提出了农业干旱灾害风险防控技术及干旱灾害风险管理与对策措施。

本书由张强拟定编写大纲和每章的要点；第 1 章由董安祥、李忆平、刘洪兰和任余龙执笔；第2章由韩兰英、刘洪兰、姚小英、贾建英和成青燕执笔；第3章由王劲松和姚玉璧执笔；第4章由姚玉璧和王莺执笔；第5章由王静、王芝兰、姚小英和邓振镛执笔；第6章由王素萍、李忆平、王莺和王芝兰执笔；第7章由王莺和韩兰英执笔；第8章由韩兰英、王莺、柳媛普和贾建英执笔；第9章由韩兰英、王静、柳媛普、王莺、王芝兰、姚小英、贾建英和成青燕执笔；第10章由王莺、韩兰英、柳媛普、王芝兰、姚小英和李忆平执笔；第11章由邓振镛和姚小英执笔；第12章由姚玉璧、王劲松和姚小英执笔。书稿由张强研究员策划、修改和把关，王劲松和姚玉璧研究员审稿，邓振镛和董安祥研究员、王素萍、王静和王莺副研究员修稿、统稿。另外，周月华、张称意、周悦、李兰、史瑞琴、柳晶辉、向华、叶丽梅、温泉沛、袁淑杰、吴哲红、杨金虎、岳平、肖国举、李裕、王文玉、张红丽等参加了分析研究和资料统计工作。

本书是国家重点基础研究发展计划(973计划)“气候变暖背景下我国南方旱涝灾害的变化规律和机理及其影响与对策”第六课题“气候变暖背景下我国南方旱涝灾害风险评估与对策研究”(编号:2013CB430206)的主要成果之一，编著撰稿由中国气象局兰州干旱气象研究所负责，中国气象局(甘肃省)干旱气候变化与减灾重点实验室、甘肃省气象局、西北区域气候中心、宁夏大学、甘肃省定西市气象局、甘肃省天水市气象局和甘肃省张掖市气象局等单位共同参与完成。

本书出版得到中华人民共和国科技部、中国气象局的支持和关心，并得到973计划项目(编号:2013CB430200)和国家自然科学重点基金(编号:41630426)的资助，深表谢忱！

由于付梓仓促，水平所限，虽经再三刊校，错漏难免，恳请读者批评指正。

作者

2016年6月

目　录

第 1 章　干旱

干旱与干旱气候区的永久性干旱气候状态不同，它是指某个时段的暂时性相对降水偏少或水分短缺事件（或现象）。因此，无论是湿润地区还是干燥地区都会发生干旱。

自 1980 年以来，干旱已造成全球约 56 万人死亡，干旱引发的战争或冲突造成的影响也特别突出，农业、牧业、水资源、渔业、工业、供水、水力发电、旅游业等许多社会经济部门正在因干旱灾害遭受越来越重的经济损失。比如，1990 年发生在非洲南部的干旱就造成津巴布韦水电量减少 2/3 左右，农业生产下降约 45%，国民生产总值也因此下降了约 11%。美国 2012 年遭遇的自 20 世纪 30 年代“尘暴”灾害以来最严重的干旱灾害造成了严重的粮食减产和粮价飙升，玉米和小麦价格分别暴涨了 60%和 26%，牲畜和畜牧产品的价格及肉和奶制品的价格也大幅攀升，引发了全球性的粮食安全危机（张强等，2012）。

干旱问题不仅是全球地球科学界研究的重大问题之一，同时也是世界各国政府和社会公众关注的热点问题。气候干旱化引起的土地沙漠化和生态退化及其对自然环境和人类社会产生的影响等重大科学问题已日益引起国际社会的高度重视和社会公众的广泛关注（韩永翔等，2003）。科学地应对气候干旱化及其影响，实现人类与自然和谐相处，促进社会经济可持续协调发展是政府和科学界的共同愿望和责任。因此，加大对干旱及干旱灾害特征及其变化规律研究，将对社会经济发展起到积极的推动作用。

1.1　干旱定义

在提到“干旱”时，人们通常将“干旱气候”和“干旱事件”两个概念混用。

从科学上讲，干旱气候通常指淡水总量少，不足以满足人的生存和经济发展的气候现象，它是由气候、海陆分布、地形等相对稳定的因素在某个相对固定的地区形成的常年水分短缺现象。干旱气候区多数是荒漠和半荒漠，自然景观是沙漠或戈壁，只有在有灌溉条件的地区，才会出现“绿洲”。

年降水量在 200 mm 以下的地区称为干旱气候区，年降水量在 200～400 mm 之间的地区称为半干旱气候区。通常一般研究的干旱气候区是二者的总称。中国科学院自然区划工作委员会以干燥度定义干旱气候区，干燥度是由经验公式得到的。1977 年联合国粮农组织等机构提出的荒漠化图以干旱指数 P/E_{tp} 来确定干旱气候区。这里 P 为年降水量，E_{tp} 为由彭曼方法计算得到的年蒸腾量。$P/E_{tp}<0.03$ 的地区为极端干旱气候区，$0.03\leqslant P/E_{tp}<0.20$ 为干旱气候区，$0.20\leqslant P/E_{tp}<0.50$ 为半干旱气候区。

干旱气候是在副热带高压的下沉气流和信风带背岸风的作用下所形成的一种全年干旱少雨气候，包括极地气候、沙漠气候等。多分布在副热带地区、高纬度地区、内陆地区以及荒漠带的腹地。干旱气候区地面植被稀少，人迹罕至，仅有少量耐旱生物。全球主要干旱气候区分布在地球南北纬 25°—35°的大陆西部和内陆地区，北非、中东（约旦、叙利亚和伊拉克）、美国西南部、墨西哥北部、澳大利亚南部、阿根廷以及南非的部分地区均属之。半干旱气候区自然景观以草原为主。

干旱和半干旱气候区在全球广泛分布，约占全球陆地面积的 30%以上（张强，2011）。我国干旱、半干旱气候区面积广大，占国土面积的 52.5%，以极端干旱、高寒为特点，其重要性表现在生态环境脆弱，夏秋季水土流失严重，冬春季沙尘暴肆虐（张强等，2003；张强，2010）。干旱气候区在地貌特征方面常以风沙地貌或荒漠地貌为主，形成沙漠、戈壁和雅丹地形。干旱气候区土壤和植被与相应纬度湿润地区有显著不同。干旱-半干旱气候区土壤层较薄，处于干燥状态，成土作用微弱，母质较粗，表层有机质含量普遍很低，整个剖面均含有碳酸盐。在中国干旱气候区的荒漠地带，地带性土壤为灰漠土、灰棕漠土和棕漠土。干旱气候区植被以旱生草类和灌木为主。干旱、土地盐碱化和沙漠化是干旱-半干旱气候区主要的自然灾害。沙漠化规模大，影响长远，是人类面临的最为严重的环境挑战之一。

与干旱气候不同，干旱事件是指某一具体的年、季或一段时期的降水量异常偏少和温度异常偏高等气象要素变化作用于农业、水资源、生态和社会经济等人类赖以生存和发展的基础条件，并对生命财产和人类生存条件造成负面影响的自然灾害（Houghton 等，2001）。气候变暖正使全球干旱不断加重（Dai，2010）。干旱正在成为一种新的气候常态，其出现的频率更高、持续的时间更长、波动的范围更大，对国民经济特别是农业生产造成的影响日益严重（卢爱刚等，2006）。

干旱从古至今都是人类面临的主要自然灾害。即使在科学技术如此发达的今天，它们造成的灾难性后果仍然比比皆是。尤其值得注意的是，随着人类经济发展和人口膨胀，水资源短缺现象日趋严重，这也直接导致了干旱影响范围的扩大与干旱程度的加重，干旱化趋势已成为全球关注的问题。

本书主要聚焦的是干旱事件，而不是干旱气候。

1.2 干旱危害

气象灾害造成的经济损失约占各种自然灾害总损失的 70%以上，而干旱灾害造成的经济损失又占气象灾害造成损失的 50%左右。

1.2.1 干旱危害的严重性

对全球而言，干旱自古以来就是困扰人类社会的重大自然灾害，不论过去还是现在，全球发生的特大干旱对人类社会所酿成的灾难都是触目惊心的，它像无形的杀手，夺走了难以计数的生命，它是导致自然生态和环境恶化的罪魁祸首，是社会经济特别是农业可持续发展的重要障碍。

干旱对经济社会发展的影响是多方面的，最直接的危害是造成农作物减产，使农业歉收，严重时形成大饥荒。干旱对畜牧业和林业的影响也是显而易见的。在严重干旱时，人们饮水发生困难，生命受到威胁。在以水利发电为主要电力能源的地区，干旱会造成发电量减少，能源紧张，严重影响经济建设和人类生活。另外，大多数火灾，特别是大的森林火灾都发生在干旱高温季节。旱灾还常常带来蝗灾的发生，这在我国古代特别严重。

自 1968 年开始，非洲西部大陆的萨赫勒和苏丹相继发生严重干旱，且持续不断、逐渐蔓延。到 1972 年，出现了世界范围的干旱。不仅西非大陆，世界其他地区，如澳大利亚、印度尼西亚、印度西北部、美洲南部、美洲中部、中国的大部分地区以及前苏联的欧洲区域等，相继发生了严重干旱。这一年，全球粮食总产量自第二次世界大战以来，第一次出现下降，总产量减少了 2%。世界气象组织（WMO）宣布，1972 年是历史上气候最恶劣的年份之一。一年之后的 1973 年，一场举世瞩目的严重的环境与社会大灾难袭击了撒哈拉南部的萨赫勒地带。干旱与荒漠化蔓延、河流断流、地下水干涸、饥荒疾病遍地，造成非洲从大西洋沿岸到红海海岸埃塞俄比亚一带 20 万人口和几百万牲畜的死亡。这场导致从 1968—1973 年长达 6 年的人畜饥荒的萨赫勒大灾难正是干旱及人类对环境的破坏造成的。

20 世纪 70 年代中后期，特别是进入 80 年代以来，世界范围的特大干旱仍经常发生。西非、东非的干旱一直不断，而且越来越严重。1982—1983 年，全球又一次爆发了大范围的严重干旱，干旱波及到非洲、大洋洲、印度、东南亚、南美、北美等地，其程度和影响又远远超过了 1972—1973 年的严重干旱。

严重的干旱对发达国家也有很大影响。事实证明，生产水平发展越高，社会财富越多，受灾害和气候变化的影响就越大。仅以 20 世纪 80 年代美国出现的 1980 年、1983 年和 1988 年三次大旱与热浪灾害为例，每年粮食减产 1/3 以上，造成的损失分别为 210 亿美元、131 亿美元和 390 亿美元。特别是 1988 年的特大干旱，导致美国许多部门产生严重的问题，造成了重大的经济和环境损失。这次干旱还影响了航运、城市供水、发电、野生生物的生息，引发森林大火等，也给世界的粮食价格带来重大影响。日本在 20 世纪 80 年代（如 1984 年、1986 年和 1987 年）连续出现大旱。1988—1990 年欧洲的地中海地区也发生了大旱灾。

干旱对中国的危害更加严重。我国地处季风气候区，季风年际间的波动使得我国成为全球干旱灾害发生最频繁的国家之一。我国每年有 667～2667 万 hm^2 农田因旱受灾，甚至最高达到 4000 万 hm^2，每年减产粮食从数百万吨到 3000 万 t。遇到大旱之年，粮食减产大约有一半以上来自旱灾。在全国总受灾面积中干旱灾害所占比例最大（图 1.1）。干旱灾害严重威胁着我国粮食安全和生态安全，制约着国民经济的可持续发展。

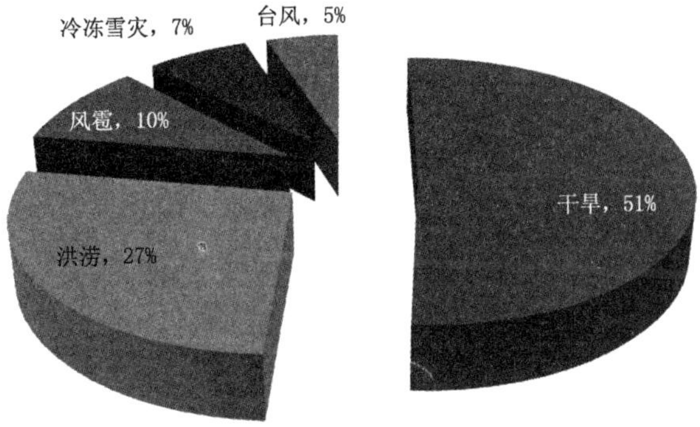

图 1.1　全国主要气象灾种受灾面积占总受灾面积百分比（1989—2000 年平均）

（资料来源：国家减灾中心、国家气候中心）

我国自公元前 206 年至公元 1949 年的 2155 年中，全国发生较大的旱灾有 1000 多次，平均每两年就发生一次大旱。历史上发生的每一次大旱都给中华民族带来深重的灾难。我国北方地区，自古以来就是干旱灾害多发区。20 世纪以来西北地区东部的干旱呈进一步发展趋势，根据历史记载和树木年轮重建的干旱频率资料，我国半干旱区 20 世纪干旱频率比 1650—1859 年增加了 19%；干旱区 1920 年后的干旱频率比 1760 至 1919 年增加了 22%；华北地区近 500 年来平均每 3 年就有一次干旱，平均 l0 年就有一次严重干旱。历史上的严重旱灾一旦发生，常常形成"赤地千里"、"饿殍遍野"的悲惨结局。崇祯元年至十四年黄河流域发生大旱，榆林、靖边一带"民饥者十之八九，人相食"，"河南大饥，人相食"。

1922—1932 年，黄河出现了连续 11 年的枯水期，黄河流域发生了特大旱灾。灾区主要在甘肃、陕西、宁夏、内蒙古、河南、山东等省区，灾民总计高达 3400 万人。1928—1930 年，河北、山东、陕西、河南、山西、甘肃、绥远、察哈尔、热河共死亡一千万人。1935—1937 年，全国大部分地区出现不同程度的旱情，四川大部旱情突出，特别是东部地区发生了数十年所未见之旱灾。持续时间之长，受灾范围之广，灾情之重为该区历史罕见。

1959—1961 年的旱灾影响到我国 10 多个省(区、市)。2000 年出现的全国性干旱，尤其是长江以北地区的春夏大旱，受旱范围广、持续时间长、旱情严重，华北、西北东部干旱长达半年之久。这次旱灾也为建国以来之最，其影响程度超过了 1959—1961 年 3 年自然灾害。

干旱还会对水资源、生态环境、经济社会发展等产生深远的不利影响。干旱缺水严重制约农村经济的发展，每年造成上百万人饮水困难，2001 年 2—5 月北方地区发生的严重的干旱，不仅造成 2200 万 hm^2 农田受旱，还造成 1580 万人、1140 万头大牲畜发生临时饮水困难。黄河从 20 世纪 70 年代开始频繁断流，最严重的 1997 年，受大旱影响黄河下游的利津水文站全年断流时间长达 226 天，最长断流河段超过 700km。黄河断流，对黄河流域的人民生活和工农业生产及生态环境造成严重影响。由于水资源匮乏，工业生产和生活用水严重不足，导致环境恶化，土地沙化盐碱化，进一步导致沙尘暴活动加剧，森林覆盖率持续降低、草原退化日趋严重等。由于水资源缺乏，过量开采地下水，还导致地面沉降和生态系统退化。

1.2.2　干旱危害的持续性

从 20 世纪 60 年代末开始，直至 90 年代初，持续时间长达二十几年的干旱过程，在 1982—1983 年成为波及全球的严重干旱事件，创下了近代干旱持续时间最长、影响最大、灾情最重的记录。地下水干涸，河水断流，面积为 2.5 万 hm^2 的乍得湖面积缩小了一半以上，埃塞俄比亚的牲畜 70 年代初损失了 90%以上。干旱导致饥荒遍地，大批难民逃离家乡。到 80 年代，因饥饿和疾病死亡人数已达 300 万人，造成社会动荡，内战不断。

在我国历史上，旱灾连年出现是经常发生的，只是干旱出现的季节和持续时间有所不同。明崇祯十年至清顺治三年(1637—1646 年)发生了最严重的干旱，干旱范围包括了现在海滦河流域、黄河流域、淮河流域、长江中下游地区的 20 多个省，旱灾遍及大半个中国，持续时间接近 10 年，北方多数地区连续干旱 4～8 年。

新中国成立后，1959—1961 年连续 3 年干旱，灾害先后影响到我国 19 个省(区、市)。20 世纪 80 年代以后，我国华北地区持续偏旱，进入 90 年代，干旱从华北平原向黄河中上游地区、汉江流域、淮河流域、四川盆地扩展。尤其与黄河、海河、淮河的枯水期同时遭遇，造成了极大的损失和影响。

值得注意的是，近年来在我国北方干旱形势依然严峻的情况下，南方也出现明显的持续性干旱。如2006年的川、渝夏秋大旱，2009年云、贵、川、桂等省（区）的秋、冬及春季连旱，2011年1—5月长江中、下游地区发生历史罕见的持续性干旱，不仅给当地乃至全国农业、经济和环境造成重创，而且严重威胁当地人民群众的基本生活。

1.2.3　干旱危害的后延性

干旱灾害具有后延性。长期干旱以后整层土壤水分大量减少。此后，即使降水恢复正常，但由于水分集中在土层上部，易蒸发不易保存，抗旱能力较低。因此，深层土壤水分恢复困难是干旱后延影响大的自然因素之一。在大旱和特大旱灾之后，由于人畜体力下降和死亡，籽种困难，生产力受到破坏，是重旱后恢复元气的重要社会制约因素。在生产水平低，救援能力差的条件下，干旱灾害的后延影响是很大的。例如，发生在1927—1928年的特大旱灾，涉及甘、陕、宁、青等地。当时灾区经济几乎崩溃，瘟疫流行，匪害兵祸横行，死亡人数大增。1929年下半年降水开始增加，“天旱”已较前减缓，1930—1932年，“天旱”继续缓解。但由于人口大减，人民精疲力竭，没有牲畜，只能以人代畜，没有籽种，下不了种，一米一珠，社会经济条件仍然难以恢复。所以，即使气候恢复了正常，社会生产在一定时间内也难以恢复正常（张书余，2008）。

1.3　干旱分类

关于干旱分类已有大量的研究，但是由于干旱的形成原因异常复杂，影响因素众多，包括气象、水文、地质地貌、人类活动等，加之研究目的不同，还没有一个可以被普遍接受的干旱定义。虽然各种定义的表述不尽相同，但是这些定义中都包含了干旱的核心内涵即水分缺乏。由于对干旱理解的不同，不同行业对干旱的分类亦不同。

美国气象学会在总结各种干旱定义的基础上将干旱分为4种类型：气象干旱（由降水和蒸发不平衡所造成的水分短缺现象）、农业干旱（以土壤含水量和植物生长形态为特征，反映土壤含水量低于植物需水量的程度）、水文干旱（河川径流低于其正常值或含水层水位降落的现象）、社会经济干旱（在自然系统和人类社会经济系统中，由于水分短缺影响生产、消费等社会经济活动的现象）。

近年来，又提出一个新的干旱类型——生态干旱。2009年8月以来，我国西南大部分地区连续遭受罕见干旱，导致区域生态系统安全受到严重威胁。干旱气象条件导致区域水热条件发生显著改变，部分生物群落结构发生变化，从而影响生态系统演替过程。极端气象干旱对以水分为主导的生态系统植物群落结构影响明显，加速植被向干旱灌丛以至稀草坡、荒漠化发展，影响生态系统演替过程。极端干旱还导致西南地区石漠化程度加剧，发育在岩溶地貌环境上的生态系统发生逆向演替，水土保持与涵养能力下降。

另外，从干旱发生的时间来分类，可分为春、夏、秋、冬旱及季节连旱等类型。我国干旱类型的分布大致以秦岭、淮河为界。界北多春夏旱，以春旱为主；界南多夏、秋、冬旱，以夏秋连旱或冬春连旱为主。

1.3.1 气象干旱

根据《GB/T 20481—2006 气象干旱等级》，气象干旱是指某时段内，由于蒸发量和降水量的收支不平衡，水分支出大于水分收入而造成的水分短缺现象。由于降水是主要收入项，且降水资料最易获得，因此，气象干旱通常以降水的短缺作为指标。但是大气干旱不仅涉及降水量，而且涉及温度、湿度、风速、气压等气候因素。针对不同问题，气象干旱有时也需要考虑综合指标。

气象干旱是其他各类干旱的前提，其最直观的表现是降水量减少，它是引发其他类型干旱发生的重要自然因子。农业干旱的发生与前期降水量息息相关，这是因为前期降水量和土壤保墒性能决定自然条件供给作物水分的能力。降水量的多少还会直接影响河流的径流量和河流、湖泊、水库、水塘的水位高度，从而引起水文干旱的发生。另外，降水量的减少不仅会影响到人们的生活用水，而且还会使工业、航运、旅游、发电等行业遭受不同程度的经济损失，从而形成社会经济干旱（袁文平等，2004a；李克让等，1999；李玉中等，2003）。

1.3.2 农业干旱

农业干旱主要涉及土壤含水量和作物生理生态。农业干旱发生是一个复杂的过程，在长期无雨或少雨的情况下，由于蒸发强烈，土壤水分亏缺，使农作物体内水分平衡遭到破坏，影响正常生理活动，使生态发育受限，造成损害。农业干旱的发生除受降水量、降水性质、气温、光照和风速等气象因素影响外，还与土壤性质、种植制度、作物种类、生育期等有关。因此，分析农业干旱时通常要从农作物和水分两个方面考虑。

作物从营养生长向生殖生长转换时期对水分最敏感，如果降水条件不能充分保证，就会对产量造成很大影响。中国各地降水的季节变化和年际变化很大，因此各地农业干旱发生频率与降水变率关系很大，其季节性、区域性十分明显，形成了区域分明的作物季节性干旱。

通常将农作物生长期内因缺水而影响正常生长的现象称为受旱，受旱减产三成以上称为成灾，经常发生旱灾的地区称为易旱地区。

1.3.3 水文干旱

水文干旱是指由降水和地表水或地下水收支不平衡造成的异常水分短缺现象。由于地表径流是大气降水与下垫面调蓄的综合产物，在一定程度上反映了降水与地面条件的综合作用。因此，水文干旱主要指由地表径流和地下水位异常造成的水分短缺现象。

水文干旱与各种水供给（包括河流、湖泊、水库和水塘的水位高度）短缺相联系。与气象干旱和农业干旱相比，水文干旱的出现较慢，如降水的减少有可能在半年内并不会反映在径流的减少上。这种惯性也意味着水文干旱比其他形式的干旱持续时间更长。水文干旱发生将导致城市、农村供水紧张，人畜饮水困难。也会传递到灌溉区的农业干旱，导致社会经济干旱。水文干旱评估一般采用总水量短缺、累计流量距平、地表水供给指数等指标。

1.3.4 社会经济干旱

社会经济干旱是指由自然降水系统、地表和地下水量分配系统及人类社会需水排水系统这三大系统不平衡造成的异常水分短缺现象。其指标常与一些经济商品的供需联系在一起，如粮食生产、发电量、航运、旅游效益以及生命财产损失等。社会经济干旱评估指标主要为干旱所造成的经济损失。通常用损失系数法，即认为航运、旅游、发电等损失系数与受旱时间、受旱天数、受旱强度等诸因素存在一特定的函数关系。

虽然干旱问题受到广泛注意，但至今尚没有从社会经济总体角度来确定干旱指标。社会经济干旱应当是水分的总供给量少于总需求量造成的现象。它应从自然界与人类社会系统的水分循环原理出发，用水分供需平衡模式进行分析研究与评价。

1.3.5 不同类型干旱的关系

在以上四类干旱中，气象干旱是最普遍和最根本的，各种类型的干旱无不起源于气象干旱，正是由于降水的短缺，由此形成植物、人类等对水需求的短缺。但干旱的直接影响和造成的灾害常常通过农业和水文干旱反应出来，干旱的研究不能仅仅停留在气象干旱上，正确的途径应该是以气象干旱为基础，进而深入到农业和水文干旱，这是干旱研究的关键。此外，还要落实到社会经济干旱，以进一步寻求治理和对策。

四种类型干旱之间既存在着一定的联系，亦存在区别，各种类型干旱具有各自特征。当气象干旱持续到一定时间后，一般可能会发生农业干旱，但也不一定必然发生农业干旱，农业干旱发生与否还在一定程度上取决于气象干旱发生的时间、地点、种植结构等条件。同样，滞后若干时间后水文干旱也许发生、也许不发生；有时农业干旱发生不一定发生水文干旱，但是发生了农业干旱则一定发生社会经济干旱。因此，社会经济干旱与农业干旱和水文干旱之间存在着包含关系，而社会经济干旱和水文干旱与气象干旱之间并不存在包含关系。如荒无人烟的地区发生了气象干旱，就不存在农业和社会经济干旱问题(孙荣强，1994)。

无论是农业干旱、水文干旱还是社会经济干旱，它们从本质上讲都是气象干旱的影响结果，都应该比气象干旱发生得晚，可以通过气象干旱监测做到提前预警。相对而言，气象干旱较为敏感，可迅速发展，也可突然结束，它发生得最早，结束得也最早。水文干旱在气象干旱结束后仍会持续较长时间。农业干旱爆发晚于气象干旱的时间取决于前期地表土壤水分状况，而水文干旱爆发晚于气象干旱的时间则取决于水库和湖泊的储水及产流过程。社会经济干旱又是气象干旱、农业干旱、水文干旱等所有干旱的最终影响结果，它将社会经济活动和商品供需与气象、农业和水文干旱相联系。所以，它比其他任何类型干旱发生得都晚，可以通过对其他类型干旱的监测对其进行早期预警。

水文干旱与农业干旱的关系相对比较复杂，在非灌溉农业区，水文干旱可能比农业干旱出现得滞后。如降雪的减少也许在半年内都不能反映在径流的减少上，水文干旱的这种惰性也意味它比其他形式干旱持续时间更长。但在灌溉农业区，农业干旱可能比水文干旱出现得更晚。由于农作物生长仅需要适当的水分及较深层土壤水分的调节作用，因此农业干旱的形成过程比较漫长，但结束得可能很快，往往一场透雨后就可结束。不同类型干旱之间的关系是十分复杂的，图1.2给出了不同类型干旱之间关系的示意图(张强等，2011)。

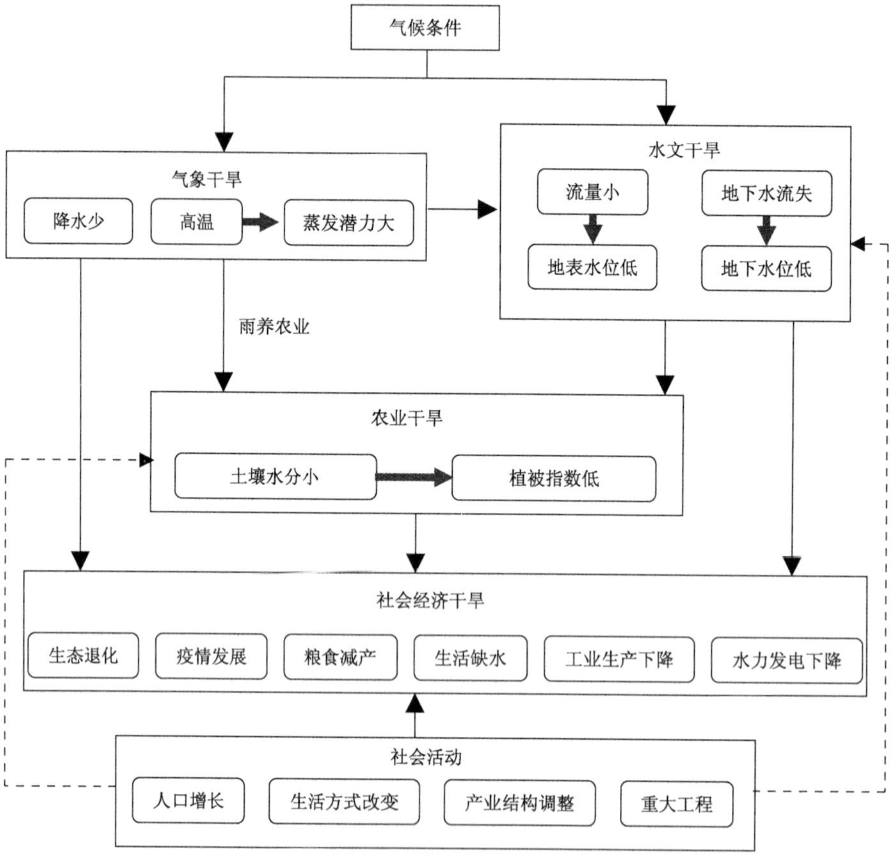

图 1.2　各种类型干旱的相互关系(张强等,2011)

1.4　干旱分布特征

1.4.1　干旱空间分布

中国干旱发生具有明显的空间分布规律,存在着显著的区域差异。我国大致有五大干旱中心,分别是黄淮海、东北西部、长江中下游及华南、西南的西南部以及西北地区(袁文平等,2004;李克让等,1999;李玉中等,2003)。

从全国范围看,春、夏旱主要发生在黄淮海地区和西北地区;夏、秋旱的发生区转移至长江流域,直至南岭以北地区;秋、冬旱则移至华南沿海;冬、春旱再由华南扩大到西南地区。从干旱的地区分布看,华北、西北和东北经常有春旱,有时还出现春夏连旱;秦岭、淮河以北春夏连旱较频繁,夏旱次之,个别年份有春、夏、秋三季连旱,该地区由于降水较少且变率大,干旱发生频率居全国之首,再加上该地区人口较多,耕地资源丰富,导致水土资源不平衡,是较突出的受旱区;秦岭、淮河以南,南岭以北多夏旱(伏旱)和秋旱;华南南部干旱主要集中在冬春季和秋季,个别年份有秋、冬、春三季连旱;川西北多春、夏旱,川东多伏旱;西北地区、青藏高原大部地区属常年干旱、半干旱气候，旱灾也会对这些地区的农业生产造成严重影响(李茂松等，2003)。

由于受东亚季风的影响，我国降水和气温变化在时空分布上存在着严重不均匀，这使得旱涝气象灾害出现的频率随季节和地理位置而变化。黄荣辉等(1997)研究结果表明，中国大部分地区干旱发生频率大约为 2～3 年一遇，但华北和西南地区干旱发生频率随季节变化较大，这两地区春季干旱发生频率可达三年两遇，其次是长江、淮河流域，夏季干旱也时常发生。而且，由于受东亚夏季风年际变化的影响，中国旱涝灾害发生有明显的年际变化。中国降水异常明显地呈经向三极子型分布，在 1980 年、1983 年、1987 年、1998 年夏季，中国江淮流域夏季风降水偏多，而华南地区降水偏少，发生不同程度干旱，华北地区降水也明显偏少，发生干旱；相反，1976 年、1994 年夏季，中国江淮流域夏季的季风降水偏少，发生干旱，而华南和华北地区降水偏多，发生洪涝。

从已有的研究成果来看，由于受季风环流的影响，我国干旱发生频繁，且空间差异较大。东北的西南部、西北地区东部、黄淮海地区、四川南部和云南是干旱发生频率最高的地区；内蒙古东部、东北中部和华南南部等地干旱发生频率也较高；长江以南和华南南部以北之间的区域干旱发生频率较低(图 1.3)。

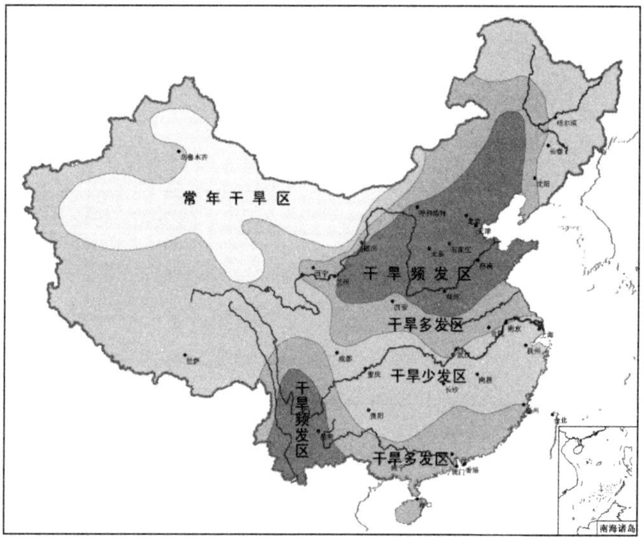

图 1.3 全国干旱易发区空间分布
(引自：国家气候中心)

1.4.2 干旱时间演变规律

根据 1949—2014 年的资料统计(图 1.4)，我国平均每年干旱受灾面积为 1985 万 hm^2，干旱受灾面积占全国受灾总面积的 52%。在统计的 66 年中，因旱受灾面积占总自然灾害受灾面积的比率超过 50%的有 42 年，占 64%，可以看出旱灾成灾面积要远大于其他各种自然灾害的受灾面积。

1949—2014 年，我国干旱灾害受灾面积变化具有明显的阶段性。1957—1963 年，1971—2007 年为受灾面积较大的时段，1949—1956 年，1964—1970 年，2008—2014 年为受灾面积较小的时段。其间全国性的大旱年(受灾面积超过 3020.7 万 hm^2)有 13 年(表 1.1)，按时间顺

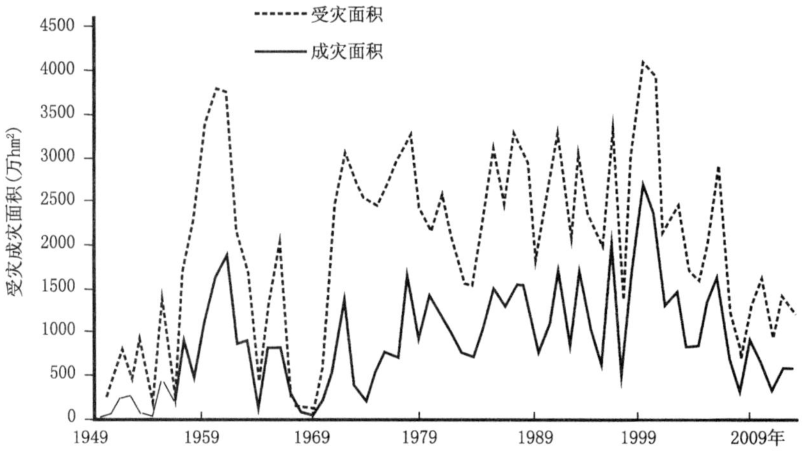

图 1.4 全国历年干旱受灾成灾面积变化

序为 1959 年、1960 年、1961 年、1972 年、1978 年、1986 年、1988 年、1992 年、1994 年、1997 年、1999 年、2000 年和 2001 年,受灾面积占播种面积的百分比均超过 20%以上。受灾面积较大的年份多出现在 1971—2007 年,这正是年代际气候明显变暖的时期。其中 2000 年旱灾最为严重,受灾面积为 4055 万 hm^2,成灾面积为 2678 万 hm^2,受灾面积占播种面积的 26%,受灾率也是近 60 多年来最大的。

表 1.1 1949—2014 年我国大旱年受灾情况统计

年	1959	1960	1961	1972	1978	1986	1988	1992	1994	1997	1999	2000	2001
受灾面积 /$10^5 hm^2$	338	381	378	307	326	310	329	330	304	335	302	405	385
百分比 /%	24	25	26	21	22	22	23	22	21	22	19	26	25

从 20 世纪 50 年代到 21 世纪 10 年代中,全国各年代平均受旱面积依次为 1519 万 hm^2、1228 万 hm^2、2699 万 hm^2、2377 万 hm^2、2715 万 hm^2、2019 万 hm^2、1300 万 hm^2(2011—2014 年)。其中 20 世纪 50 年代、20 世纪 60 年代、21 世纪 10 年代旱情偏轻;20 世纪 70 年代、20 世纪 80 年代、20 世纪 90 年代、21 世纪最初 10 年旱情偏重,以 20 世纪 90 年代旱情最重。

1.5 干旱监测

干旱监测与社会需求密不可分,不同的经济社会发展时期有不同的监测任务,同时也依赖于特定阶段的监测仪器和研究水平。干旱监测的发展贯穿于对干旱认识不断加深的过程中,并体现在对干旱指数的研究进展中。

干旱监测任务之一就是及时获取干旱发生的范围、强度、持续时间和影响等信息,为国家和地方防灾减灾、保障经济社会可持续发展提供科学依据。干旱是影响因子最为复杂、预测、预报最为困难的一种自然灾害。关于干旱形成机理、变化及致灾规律、预测预报等科学问题一直受到人们的普遍关注，但是至今仍然没有得到很好解决，需要开展更多的科学研究工作。因此，干旱监测任务之一就是从气候系统内多圈层相互作用的角度，对大气圈、水圈、生物圈、冰雪圈和岩石圈之间的水分转化和运动进行长期监测，为干旱科学研究提供基本观测资料。

干旱灾害是我国各种自然灾害中影响最大、损失最严重的一种自然灾害。大多数自然灾害是突发性的，如地震、暴雨、冰雹等，来得迅猛，结束也快，干旱灾害的发展则是渐进性的。持续时间愈长的旱灾影响也愈严重，因此对干旱灾害的监测需要进行连续的长时间的监测。

干旱指标是反映干旱程度的量度参数。原则上说，一种好的指标应该具备物理意义明确、其所涉及的资料容易获得、参数计算简便的特点，同时，指标应能反映干旱的成因、程度、开始、结束和持续时间等。具体来说，指标中应包含水分收支项目中的主要项、必须考虑前期水分状况对后期的影响、具有时空可比较性等。一个完整的干旱指标，应该包含三个要素，即持续期（包括起始和终止日期）、平均强度（即平均水分短缺量）和严重程度（即水分累积亏缺量）。目前应用广泛的气象干旱监测指数主要有 2 类：一类是基于地面气象水文数据的干旱指数，即传统干旱监测指数，这些指数都是基于单点观测；另一类是基于卫星遥感数据的干旱监测指数，主要是应用多时相、多光谱、多角度遥感数据定性或半定量地评价土壤水分分布状况。当然，目前还在发展地面数据与遥感数据相结合的干旱指数。

1.5.1　干旱地面监测

干旱地面监测主要针对气象干旱、水文干旱、农业干旱和社会经济干旱开展工作。监测项目主要以水为主线，监测手段主要以各类设备适时监测为主，同时开展相关的调查工作。监测结果主要以各类干旱监测指数及文字描述形成干旱监测公报，以专题报告形式提供给政府决策部门，并通过网络、电视及其他手段向公众发布；监测资料同时为科学研究提供基础数据（李克让等，1999；张强等，2011）。

干旱地面监测就是在确定了干旱监测指标的基础上，利用实时地面观测的干旱要素资料或数值模式资料，定量计算出当前干旱指标值，并以此来客观地评价干旱强度和范围的过程。干旱监测技术已经历了百年的发展历程，但由于干旱的严重后果和深远影响，国际科学界一直没有放弃精确、定量化干旱监测的努力。目前，已提出了不下 100 种干旱监测指数来定量表征干旱。表 1.2 给出了多年来国际上出现的一些主要的干旱指数，从表 1.2 中可看出，干旱技术的发展是在现实需求牵引下，随着气象及其相关学科技术的进步而不断推进。大致可将干旱监测技术发展分为如下几个阶段。

表 1.2　国际主要干旱指数（引自张强等，2011）

指数	时间	发表者	分析的变量	应用
降水距平	1906	Henry	21 天降水少于正常值 30%	气象干旱
Munger 指数	1916	Munger	24 小时无 1.2 mm 以上降水	森林火险
Kincer 指数	1919	Kincer	24 小时降水小于 6.35 mm 的大于等于 30 天的持续天数	季节分布图
Marcovitch 指数	1930	Marcovitch	气温和降水	豆虫的气候条件
Blumenstock 指数	1942	Blumenstock	降水资料	短期气象干旱
前期降水指数	1954	McQuigg	降水	气象干旱

续表

指数	时间	发表者	分析的变量	应用
充足水分指数	1957	McGuire	降水和土壤水分	农业干旱
Palmer 干旱强度指数(PDSI)	1965	Palmer	水平衡模式分析的降水和温度	气象干旱
作物水分指数(CMI)	1968	Palmer	降水和温度	农业干旱
Keetch-Byru 指数(KBDI)	1968	Keetch	降水和土壤水分	火灾管控
地表供水指数(SWSI)	1981	Shafer	积雪,水库蓄水,流量和降水	流域水文干旱
PHDI 指数	1985	Alley	水平衡模式分析的降水和温度	水文干旱
修正 Palmer 指数	1985	安顺清	降水和温度	气象和农业干旱
Palmer Z 指数	1986	Karl	水平衡分析中的降水和温度	农业干旱
Z 指数	1990	幺枕生	降水	气象干旱
修正 Palmer 指数	1990	NWS	水平衡模式分析的降水和温度	气象干旱
标准化降水指数(SPI)	1993	McKee	降水	气象干旱
植被条件指数	1995	Kogan	卫星 AVHRR 辐射	植被长势
CI 指数	1998	NCC	降水和蒸发量	气象干旱
NOAA 干旱监测	1999	NOAA	将各种干旱指数和辅助指标集合为周的干旱监测图	多种用途
WAWAHAMO 指数	2001	Zierl	水分平衡量	生态系统干旱
区域流量短缺指数(RDI)	2001	Stahl	流量和流速资料	水文干旱
标准植被指数(SVI)	2002	Peters 等	卫星遥感资料	生态和农业干旱
多要素集成指数	2004	Keyantash	气象、水文和陆面水分特征量	各种用途
修正 Palmer 指数	2005	杨小利等	水平衡模式分析的降水和温度	黄土高原气象干旱
K 指数	2007	王劲松等	降水和蒸发量	农业干旱
植被反照率干旱指数(VCDA)	2007	Ghulam 等	MODIS 卫星遥感资料	农业干旱
正交干旱指数(PDI)	2007	Ghulam 等	MODIS 卫星遥感资料	农业干旱
干旱勘察指数(RDI)	2007	Tsakiris 等	降水和温度等气象资料	气象干旱
植被干旱响应指数(VegDRI)	2008	Brown 等	NOAA AVHRR 资料和气象资料	干旱综合特征
H 指数	2009	杨小利等	水分平衡量	农业干旱
社会经济干旱指数	2010	Arab	经济、气象、水文和农业产量等	社会经济干旱

(1)仅依赖降水的单要素阶段。早在 20 世纪初人们就开始寻找客观的干旱监测指数。但在 20 世纪头 20 年,主要以降水来监测干旱。最早用累积降水短缺程度或降水距平来度量干旱,并在美国、英国、印度和俄罗斯等国得到了广泛应用。但各国干旱标准却很不相同,某一地区得出的指数在其他地区并不太适用。Abbe(1906)和 Henry 等(1894)认为,一般而言仅仅依靠气候统计不能给出农业干旱时段和强度的精确概念。Munger(1916)假设干旱的强度与干旱持续时间的平方成正比,提出了一个年际和地区间可比较的森林火险客观度指数。随后,Kincer(1919)通过分析降水季节分布和不同强度降水天数,设计了一个更实用的干旱指数。

Blumenstock(1942)提出了利用概率理论来计算的干旱指数。对短期干旱监测而言,Blumenstock 指数和 Munger 指数是比较好用的两个指数。不过,无论如何改进,仅用降水要素对干旱进行准确监测几乎是不可能的。

(2)降水与温度要素结合阶段。为了克服仅用降水要素监测干旱的不足,20 世纪 30 年代初 Marcovitch(1930)首次将气温引入干旱指数的计算。以此为基础,Thornthwaite(1931)提出了降水效率指数,用月降水量与月蒸发量之比来表示月降水效率。随后,Thornthwaite(1948)又提出用降水量减去蒸散量作为干旱指数。Thornthwaite 的工作大大推进了干旱指数的研究,也为现代气候分类奠定了理论基础。但无论 Marcovitch 指数还是 Thornthwaite 指数,从本质上讲它们均为气候干燥指数而非干旱指数,无法将气候干燥和干旱区分开来,这对客观监测干旱造成了很大困难。

(3)针对农业的干旱监测技术发展阶段。由于干旱对农业影响最为显著,Van Bavel 和 Verlinden(1956)首次提出了农业干旱日概念,他们用日降水量和 Penman 公式计算的蒸散量来估算土壤水分条件。受此影响,Dickson(1958)假定蒸散与土壤总水分含量成正比来计算农业干旱日,McQuigg(1954)和 Waggoner(1956)发展了一个前期降水指数(antecedent precipitation index,API)来估算土壤水分含量,在农业干旱监测中取得了初步成功。1960 年,WMO 正式给出了一个针对玉米的干旱指数。与此同时,Thornthwaite(1955)与他人合作提出了水分收支计算法,用于跟踪土壤水分变化。随后,McGuire 等(1957)通过延伸潜在蒸散概念提出了充足水分指数,并用该指数绘制了 1957 年美国东部干旱空间分布图。总之,在 20 世纪上半叶,干旱指数经历了缓慢的发展过程,从把降水短缺作为判别干旱的简单方法发展到能够针对农业干旱问题的初步应用。

(4)帕尔默干旱指数时代。1965 年,帕尔默(Palmer)提出的干旱指数模型是干旱指数发展史上的一个重要里程碑。该模型将前期降水、水分供给和水分需求结合在水文计算系统中,并采用了气候适宜条件标准化计算,使该指数在空间和时间上具有可比性,这就是著名的帕尔默干旱指数(Palmer drought severity index,PDSI)。帕尔默干旱指数的物理意义相对比较清楚,对观测资料应用比较充分,实用效果也比较理想。3 年后帕尔默又提出了一个专为农业干旱设计的指数——作物水分指数(crop moisture index,CMI),CMI 基于周平均温度和降水,能够描述一周开始时的干旱程度和一周内的蒸发亏损和土壤水分补充情况,对植物生长季节的干旱程度能够有效反映。后来,帕尔默在最初气象干旱指数的基础上,又分别发展了针对水文干旱、农业干旱的水文干旱强度指数(Palmer hydrological drought index,PHDI)和 Z 指数。帕尔默指数在世界各地得到了广泛应用。

相对 20 世纪初的干旱监测方法,帕尔默指数以复杂水分平衡模式为物理基础,是干旱指数发展史上的重大转折。然而,它并非完美无缺,也有自身内在的缺点。这一指数一般在半干燥和半湿润气候区相对较好,因为在那里降水是当地唯一或主要水分来源,在此条件之外的推广应用会导致不真实结果。Alley(1985)研究还进一步表明,帕尔默模型未能结合滞后现象来解释从过剩水的产生到形成径流之间的时间差,也未能结合滞后来解释融雪或冻土的影响。而且,帕尔默指数标准化用的权重因子仅基于 9 个气候区和以年为单位的资料,在很大程度上不具有空间可比性,而且不同月份之间的可比性也比较差。

针对帕尔默指数的改进和发展一直没有停止。安顺清等(1986)根据我国的气候特征,利用北京、济南和青岛等 14 个气象站资料,对帕尔默旱度模型和权重因子分别进行了改进和修正，在我国 100°E 以东地区的应用中取得了良好的效果。杨小利等(2010)利用物理过程更为完整的 Penman-Monteith 公式取代了 Thornthwaite 方法，弥补了在低于 0℃时计算可能蒸散的不足，同时结合本地化的田间持水量资料和径流资料，对帕尔默指数在我国陇东地区的适用性进行了改进，使帕尔默指数的区域实用性不断增强。另外，有些学者还将帕尔默指数与其他干旱指数进行了比较和验证。不过，后来的工作大多是在原有概念基础上的应用，在科学思路上并没有大的突破。

(5)针对专门用途的发展阶段。随着不同行业对干旱监测需求的日益兴起，开始发展专门针对某些特殊要求的干旱指数。Keetch(1968)等提出了一个可用于火灾管控的干旱指数，其干旱因子由降水和土壤水分平衡确定。随后，Shear(1974)等人给出了由水分收支确定的水分异常干旱指数。Dracup(1980)等人利用长期平均年流量提出了水文干旱事件监测模型，这个模型用比值 R/P 来表征流量的非平稳性，这里，R 和 P 分别为某一地区的年径流量和年降水量。而后，Shafer(1982)发展了地表供水指数(surface water supply index，SWSI)，该指数弥补了 PDSI 未考虑降雪、水库蓄水、流量以及高地形降水的缺陷。不过，SWSI 地表供水的权重因子随地点和时间而变，导致其具有不确定的统计特性。最近，Zierl(2001)建立了专门针对森林生态系统的 WAWAHAMO 干旱指数，杨小利等(2005)发展了专门针对农业影响评估的 H 干旱指数。另外，国外一些科学家也开始提出社会经济干旱指数和社会经济干旱脆弱度指数的概念。

(6)标准化指数发展阶段。为了使干旱指数能够在国家及其更大尺度上使用，一些国家或地区开始发展通用的标准化干旱指数。1993 年，Houorou(1993)等人以 80%保证率的降水量作为可靠降水指数，并用它监测整个非洲大陆干旱。而后，Gommes(1994)等人由年降水相对其所有测站长期平均的权重构建了国家降水指数，可用于比较不同时间不同国家之间的干旱。澳大利亚的干旱监测系统(Australian drought monitoring system)基于降水量低于某一成数阈值的连续月数来监测国家尺度的干旱特征。1997 年，Leathers(1997)等人基于 Thornthwaite 和 Mather 提出的气候水收支算法监测了美国东北地区干旱。我国为了使气象干旱监测业务规范化和标准化，也于 20 世纪末发展了国家标准——综合气象干旱指数(comprehensive meteorological drought index，CI)，并在干旱监测业务中广泛应用。王劲松等人(2007)利用降水和蒸发相平衡的原理提出了 K 干旱监测指数，在西北地区干旱监测业务试验中表现出了比较好的效果。McKee 等人(1993)提出了标准化降水指数(standardized precipitation index，SPI)，应用历史资料计算月和季的实测降水总量概率分布，并用 Gaussian 函数进行概率标准化处理。Keyantash 等人还提出了多要素集合干旱监测指数(aggregated drought index，ADI)，该指数考虑了气象、水文及陆面蒸发、土壤湿度和雪水当量等水分要素，其数学公式简明、对干旱的表征性强。

(7)新技术应用和技术集成阶段。随着卫星遥感技术的发展和监测手段的多样化，早在 1995 年 Kogan(1995)就尝试将卫星遥感资料计算的植被状态指数(vegetation condition index，VCI)用于干旱监测。不过，VCI 指数在冬季植被冬眠期作用有限。随后，用遥感信息开发的专门性干旱监测指数开始逐步发展，Ghulam(2007)先后提出了植被条件反照率干旱指数(vegetation condition albedo drought index，VCADI)和正交干旱指数(orthogonal drought index ODI)。随后，Brown(2008)又将遥感信息与气象信息组合建立了植被干旱响应指数(Vegetation drought index of the response，VegDRI)。

目前，国际干旱监测技术正在向信息综合和技术集成的方向发展。应该说这种做法对现有丰富信息资源和新技术优势进行了最大化利用，但在物理基础上并非一定很牢靠。所以，这是在监测技术没有取得重大突破前提下，虽不得已但却最有效的做法。

1.5.2 干旱遥感监测

近30多年来，随着全球对地观测技术的迅速发展，卫星遥感监测干旱技术取得了长足的进步。该方法是通过监测植被、地表温度、热惯量等的变化来间接监测干旱。已经发展出多种遥感干旱（或土壤水分）模型，提出了几十个遥感干旱指数，并在各国干旱监测中得到了有效地应用。卫星遥感监测干旱已经成为全球抗旱减灾中不可或缺的手段。

遥感监测技术均是应用干旱指数或模型针对干旱过程中某一环节或要素进行监测。

1.5.2.1 基于地物反射光谱的干旱监测

（1）可见光-近红外波段

根据植被的光谱特征，通过对可见光和近红外波段的组合，构建多种植被指数（vegetation indices，VIs）。当土壤供水不足导致植被发生水分胁迫时，植被在生理上会出现叶绿素含量下降、光合作用速率降低，形态上发生植被叶面积和覆盖度减小的现象，这些变化均可导致遥感植被指数下降。[彩]图1.5是春小麦在不同干旱状况下的光谱曲线（Wang X P等，2015），可以看到干旱明显导致春小麦冠层光谱的可见光波段（红光波段最明显）反射率上升以及近红外波段反射率下降，干旱程度越重这种变化幅度越大。基于VIs的干旱指数主要有归一化植被指数（normalized difference vegetation index，NDVI）和植被状态指数（VCI）。

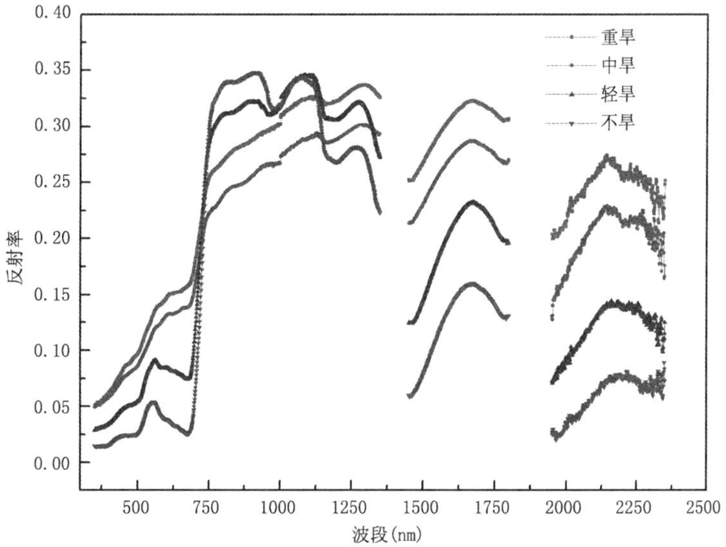

图1.5 不同干旱状况下春小麦光谱曲线

（由中国气象局定西野外试验基地实地观测获得。不旱、轻旱、中旱和重旱分别表示土壤相对湿度＞50%、40%＜土壤相对湿度＜50%、30%＜土壤相对湿度＜40%和土壤相对湿度＜30%）（引自Wang X P等，2015）

（2）近红外-短波红外

植被在近红外和短波红外有5个叶片水分吸收带，分别位于970 nm、1200 nm、1450 nm、1930 nm和2500nm。人们利用植被这一特性，通过监测植被含水量来监测干旱。这类指数主要有归一化水分指数 NDWI 和去除土壤背景影响的植被水分指数。

1.5.2.2 基于植物吸收性光合有效辐射分量的干旱监测

植物吸收性光合有效辐射分量(fraction of absorbed photosynthetically active radiation, FAPAR)是植物主要的生理参数之一,也是作物生长模型、生态模型等多种模型中的重要参数,同时可以作为监测干旱的指标。

FAPAR 与不同时间尺度的 SPI(1 月、3 月、6 月、12 月)均呈正相关,与 SPI-3 的相关性比短期(1 个月)和长期(6 个月以上)的 SPI 更好,说明 FAPAR 主要指示几周到数月的农业干旱,且对降水即气象条件具有滞后性。与基于波段线性组合的 NDVI 相比,FAPAR 更具有生物学意义,对降水的敏感性更高;FAPAR 异常在不同植被类型和地形特征下对干旱的敏感性均较 NDVI 高。应用 FAPAR 时需要注意其在高海拔地区监测干旱会受到限制,不同传感器 FAPAR 产品对干旱的监测结果也会有差异。

1.5.2.3 基于热红外遥感干旱监测

波长在 8～14μm 区间的电磁波段为热红外波段,NOAA/AVHRR、LANDSAT/TM/ETM+、TERRA/MODIS、AQUA/MODIS、FY-1/VIRR、FY-3/VIRR 和 FY-3/MERSI 等卫星遥感的传感器均具有热红外波段。应用热红外波段数据可以反演地表温度、热惯量等与土壤水分相关联的参数,这类方法有热惯量遥感土壤水分法和温度状况指数法等。

1.5.2.4 基于植被指数与地表温度组合的干旱监测

植被指数和地表温度不仅是描述地表特征的两个重要参数,也是监测干旱的有效指标。将两种数据的组合可以获得更多的土壤和植被水分信息,进而更有效地监测干旱。这类指数主要有植被健康指数 VHI、植被供水指数 VSWI 和温度植被干旱指数 TVDI。

目前,植被指数与地表温度组合类的干旱指数是我国各地干旱监测中主要应用的指数。在许多应用中,缺乏对指数的适用性做深入分析建立的干旱监测模型会出现监测结果与实际干旱状况不符的现象。我国地域辽阔、地形复杂,气候类型、土地类型、植被类型和农业种植类型多样,水利条件差别也很大。因此,针对不同的地区和季节,结合土地类型、植被类型和地形状况,细致地研究不同气候背景和气候年景的空间特征变化及其时空差异,认识其物理实质以及对干旱的指示意义,对应用这类指数来有效地监测干旱很有必要。

1.5.2.5 干旱监测综合模型

由于干旱在时间和空间上表现出的多样性和复杂性,目前还没有一个单独的指标或指数可以完全捕捉到不同时空尺度和不同影响的干旱特征。多元干旱监测信息技术集成是目前最好的方法。美国国家干旱减灾中心在美国以及北美干旱综合监测的成功实例可供各国借鉴,该中心近年开发的植被响应指数 VegDRI 是其亮点之一。

VegDRI 是美国地质勘探局和干旱减灾中心等单位近年来共同开发的干旱监测指数,在北美干旱基础业务中得到了很好的应用。VegDRI 是一种融合传统气候干旱指标和其他生物物理信息的干旱综合监测工具,它利用历史长时间序列的 NDVI、PDSI 和 SPI 的气候数据,结合土地覆盖/土地利用类型、土壤特性、生态环境卫星观测等其他生物物理信息,采用新的数据挖掘技术来识别历史上与干旱相关的气候与植被之间的关系,通过建立历史气候与植被的关系来确定干旱状况;应用气候资料、土地利用等信息,剔除洪水、病虫害、火灾等其他环境因素对 NDVI 信息的影响,与气候干旱监测建立定量关系和模型,生成的 VegDRI 图形产品提供了连续的、地理覆盖范围大、1 km分辨率的干旱监测图，比其他常用的干旱监测指标具有更好的空间分辨率。该监测手段在美国得到了很好的应用，美国干旱减灾中心每两周发布一次VegDRI干旱监测图。

虽然，近30年来遥感干旱技术取得了很大的进步，但是，由于干旱问题的复杂性和遥感科学技术还在发展之中，如何利用遥感技术及时、定量、有效地监测和预警干旱的发生、发展，客观、准确地评估干旱影响程度仍然是遥感基础研究和应用技术领域的前沿科学问题。

第2章 干旱灾损特征

从全球范围来看，旱灾已成为影响面最广、造成经济损失最大的自然灾害。在全球气候变化背景下，重大干旱事件正呈现明显增加趋势，旱灾的风险在不断增大（杨志勇等，2011；Dai，2010），旱灾对社会经济和农业生产的影响持续加重（顾颖等，2010；马柱国等，2001）。

2.1 干旱灾损的分布

2.1.1 受旱频次的空间分布

按照干旱发生频次，可将中国干旱发生区分成多旱区、次多旱区、重旱区、持续干旱区四个区域。黄淮海多旱区包括河北、山西、山东省全部，安徽、河南、江苏、陕西、甘肃、宁夏和内蒙古的部分地区，上述地区平均每年出现一次干旱，最大值中心位于河北、山西、山东、河南、甘肃及陕西境内，近40年内出现了50次以上干旱，平均每年1.2次。闽粤桂东部沿海多旱区位于中国南方沿海包括福建、广东及广西，平均每年出现一次干旱，其中，广东及福建沿海为最大值中心，近40年发生了50次以上干旱。西南多旱区主要位于云南及四川南部，近40年出现了40次以上干旱。东北西部多旱区，包括内蒙古东部及辽宁、吉林、黑龙江部分地区呈东北—西南向的狭长地带为次多旱区，这一带出现了30次以上干旱。

中国东部地区共有四个重旱区。最大的重旱区位于黄河中下游及海河流域，包括河北、山东、甘肃、陕西、宁夏、内蒙古等部分地区，近40年重旱和极端旱共出现了20次以上，平均两年一遇，最大中心分别发生在河北及内蒙古西部，重旱在25次以上。其他出现20次以上的重旱中心分别位于西南地区西南部的云南和四川南部，东北的西部，福建和广东沿海地区。

持续时间较长的区域主要有两个。一个是长江以北的黄淮海流域地区，包括河北、山东和山西全省，及宁夏、内蒙古、甘肃、陕西、宁夏、河南、江苏部分地区，平均干旱时间在2个月以上，其中干旱持续3个月以上的中心位于河北省境内。另一个干旱持续时间较长的区域位于中国南方沿海，包括广东、福建和广西东部沿海，平均在2个月以上，最长持续时间在3.5个月以上的地区位于广东和福建沿岸。此外，中国东北西部及西南地区的西南部也是干旱持续时间相对较长的区域。

2.1.2 受旱程度的区域分布

2.1.2.1 区域分布特征

为比较各地区受旱程度的差异，除采用干旱受灾面积、成灾面积直接指标外，还采用以干旱受灾面积和成灾面积分别与播种面积的比值来表示的受灾率和成灾率作为相对指标。根据各省(区、市)(缺台湾省资料)的干旱及其灾害资料,整理了 1949—2007 年多年平均受灾面积、成灾面积及平均受灾率和成灾率,给出了各省(区、市)平均干旱受灾率和成灾率。

从中国受灾率分级分布表明,上海受灾率最低,可以作为单独一类;第二类为新疆、西藏、湖南、江西、浙江、福建、广东,共 7 个省(区)。第三类为河南、安徽、江苏、云南、贵州、广西、北京,共 7 个省(区、市);第四类为湖北、四川、河北、山东、黑龙江,共 5 个省(区);第五类为青海、重庆、辽宁,共 3 个省(区、市);第六类为甘肃、陕西、吉林、天津,共 4 个省(区、市);最严重的为内蒙古、宁夏、山西和海南,共 4 个省(区)。高受灾率除北方省区占有较大比重外,南方的海南受灾率也很高。

成灾率上海属于最低一类,第二类为广东、浙江、江西、福建,共 4 个省(区);第三类为新疆、西藏、四川、云南、广西、湖南、江苏、北京,共 8 个省(区、市);第四类为河南、湖北、安徽、海南、贵州,共 5 个省(区);第五类为黑龙江、河北、山东、重庆,共 4 个省(区、市);第六类为青海、吉林、辽宁,共 3 个省(区);最严重的为内蒙古、甘肃、宁夏、山西、陕西、天津,共 6 个省(区、市)。受灾率最高省(区、市)除天津外,其他成片分布在北部地区;东南沿海除海南外其他省份成灾率都很低。

受灾率和成灾率的分布特征基本一致,具体来看,东南沿海省区成灾率和受灾率等级基本一致,部分省(区)下调,如海南从最高的受灾率变到成灾率的第四级;中部、北部、东北省份一般上升一个等级,如新疆、青海、西藏、河南、辽宁、安徽、天津、湖南、甘肃、陕西、宁夏等。这种特征是在各地自然条件和多年防旱减灾能力建设的综合作用下形成的。

在中国省(区、市)之间干旱分布不均衡,成灾面积北方省(区、市)总体高于南方,南方的湖北、四川、重庆、江苏、云南、贵州、广西、海南等也占有一定的比重。从成灾率来看,北方也一般高于南方,但北方的新疆、北京成灾率较低,而南方的贵州、海南成灾率却较高。

2.1.2.2　流域分布特征

根据中国各流域干旱灾害资料,分析了不同时期松花江流域、辽河流域、海滦河流域、淮河流域、黄河流域、长江流域、珠江流域和太湖流域等不同流域的受灾率和成灾率特征(图 2.1),统计来看,北方流域平均受灾率、成灾率一般高于南方流域。从 1949—2007 年的 59 年和 1991—2007 年的 17 年来看,在北方地区以黄河流域平均受灾率、成灾率为最高,松辽河流域次之,淮河流域、海滦河流域相对较低。2001—2007 年则松辽河流域最高。无论从 1949 年以来的 59 年来看,还是从 1991—2007 年近 20 年和从 2000 年以来的近 10 年来看,上述 4 个流域的受灾率、成灾率都是不相同的。这种差异一方面与不同流域水文气象因子多年波动的位相不同有关,另一方面也与流域的耕地灌溉率、农田的灌溉保证率等水利条件,亦即与各流域防旱减灾能力不同有关。从各流域干旱特点看,松辽河流域在做好常年抗旱工作的同时,需更加重视做好大旱年的防旱减灾工作。

干旱的成灾面积与受旱面积之比,即成灾率与受灾率之比值,北方流域较高,一般在 0.5 以上,珠江流域次之,一般在 0.4 以下,太湖流域为最低。南北方的这种差异,除降水、水资源等自然条件外,不同流域灌溉设施所具有的不同抗旱能力也是造成差异的原因之一。

通过对我国干旱灾害分时段、分省区、分流域统计特征分析可看出,受旱面积、成灾面积逐渐增加,受灾率、成灾率逐步提高,重旱、极旱发生的频率也在不断加快(重旱:受灾率为 20%～40%,成灾率为 10%～20%;极旱:受旱率≥40%,成灾率≥20%)。20 世纪 50 年代没有重旱和极旱出现,60 年代出现 2 次重旱,70 年代出现重旱 3 次,80 年代出现重旱 3 次,90 年代出

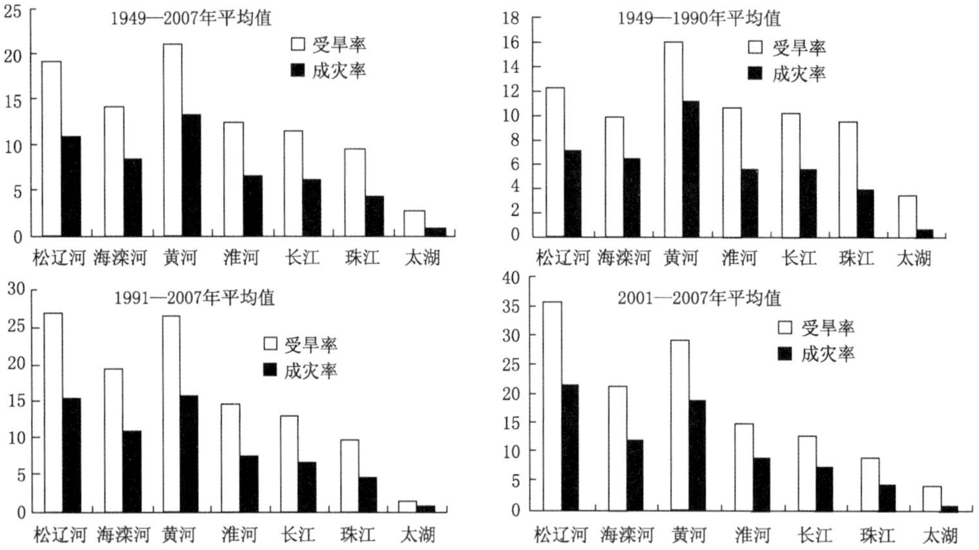

图 2.1　各流域旱灾统计特征

现重旱 4 次，重旱发生的频率加快的特征十分突出。

2.2　干旱灾损评估

王芝兰等(2015)建立了基于农业间接灾情统计数据的农业旱灾损失模型：

$$\mathrm{Crop}_{\mathrm{Loss}(i)}=\frac{[(A_1-A_2)\cdot C_1+(A_2-A_3)\cdot C_2+A_3\cdot C_3]\cdot y}{A_0\cdot y} \tag{2.1}$$

式中，$\mathrm{Crop}_{\mathrm{Loss}(i)}$ 为某年某一地区因干旱所导致的农作物产量损失率(%)。A_1、A_2 和 A_3 分别为干旱导致的农作物受灾面积、成灾面积和绝收面积(hm^2)；C_1、C_2 和 C_3 分别为农作物旱灾受灾面积的平均减产系数、成灾面积的平均减产系数和绝收面积的平均减产系数；y 为农作物单位面积产量(kg/hm^2)；A_0 为农作物总播种面积(hm^2)。

农作物受灾面积、成灾面积和绝收面积分别指自然灾害造成农作物减产 10%以上、减产 30%以上和减产 80%以上，农作物旱灾受、成灾和绝收面积的平均减产系数分别取 0.20、0.55 和 0.90(王芝兰等，2015)。

2.2.1　农业旱灾损失概率分布模型

选取目前国内外相关研究中使用较多的 10 种概率分布模型，它们分别是 Beta 分布、Chi-Squared 分布、Frechet 分布、Gamma 分布、Weibull 分布、Gen. Extreme Value 分布、Logistic 分布、Log-Logistic 分布、Normal 分布和 Lognormal 分布。假定农作物旱灾损失数据服从这些候选模型，利用 Anderson-Darling 检验(AD 检验)、Kolmogorov-Smirnov 检验(K-S 检验)和 Chi-Square 检验(χ^2 检验)可以对农作物旱灾损失数据时间序列进行优度检验，从而获取最优模型。

2.2.2 农业旱灾风险的度量

采用目前金融市场风险度量的主流方法——风险价值(Value at Risk,即 VaR)对农业旱灾风险进行有效度量(王芝兰等,2015)。

VaR 是近年来在国内外兴起的一种金融风险评估和计量模型,目前已被银行、非银行金融机构、公司和金融监管机构广泛采用。P. Jorio 给出了较为权威的定义:VaR 是指在正常的市场波动条件下,某一金融资产或证券组合在给定置信度和一定的持有期内可能的最大损失,即在一定概率水平(置信度)下,某一金融资产或证券组合价值在未来特定时期内的最大可能损失。VaR 一个重要的特点是可以事前计算风险,不像以往风险管理方法都是在事后衡量风险大小。VaR 模型可用数学公式描述如下:设 x 为某一金融资产或证券组合损失的随机变量,$F(x)$是其概率分布函数,置信水平为 $1-\alpha$,则:

$$\mathrm{VaR}(\alpha) = \max\{x \mid F(x) \geqslant 1-\alpha\} \tag{2.2}$$

也可表述为:

$$P(\Delta X \leqslant \mathrm{VaR}) = 1-\alpha \tag{2.3}$$

式中:P 为资产价值损失小于可能损失上限的概率;ΔX 为某一金融资产在一定持有期 Δt 内的价值损失额;$1-\alpha$ 为预先给定的置信水平;VaR 为在置信水平下处于风险中的价值即可能的损失上限。VaR 属于统计模型的范畴,可用 $1-\alpha$ 的概率保证损失不会超过 VaR。例如某投资组合在 95%置信水平下的 VaR,就是该投资组合收益分布曲线左尾 5%(1%~95%)分位点所对应的损失金额。从 VaR 的原始定义来看,只有在给定置信水平和持有期这两个关键参数的情况下才具有实际意义。

根据最优模型得到的农业灾害损失概率分布函数 $F(x)$,其中 x 为农业旱灾损失,VaR 为农作物遭遇 10 年一遇(α=0.1 的上分位数)、20 年一遇(α=0.05 的上分位数)、50 年一遇(α=0.02 的上分位数)以及 100 年一遇(α=0.01 的上分位数)的极端干旱事件下,计算得到农作物的旱灾损失率,从而实现对农业旱灾风险的有效分析和评估。

2.3 干旱灾损的变化特征

在全球变暖背景下干旱灾害对中国农业生产的影响日益严重,这进一步加剧了干旱灾损规律的复杂性及其区域差异性(zhang 等,2016)。至今干旱灾害演变规律和变化机制一直是研究的难题。张强等(2015)、韩兰英等(2014)利用 1961 年以来中国农业干旱灾害的灾情资料和常规气象资料,分析了近 50 年来中国农业干旱灾害不同受灾强度分布比率和综合损失率等灾损率指标的变化趋势及其在北方和南方的区域差异性。

2.3.1 干旱灾损的变化及其南北区域特征

利用灾情资料构建的受灾率、成灾率和绝收率(公式(2.4)—(2.6))指标反映了干旱程度大小。为了综合分析某次灾情的作物损失率,已通过灾情与灾损的模拟分析,构建了农业干旱灾害风险指数-综合损失率(公式(2.7))(韩兰英,2014),综合反映干旱程度和风险程度。

$$I_1 = (D_1/A) \times 100\% \tag{2.4}$$

$$I_2 = (D_2/A) \times 100\% \quad (2.5)$$

$$I_3 = (D_3/A) \times 100\% \quad (2.6)$$

$$I_A = I_3 \times 99\% + (I_2 - I_3) \times 55\% + (I_1 - I_2) \times 20\% \quad (2.7)$$

式中：I_1，I_2 和 I_3 分别为干旱受灾率、成灾率和绝收率（%）；D_1，D_2 和 D_3 分别为干旱受灾面积、成灾面积和绝收面积（hm^2）；A 为农作物种植面积（hm^2）；I_A 为干旱综合损失率（%）。

总体而言，中国轻度、中度和重度农业干旱灾害比率近 50 年分别平均为 14.1%、6.5%和 1.0%左右（图 2.2），与发达国家相比更加严重（IPCC，2014），在全球属于干旱灾损比较高的区域。尤其值得注意的是，近 50 年来农业干旱灾害轻度、中度和重度比率均有所增加，而且干旱灾害等级越强增加得越显著，这说明不仅干旱范围在不断扩大，而且干旱强度也在不断加剧。北方农业干旱灾害轻度、中度和重度比率近 50 年分别平均为 18.9%、8.9%和 1.3%左右，而南方分别只有 9.2%、4.0%和 0.7%左右，北方农业干旱灾害的轻度、中度和重度比率均比南方的高出 1 倍左右。不仅如此，北方干旱灾损率增加趋势也比南方的更快，而且干旱受灾程度越强，北方比南方增加越显著的特征就更加突出。这说明在气候变暖背景下中国北方干旱灾害影响范围和影响程度的加剧趋势都比南方更明显。

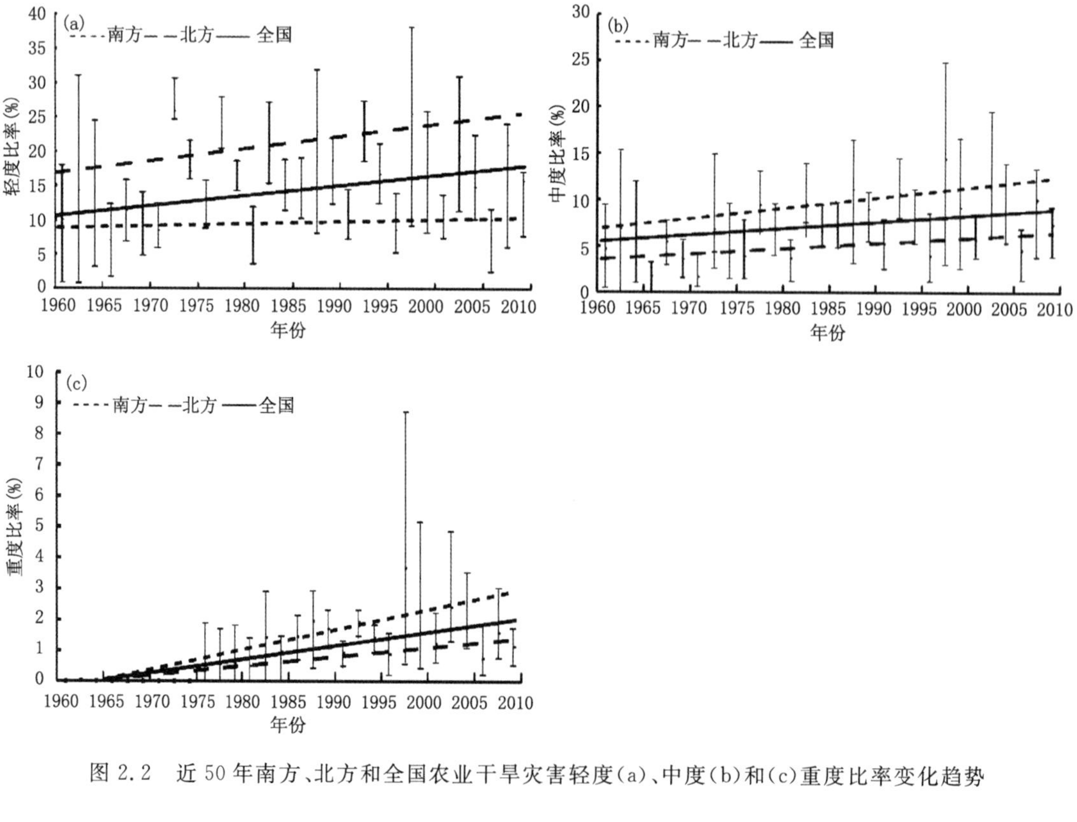

图 2.2　近 50 年南方、北方和全国农业干旱灾害轻度(a)、中度(b)和(c)重度比率变化趋势

农业干旱灾害综合损失率全国平均约为 5.4%，南方和北方分别平均约为 3.5%和 7.4%，北方也比南方高 1 倍还多（图 2.3）。近 50 年来，全国农业干旱综合损失率增加了约 2.6%，平均每 10 年增加 0.5%左右，干旱灾害风险明显加大。而且，近 50 年来综合损失率变化趋势的南北差异性也比较明显，南方综合损失率增加了不到 1.7%，平均每 10 年只增加了

0.3%左右；而北方增加幅度高达 3.1%左右，平均每 10 年增加 0.6%左右，增幅比南方高 1.4%，增加率比南方大 1 倍左右。北方干旱灾害风险性明显比南方高，增速也比南方快。农业干旱灾害综合损失率总体表现出与农业干旱灾害轻度、中度和重度比率类似的趋势特征。

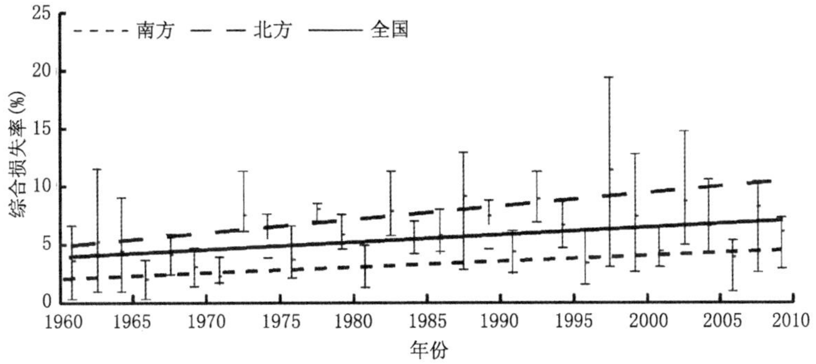

图 2.3　近 50 年南方、北方和全国农业干旱灾害综合损失率变化趋势

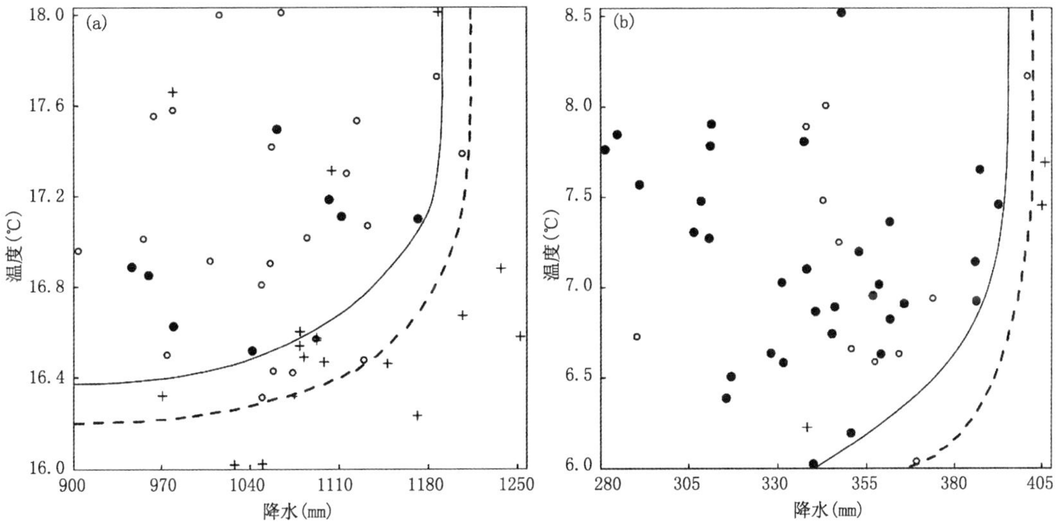

图 2.4　南方(a)和北方(b)农业干旱灾害综合损失率在温度和降水物理空间的分布特征

(+为轻度比率，○为中度比率，●为重度比率；实线为重度比率分界线，虚线为中度比率以上分界线)

为了便于分析，将农业干旱灾害综合损失率小于 3%的年份定义为轻灾年，在 3%～6%的年份定义为中灾年，大于 6%的年份定义为重灾年份。图 2.4 给出的南方和北方农业干旱灾害综合损失率在温度和降水物理空间的分布特征可见，北方重灾年份和中灾年份分布的温度和降水物理象限空间范围均明显比南方大，这说明北方比南方更容易发生干旱灾害。具体而言，在南方中灾年份分布的象限空间的年降水小于 1200 mm 和年平均温度大于 16.2℃，重灾年份分布的象限空间的年降水小于 1180 mm 和年平均温度大于 16.4℃；而在北方重灾年份和中灾年份分布范围几乎不受温度条件约束，在任何温度空间范围都会出现，但主要依赖降水条件，中灾年份分布的象限空间的年降水量小于 400 mm，重灾年份分布的象限空间的年降水量小于 390 mm。这说明北方农业干旱灾害所依赖的温度条件明显比南方宽松。

2.3.2　中国南方典型区域农业干旱灾损率特征

2.3.2.1　西南农业干旱灾损率特征

图 2.5 是西南 1949—2012 年干旱面积和受灾率时间变化趋势图。由图 2.5a、b 可以看出，西南受灾面积/率、成灾面积/率和绝收面积/率都呈增加趋势。近 60 年西南的干旱灾害发展具有面积增大和频率加快的趋势。从灾害的时间变化上来看，受灾、成灾和绝收面积都呈增加趋势。

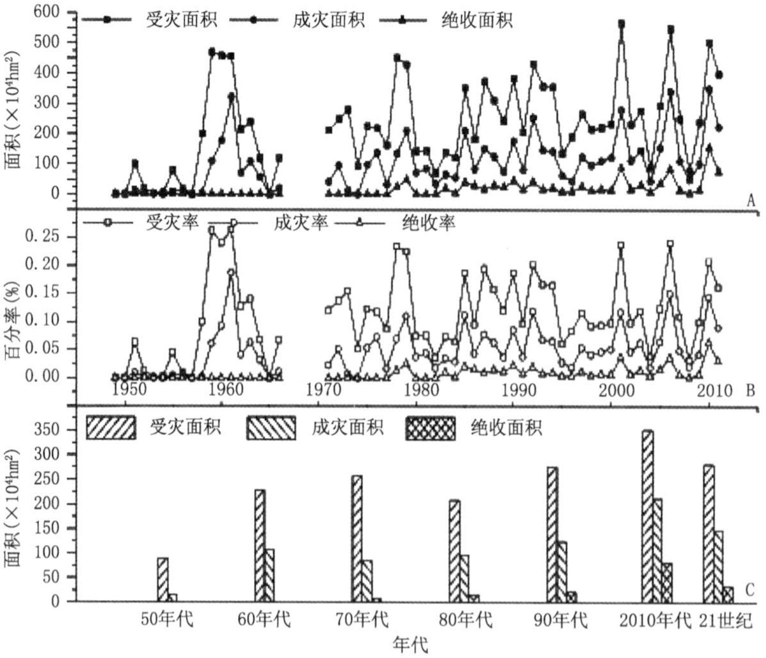

图 2.5　1949—2012 年西南地区干旱受(成)灾、绝收面积，受(成)灾、绝收率及其年代变化

图 2.5c 为 20 世纪 50 年代至 21 世纪各年代平均受灾、成灾和绝收面积变化。可以看出，受灾、成灾和绝收面积各年代都呈增加趋势，但略有差异。受灾面积除 20 世纪 80 年代外(低于 20 世纪 60 年代、70 年代)，各年代呈增加趋势，2010—2012 年最大，可达 351×10^4 hm^2、其次为 21 世纪的前十年，20 世纪 50 年代最小，为 90×10^4 hm^2。成灾面积除 20 世纪 60 年代外，其他年代呈增加趋势，2010—2012 年为 212×10^4 hm^2；20 世纪 50 年代最小，为 15×10^4 hm^2。绝收面积各年代呈持续上升趋势，2010—2012 年最大，为 82×10^4 hm^2；50 年代最小。图 2.6 是西南各省干旱面积时间变化图。可以看出，在西南各省中，受灾面积云南和贵州增加，四川减少。成灾面积四川增加最明显，其次为云南，贵州增幅最小。绝收面积云南增加最明显，其次为贵州，四川增幅最小。受灾率云南增加最明显，其次为贵州，四川增幅最小。成灾率云南增加最明显，其次是贵州，四川增幅最小；绝收率贵州增加最明显、其次是云南、四川增幅最小。

干旱综合损失率是当年作物遭受干旱影响程度的综合反映，利用干旱受灾率、成灾率和绝收率加权平均可以得到综合损失率。干旱受灾率、成灾率和绝收率的不同都能造成干旱综合

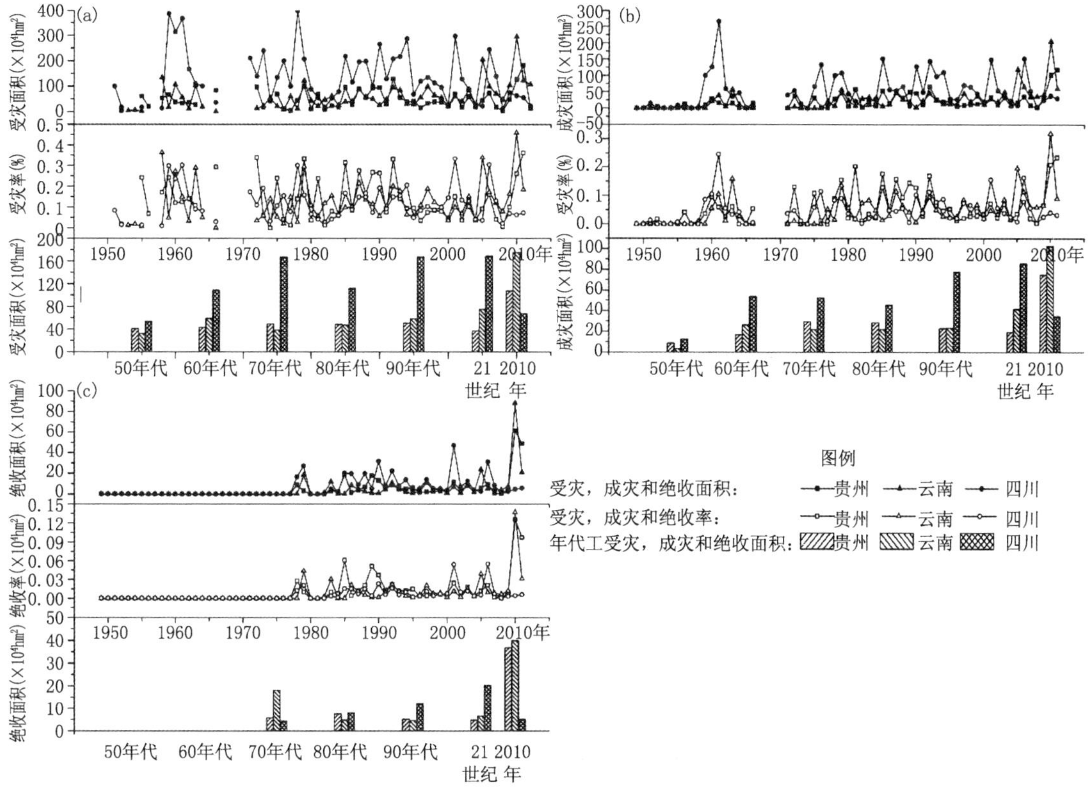

图 2.6　1949—2012 年西南分省干旱受灾面积/率、成灾面积/率和绝收面积/率

损失率的不同。综合损失率综合反映了不同强度干旱引起作物的减产率和损失率，体现了区域农作物的干旱暴露度、脆弱性和抗旱性等特征。图 2.7 是西南地区综合损失率随时间变化图。由图 2.7 可以看出，西南多年平均综合损失率为 3.93%，且呈增加趋势。21 世纪干旱受灾率、成灾率、绝收率和综合损失率分别为 15.28%、9.03%、3.07%和 7.29%，明显高于全国平均水平（全国受灾率、成灾率、绝收率和综合损失率分别为 13.09%、7.07%、1.63%和 5.51%）。其他年代低于全国平均水平。

以 10 年为一个时间段，可以探讨综合损失率的年代际变化趋势。自 20 世纪 50 年代以来，各年代平均综合损失率逐渐增大。20 世纪 50 年代平均综合损失率为 1.30%，除了 1959 年，其他年份综合损失率均低于平均值。20 世纪 60 年代平均综合损失率为 3.32%，其中 1964—1969 年 6 年综合损失率高于平均值。20 世纪 70 年代平均综合损失率为 4.07%，其中 1975 年、1976 年、1978 年和 1979 年综合损失率低于平均值，其他年份均高于平均值。20 世纪 80 年代平均综合损失率为 4.22%，其中 1980—1984 年综合损失率低于平均值，其他年份均高于平均值。20 世纪 90 年代平均综合损失率为 4.89%，其中一半年份综合损失率低于平均值，其他年份高于平均值。21 世纪前十年平均综合损失率为 4.89%，其中 4 年综合损失率低于平均值，6 年高于平均值。2010—2012 年 3 年内，综合损失率最大，为 7.62%，约为多年平均值的 2 倍。

图 2.8 给出的西南各省年代平均综合损失率变化趋势表明，各省年代平均综合损失率均呈增加趋势，但各省变化特征不同，云南综合损失率增加趋势最明显，其次是贵州，四川最小。四川、贵州和云南综合损失率多年平均值分别为 3.57%、4.36%和 3.75%。四川综合损失率

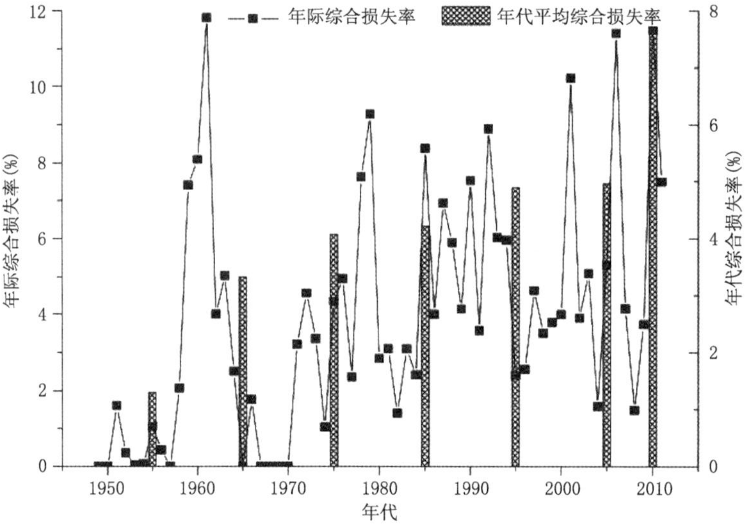

图 2.7　1949—2012 年西南地区干旱综合损失率变化

除 20 世纪 80 年代外，均持续增加；20 世纪 80 年代综合损失率值低于 20 世纪 60 和 70 年代，但高于 20 世纪 50 年代。云南综合损失率总体呈增加趋势，但 20 世纪 70 年代略低于 60 年代，高于 50 年代；20 世纪 90 年代略低于 80 年代。贵州综合损失率在 90 年代之前逐渐增加，90 年代之后又逐渐降低。

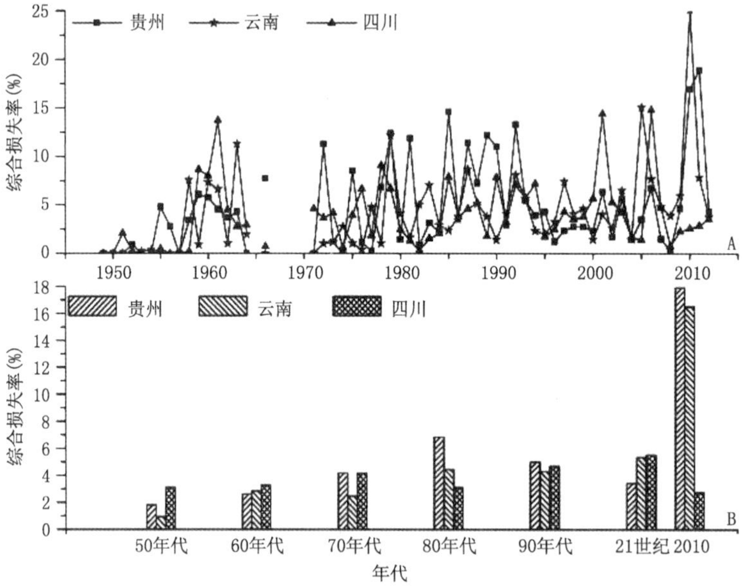

图 2.8　1949—2012 年西南各省干旱综合损失率变化

选择西南历史受灾面积大于 $400\times10^4 hm^2$ 的干旱个例分析（表 2.1）。近 60 年来共有 9 年发生了大旱，分别为 21 世纪的 3 次，20 世纪 60 和 70 年代各 2 次，50 和 90 年代各 1 次。9 年大旱中，四川发生了 6 次，贵州 2 次，云南 1 次。

表 2.1　西南受灾面积超过 400×10^4 hm^2 的大旱年份(面积单位:$\times10^4$ hm^2)

年份	受灾面积	成灾面积	绝收面积	受灾率(%)	成灾率(%)	绝收率(%)	重灾中心
1959	470.0	110.0	0.0	26.2	6.1	0.0	四川
1960	457.1	176.6	0.0	24.1	9.3	0.0	四川
1961	454.9	321.4	0.0	26.4	18.7	0.0	四川
1978	452.6	134.5	25.4	23.5	7.0	1.4	四川
1979	427.9	210.0	48.1	22.5	11.8	2.6	贵州
1992	431.6	254.2	41.7	20.2	11.9	2.0	贵州
2001	566.0	280.1	89.0	23.9	11.8	3.8	四川
2006	548.6	340.9	83.4	24.2	15.1	3.7	四川
2010	503.3	350.4	155.3	20.8	14.5	6.4	云南

2.3.2.2　华南农业干旱灾损率特征

华南水资源充沛,但时空分布极不均匀,降水主要集中在汛期(4—10 月),区域性干旱和季节性干旱较为明显,是全国 5 个重点干旱区之一。近年来,随着全球气候变暖,极端干旱事件呈频发趋势,区域性春旱、秋旱比较突出,对社会经济的影响较为严重,尤其在作物生长发育需水关键期,干旱给华南农作物带来严重危害。广东干旱较重区域主要出现在西部,干旱时段主要为 2—5 月的春旱及 8—10 月的秋旱;广西有 3 个主要旱区:桂西旱区,桂南和桂北旱区,桂东北旱区。其中桂西旱区属于喀斯特地貌,水资源较少,土壤蓄水性差,干旱尤为严重。

资料统计表明,广东省粮食旱灾损失率平均为 1.7%;损失最严重的年份发生在 1991 年,为 5.8%;最轻在 1982 年,为 0.1%;粮食生产遭受 10 年一遇和 20 年一遇的重旱灾害时,损失率分别为 3.7%和 5.2%;遭受 50 年一遇的重旱灾害时,损失率为 7.5%;遭受百年一遇的重旱灾害时,损失率为 9.7%,可使广东省粮食减产约 1/10。

广西壮族自治区粮食旱灾损失率的平均值为 3.3%。旱灾最严重年份出现在 1988 年,为 8.5%;最轻年份出现在 2001 年,为 0.2%;遭受 10 年一遇和 20 年一遇的旱灾时,粮食损失率均在 7%左右;遭受 50 年一遇和百年一遇的旱灾巨灾时,损失率将分别达到 9.8%和 11.3%,可使广西粮食减产 1/10 以上。

华南是中国双季稻中的主要高适宜分布区域。作为沼泽作物,水稻对水分要求高,抗旱能力差,其产量及品质很容易受到干旱的威胁,干旱是水稻生产遭遇的主要气象灾害之一。王春林等(2014b)通过分析近 30 年(1981—2010 年)华南(广东、广西)174 个县气象站资料、水稻生育期资料和产量资料,采用逐日气象干旱指数 DI(daily meteorological drought index)计算出了各生育期干旱指数,并用统计回归方法确定了各生育期干旱指数对产量的影响系数,得到了华南早稻及晚稻的干旱灾损特征。

对华南早稻而言,近 30 年干旱年频率平均为 10.4%,平均减产率为 0.82%,以轻旱为主。早稻干旱主要发生在移栽—分蘖期。干旱频率及减产率均呈西高东低分布,旱年频率为 20%～50%、减产率为 1%～3%的区域集中在广西西南部至广东雷州半岛一带。近 30 年华南早稻最旱的 3 年分别为 1991 年、2002 年及 1998 年,早稻干旱总体趋于增强但不显著,增强趋势显著的站点约占 10%,分布于华南北部和北部湾至粤西沿海地区。

对华南晚稻而言,近 30 年干旱年频率平均为 7.1%,以轻旱为主,中旱及以上等级干旱基本不发生，区域平均干旱减产率为0.66%。晚稻干旱主要发生在播种—三叶期和乳熟—成熟期；晚稻干旱频率及减产率均呈西高东低分布，干旱频率大于10%且减产率大于1%的区域主要集中在广西东北部；近30年中，华南晚稻干旱减产率最大的6年依次为1992年、1990年、1989年、1991年、2009年、2004年。从区域平均看，近30年晚稻播种—三叶期干旱有显著减轻趋势，但乳熟—成熟期及全生育期干旱无显著变化；从空间分布看，晚稻全生育期干旱趋于增强的站点占69%，但仅3.4%的站点增强趋势达显著水平。乳熟—成熟期干旱趋于增强的站点占94.8%，其中增强趋势显著的占36.2%，主要分布在广西大部和广东偏北地区；播种—三叶期干旱趋于减轻的站点占75.9%，其中减轻趋势显著的占16.1%，分布在广西的崇左至梧州一带。

2.3.3 中国北方农业干旱灾损率特征

2.3.3.1 北方冬小麦干旱灾损综合风险

(1)干旱灾损综合风险区划指标

风险区划指标要综合反映冬小麦干旱强度的风险水平、产量灾损的风险程度及各地抗灾性能的强弱，这三者之间既相互独立，又有一定的关联性，为此选择以下相对独立的风险指标要素：冬小麦全生育期自然水分亏缺率(D)(%)及其发生概率(P)(%)、减产率(R)(%)及其发生的概率(F)(%)、抗灾性能趋势向量系数(a)。可以由上述要素构建冬小麦干旱灾损综合风险指数M：

$$M = \frac{1}{a}\sum_{i=1}^{n}(D_i \cdot P_i + R_i \cdot F_i) \tag{2.8}$$

为使区划指标有序化，将(2.8)式中的M进行极差标准化，使其处于0～1之间，然后再确定划分不同风险区的指标。极差标准化的表达式为：

$$M_i = (M - M_{\min})/(M_{\max} - M_{\min}) \tag{2.9}$$

式中：M_i为极差标准化后的风险区划指标，M为冬小麦干旱灾损综合风险指数，$M_{\min}$和$M_{\max}$分别为干旱灾损综合风险指数序列中的最小值和最大值。

根据极差标准化后的综合风险指标及风险区划方法将其划分为4个等级(表2.2)。

表2.2　北方冬小麦干旱灾损综合风险区划指标

区号	区名	极差化综合风险指标	区号	区名	极差化综合风险指标
Ⅰ	高风险区	>0.3	Ⅲ	中风险区	(0.1～0.2]
Ⅱ	较高风险区	(0.2～0.3]	Ⅳ	低风险区	≤0.1

(2)不同等级风险区特征

高风险区(极差化综合风险指标>0.3)包括陕西中北部、山西中部的部分地区、河北沧州的部分地区，属于半湿润半干旱大陆性季风气候，年降水量只有500 mm左右，冬小麦全生育期降水量不足250 mm，拔节、抽穗和灌浆等需水关键期(4—5月)降水量不足100 mm，但冬小麦全生育期和需水关键期的需水量分别为500 mm和200 mm左右，自然水分亏缺多达一半以上，因而干旱是该区固有的气候特征，是冬小麦生产的主要灾害。干旱发生频率高，降水变率大，水土流失严重，加上其他自然灾害如越冬冻害、春霜冻等对产量的影响，使得该区农作物产量低而不稳定，减产幅度大，再加上该区生产力水平不高，灌溉潜力有限，所以产量增加缓慢。该区自然水分亏缺率风险指数和减产率风险指数均属于较高值区或以上，抗灾性能趋势向量系数属于低值区，综合各项指标，该区属于风险最大的地区。

较高风险区（极差化综合风险指标在 0.2～0.3）范围不大，包括山西中部的部分地区、河北的唐山地区和河北西部的部分地区。除河北的唐山地区外，其他地区的气候条件与高风险区基本相同。唐山地区靠近海，年降水量约 600 mm，而且 75％以上集中在夏季，冬小麦底墒条件较好，因此该区冬小麦全生育期和关键期自然水分亏缺与高风险区相比略有减少，其水分亏缺率风险指数属于较高值区；然而由于冬小麦成熟后期易遇高温（干热风）危害，对冬小麦灌浆成熟不利，减产率风险指数属于中值区；其抗灾性能趋势向量系数属于低值区，所以综合各项指标，唐山地区属较高风险区。而对于该区的其他地区，其水分亏缺率风险指数属于较高值区或以上，减产率风险指数属于中值区，抗灾性能趋势向量系数属于低值区，综合各项指标后，属于风险较高值区。

中等风险区（极差化综合风险指标在 0.1～0.2）主要分布在北方冬麦区的中部，包括陕西中部、山西南部、河北中东部的部分地区。该区年降水量一般为 500～700 mm，而冬小麦全生育期的降水量约为 200 mm，自然水分亏缺率风险指数属于中值区和较高值区。由于该区西部降水量主要集中在 7 月、8 月、9 月三个月，容易发生秋霖成灾现象，以及春雨稀少对返青后的冬小麦生长不利，而且降水变率大，不稳定，利用率低，容易造成减产，所以其减产率风险指数属于较高值区或以上，然而由于其地势平坦，土质较好，土层深厚，是陕西和山西的粮食生产基地，具有较强的增产潜力，所以抗灾性能趋势向量系数属于中值区。该区东部尽管自然缺水严重，属于较高值区或高值区，但是由于其生产力水平较高，所以其减产率风险指数较低，相应地，抗灾性能趋势向量系数较高，所以综合几个因素后，风险程度降低，属于中等风险区。

低风险区（极差化综合风险指标＜0.1）主要分布在北方冬麦区的南部和东部，包括陕西中南部、河南中北部、北京市、天津市、河北中南部和山东省。该区中北部属于半干旱半湿润大陆性季风气候，年降水量不足 550 mm，而且 70％～80％集中在 6—9 月，其中 30％集中在 7 月下旬至 8 月上旬，且又往往集中于一两次降水过程，很难被土壤充分吸收，冬小麦全生育期降水量已不足 200 mm，而需水关键期降水量仅 50～60 mm，自然水分亏缺量达全生育期水分亏缺量的三分之二，其风险指数属于较高值区或以上，但该区大都具备灌溉条件，可缓解干旱威胁。该区中南部属于暖温带大陆性季风半湿润气候，年降水量为 500～1000 mm，陕西中南部、河南西部和山东东南部的部分地区自然降水和底墒条件较好，其自然水分亏缺率风险指数属于低值区。其他地区自然水分亏缺率介于上述两者之间，其自然水分亏缺率风险指数为中值区或较高值区。由于该区灌溉水平和农业综合生产水平较高，使得冬小麦单产水平较高，减产率降低，然而由于该区有时春雨过多导致冬小麦病害发生或倒伏，干热风和雨后暴热也会造成一定的减产，所以其减产率风险指数属于低值区和中值区，抗灾性能趋势向量系数大多属于中值区和较高值区，综合该区的各项指标后，干旱灾损风险度大大降低，属于低风险区。

在进行以上 4 个等级的风险区划时采取了求大同存小异的原则，因此在每一等级的风险区内仍然会存在局部的风险程度差异。

2.3.3.2　甘肃省农业干旱灾损特征

图 2.9 给出了 1960—2012 年农业干旱受灾率、成灾率和绝收率变化，可以看出，近 50 多年甘肃省的干旱灾害发展具有面积增大和频率加快的趋势。从灾害程度变化上来看，受灾、成灾和绝收率都呈增加趋势。1961—2012 年甘肃省多年平均受灾率、成灾率和绝收率分别为

25.2%、14.1%和2.2%，都明显高于全国平均值（全国受灾率、成灾率和绝收率分别为15.0%、8.1%和1.7%）。甘肃省受灾率、成灾率和绝收率每10年分别增加0.16%、0.15%和0.05%，增幅也明显高于全国平均水平。干旱是甘肃省农业生产最主要的气象灾害，对农业的危害范围呈扩大趋势，危害程度也在不断加剧。

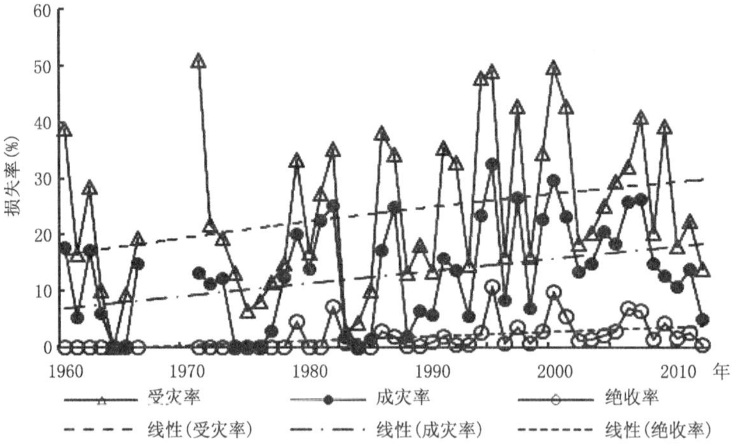

图2.9　1960—2012年甘肃省农业干旱受灾率、成灾率和绝收率变化

甘肃是我国典型的气候变化敏感区和农业生产脆弱区（张强，2008）。甘肃省的农业生产是在干旱气候背景下进行的，甘肃省年降水量在300 mm以下的地区约占全省总面积的64%，自20世纪80年代以来，降水减少，尤其是1986年气候突变以来，在全球气候变暖的背景下，降水量呈明显偏少趋势，干旱发生频率加快，尤其是特大旱灾发生更加频繁。为了综合反映不同程度干旱造成的影响，给出了甘肃省综合损失率随时间的变化趋势（图2.10）。很显然，甘肃省多年平均综合损失率呈增加趋势，平均值为10.8%，是全国平均值的2倍。多年平均综合损失率每10年增加0.1%。明显高于全国0.04%的平均水平。

为了更加详细地讨论干旱灾害程度和频次，按照综合损失率将干旱划分为不同等级，其中，小于5%为轻旱、5%～9%为中旱、10%～14%为重旱，大于14%为特旱。对各年代不同强度干旱的频次分析表明，20世纪60年代轻旱3次，中旱1次，未发生重旱和特旱；20世纪70年代轻旱4次，中旱3次，特旱2次；20世纪80年代轻旱4次，中旱2次，重旱4次，特旱为3次；20世纪90年代干旱程度较重，中旱和特旱都为4次，重旱2次；21世纪更加严重，全部为中旱以上干旱等级，中旱增加到了5次，特旱4次，重旱1次，造成的灾损更大。干旱灾害的风险显著加剧。

从农业干旱灾害综合损失发生的时间看（图2.10），中旱20世纪60年代平均为7年一遇，20世纪70年代为3年一遇，20世纪80年代和21世纪为5年一遇，20世纪90年代为2～3年一遇。中旱年份分别出现在1961年、1972年、1973年、1978年、1980年、1989年、1990年、1993年、1996年、1998年、2002年和2010年。重旱20世纪60年代平均为2～3年一遇，20世纪80年代10年一遇，20世纪90年代和21世纪为5年一遇，大范围的严重干旱灾害出现次数明显增加。重旱年份分别出现在1960年、1962年、1966年、1981年、1991年、1992年、2003年、2004年、2005年、2008年、2009年和2011年，大范围的干旱灾害出现频率明显加快。特旱年份，20世纪70年代为5年一遇，80年代为3～4年一遇，90年代和21世纪为2～3年一遇。特旱年份分别出现在1971年、1979年、1982年、1986年、1987年、1994年、1995年、1997年、1999年、2000年、2001年、2006年和2007年。总之近50多年以来，干旱总体上呈增加趋势，干旱频次增多、危害程度加重。不同年代呈现不同的变化特征，特别是20世纪90年代以来，多为中旱及以上等级干旱，范围大而严重的干旱气候事件出现频率呈加速之势。

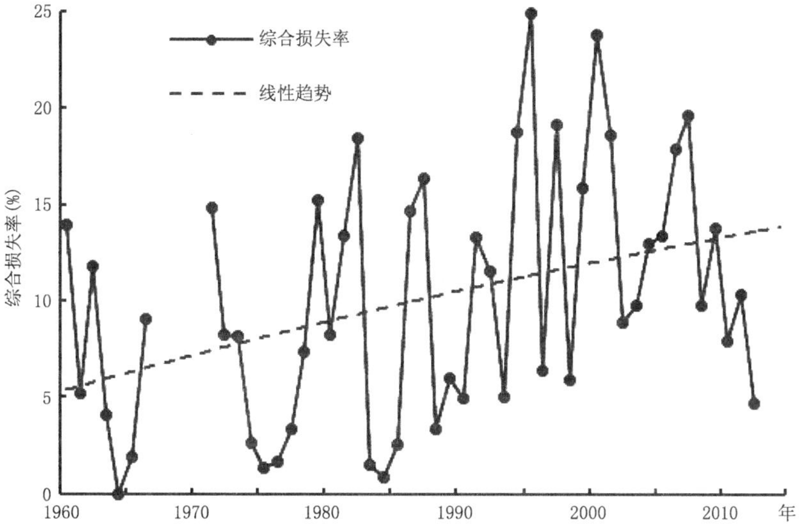

图2.10 1960—2012年甘肃省农业综合损失率变化

从干旱灾害的年代际变化也表现出干旱灾害强度和频次增加的特点。图2.11为甘肃省20世纪60年代至21世纪以来各年代平均受灾、成灾、绝收率和综合损失率的变化。可以看出，受灾、成灾和绝收率各年代总体呈增加趋势。受灾率除20世纪80年代外(略低于70年代)和21世纪以来(低于90年代)，各年代呈增加趋势，20世纪90年代最大(为30.2%)，其次为21世纪以来，20世纪60年代最小(为17.5%)。成灾率除20世纪70年代(略低于60年代)外，其他年代均呈增加趋势，21世纪最大(为17.6%)，20世纪70年代最小(为8.0%)。绝收率各年代均呈持续上升趋势，2010—2012年最大(为3.6%)，20世纪60年代最小。综合损失自60年代以来都呈增加趋势，21世纪综合损失率最大。

甘肃省的特旱(综合损失率大于14%的年份)共有13年，根据综合损失由大到小排序，依次为1995年、2000年、2007年、1997年、1994年、2001年、1982年、2006年、1987年、1999年、1986年、1979年和1971年，其中20世纪70年代2次、80年代3次，20世纪90年代和21世纪以来各为4次；对于特旱而言，20世纪70年代平均6年一遇，20世纪80年代平均4年一遇，20世纪90年代和21世纪以来平均3年一遇，大范围重大干旱气候事件出现频率呈加速之势。

2.3.3.3 陇东冬小麦、春玉米干旱灾损特征

陇东主要位于甘肃省黄河以东，完全依赖自然降水维持农业生产，因此也被称作河东旱作农业区。该区域地处黄土高原残塬沟壑区，地形复杂、山地面积大，受地形、地势的影响，形成了随地形分割的不规则气候区，各地小气候差异较大，干旱灾害的分布和影响差异明显。作为生态脆弱带，一旦发生大旱会给当地社会经济和生态环境造成巨大灾难。

陇东北部山区年降水量在400 mm左右，年内降水分布极不均匀，干旱最为严重；中北部

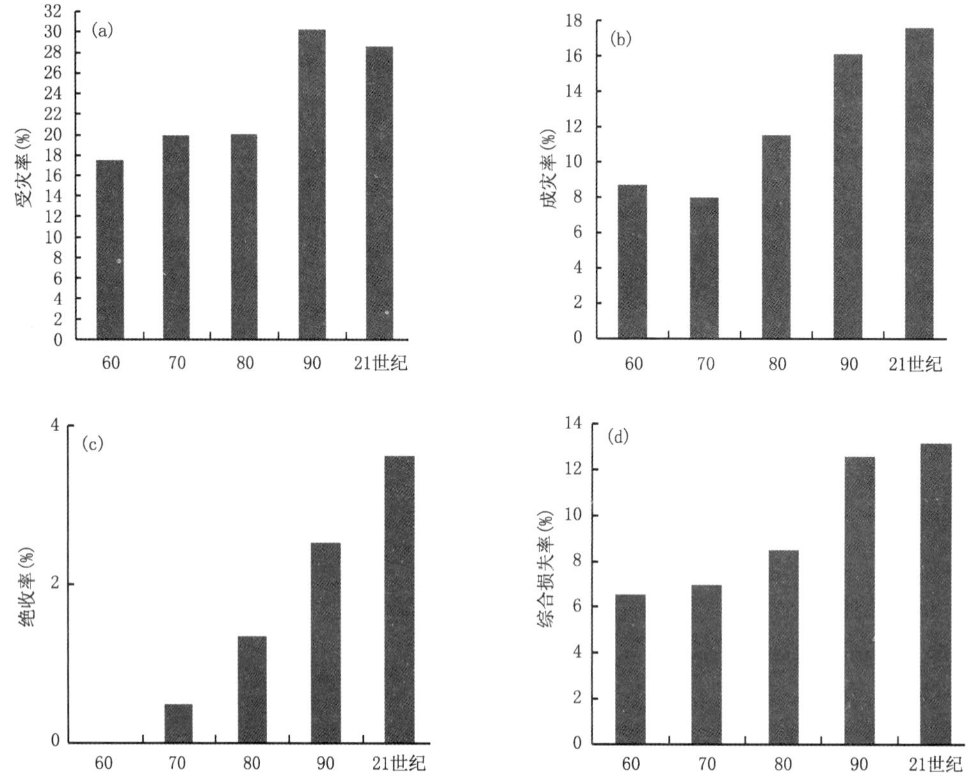

图 2.11　甘肃省农业干旱受灾率(a)、成灾率(b)、绝收率(c)和综合损失率(d)年代变化

地区降水量在 420～500 mm，干旱发生亦较为频繁；中南部地区年降水量为 500～600 mm，作物生长期间光、温、水匹配相对较好，干旱影响相对较轻，是陇东地区农业生产最佳区域；东南部子午岭林区和西南部的关山林区降水量在 600 mm 左右，干旱影响相对较轻，但由于是阴湿山区，热量条件较差，更适于发展林业和中药材种植。

由于降水时段分布不均，陇东一年四季均可发生干旱。根据出现季节不同，陇东干旱可分为春旱、伏旱、春末初夏旱、初秋旱、秋旱、冬旱，其中以春旱、伏旱发生最为频繁，时间最长，成灾最重。该区冬小麦、春玉米种植面积占耕地面积的 50%以上。由于受干旱影响，该地区农作物产量年际间波动较大，给这一地区农业生产带来很大威胁。

杨小利等(2010)利用陇东 15 个县(区)1965—2000 年的冬小麦、春玉米产量资料，计算了其减产率，并将减产率分为 4 个等级：－10%～－5%，－20%～－10%，－30%～－20%，＜－30%，分别对应轻旱、中旱、重旱、特旱等 4 种强度的干旱。通过统计各县(区)1965—2000 年冬小麦和春玉米在不同强度干旱等级下的平均减产率及不同强度干旱等级减产的出现频率表明，大多数地方冬小麦和春玉米减产率大于 5%的年份在 40%以上，其中多数县(区)减产率大于 20%的年份分别超过 20%和 14%。

作物生育期间所需水分主要来自于生育期内降水，考虑作物生长与生长时段内水供需满足程度密切相关，可选择作物缺水指数 D_w 作为干旱指标，D_w 为生育期内可供水量与作物需水量的差额部分占作物需水量的百分率：

$$D_w = \frac{W - W_r}{W_r} \times 100\% \tag{2.10}$$

式中：D_w 为某一时段作物缺水指数(%)；W 为某一时段内作物可供水总水量(mm)；W_r 为同期作物需水量(mm)。全生育期降水量可作为陇东作物可供水量 W，作物需水量以全生育期最大作物需水量 ET_m(mm)表示：

$$ET_m = k_c \times ET_0 \tag{2.11}$$

式中：ET_0 为潜在蒸散量，利用 Penman-Monteith 公式计算；k_c 为作物系数，FAO 根据世界不同地区的大量试验确定了不同作物不同生长阶段的 k_c 值，在取值时将作物生长发育期划分为相应的 4 个发育阶段，即 k_c 初、k_c 初—k_c 中、k_c 中—k_c 末、k_c 末。不同作物可根据其需水规律划分为 4 个相应的发育阶段，如小麦分为苗期—返青、返青—开花、开花—乳熟、乳熟—成熟，玉米分为播种—出苗、出苗—抽雄、抽雄—乳熟、乳熟—成熟，通过插值法得到作物在不同生育时期的 k_c 值。作物全生育期需水量可由各生育阶段的需水量值累加得到，即：

$$ET_m = \sum_{i=1}^{n} ET_{mi} \tag{2.12}$$

式中：i 为第 i 个发育期，n 为全生育期所含发育期个数。

根据造成陇东作物不同强度减产所对应的 D_w 值，确定作物全生育期的干旱强度指标（见表 2.3），并可统计计算得到陇东各县不同等级干旱发生频率（见表 2.4、表 2.5）。

表 2.3　陇东冬小麦、春玉米全生育期干旱强度指标

干旱等级	轻度	中度	重度	极重
小麦缺水指数 D_w	0.15～0.3	0.31～0.45	0.46～0.55	>0.55
玉米缺水指数 D_w	0.10～0.25	0.26～0.35	0.36～0.45	>0.45

表 2.4　陇东冬小麦不同等级干旱发生频率

地区	崆峒	华亭	泾川	灵台	崇信	静宁	庄浪	西峰	庆阳	镇原	宁县	正宁	合水	华池	环县
轻旱	0.22	0.22	0.25	0.19	0.23	0.14	0.39	0.19	0.28	0.19	0.33	0.39	0.19	0.20	0.06
中旱	0.33	0.14	0.25	0.25	0.31	0.31	0.33	0.39	0.31	0.31	0.25	0.22	0.38	0.17	0.22
重旱	0.25	0.17	0.08	0.11	0.20	0.33	0.14	0.14	0.19	0.25	0.08	0.06	0.09	0.31	0.11
极旱	0.11	0.00	0.17	0.00	0.09	0.17	0.03	0.08	0.17	0.11	0.03	0.03	0.03	0.23	0.56
合计	0.92	0.53	0.75	0.56	0.83	0.94	0.89	0.81	0.94	0.86	0.69	0.69	0.69	0.91	0.94

表 2.5　陇东春玉米不同等级干旱发生频率

地区	崆峒	华亭	泾川	灵台	崇信	静宁	庄浪	西峰	环县	华池	庆城	合水	镇原	宁县	正宁
轻旱	0.23	0.17	0.20	0.20	0.26	0.17	0.11	0.11	0.17	0.09	0.17	0.13	0.11	0.26	0.20
中旱	0.11	0.17	0.20	0.09	0.09	0.14	0.14	0.14	0.14	0.09	0.09	0.19	0.17	0.09	0.14
重旱	0.09	0.00	0.09	0.06	0.15	0.20	0.11	0.11	0.23	0.15	0.14	0.06	0.20	0.09	0.03
极旱	0.11	0.00	0.06	0.06	0.06	0.09	0.03	0.09	0.26	0.06	0.14	0.00	0.03	0.06	0.00
合计	0.54	0.34	0.54	0.40	0.56	0.60	0.40	0.46	0.80	0.38	0.54	0.39	0.51	0.49	0.37

陇东各县(区)冬小麦全生育期发生各类干旱的频率为53%～94%,其中崆峒、静宁、庆城、华池、环县的发生频率在90%以上,发生频率最低的华亭为53%,重旱以上干旱发生频率大于等于20%以上的有8个县,其中环县高达67%;玉米全生育期发生各类干旱的频率低于冬小麦,为34%～80%,发生频率大于等于50%的有7个县(区),其中环县最高达80%,华亭最低为34%,重旱以上干旱发生频率大于等于20%的有7个县,其中环县高达49%。可见,陇东冬小麦、玉米生育期间多数县(区)干旱频繁发生,且重旱、极旱占到相当大的比例,陇东北部的环县紧邻毛乌素沙漠,是陇东地区干旱发生最多,重旱、极旱出现频率最高的地方(见表2.4、表2.5)。

从陇东主要农作物产量灾损角度出发,利用作物产量资料和气象资料,对历史干旱灾损情况(干旱分布、干旱发生强度和频率、干旱灾损分布)、受灾体种植面积比例和当地产量水平等方面进行综合分析,计算得出陇东各县(区)冬小麦、春玉米全生育期的干旱灾损率。

定义干旱灾害造成产量损失的风险率即干旱灾损率与不同干旱等级下的减产率强度及其发生频率有关,可表示为某一作物全生育期不同等级干旱的发生频率及其对应的减产率的乘积之和,即:

$$Q = \sum_{i=1}^{n} J_i \cdot P_i \tag{2.13}$$

式中:Q为干旱灾损率(%),J_i为第i种干旱下的平均减产率(%),P_i为第i种干旱出现的频率(%),n为干旱等级总数即4。

农业干旱的受灾体(或承灾体)为各种作物。干旱灾害造成的损失程度与不同作物的种植面积有关,作物种植面积越大,受灾体密度越大即暴露度越高,发生干旱时的损失也越大。可以以某一作物种植面积占耕地面积的比例表示受灾体种植面积比。计算表明,陇东地区冬小麦种植面积比除华亭、崇信、静宁、庄浪、镇原、宁县外,均在40%以上,其中华池最大(55.6%),宁县最小(29.2%);春玉米种植面积比除静宁、庆城、宁县、环县外,均在12%以上,其中华亭最大(25.8%),环县最小(7.4%)。各地冬小麦种植面积远大于春玉米,是最主要的农作物。

冬小麦干旱灾损率呈现由南向北及自西向东增加的分布趋势,干旱灾损率最大值出现在环县北部(大于30%),最小值则出现在关山南部及子午岭东部区域(小于10%),中部多数区域干旱灾损率为10%～20%(图2.12)。春玉米干旱灾损率总体虽小于冬小麦,但地理分布也呈现出相似的由南向北增加的趋势;最大值仍在环县(大于20%);华亭南部、正宁、宁县、合水的东部等灾损率小于5%,其余县(区)为5%～20%(图2.13)。干旱灾损率分布与降水量分布趋势大致相同。

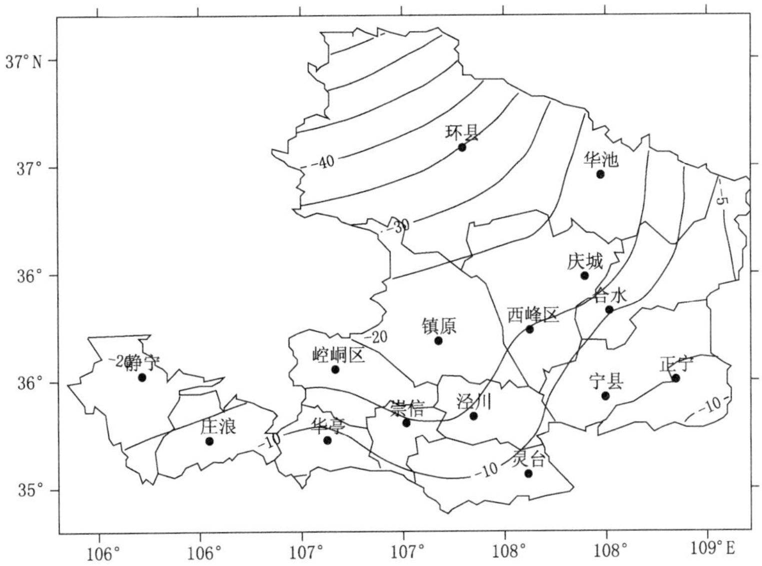

图 2.12　陇东冬小麦灾损率分布(%)

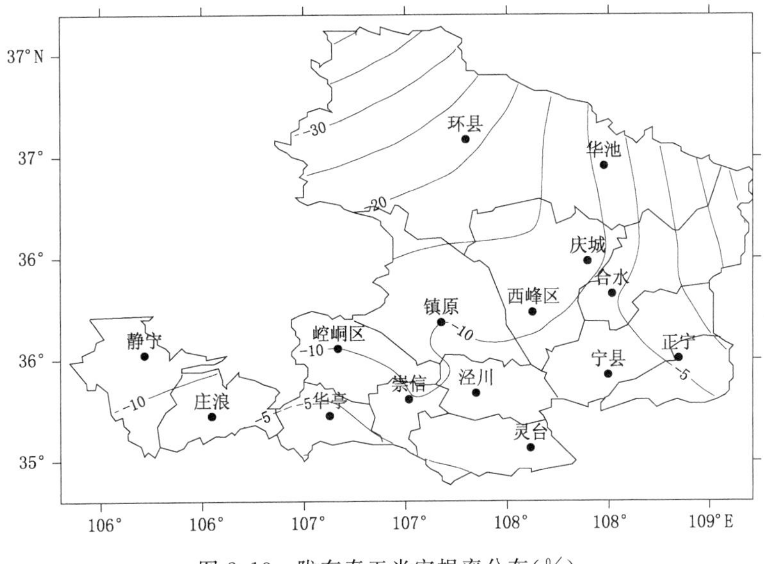

图 2.13　陇东春玉米灾损率分布(%)

第 3 章　干旱灾害传递链

许多自然灾害发生之后，常常会诱发一连串的次生灾害，这种现象称为灾害链。史培军(1991)将灾害链定义为由某一种致灾因子或生态环境变化引发的一系列灾害现象。严重灾害的发生往往都会伴随着灾害链现象的发生，从而加大灾害的致灾力，承灾体脆弱性也会累积加大。对于干旱灾害来说，灾害链实质上就是由干旱本身的降水短缺以及由此引发的一连串的灾害共同构成的。干旱灾害链的特点表现为逐渐发生、破坏缓慢而长久或较久，作用的范围相对静止(区别于台风灾区的移动性)(文传甲，1994)。由于原发灾害与次生灾害之间存在灾变链式演化的关系，最终表现为一地多灾的特点，进而影响到生态安全和水安全。因此，了解干旱灾害链的发生、发展和转变的过程，可以为预防次生灾害提供一定的依据。

3.1　干旱灾害传递特征

在国际上，通常将干旱分为 4 类：气象干旱、农业干旱、水文干旱和社会经济干旱。张强等(2014)认为，如果再详细一些，还应该加上生态干旱。它虽然与农业干旱类似，但又区别于农业干旱。在加强生态文明建设的今天，把生态干旱分离出来是十分必要的。气象干旱实际上主要反映了降雨强度及其概率特征，而农业干旱、生态干旱、水文干旱和社会经济干旱则分别表征了气象干旱对农业、生态、水资源和社会经济活动的影响程度。

从本质上讲，这 5 类干旱并不是相互独立的，它们反映的是从干旱发生到产生灾害或影响的链状传递过程，不同类型的干旱实际上就是干旱传递到不同阶段的具体表现。即使出现了气象干旱，如果不再向下传递也不一定会发生农业干旱、生态干旱、水文干旱和社会经济干旱。任何单一干旱类型只是从不同侧面描述了干旱的发展特点，并不能全面反映干旱灾害特征(张强等，2011；涂长望等，1944；李茂松等，2003；顾颖等，2010)。

如图 3.1 所示，当气象干旱发生后，在合适的条件下，会向农业干旱、生态干旱和水文干旱并行传递，当农业干旱、生态干旱和水文干旱发展到一定程度后又会向社会经济干旱传递。农业干旱、生态干旱和水文干旱一般是并行发展的。但在依靠河流或水库灌溉的地区，水文干旱可能要更早一些，它发生后再向农业干旱和生态干旱传递。而且，农业干旱、生态干旱、水文干旱的内部也存在明显的传递过程(Wilhite 等，1985)。如农业干旱内部是最先由土壤干旱传递到作物生理干旱，再由作物生理干旱传递到作物生态干旱，最后由作物生态干旱传递到作物产量形成；生态干旱内部也有类似的传递过程；而水文干旱内部则最先由积雪干旱传递到冰川干旱，再由冰川和积雪干旱传递到河流干旱，由河流干旱传递到水库干旱，最后由水库干旱传递到水资源减少。当然，在较小流域，水文干旱内部不一定要经过冰川和积雪干旱的传递过程，可最先直接由河流干旱传递到水库干旱，再由水库干旱传递到水资源减少。对农业干旱和生

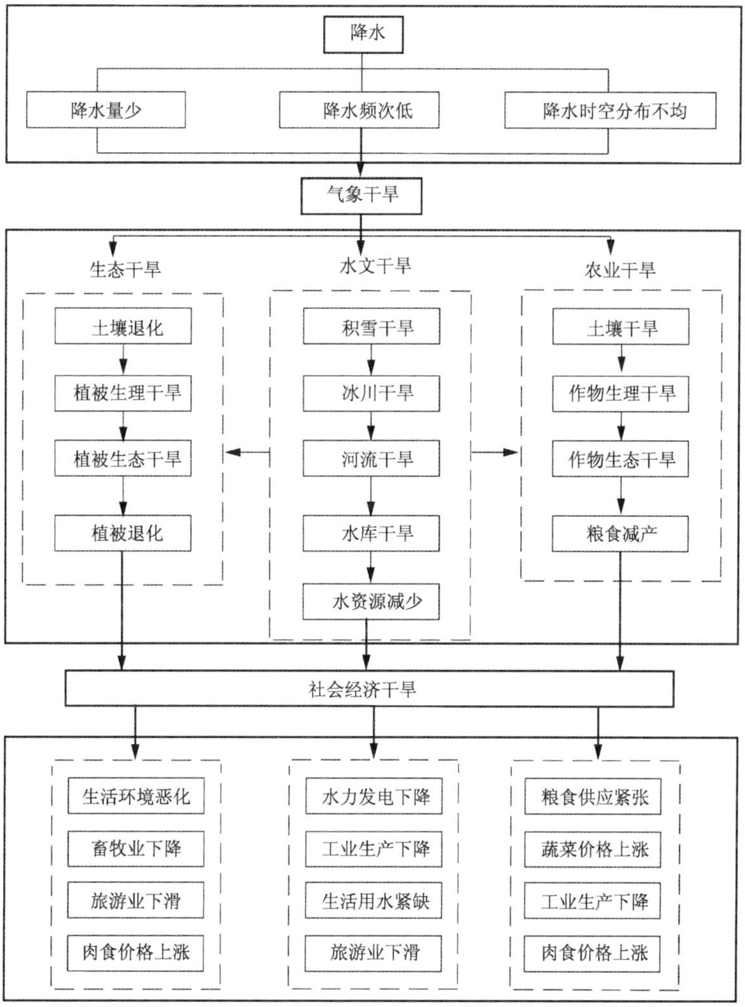

图 3.1　干旱的传递过程及其相互作用(引自张强等,2014)

态干旱而言,如果干旱在传递到作物生理干旱或植被生理干旱之前就缓解,基本上对作物机体没有实质性破坏,不会有本质性灾害影响。但如果传递到作物或植被生理干旱阶段,灾害影响就成为必然,而且越往后传递灾害的影响越难以逆转(吴绍洪等,2011;Young,1984;唐明,2008;William 等,1982;King 等,1984;Huang 等,1998)。

正是由于干旱灾害的这种逐阶传递性特征,原则上可以根据干旱的传递规律对干旱灾害进行早期预警。具体而言,可以由气象干旱监测对农业干旱、生态干旱和水文干旱进行早期预警,由农业干旱、生态干旱和水文干旱监测对社会经济干旱进行早期预警。在一定程度上,还可以通过水文干旱监测对农业干旱和生态干旱进行早期预警。而且,还可以根据农业干旱、生态干旱和水文干旱内部的发展规律,通过监测其内部的前期发展阶段来进行早期预警。比如,在农业干旱内部,可以通过监测土壤干旱来预警作物生理干旱,由作物生理干旱监测来预警作物生态干旱,由作物生态干旱监测来预警作物产量损失。同样,在水文干旱内部,也可以由高山积雪监测来预警高山冰川干旱,由积雪和冰川监测来预警河流干旱,由河流流量监测来预警水库干旱，由水库和河流流量监测来预警水资源减少情况（Houghton 等，2001；Wilhite 等，1985）。

对干旱监测而言，不仅需要通过分析干旱程度和频率区分干旱的等级，还需要通过针对其影响的对象区分其类型和发展进程。气象干旱一般比较容易通过降水发生强度和频率区分其等级，而对农业干旱、生态干旱、水文干旱和社会经济干旱的概率和强度确定要复杂得多，需要对气象干旱影响农业、生态、水文和社会经济的特征和规律具有深刻认识。仅就农业干旱而言，其干旱影响程度不仅取决于降水量和降水期及气温环境，还取决于农业系统的脆弱性等干旱向下传递的环境条件（唐明，2008；William，1982，King 等，1984；Huang 等，1998；杨帅英等，2004；杨志勇等，2011；任鲁川，1999；Wilhite 等，1985）。

气候变化也额外增加了干旱问题的复杂性。首先，由于气候变暖对降水的影响，使衡量降水距平的参考态发生了改变，如正常降水量减少将会使干旱的降水量阈值降低。其次，由于气候变暖对降水量和温度的改变，改变了干旱发生的频率，极端干旱事件将会有所增加。第三，气候变化还使干旱传递所依赖的生态环境脆弱性等因素发生了改变，从而影响了气象干旱向农业干旱、生态干旱和水文干旱传递及发展的进程。一般而言，气候变暖会加快传递进程。第四，气候变化还使干旱分布格局发生改变，干旱灾害的分布范围有所扩展。第五，气候变暖会使干旱灾害发生的时间和地点不确定性增加，表现出许多反常的时间和空间分布特征，使其发生发展的规律更加难以把握。

3.2 农业干旱灾害传递

3.2.1 气象干旱向农业干旱的传递

农业干旱是指在农作物生长发育过程中，因降水不足、土壤含水量过低和作物得不到适时适量的灌溉，致使供水不能满足农作物的正常需水，而造成农作物减产。一般，农业干旱以土壤含水量和植物生长状态为特征，指农业生长季节内因长期无雨，造成大气干旱、土壤缺水，农作物生长发育受抑，导致明显减产，甚至绝收的一种农业气象灾害。影响农业干旱的主要因子包括：降水、土壤含水量、土壤质地、气温、作物品种和产量，以及干旱发生的季节等。

气象干旱是农业干旱的起因，如果没有气象干旱的发生，那么农业干旱也就无从谈起。气象干旱向农业干旱的传递如图 3.2 所示，当大气环流、水汽输送的异常引起某区域降水异常偏少，并发生气象干旱时，在陆-气水分、能量交换异常的条件下，又可引起土壤水分和热通量的变化，导致土壤水分亏缺，从而产生农业干旱。由于农业系统的水文条件不同，气象干旱向农业干旱传递的进程常常会有三种典型情况出现：(1)对雨养农业生态系统而言，水分储存的主要形式是根区附近土壤水分或临近的毛细上升水，它们只能帮助农作物或自然植被度过几周长的干旱期。所以，干旱向下传递得很快，仅短期气象干旱就会对农业和自然植被有致命的影响。(2)对有小型水库的灌溉农业生态系统而言，由于全年周期性水分蓄存的贡献，可以度过几个月的较长干旱期，即使在有效降雨结束后仍然可以使生长季节延长几周。所以，干旱向下传递得相对比较慢，短期气象干旱对农业和生态并无大碍。(3)对有大型水库或上游有大量冰川和积雪可以提供足够径流的农业生态系统而言，如果水库储存比较充分，一般只有历史罕见

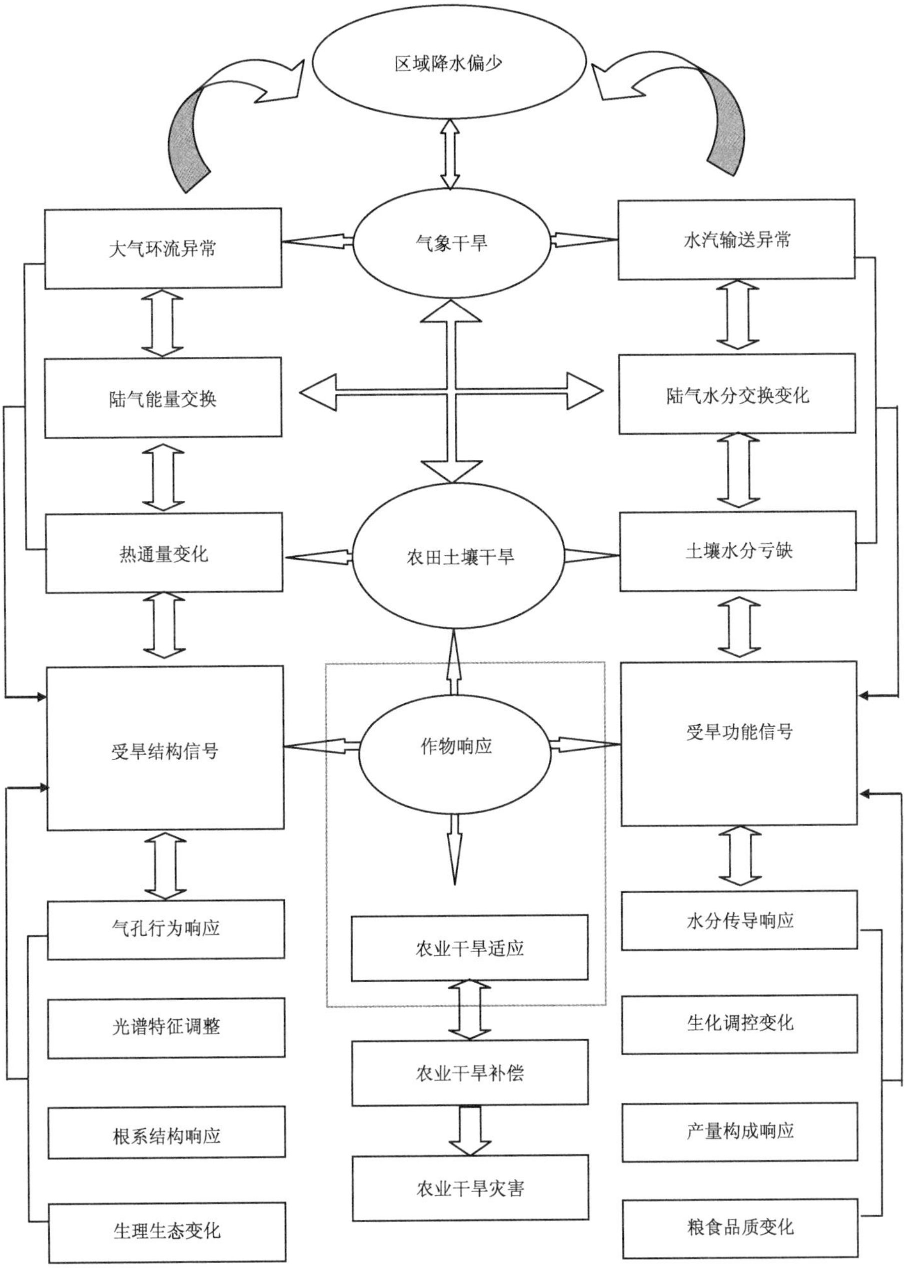

图 3.2 气象干旱向农业干旱的传递及致灾过程

的多年连续干旱才会对农业生产产生本质的影响。所以，气象干旱向下传递得更慢，即使连续几年的气象干旱也可能不会产生显著灾害。这主要是由于水库或冰雪的储水深度比平均年蒸发量要大好几倍，从而使跨年水分储存贡献占据主导地位，西北干旱区绿洲农业生态系统实际上就属于这种情况（哲伦，2010；朱增勇等，2009；Neelin 等，2006；Sheffield 等，2008；Feyen 等，2009；Tol 等，1999；Bohle 等，1994）。

可见，对旱作农业系统即雨养农业系统而言，几个关键时期的降雨量及作物生长季节的第一场透雨可能就是干旱是否发展的关键（Wilhite 等，1985）。但对于灌溉农业系统而言，生长季节前几个月或几年的长期降雨量及农业系统存储水分的时间长度可能才是干旱是否发展的关键;对畜牧系统或草原生态系统而言,放牧周期的关键时段降水及所能动用的土壤水分可能才是干旱是否发展的关键;而对森林生态系统而言,几年的长期降雨量及地下水埋深可能才是干旱是否发展的关键。

同时,由于干旱影响对象的生理结构和生态特征不同,其传递的时间进程也会有很大不同。对有些水分依赖性较强且根系较浅的植被来说,可能短期的气象干旱就会表现出显著影响;而对有些水分依赖性不太强的植被来说,较长期的气象干旱也不会有太大影响;甚至对有些根系很发达的植被来说,比如有些树木,由于能够有效利用地下水,对气象干旱并不太敏感,反而对地下水位降低等水文干旱更敏感(吴绍洪等,2011)。

3.2.2 农业干旱传递的过程特征

当气象干旱传递到农业干旱时,干旱缺水会引起植物水分胁迫。植物受到水分胁迫后,被迫做出一系列的生理生态响应,通过生理生态调整和变化,来适应这种水分的亏缺,但如果这种水分的亏缺超过了植物生理生态阈值,将导致农业干旱灾害的发生,其致灾过程由图 3.2 可见,其中,水分胁迫对植物代谢的影响具体表现为:细胞伸长生长对水分反应敏感,当植物水分亏缺时,细胞膨压降低导致细胞伸长生长受阻,因而叶片较小,光合面积减小,随着胁迫程度的增强,水势明显降低,细胞内脱落酸(abscisic acid,ABA)含量增高,使净光合率亦随之下降,另一方面,水分亏缺时细胞合成过程减弱而水解过程加强,淀粉水解为糖,蛋白质水解形成氨基酸,水解产物又在呼吸中消耗;水分亏缺初期由于细胞内淀粉、蛋白质等水解产物增加,呼吸底物增加,促进了呼吸,时间稍长,呼吸底物减少,呼吸速度相应降低,形成无效呼吸,导致正常代谢进程紊乱,代谢失调。

在正常情况下,由于细胞膜结构的存在,植物细胞内有一定的区域化,不同的代谢过程在不同的部位进行而彼此又相互联系,由于水分胁迫引起植物脱水,导致细胞膜结构破坏,就会引起代谢紊乱。

不同植物或品种对水分胁迫的反应不同。旱生植物长期生活在干旱环境中,在生理或形态上具有一定的适应特性。如植物具有强大的根系,蒸腾量高时,可吸收深层土中的水分,这是一种积极的抗旱方式。另外,如植物的角质层发达可避免水分过多散失,或气孔夜开昼闭等以避免水分散失。如仙人掌,白天气孔关闭减少水分消耗量,夜间气孔张开,吸收 CO_2 并固定于苹果酸中,白天又释放出 CO_2 用于光合作用。栽培植物的抗旱性虽不及旱生植物,但其不同植物或品种之间对水分胁迫的敏感性亦很不同,一般 C_4 植物比 C_3 植物的水分利用率高,抗旱性亦较强,C_4 植物中高粱的抗旱性又比玉米强。在水分亏缺时,高粱叶片中的 ABA 含量明显低于玉米,干旱后复水,高粱亦较玉米易于恢复正常。

3.3 干旱灾害链特征

3.3.1 自然灾害链与干旱灾害链

我国自然灾害的发生在空间上常常呈现出不同的特征,这与我国地域辽阔、地形地貌特征多样、各地气候差异大息息相关。灾害发生的特点可表现为一地多灾，即在同一地区多种灾害并存，如干旱—火灾—植被退化—生存环境恶化，暴雨—山洪—滑坡—泥石流；亦可表现为多地同灾，即在不同地区发生相同的自然灾害，如同一时期发生的各地大范围干旱；或可表现为异地异灾，即不同地区同时发生不同的自然灾害，如同一时期发生的南涝北旱或北涝南旱（王劲松等，2015）。

自然灾害通常是遵循灾害链形式演变发展的成灾规律。在自然灾害链的研究中，史培军（1991）定义了 4 种常见的灾害链：台风—暴雨灾害链、寒潮灾害链、干旱灾害链和地震灾害链。也有研究将自然灾害链分为三大类：地质灾害链、气象灾害链和地质—气象灾害链，其中将干旱灾害链归入地质—气象灾害链中（Xu 等，2014）。

干旱灾害链是由干旱本身的降水短缺以及由此引发的一连串的次生灾害共同构成的。通常表现为一地多灾的特点，影响我国粮食安全、生态安全和水安全。在前人已有的干旱灾害链的研究中，多以地震与干旱的关系为研究对象，探讨了地震与干旱之间的长时间尺度的关系，强调了地热的传播及其对局地气象要素的影响，从而改变局地大气环流，造成降水的改变，但单独对干旱灾害链进行研究的较少。然而，一旦干旱灾害链形成，如果灾能在传递过程中被放大，那么承灾体的脆弱性将会累积加重。了解干旱灾害引发的次生灾害，搞清干旱灾害链的形成、发展及如何采取适当的断链处理，对提高干旱防灾减灾能力有积极的指导作用。

3.3.2　南方干旱灾害链

从我国旱涝分布的特征来看，干旱发生的主要区域在北方，而南方表现出的是旱涝并存的特征，这样的旱涝分布格局使得以往的干旱研究主要集中在北方。但是，就南方出现重大干旱的年数占全国出现重大干旱的年数的百分比来看，1951—1990 年、1991—2000 年和 2001—2012 年分别是 37.5％、60％和 100％（姚玉璧等，2013），可见近年来我国南方干旱的发生呈显著的上升趋势。这里以近年来干旱易发区的西南和华南为案例区，来分析干旱灾害链的特征。

3.3.2.1　影响干旱灾害链的主要因子

根据灾害链效应，旱灾除了呈现缺水状态的直接灾害外，其更大的危害还表现在灾害下传引起次级灾害的发生，即由旱灾衍生出的间接灾害，如病虫害（包括草地、作物、森林病虫害）、土壤退化（包括森林、草地退化及盐碱化）、石漠化、森林火灾等。若旱灾导致人畜饮水困难，必然对地下水过度开采，又可诱发地质灾害，如地表塌陷、海水入侵等。

前文所述的气象干旱、农业干旱、水文干旱、社会经济干旱，以及生态干旱之间的传递，表征了不同类别之间干旱的传递，反映的是从干旱发生到产生灾害或影响的链状传递过程，在一定程度上就是干旱灾害链在宏观层面上的表现，而干旱灾害链则可以理解成是更为具体明晰地指明旱灾直接作用的对象（承灾体），因此分析干旱灾害链各链条上的特征和传递特点，可以采取必要的措施和手段，通过断链处理，阻止干旱灾害的进一步发展。

干旱灾害链的形成，与受灾地区的自然条件（孕灾环境）、人口密度、经济条件等有密切的关系。

一个地区的孕灾环境是由当地的气候背景、下垫面状况、地貌类型、土壤类型、河网分布等要素构成，它是干旱链状传递的环境条件，可以起到放大或缩减干旱灾害损失或其影响的作用。各地由于气候背景、下垫面状况、地貌和土壤类型、河网分布等不同，其孕灾环境也很不相同。但就同在我国南方的西南和华南两个区域而言，其孕灾环境差异就比较明显。

从气候背景来看，平均年降水量、年平均温度、年平均相对湿度从华南到西南是减少的。平均年降水量以 1200 mm 为界，华南的平均年降水量＞1200 mm，而西南地区均在 1200 mm 以下。年平均温度以 20℃为界，华南＞20℃，而西南＜20℃（除云南南部）。年平均相对湿度除四川西部、云南西北部＜70％，其余地方均＞70％。可见，降水量和温度的空间分布，西南和华南有明显的区别，而相对湿度在西南和华南的区别不大。总体看来，西南和华南的气候背景有较大的差异。

从下垫面状况来看，华南的城镇、工矿、居民用地所占比例远高于西南地区；耕地在华南主要以水田为主，而在西南则主要以旱地为主。西南和华南下垫面状况的差异较大。

地貌类型可划分为丘陵、平原、台地和山地 4 种基本形态。以华南和西南各区域某种类型地貌的面积占该区域总面积的比例来看，丘陵、平原和台地主要分布在华南，而西南这 3 种类型地貌的分布面积较小。山地则主要分布在西南，而华南仅有部分低山分布。

从土壤类型的分布来看，棕壤和岩性土主要分布在西南的四川大部、重庆、云南北部、贵州北部，在华南分布极少。水稻土、红壤和石灰土在西南和华南均有分布，相比较而言，红壤在华南分布最广，在西南分布相对较少；石灰土主要分布在西南的贵州和云南东部，以及华南的广西西部和北部。可见，西南和华南的土壤类型有较为明显的区别，西南主要为棕壤、岩性土、水稻土和石灰土，华南主要为红壤和水稻土。从不同土壤的特性来看，西南地区土壤的抗旱力比华南地区土壤的抗旱力要弱。另外，西南地区典型的喀斯特地貌，使得该区域土层较薄，雨水容易形成径流和渗透，因此，较之华南地区，在相同的气象干旱等级情况下，西南干旱更容易发生，受灾程度更加严重。

从河网分布来看，西南境内为西南水系，受西南季风影响，降雨量集中在夏秋两季，春季较为干旱。华南境内为珠江水系，处于亚热带季风气候区，终年温暖多雨，流域内水量丰盈，是中国河网密度最大的地区，大部分地区年径流深度在 800 mm 以上，境内多春雨，夏秋又多台风，使得河流汛期较长（黄锡荃等，1995）。

从人口密度和经济条件方面来看，人口密度较大的区域主要集中在广东西南部和沿海地区，广西南部以及四川盆地；经济发展水平较高的区域主要位于广东省、广西东部和南部、以及四川盆地。总体看来，华南地区的人口密度和经济水平均高于西南地区。

从上述分析来看，影响西南和华南地区干旱灾害链的因子存在较大的差异，这是造成 2 个地区干旱灾害链不同的原因。另外，通过专家打分和层次分析法相结合的方法对上述因子分析得出（王莺等，2015），气候背景对干旱风险的影响最大，决定着干旱灾害风险的空间分布状况，地貌和土壤类型等在一定程度上仅起到放大或缩小干旱风险的作用。

3.3.2.2　干旱灾害链的形成

灾害链产生的原因是由于原生灾害能量的传递、转化、再分配和对周围环境的影响，导致在原生灾害活动的同时或以后，发生一种或多种次生灾害。分析表明，西南和华南两个地区的干旱孕灾环境、人口密度、经济条件均有差别，这些与干旱灾害链形成密切相关的因素的差异必然会造成这两个地区的干旱灾害链的不同。

根据历史资料对西南和华南各省（区、市）干旱事实的描述，以某季有旱，且有 4 个以上省份（区、市）存在重度以上干旱为标准，梳理出 1961—2011 年间西南和华南地区较严重的干旱事件，同时普查历史资料记载的西南和华南干旱期干旱状况及其影响和危害，并参考相关文献的研究成果，发现全国森林火灾最严重的地区集中在云南、广西、贵州，主要由于这些地区冬春季气候干燥，一般在干旱年火灾较多，造成森林火灾严重。森林火灾除直接危害林业发展外，还同时破坏生态环境，而火灾造成的植被退化等问题又反过来会恶化孕灾环境，从而加剧旱灾等。如西南地区 2009 年秋季到 2010 年春季的特大旱灾期间，仅贵州省就发生了 1000 多起森林火灾。

干旱随着其程度的加重，通常会引起人畜饮水困难，在库存水不充足的情况下，人们通常会开采地下水来满足基本生活需求，但过量开采往往使可利用水资源减少，破坏淡水资源，严重的还可导致地表水萎缩，地下水位大幅度下降，并造成地面沉降、地表塌陷，甚至造成沿海地区海水入侵等灾害，从而又进一步加剧水资源供需矛盾。长期严重干旱会导致水源卫生差，还可引起疫病的发生和传播。干旱使得降雨量不能满足牧草对水分的需求，牧草长势差，从而畜牧养殖业又会出现饲草不足的现象。干旱还常常使某些农作物病虫害加剧。严重的干旱使土地质量下降，生态环境恶化，造成财产损失和生命损失，影响人民生活和工农业生产活动。程建刚等(2009)的研究表明，干旱灾害可造成农作物栽播困难、粮食经济作物失收、引发森林火灾、农林病虫危害、库塘干涸、水力发电量骤降、人畜饮水告急、城市供水不足等问题，从而造成重大经济损失。2009 年秋季以来，西南地区遭受特大秋冬连旱，以云南、贵州为主要受灾地区的夏收粮油作物生长和春播生产受到严重影响，给当地人畜饮水造成了严重困难(徐玲玲等，2010)。

3.3.2.3　西南和华南干旱灾害链的特征

通过对已有资料和研究成果的整理和归类，可以综合分析得出西南和华南地区的干旱灾害链，如[彩]图 3.3 所示。

不管是西南还是华南地区，假如在没有任何干预的情况下，即如果没有采取相应的灾害链的断链处理，那么干旱灾害通过链状形式的传递，最终都将造成生存环境的恶化和经济损失的加剧。无论上述哪一个区域，对不同承灾体而言，其灾害下传阈值都是不同的，如航运，在中度干旱就可下传影响，森林火灾、病虫害和水力发电量降低在重度干旱时才可能下传影响，而土壤退化则要在特大干旱时才能下传。但从干旱灾害链条上的干旱传递过程来看，西南和华南有明显差异，即干旱灾害传递具有明显的区域性特征。西南在轻度气象干旱时就会引起作物干旱，而华南则要在中度气象干旱时才会下传到作物干旱；西南在中度气象干旱时就会引起诸如人畜饮水困难和牲畜饲草料不足等的问题，而华南则要在重度气象干旱时才会下传产生影响。

中国广大的喀斯特地貌主要分布在亚热带的西南地区，尤其以贵州省最为突出。干旱对贵州典型喀斯特石漠化地区生态环境的影响更为明显。研究表明(刘孝富等，2012)，干旱可增加石漠化敏感性，受旱灾影响程度越深，石漠化敏感性越明显。由干旱灾害加剧造成的石漠化问题对农业生产的影响，在西南地区要远比华南地区严重。如贵州省 2009 年秋到 2010 年春的三季连旱的特大旱灾，给贵州石漠化面积的扩大带来了深远的影响。[彩]图 3.3 也显示了由于孕灾环境的差异，西南在重度气象干旱时可引起部分区域的石漠化现象，而华南则除了桂北以外，其他大部分地区出现石漠化的概率很小。

另外，华南为沿海地区，经济发达，而西南处于内陆地区，长期以来生产方式相对落后，社会生产、经济活动对自然因素的依赖较大，故对自然灾害的承受力较弱，其中农业干旱灾害的风险最大。尤其云南和贵州，由于云贵高原自然环境复杂，农业基础较差，抗御自然灾害的能力更为薄弱，干旱灾害风险更加突出。

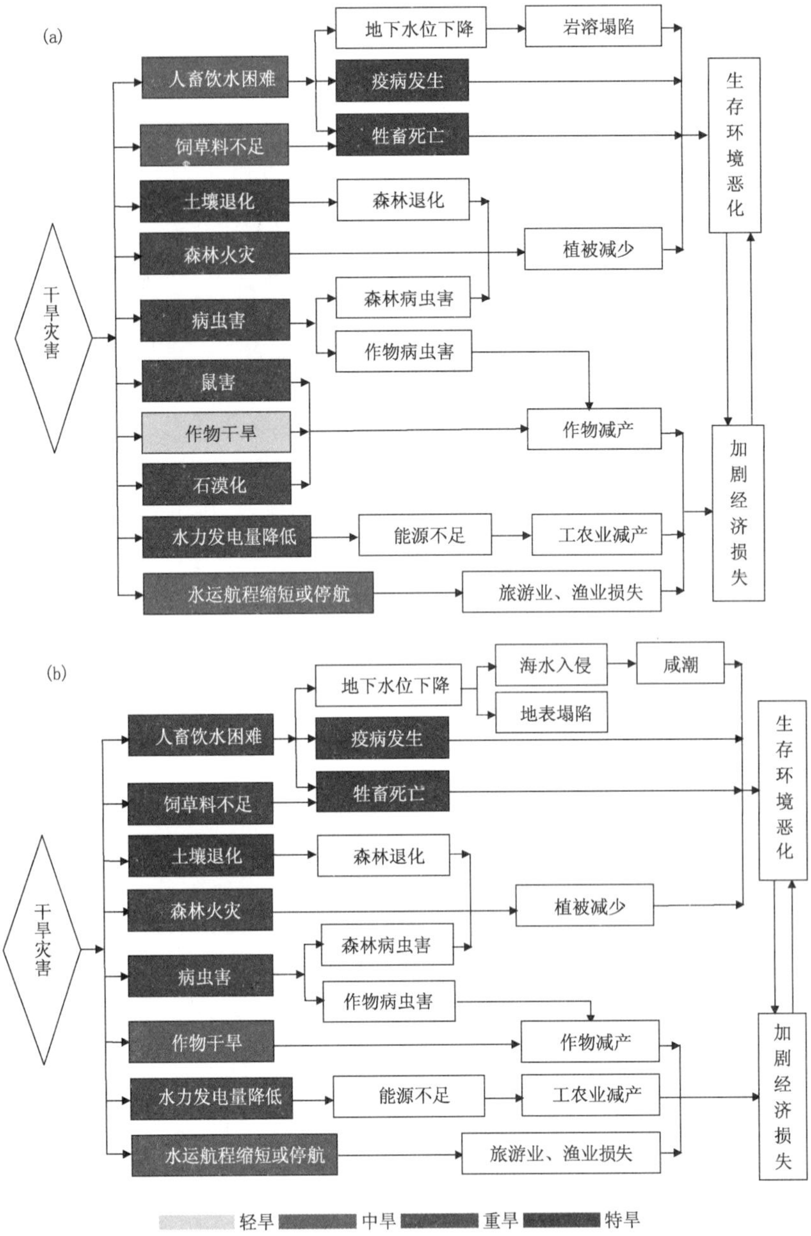

图 3.3　干旱灾害链(色标表示达到此等级干旱,旱灾可影响到相应的承灾体)(引自王劲松等,2015)
(a)西南;(b)华南

综上所述,在遭受同样严重程度干旱的情况下,西南受到的旱灾影响要大于华南。灾害链的传递特征也体现了这一点,即西南和华南在相同干旱程度下,通过链条传递过程,西南地区干旱的影响强度更加突出。

第 4 章　干旱灾害风险与风险评估

在全球气候变化背景下，干旱等极端天气气候事件明显增加，强度呈现出加重趋势。中国是全球干旱灾害频发的国家之一，干旱灾害范围广、频次高、造成的损失也最严重。随着干旱等气象灾害事件频发，干旱灾害等自然灾害风险明显加剧，对社会发展和社会安全均带来了巨大挑战。如何加强干旱灾害的风险评估和风险管理，是政府决策部门面对的难题。

4.1　干旱灾害风险的内涵

风险这一概念最早出现在 19 世纪末，是由西方经济学家在经济学领域中提出的，指从事某项活动结果的不确定性。20 世纪中期，该概念逐步引入到自然灾害学和社会学等众多领域。韦伯字典将风险定义为面临着伤害或损失的可能性；Wilson 等(1987)在《Science》上发表的文章中将风险描述为不确定性，定义为期望值；也有学者强调风险有两个组成部分，即不利事件的发生概率和不利事件的后果(章国材，2012)。虽然对于“风险”目前仍没有一个统一的定义，但其基本意义是相同或相近的，都具有“损失”的“可能性(期望值)”这样的关键词，因此，可将风险(Risk)定义为：不利事件造成损失的可能性(期望值)。

IPCC(2012)在“管理极端事件和灾害风险、推进气候变化适应特别报告”中指出，灾害风险是指在某个特定时期由于危害性自然事件造成某个社区或社会的正常运行出现剧烈改变的可能性，这些事件与各种脆弱性的社会条件相互作用，最终导致大范围不利的人类、物质、经济或环境影响，需要立即做出应急响应，以满足危急人群的需要，而且也许需要外部援助方可恢复。

干旱灾害风险是指干旱的发生和发展对社会、经济及自然环境系统造成影响和危害的可能性。只有当干旱造成的影响和危害变成现实，风险才能转化为灾害。干旱灾害风险包括危险性(天气和气候事件)、暴露度、脆弱性(图 4.1)。

致灾因子的危险性是指造成干旱灾害的主要气象因子的变化特征和异常程度，例如天然降水的异常减少、蒸发量增大或气温的异常偏高等。一般认为干旱灾害风险随着致灾因子危险性的增大而增大，它是干旱灾害风险的控制因素。

承灾体的暴露度是指可能受到干旱缺水威胁的社会、经济和自然环境系统，具体包括农业、牧业、工业、城市、人类和生态环境等。地区暴露度越大，可能受到的潜在损失越大，风险也就越高。

脆弱性是指因各种自然因素与社会因素制约而造成的易于遭受干旱灾害损失和影响的性质。自然因素主要包括地形地貌特征、气候条件、水文条件等；社会因素主要包括社会经济发展水平、产业结构、农作物种植结构、基础灌溉设施建设、防旱保障体系建设以及人们的防旱抗旱意识强弱等。一般认为干旱灾害风险随着脆弱性的增加而增加。

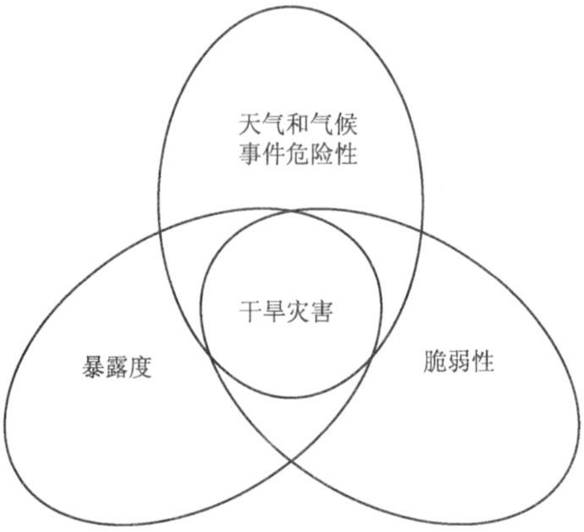

图 4.1　干旱灾害风险形成因素(引自 IPCC,2014)

4.2　干旱灾害风险评估

干旱灾害风险评估指对干旱灾害风险发生的强度和形式进行评定和估计。评估侧重于结果,可以通过观察外表或对有关参数进行测试来完成,也可以通过分析有关原因和过程,推导出结果。基于概率统计的评估属于观察外表的方法,系统分析方法属于推导方法。方法的选用主要基于拥有的数据资料和对干旱灾害相关知识的掌握程度来决定。这里需要注意的是干旱灾害评估和干旱灾害风险评估的不同。干旱灾害评估主要是指灾后影响评估,干旱灾害风险评估主要是对可能灾害风险的预评估,带有预测性质。

国外对自然灾害风险评估的研究始于 20 世纪 20 年代,最初的研究多局限于关注致灾因子发生的概率,即自然灾害发生的可能性(包括时间、强度等),而对自然灾害的脆弱性研究不多。但随着全球变暖和社会经济的迅猛发展,自然灾害对社会经济的影响以及人类对自然灾害的脆弱性在不断增强。20 世纪 70 年代以后,灾害风险评估发展为更加关注致灾因子作用的对象,与社会经济条件的分析结合起来,如 Brabb 等(1972)对 1970—2000 年美国加州 10 种自然灾害损失的风险评估。20 世纪 90 年代,自然灾害风险评估又进一步考虑了孕灾环境的敏感性,从这一时期开始,灾害风险评估转变为包括致灾因子、敏感性和暴露度(脆弱性)的分析及其它们之间的相互作用分析。Hayes 等(2004)具体给出了致灾因子危险性、孕灾环境敏感性和承灾体脆弱性三因素在干旱灾害风险评估中的分析方法。

国内在干旱灾害风险评估研究方面开展了干旱对农作物影响的风险评估工作,从干旱灾害发生的孕灾环境、灾害发生的可能性以及承灾体的暴露度三个方面,建立了干旱灾害风险评估的数学模型;对干旱区的水资源安全及其风险进行了评估。

干旱灾害风险分析是干旱风险科学的核心问题,是干旱灾害风险评估和管理的基础。其分析原理是从干旱灾害风险系统最基本的元素着手,对各元素进行量化分析和组合,以反映干旱灾害风险的全貌。

从灾害学和自然灾害风险形成机制的角度出发，政府间气候变化专门委员会第五次评估报告(IPCC,2014)又提出了一种灾害风险形成关系(图 4.2)。

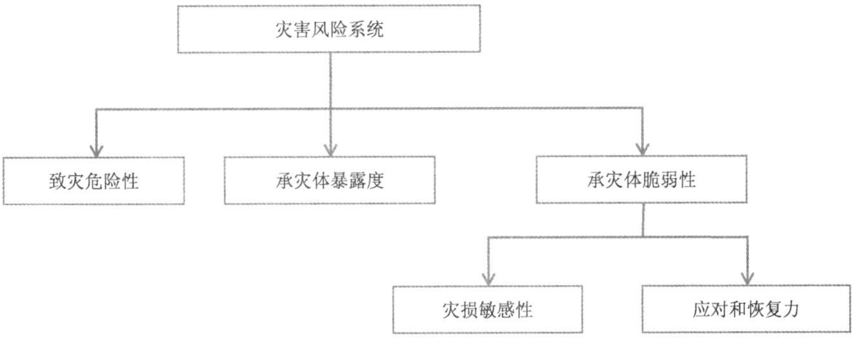

图 4.2　灾害风险系统图(引自 IPCC,2014)

干旱灾害风险评估方法是建立在对干旱灾害风险形成机理认识基础上的，传统灾害风险理论重点关注了自然环境因素，即充分认识到灾害形成的客观因素，形成的评估结论属相对稳定的静态结论。

本书在 IPCC 灾害风险形成机理的基础上，引入了气候变化和人类活动的影响并考虑到孕灾环境的敏感性，提出了一个新的灾害风险形成机理概念模型(图 4.3)。概念模型引入气候变化和人类活动的影响后能全面、客观地表征出干旱灾害风险的形成机理，反映出干旱灾害风险的可变性与动态过程特征。其形成的干旱灾害风险评估特征更加科学、客观，更接近干旱灾害风险的本质特征。

根据干旱灾害风险系统概念模型可将干旱灾害风险系统分解为致灾因子危险性(h)、承灾体暴露度或脆弱性(e)、孕灾环境的敏感性(s)，即

干旱灾害风险指数＝致灾因子危险性∩承灾体的暴露度或脆弱性∩孕灾环境的敏感性，由此可构建干旱灾害风险的表达式：

$$R_d = f(h,e,s) = f_1(h) \times f_2(e) \times f_3(s) \tag{4.1}$$

采用层次分析法对干旱灾害风险元素进行分解。元素分解的基本原则是被分离元素间应该是相互独立的。因为只有独立的变量才能够分离，其解才能成为独立变量函数的乘积。因此也可以表示为：

$$R_d = H_d \cdot E_b \cdot V_e \cdot V_f \cdot P_c \tag{4.2}$$

式中：R_d 为干旱灾害风险；H_d 为干旱致灾因子的强度和概率；E_b 是承灾体的社会物理暴露度(考虑自然环境条件)；V_e 为承灾体脆弱性；V_f 是孕灾环境的敏感性；P_c 为应对和恢复力(防灾减灾能力)。

其评估的区域内承灾体的物理暴露度、脆弱性、孕灾环境的敏感性与应对和恢复力是相对独立的变量，因此可以分离变量，使得综合评估中为相乘关系，同时又由于应对和恢复力对承灾体的脆弱性的作用是相反的，因此得到干旱灾害风险表达式为：

$$R_d = H_d \cdot E_b \cdot V_e \cdot V_f \cdot [a + (1-a)(1-C_d)] \tag{4.3}$$

式中各项均为归一化指标，其中：a 为系数，C_d 是抗旱减灾工程、干旱灾害预报水平、防御预案与人力、物力、财力等的函数(王莺等，2015；姚玉璧等，2014)。

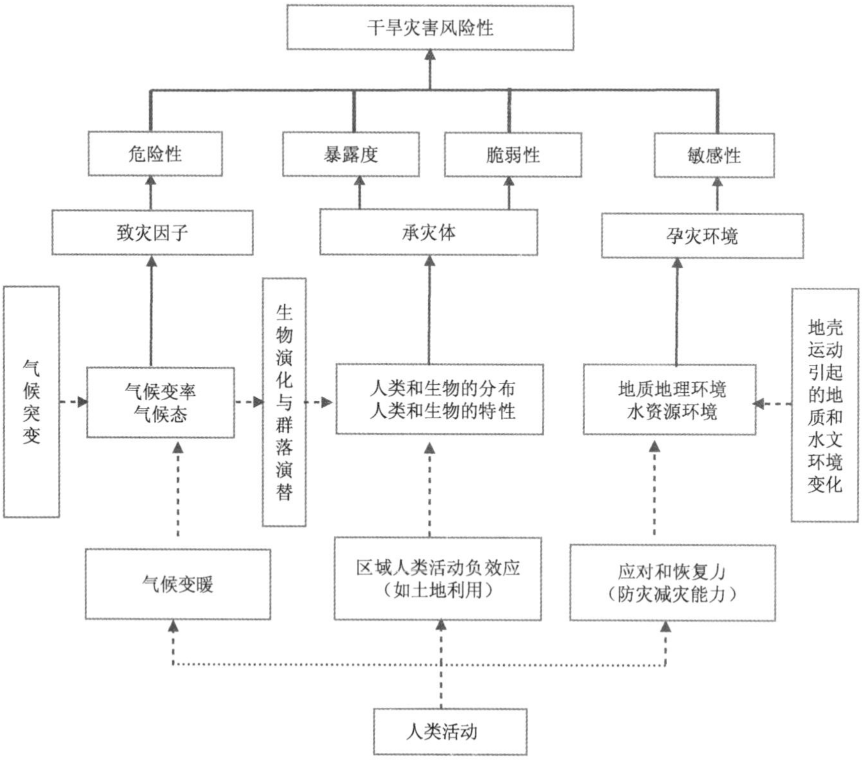

图 4.3　干旱灾害风险形成机理概念模型

4.3　干旱灾害风险评估的重要性

在全球变暖背景下,全球范围内特大干旱、高温等极端天气气候事件发生的频率和强度呈增加趋势。不断变化的气候可导致极端天气和气候事件在频率、强度、空间范围、持续时间和发生时间上的显著变化,并能够导致前所未有的极端天气和气候事件(IPCC,2012)。世界气象组织的统计数据表明,气象灾害约占自然灾害的 70%,而干旱灾害又占气象灾害的 50%左右(秦大河等,2002)。干旱灾害是发生频率最高、持续时间最长、影响面最广、对农业生产威胁最大、对生态环境和社会经济产生影响最深远的自然灾害。

我国是世界上干旱灾害最为频繁和严重的国家之一,其旱涝分布格局呈现北方易遭旱灾、南方旱涝并发的特征。我国平均每年有 667～2667 万 hm^2 农田因旱受灾,最高可达 4000 万 hm^2,每年减产粮食数百万吨到 3000 万吨,相当于中等国家全年的口粮。遇到特干旱之年,我国粮食减产大约可达一半以上。干旱灾害严重威胁着我国粮食安全和生态安全,成为制约社会经济可持续发展的重要因素(姚国章和袁敏,2010)。

我国处于东亚季风的两类子系统—"东亚热带季风(南海季风)"和"东亚副热带季风"共同影响的地区,两类季风在全球变暖的影响下正在发生变异,例如 20 世纪 70 年代中期以来,大气环流系统从对流层到平流层都发生了明显的年代际转折,这导致近年来我国干旱灾害呈现出发生频率高、持续时间长、影响范围广的特点。1951—1990 年 40 年间出现重大干旱事件 8 年，发生频率为 20.0%；1991—2000 年 10 年间出现重大干旱事件 5 年，发生频率为 50.0%；而 2001—2011 年 11 年间出现重大干旱事件 7 年，发生频率达到 63.6%，极端化趋势十分明显。干旱灾害发生的区域不断扩展，近年来在我国北方干旱形势依然严峻的情况下，南方干旱出现明显的增加和加重趋势。1951—1990 年出现重大干旱事件 8 年中南方出现的干旱只有 3 年，占总事件数的 37.5%；1991—2000 年出现重大干旱事件 5 年中南方出现的干旱就有 3 年，占总事件数的 60%；而 2001—2012 年 12 年间出现重大干旱事件 8 年中南方均出现了干旱，占总事件数的 100%(姚玉璧等，2013)。

21 世纪以来，南方连续不断的重大干旱灾害引起了国际社会的广泛深思。2006 年川渝夏秋大旱。重庆、四川夏季持续少雨，并遭遇罕见高温热浪，给当地农业、工业、林业、旅游、人畜饮水、水力发电以及群众生活等方面造成了严重危害和损失，社会影响极大；高温干旱造成直接经济损失 216.4 亿元。两省农作物受灾面积达 339 万 hm^2。2009—2010 年云、贵、川、桂等省(区)的秋、冬及春季连旱。旱灾致使广西、重庆、四川、贵州、云南 5 省(区、市)受灾人口 6130.6 万人，饮水困难人口 1807.1 万人、大牲畜 1172.4 万头，农作物受灾面积 503.4 万 hm^2，绝收面积 111.5 万 hm^2，直接经济损失达 236.6 亿元。2010 年 10 月至 2011 年 5 月，长江中下游地区发生历史罕见干旱。尤其是 2011 年 1—5 月，长江中下游地区降水量明显偏少，5 省平均降水量 260.9 mm，较常年同期偏少 51%，为近 60 年来同期最少。五省平均累计无降水日数 105 天，为近 60 年来同期最多。由于少雨程度重、持续时间长、干旱区集中，导致长江中下游地区出现严重旱情。湖北、湖南、安徽、江苏和江西耕地受灾面积 696 万 hm^2，作物受灾面积 373 万 hm^2，饮水困难人口 507 万人、大牲畜 344 万头，绝收面积 3.2 万 hm^2，直接经济损失约 149.4 亿元。这不仅给当地乃至全国农业、经济和自然环境造成重创，而且严重威胁当地人民群众的基本生活。2011 年 6—9 月，我国西南地区的云南、贵州、四川等省份出现持续高温干旱，多地最高气温以及连续高温日数都破记录，重庆高温日数更是达到了 63 天，加之降雨偏少、蒸发严重、土地皲裂、河塘见底，使居民的生活和生产受到严重影响。仅贵州一省就因此次干旱造成的经济损失就达一百多亿元。2011—2012 年，云南年降水量连续三年持续偏少，库塘蓄水严重不足，气温持续偏高，出现了严重连旱，造成大春农作物受灾 65 万 hm^2，成灾 37.6 万 hm^2，绝收 6.2 万 hm^2。

在这样新的干旱灾害发展背景下，中国抗旱减灾面临的形势越来越严峻，任务越来越艰巨，亟须做好干旱灾害风险评估和管理工作，减轻由气候变化引起的极端干旱事件的影响。我国防御自然灾害的传统模式是危机管理，即在灾情出现后才临时组织和动员公共和社会力量投入到防灾减灾工作中去。这种管理模式在新形势下不能对干旱灾害实现机制化和制度化的管理，容易出现“过度”应急或应急“缺失”。随着干旱灾害发生频率的增加以及国家对防灾减灾要求的提高，对干旱灾害的管理必须从应急管理转向风险管理。然而，要推行风险管理就必须研究风险的特征，对风险进行评估，并提出应对措施。发展一套科学可行的风险评估方法，可以在干旱灾害风险事件发生前对人类生活、生命、财产等各个方面造成的影响和损失的可能性进行正确的量化评估(张强等，2011)。通过对干旱发生机理和风险特征的深入认识，从实现干旱灾害风险管理的目标入手，探索建立适应我国气候、环境和社会经济特征的干旱灾害风险评估方法和管理体系是十分必要的。

第 5 章 干旱灾害风险评估方法

风险评估方法是进行灾害风险评估的基础。目前灾害风险评估方法主要有以下四种：一是基于风险因子的评估，该方法是以风险影响因子为核心的风险评估体系，在方法上侧重于灾害风险指标的选取、优化以及权重的计算；二是基于灾害损失概率统计分析的评估，即利用数理统计方法，对以往的灾害数据进行统计分析，找出灾害损失的分布规律，以达到评估灾害风险的目的；三是基于风险机理的评估，即通过借助能对作物和环境的关系以及作物的整个生长过程进行描述的作物生长模型，对各种灾害环境下，作物生长进行仿真模拟，最终获得不同气象灾害情景下的，承灾体的灾害风险情况；四是基于风险情景的评估，即根据对未来气候的各种变化情景模拟和预测，分析未来可能造成的灾害情况，以间接评价自然灾害发生的可能风险（尹占娥，2012）。

5.1 基于风险因子的干旱灾害风险评估

根据政府间气候变化专门委员会第五次评估报告（IPCC，2014）对风险因子的认识，灾害风险由致灾因子危险性、承灾体暴露度和孕灾环境脆弱性构成。对干旱灾害而言，其风险客观反映了干旱灾害对人类的直接危害和潜在威胁的可能性大小。干旱灾害风险受致灾因子危险性、承灾体暴露度或脆弱性、孕灾环境敏感性等多种因素相互作用影响（张强等，2014）。基于风险因子的评估方法主要侧重于灾害风险指标的选取以及权重的计算，具有全面、灵活的优点，但在指标的选择和权重的确定上，易受主观因素影响，定量化程度较低。

基于风险因子的干旱灾害风险评估方法可表达为以下的公式：

$$R_{risk}=D_{dang}\times E_{exp}\times V_{vul} \tag{5.1}$$

式中：R_{risk}为风险性，D_{dang}为干旱灾害致灾因子危险性，E_{exp}为干旱灾害承灾体暴露度（脆弱性），V_{vul}为干旱灾害孕灾环境敏感性，可见干旱灾害风险评估涉及干旱灾害致灾因子、承灾体因子和孕灾环境因子指标的构建。

5.1.1 干旱灾害风险指标体系

5.1.1.1 干旱灾害致灾因子危险性

干旱灾害致灾因子危险性是指造成干旱灾害的主要气象因子的变化特征和异常程度。其主要通过分析与致灾紧密相关的相关要素，比如降水、土壤水分和作物水分等的时空特征、强度、频率、阈值等，并以此来判断气象灾害发生可能造成的影响，一般干旱灾害风险随着致灾因子危险性的增大而增大（陈家金等，2012；徐新创等，2011）。目前干旱致灾因子主要分为降水，土壤水分平衡，作物水分平衡 3 个方面的指标体系。一般致灾因子危险性可表示为：

$$D_j = \sum_{i=1}^{n}(W_{di} \cdot D_{di}) \tag{5.2}$$

式中：D_j 为第 j 个评估单元的危险性指数；W_{di} 为第 i 种致灾因子的权重；D_{di} 为第 i 种致灾因子的危险性指数。

5.1.1.2　干旱灾害承灾体暴露度

当前，主要从农业、社会、经济等方面来分析气象灾害可能影响的情况，因此干旱灾害的承灾体暴露度主要通过农作物、畜牧、城市、人口等因素来体现。一般干旱灾害承灾体的暴露度主要采用的指标包括种植面积比例、水田面积比例、产量、减产率、人口密度、贫困人口比例、性别比例、受灾面积、受灾率、农业产值、人均收入、水资源量等。目前，主要以农业区域为对象或以农户为对象开展干旱灾害暴露度评估（陈家金等，2012；王素艳等，2005）。

干旱灾害承灾体暴露度可表示为：

$$E_j = \sum_{i=1}^{n}(W_{ei} \cdot E_{ei}) \tag{5.3}$$

$$E_{ei} = P_{wi}/P_{ww} \tag{5.4}$$

式中：E_j 为第 j 个评估单元暴露度指数；W_{ei} 为第 i 种暴露因素的权重；E_{ei} 为第 i 类暴露要素的指数值；P_{wi} 为第 j 个评估单元的第 i 类暴露要素的密度；P_{ww} 为整个评估单元内第 i 类暴露要素的密度。

其中，以农业区为对象的暴露度评估是以农业区综合体为评价对象的一种宏观的评价过程。根据评价过程中的特点不同，目前的研究的侧重点主要在：一是侧重于农业区暴露度形成的内在机制研究。如从生态环境、社会经济的角度，依照“压迫-响应”的思路，选择农业干旱暴露度评估指标；二是侧重于辨识影响农业区暴露度的主要因子。农业是一个产业系统，受多种因素的影响，并且随着农业区产业化进程的不断推进，影响农业的因子将会越来越广泛，尤其是一些社会人文因子在农业暴露度影响中开始逐渐起到关键作用。比如，技术、资金等社会经济因素已成为影响中国主要粮食作物干旱暴露度的主要因子。

以农户为对象的暴露度评估则认为农户是农业风险的最终承担者，农户主体的暴露度直接影响农户的干旱风险。农户能动性—农户行为—制约因素三者相互作用形成了农户暴露度分析的主要关系过程。基于这种过程的特点，多数研究将农户干旱暴露度影响因子看作是内在和外在因素共同影响的结果。从内在因素来看，农户经济水平、农业资源结构形式、受教育程度等因素影响农户的干旱暴露度。从外在因素来看，土地政策、税收、农业补贴、信贷、保险以及区域经济的自由贸易程度等很大程度上决定着农户的干旱暴露度。

随着社会经济对农业生产影响的不断深入，一些社会、经济、技术等方面的因素越来越成为决定区域农业暴露度高低的重要因子。但由于这些因子对农业承灾体的影响涉及复杂的社会调控反馈系统，其中的过程很难用数理方法量化刻画，如保险、区域贸易、信贷等宏观因子对农业暴露度的影响。区域农业干旱暴露度研究还需进一步拓宽视野，从多学科、多层次、更为广泛的社会系统去考察。

农业干旱承灾体暴露度研究仍是未来研究的重点。由于农业干旱承灾体的承灾过程和机理研究尚不成熟，承灾体暴露度研究内容并不完善，一些经济、社会、人文因素对农业干旱暴露度研究仍处于起步阶段，如何在相关学科的推动下，定量化表达这些因子的影响是未来研究的热点。另外，干旱承灾体的脆弱性涉及的因素更为复杂，对其指标如何进行定量表达，目前还缺乏成熟的认识，需要未来着重研究。

5.1.1.3 孕灾环境敏感性

孕灾环境敏感性主要表征承灾体所处的地理环境条件（如地形地势、生态环境等）在灾害形成过程中的作用和影响（王志春，2012）。其中，包括地形和地转风，植被覆盖度及田间持水量等。

（1）地形和地貌

地形和地貌对干旱形成的影响因素主要表现在海拔高度、坡度和地貌状况（如岩溶地貌）等方面。例如可将所评估的每一个地貌大区划分为若干个有差异的次一级地貌：平原、低山、中山、丘陵和山原，再根据每一个次一级地貌对干旱形成的影响程度分别赋以权重，以每一个次一级地貌的面积与地貌区域的总面积的比作为敏感性指数，每一个地貌大区的敏感性值为次一级地貌敏感性指数的加权平均，计算公式为：

$$S_j = \sum_{i=1}^{n}(W_i \cdot S_{si}) \tag{5.5}$$

$$S_{si} = A_i / A_j \tag{5.6}$$

式中：S_j 为第 j 个地貌大区的敏感性，W_i 为第 i 类次地貌的作用权重，S_{si} 为第 i 类次地貌因素的敏感性指数，A_i 为第 i 类次一级地貌面积，A_j 为第 j 类地貌大区总面积，A_i，A_j 分别通过有关资料和空间数据库的查询获得。

（2）植被覆盖度

植被对抑制和减缓干旱灾害风险具有重要的作用。良好的植被覆盖度有涵养水源、调节水量、减少地表径流量等作用，可以有效地减轻干旱灾害导致的风险。植被覆盖度表征的敏感性可表示为：

$$V_j = \sum_{i=1}^{n}(W_{oi} \cdot V_{voi}) \tag{5.7}$$

$$V_{voi} = A_{oi} / A_{oj} \tag{5.8}$$

式中，V_j 为第 j 个植被大区的植被敏感性，W_{oi} 为第 i 类植被的作用权重，V_{voi} 为第 i 类植被的敏感性指数，A_{oi} 为第 i 类植被的面积，A_{oj} 为第 j 类植被大区的总面积。

（3）土壤田间持水量

土壤田间持水量指在土壤中所能保持的最大数量的毛管悬着水，即在排水良好和地下水较深的土地上经过充分降水或灌水后，使水分在土壤中充分下渗，并防止其蒸发，经过一定时间，土壤剖面所能维持的较稳定的土壤含水量。它是土壤有效水的上限，当灌水量超出田间持水量时，并不能增加土层中含水量的百分率，只能够增加地下水或转化为地表径流，但田间持水量并不受地下水的影响。田间持水量的大小与土壤的理化性质和土地利用状况等多种因素有关，是反映不同质地及类型土壤持水能力的一个比较稳定的参数，土壤田间持水量的敏感性可表示为：

$$S_{fcj} = \sum_{i=1}^{n}(W_{wi} \cdot S_{swi}) \tag{5.9}$$

$$S_{swi} = A_{wi} / A_{wj} \tag{5.10}$$

式中：S_{fcj} 为第 j 个大区土壤田间持水量的敏感性，W_{wi} 为第 i 类土壤田间持水量的作用权重，S_{swi} 为第 i 类土壤田间持水量的敏感性指数，A_{wi} 为第 i 类田间持水量的土壤面积，A_{wj} 为第 j 类田间持水量土壤大区的总面积。

5.1.2　干旱灾害风险评估指标权重

在确定了针对某个区域的风险评价指标的基础上，可采用主观权重确定方法，如层次分析法（刘玉英等，2013；贾慧聪等，2009；文世勇等，2007）、专家打分法（王志春等，2012）、有序二元模糊对比法等（曹永强等，2011），客观权重确定方法，如熵权系数法（陈家金等，2012）、投影寻踪法（张明媛等，2012）、灰色关联度法等，以及主客观综合权重确定方法，如综合赋权法等，来确定各种风险因子的权重。

5.1.2.1　层次分析法

层次分析法（analytic hierarchy process，AHP）是系统工程中对非定量事件做定量分析的一种新的决策分析方法。该方法把复杂问题分成若干组成因素，又将这些因素按支配关系分别组成递阶层次结构，然后用两两比较的方法确定出层次结构中诸因素的相对重要性程度，再综合决策者的判断，确定出相对重要性的总排序方案。一般，通过运用层次分析法，由专家对所列要素通过两两比较重要程度（按1～9标度定量化），构造判断矩阵，进行权重求算和一致性检验，从而得到相对客观的结果（许树柏，1998）。运用层次分析法求权重，大体可按如下四个步骤进行。

（1）建立递阶层次结构模型

应用AHP分析决策问题时，首先要把问题条理化、层次化，构造出一个有层次的结构模型，这些层次可以分为三类：最高层即目的层，中间层即准则层，最底层即方案层，递阶层次结构中的层次数与问题的复杂程度及需要分析的详尽程度有关，一般的层次数不受限制，每一层次中各元素所支配的元素一般不超过9个。

（2）构造出各层次中的所有判断矩阵

准则层中的各条准则在目标衡量中所占的比重并不一定相同，它们在决策者的心目中所占的分量也各有不同，引用数字1～9及其倒数作为标度来定义判断矩阵（见表5.1）。

$$\boldsymbol{A}_j=(\boldsymbol{a}_{ij})_{n\times n} \tag{5.11}$$

式中，$\boldsymbol{A}_j$ 为判断矩阵，$\boldsymbol{a}_{ij}$ 为矩阵元素，i 和 j 为指标。

表5.1　判断矩阵标度定义

标度	含　义
1	表示两个因素相比，具有相同重要性
3	表示两个因素相比，前者比后者稍重要
5	表示两个因素相比，前者比后者明显重要
7	表示两个因素相比，前者比后者强烈重要
9	表示两个因素相比，前者比后者极端重要
2,4,6,8	表示上述相邻判断的中间值
倒数	若因素 i 与因素 j 的重要性之比为 $\boldsymbol{a}_{ij}$，那么因素 j 与因素 i 的重要性之比为 $\boldsymbol{a}_{ji}=1/\boldsymbol{a}_{ij}$

（3）层次单排序及一致性检验

① 计算一致性指标 CI：

$$CI = \frac{\lambda_{\max} - n}{n - 1} \tag{5.12}$$

式中：$\lambda_{\max}$为判断矩阵的最大特征值，n为判断矩阵阶数。

② 查找随机一致性指标 RI（见表5.2）：

表5.2 平均随机一致性指标

n	1	2	3	4	5	6	7	8	9	10	11	12	13	14
RI	0	0	0.52	0.89	1.12	1.24	1.36	1.41	1.46	1.49	1.52	1.54	1.56	1.58

③ 计算一致性检验系数 CR

当 $CR<0.10$ 时，认为判断矩阵的一致性是可以接受的，否则应对判断矩阵作适当修正。

(4)层次总排序及一致性检验

最终要得到各元素，特别是最低层中各方案对目标的排序权重，从而进行方案选择，对层次总排序也需作一致性检验，计算各层要素对系统总目标的合成权重，并对各被选方案进行排序。

5.1.2.2 投影寻踪法

投影寻踪是一种处理多因素复杂问题的统计方法，该方法将高维数据向低维空间进行投影，通过低维投影空间来分析高维数据特征(李祚泳，1997)，其计算步骤如下。

(1)建立投影数据

设原始数据为 $x(i,j)(i=1,2,\cdots,n;j=1,2,\cdots,n_p)$，其中 n,n_p 分别为原始数据的个数和评价指标数，并将 $x(i,j)$进行归一化处理为 $x^*(i,j)$。

(2)计算投影值

设 $a=(a(1),a(2),\cdots,a(n_p))$为投影方向，把 $x^*(i,j)$投影到 a 上，得到一维投影值 $z(i)$：

$$z(i) = \sum_{j=1}^{n_p} a(j)x^*(i,j) \quad (i = 1,2,\cdots,n) \tag{5.13}$$

式中，$z(i)$为指标 $x^*(i,j)$的一维投影特征值，$a(j)$为投影方向向量的分量。

(3)建立投影目标函数

显然，不同的投影方向反映了系统评价指标值数据不同的结构特征、综合方式和数据挖掘途径。在综合评价过程中，要求投影值的散布特征应该为：局部投影点尽可能密集，最好凝聚成若干个点团；在整体上投影点团之间尽可能散开。即要求投影值 $z(i)$应尽可能大地取 $x^*(i,j)$中的变异信息，同时要求 $z(i)$与 $x^*(i,j)$对应的等级值的相关系数绝对值要尽可能大。则有投影目标函数为：

$$f(a) = S_z D_z \tag{5.14}$$

式中：S_z 为投影值 $z(i)$的标准差，D_z 为投影值 $z(i)$的局部密度，可分别表示为：

$$S_z = \left[\sum_{i=1}^{n}(z(i) - E(z))^2/(n-1)\right]^{0.5} \tag{5.15}$$

$$D_z = \sum_{i=1}^{n}\sum_{j=1}^{n}(R - r(i,j))u(R - r(i,j)) \tag{5.16}$$

$$E(z) = \bar{z} \tag{5.17}$$

$$r(i,j) = | z(i) - z(j) | \tag{5.18}$$

$$R = 0.1S_z \tag{5.19}$$

$$u(t) = \begin{cases} 1 & t \geqslant 0 \\ 0 & t < 0 \end{cases} \tag{5.20}$$

式中：$E(i)$为投影序列 $z(i)$的均值，$r(i,j)$为样本之间距离，$u(t)$为布尔函数，R 为局部密度的窗口半径，它的选取既要使包含在窗口内的投影线的平均个数不太少，避免滑动平均偏差过大，又不能使 R 随着样本数量的增大而增加太多。

(4)优化投影目标函数，确定最佳投影方向

通过求解投影指标函数最大化问题来估计最佳投影方向，最后应用优化算法求解投影来寻踪非线性约束优化问题。具体可表示为：

$$\max Q(a) = S_z D_z \tag{5.21}$$

$$\text{s. t.} \sum_{j=1}^{n_p} a^2(j) = 1 \tag{5.22}$$

式中：$Q(a)$为投影指标函数，S_z 为投影值 $z(i)$的标准差，D_z 为投影值 $z(i)$的局部密度。数学符号 s. t. 的意思是“使得…满足…”。

5.1.3　干旱灾害风险综合评估模型

在选取和优化了干旱灾害风险评估指标体系和风险评估指标的权重之后，就需要采取一定的方法，进行干旱灾害风险综合评估。常用建立的干旱灾害风险评估模型，包括综合加权、模糊评价、神经网络、分布函数评估法、历史相似评估法等。下面以最常用的加权综合评价法为例简要介绍风险综合评估模型和干旱灾害风险评价。

加权综合评估法适宜于对决策、方案或技术进行综合分析评价。该方法基于一个假设，即认为由于指标 i 量化值的不同而使每个指标 i 对于特定因子 j 的影响程度存在差别，用公式表达为：

$$T_{vj} = \sum_{i=1}^{m} (W_{ci} \cdot Q_{vij}) \tag{5.23}$$

式中：T_{vj} 为评价因子的总值，Q_{vij} 为对于因子 j 的指标 i($Q_{vij} \geqslant 0$)的值，W_{ci} 为指标 i 的权重值($0 \leqslant W_{ci} \leqslant 1$)，通过专家打分法或特征向量法获得；$m$ 为评价指标个数。

用特征向量法计算权重时，首先要构造各层因素的比较判断矩阵，通过计算判断矩阵的最大特征值和它的特征向量，可以求出某层各因素相对于它们的上层相关因素的重要性权值。最终据此构建干旱灾害风险评估模型，并可以计算得到干旱灾害风险指数空间分布，继而获得干旱灾害风险评价区划图。同时运用 GIS 技术，将不同的干旱致灾因子以栅格图层的形式在空间上进行叠加表达，通过 GIS 属性数据库操作和运算，获得所评估干旱灾害风险分级空间分布图。

运用 GIS 软件对区域农业干旱灾害风险进行评价与区划，主要包括如下几个步骤：(1)选择干旱灾害风险评估所需要的基础数据，建立相应的灾害数据库；(2)构建干旱灾害评估的主要模型：致灾因子危险性、承灾体暴露度(脆弱性)和孕灾环境敏感性中有关指标选择和权重的确定；(3)利用 GIS 软件的空间叠加、分析、图斑合并和属性数据库操作功能，对干旱灾害风险进行评价，确定区划单元，划分灾害区划等级并进行灾害区划。

5.2　基于灾害损失概率统计的风险评估

基于概率统计的干旱灾害风险建模与评估是指利用数理统计方法，对以往的干旱灾害实况数据进行统计分析，并找出干旱灾害发展演化的规律，从而达到预测评估未来干旱灾害风险的目的(张峭和王克，2011)。基于风险概率统计的风险评估方法，理论依据是：一般认为"风险"是由{〈概率，损失〉}所组成的事件空间，或{〈概率，事件(可能性)〉}组成的事件空间，或者结合事件和损失的发生概率，即{〈概率，事件(可能性)，损失〉}等与之等价的定义。该方法基于搜集的历史灾害损失数据，采用统计方法，拟合建立干旱灾害损失风险分布模型，其一般包括了损失估计、模型选择、分布拟合、模型检验和风险表达等5个步骤。其中，有关风险分布模型的建立可以有2种方法：一种是参数估计方法，即已知分布类型之后，采用最大似然法等估计该分布的参数，获得风险评估模型；另一种是非参数估计方法，即仅基于已有数据，采用该密度法等估计风险分布的参数和模型，继而获得风险评估模型。该方法的优点是采用成熟的概率统计方法，可全面反映灾害事件的随机不确定性，因而可提供稳定的定量化的风险评价结果。但该方法也有一定的缺点，如主要关注大概率灾害事件，对极端灾害事件的风险评价易产生误差。下面以中国南方气象灾害开展灾害风险评估为例对该方法进行具体说明。

5.2.1　基于解析概率密度的农业灾害风险评估方法基本原理

解析概率密度农业灾害风险评估方法是指对历史单产数据去除品种改良、化学肥料大面积施用等社会经济进步因素所造成的产量变化后，采用解析概率密度表达式定量描述农业灾害引起的产量损失的概率分布特征，以此客观评价农业灾害造成的粮食生产的风险水平。其具体计算流程如图5.1所示，主要包括去趋势处理，概率密度分布拟合和风险概率估算等几个步骤。其中，去趋势处理，是去除社会经济发展等人为影响以突出农业灾害导致的作物单产序列的波动性的随机特征，去趋势分析的输出是历年产量偏离中心趋势的残差；农作物相对气象产量概率密度分布拟合的主要目的是寻找能够表征农业灾害造成的农作物相对气象产量波动的随机特征的最佳随机变量；相对气象产量序列的概率密度曲线 $f(x)$ 是指通过从概率密度曲线求取分布函数，以此分析在不同增产率区间和减产率区间的风险概率，得到某一风险水平的风险概率分布特征(邓国等，2001；2002)。

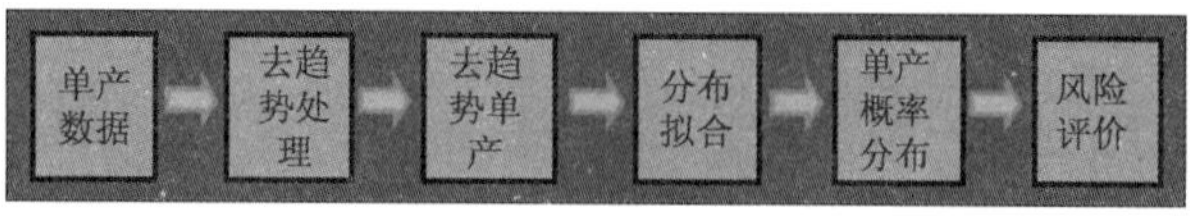

图5.1　基于概率方法的作物产量风险评估流程

5.2.2　基于风险价值的农业旱灾风险评估方法的基本原理

除了上述的通过非参数估计方法利用解析式来构造相对气象产量序列的概率密度函数，确定风险水平外，还可以通过参数方法来建立灾害风险评估模型。该方法采用风险价值理论评价受到干旱灾害后农业生产的风险特征，即通过搜集多年干旱灾害灾情数据，分析农业干旱灾害风险水平，构建农业干旱灾害风险评估体系，得出合理的风险评估结果。主要包括利用干旱灾害历史灾情数据，通过拟合优度检验，确定灾害损失的概率密度分布形式，继而通过参数估计方法，确定概率密度分布函数的参数和干旱灾害风险评估模型，并采用风险度量方法，客观评价干旱灾害造成的农业生产的风险水平（徐磊和张峭，2011），其具体计算流程如图 5.2 所示。

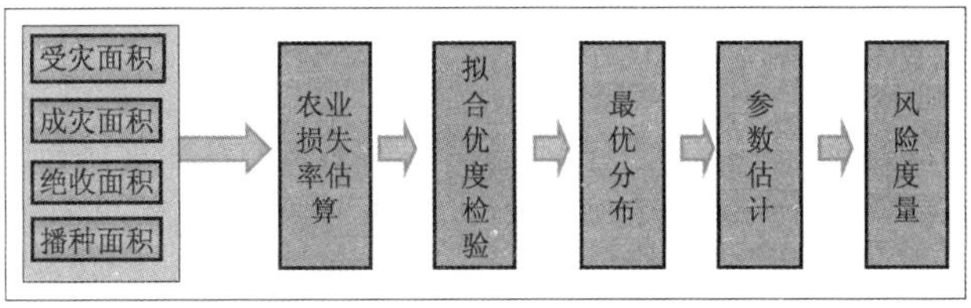

图 5.2　基于极值统计理论的农业旱灾风险评估技术流程

5.3　基于风险机理物理模型的风险评估

5.3.1　基于风险机理物理模型的风险评估方法基本原理

基于情景模拟的动态风险评估方法是通过对评估区域的自然灾害过程进行仿真建模，并以此进行风险分析评估，即通过借助于诸如分布式水文模型、作物生长模型等系统平台对致灾因子的致灾过程进行仿真模拟，对各种情景下的不利后果进行量化综合分析，最终获得不同气象灾害情景下的承灾体的灾害风险情况。该方法的优点是对灾害系统要素间的反馈机理描述得细致，缺点是仿真建模的边界条件难以设定，涉及的许多参数难以获取，一般比较适合于较小区域或重点地区的灾害风险精细化分析评估。[彩]图 5.3 为利用作物生长模型开展风险评估的技术框架。

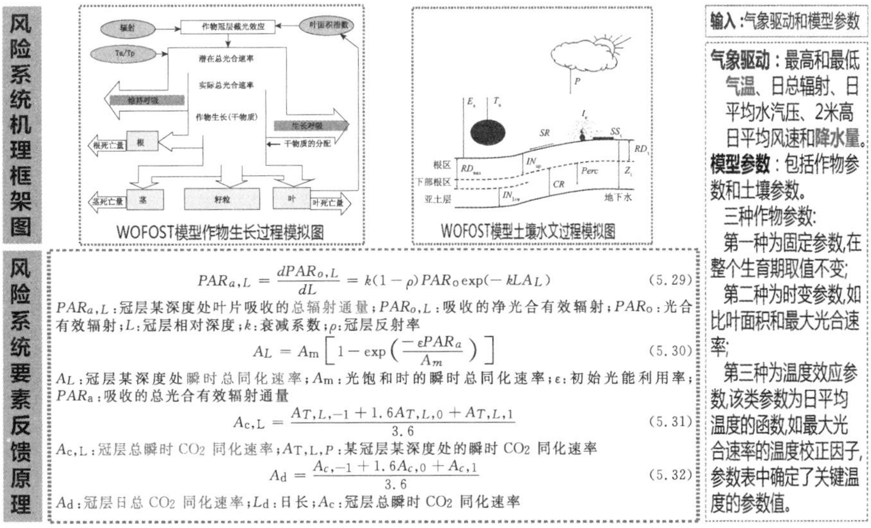

图 5.3　基于物理模型的风险评估原理

利用情景模拟资料，通过对驱动作物生长模型的气象要素的模拟，可以对作物生长非常重要的气象要素进行调节。根据农业产量等模拟结果，可以判断降水减少等情景下干旱灾害对作物生长以及作物产量的可能影响。以下为常用的几种作物生长模型的介绍以及利用作物生长模型开展干旱灾害风险模拟评估的案例。

5.3.2 WOFOST 作物生长模型发展过程

WOFOST(world food study)模型属于瓦格宁根大学(Wageningen University)的 C. T. de Wit 流派建立的作物生长模型系列。作物生长模拟采用常规的光能利用率机理，即采用光能作为生长驱动因子，并以作物物候发育期作为生长控制过程。经过多年的发展，该模型已经发展成为了一个模型系列，模型系列包括 SUCROS 模型，Arid Crop 模型，Spring wheat 模型，MACROS 模型和 ORYZA 模型等，该系列模型以模拟最佳光、温、水条件下的作物生长过程为基础，继而完善了水分胁迫、养分胁迫等胁迫因子对作物生长的限制，并发展了相关的胁迫模块。

WOFOST 模型属于机理模型，基于潜在的生物物理化学过程来描述作物生长过程，如光合、呼吸作用以及这些过程和环境因素之间的影响和反馈作用。WOFOST 模型中包含气象要素、作物生长和土壤水分平衡三个重要的模块化计算过程。其中，气象要素模块主要用于 WOFOST 模型中所需气象驱动数据和气象参数化过程的计算，其时间步长为日；作物生长模块主要根据日净同化速率计算作物的生物量累积，进而计算分配到不同植株器官的同化产物量；土壤水分平衡模块主要通过实时模拟土壤含水量，判断水分胁迫对作物的影响，当土壤含水量达到田间持水量时，作物生长可表征为潜在生长状况，当土壤含水量低于田间持水量时，作物生长为水分限制生长状况。

随着不断应用与实践，WOFOST 作物生长模型也得以长足发展，该模型起初应用于评价热带区域一年生作物的产量潜力，之后逐渐应用于实际的农业生产和农业业务管理等方面。目前，WOFOST 作物生长模型已成为作物产量风险评价、作物生长影响因子评价、气候影响分析等方面的有力工具。例如，在欧洲 MARS 项目框架下，WOFOST 模型已经成为一个早期粮食安全预警系统中的产量预报工具，在评价欧盟农业状况与欧盟成员国的粮食产量预报方面起了主要作用。在 AGRISK 项目中，WOFOST 模型被用于进行风险评价研究，用于分析土壤类型、作物、品种、播种日期、径流等方面的干旱风险问题。以下将对 WOFOST 作物生长模型的基本框架及各模块的具体内容进行详细介绍。

5.3.3 WOFOST 作物生长过程模型基本框架

WOFOST 作物生长模型描述了作物从出苗到成熟整个生育过程的物候期、作物生长和产量形成过程。该模型将作物干物质累积过程描述为辐射、温度和作物属性的函数。WOFOST 模型采用状态变量和状态变率来描述作物生长和土壤水分运移过程中的相关状态变量的变化特征和变化速率，生长速率计算公式为：

$$\Delta W = C_e(A_a - R_m) \tag{5.24}$$

其中，ΔW 为生长速率，单位为 kg/(hm^2 · d)；A_a 为总同化速率，单位为 kg/(hm^2 · d)；R_m 为维持呼吸速率，单位为 kg/(hm^2 · d)；C_e 为同化物转换效率，单位为 kg/kg。

然后，再采用时间积分方法来模拟作物的整个生长累积过程，即表征作物生长状态为时间的函数。作物整个生育期，主要受温度因子的影响。其中，物候过程表征为温度的函数，而作物生长过程中主要特征变量都表征为生育期的函数，部分作物特征变量则表征为温度的函数。

并且，作物通过从吸收的辐射能和单叶光合特征，估算日 CO_2 同化速率。继而通过分配和累积，就可以获得植株体各组分的干重，完成作物的植株建植和整个生长发育过程。作物生长模型的基本结构图如图 5.4 所示。

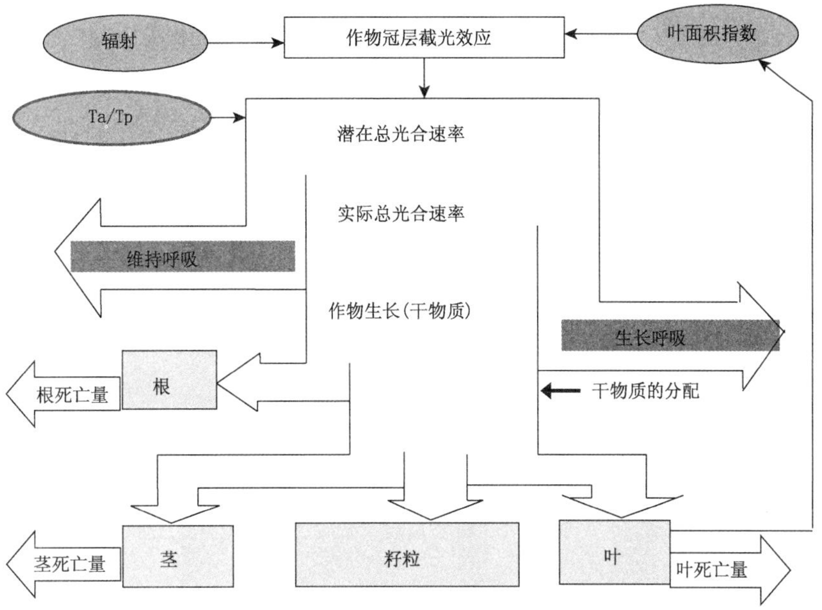

图 5.4　WOFOST 模型模拟流程图

该模型涉及的生理生态过程主要包括物候、碳同化、呼吸、同化产物的分配、衰老、蒸腾和根伸长等具体过程。

5.3.3.1　物候过程

作物的物候变化是作物最重要的生理生态过程，其中最重要的变化就是作物生长从营养阶段到生殖阶段的转变。开花后，作物通过光合作用累积的碳水化合物逐渐向生殖器官——籽粒转化。在 WOFOST 模型中，采用无维变量来描述作物的主要物候期(0 表示出苗，1 表示开花，2 表示成熟)，其他生育期则按照积温和达到该生育期所需的有效积温阈值来确定。WOFOST 作物生长模型中包括了根据播种日期和温度自动确定作物出苗日期的模块，即作物出苗由播种后的有效积温确定，当有效积温达到出苗阈值温度后，就开始出苗。日有效温度的计算如图 5.5 所示。

$$T_e=0 \quad T\leqslant T_b \tag{5.25}$$

$$T_e=T-T_b \quad T_b<T\leqslant T_{max,e} \tag{5.26}$$

$$T_e=T_{max,e}-T_b \quad T\geqslant T_{max,e} \tag{5.27}$$

式中：T_e 为有效温度，$T_{max,e}$ 为对作物有效的最高温度阈值，T_b 为基温(在该温度下，生长活动停止)，T 为平均温度。

物候期的长短主要取决于作物发育速率，而温度又是影响作物发育速率的主要环境因子，

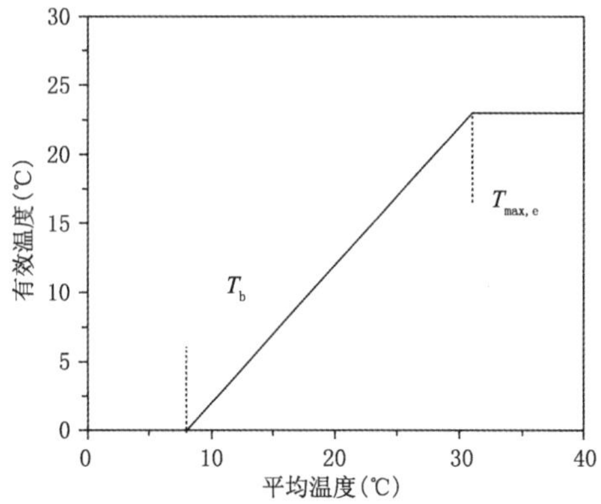

图 5.5　有效温度的计算

高温会导致生育期缩短。发育速率可以表示为从 0 到 2 之间的一个标量，为日温和累积温度的比率，计算如下：

$$D_{r,t} = \frac{DT_s}{\sum T_i} \tag{5.28}$$

式中：$D_{r,t}$ 为 t 时刻的发育速率，单位为 d^{-1}；DT_s 为温度影响因子，单位为℃；$\sum T_i$ 为某一完整生育期所需积温，单位为℃ · d。

5.3.3.2　碳同化过程

日总 CO_2 同化速率的估算是 WOFOST 模型中作物生长过程的核心过程，其具体计算包括三部分，即冠层瞬时 CO_2 同化速率、冠层日总 CO_2 同化速率和实际总同化速率。首先依据光能利用率原理，以光合有效辐射和叶面积指数作为驱动因子，计算冠层瞬时 CO_2 同化速率，继而对冠层和时间积分，最终获得冠层日总 CO_2 同化速率。

(1)冠层瞬时 CO_2 同化速率

总入射光合有效辐射一部分被冠层反射，一部分被吸收，首先需要估算的是叶片接收到的光能。向下的光合有效辐射会先经过冠层被消光，损失一定的辐射能，冠层内辐射通量的消光系数同反射系数和累积叶面积指数有关，消光系数区分为直射辐射消光系数和漫射辐射消光系数。

总瞬时同化速率表征为瞬时同化速率和叶面积指数的函数。冠层同化速率则表征为冠层中三个位置的同化速率的权重积分。具体计算过程如下：对瞬时总同化率而言，根据同化-光响应函数估算，以获得单叶的 CO_2 同化-光响应，某一冠层深度单位叶面积的同化速率为光下叶和阴影下叶片同化速率的总和，光下叶片的比例等于直射辐射到达该层的比例，相对深度 L 处的总瞬时同化速率由光下叶和阴影叶的比例确定。单位叶面积的平均总瞬时冠层同化速率采用高斯积分方法建立，以冠层三个高度进行权重加和计算，并且其和叶面积指数之积即为冠层总瞬时 CO_2 同化速率。

(2)冠层日总 CO_2 同化速率

对白昼的三个时段的冠层总瞬时 CO_2 同化速率进行加权平均，就可以得到冠层日总 CO_2 同化速率。因此，需计算在给定白天的 3 个不同时段的光合有效辐射通量状况下，冠层总瞬时

CO_2 同化速率，最后对 3 个时段的冠层总瞬时 CO_2 同化速率采用加权平均的方式进行积分计算。以上过程的具体计算公式如下：

$$PAR_{a,L} = -\frac{dPAR_{o,L}}{dL} = k(1-\rho)PAR_{o}\exp(-kLA_{L}) \tag{5.29}$$

式中：$PAR_{a,L}$ 为冠层某深度处叶片吸收的总辐射通量，单位为 J/(m² · s)；$PAR_{o,L}$ 为冠层某深度处叶片吸收的净光合有效辐射，单位为 J/(m² · s)；PAR_{o} 为冠顶的光合有效辐射，单位为 J/(m² · s)；L 为冠层相对深度；k 为光合有效辐射通量的衰减系数；ρ 为冠层反射率。

$$A_{L} = A_{m}\left[1-\exp\left(\frac{-\varepsilon PAR_{a}}{A_{m}}\right)\right] \tag{5.30}$$

式中：A_{L} 为冠层某深度处瞬时总同化速率，单位为 kg/(hm² · h)；A_{m} 为光饱和时的瞬时总同化速率，单位为 kg/(hm² · h)；ε 为初始光能利用率，单位为[kg/(hm² · h)]/[J/ (m² · s)]；PAR_{a} 为吸收的总光合有效辐射通量，单位为 J/(m² · s)。

$$A_{c,L} = \frac{A_{T,L,-1} + 1.6A_{T,L,0} + A_{T,L,1}}{3.6} \tag{5.31}$$

式中：$A_{c,L}$ 为冠层总瞬时 CO_2 同化速率，单位为 kg/(hm² · h)；$A_{T,L,P}$ 为某冠层某深度处的瞬时 CO_2 同化速率，单位为 kg/(hm² · h)。

$$A_{d} = L_{d}\frac{A_{c,-1} + 1.6A_{c,0} + A_{c,1}}{3.6} \tag{5.32}$$

式中：A_{d} 为冠层日总 CO_2 同化速率，单位为 kg/(hm² · d)；L_{d} 为日长，单位为 h；A_{c} 为冠层总瞬时 CO_2 同化速率，单位为 kg/(hm² · h)。

(3)实际总碳同化速率

CO_2 同化速率是作物生长的基础，但实际作物生长发育仍然要取决于那些影响同化产物形成的因素，例如由于温度不适或者气孔关闭而导致蒸腾速率减小等因素都必须考虑。因此，实际光合速率取决于生育期、温度、蒸腾速率的综合作用，表征为作物最大光合速率、温度系数、水分胁迫系数的多因子函数。另外，CO_2 同化速率也受到作物生长对同化产物需求的限制。以下为实际总 CO_2 同化速率各组分的具体获取方法。

作物最大光合速率是作物自身的一个特征参数，它主要受光饱和时、冠层顶部叶片的光合能力、观测条件(温度和 CO_2 浓度)以及作物和叶片生理生态特征的影响。由于叶片的光合能力明显受到辐射和温度条件的影响，所以随着作物的生长发育，温度和辐射条件也存在明显的季节变化。这些环境条件的变化都会迅速反映到最大光合速率值的变化上，这同叶片的生长发育过程是一致的。例如，在生长盛期，温度和辐射条件最好，最大光合速率也最高；之后随叶片衰老，光合能力下降，最大光合速率也会逐渐下降。在 WOFOST 模型中，这种效应表征为最大光合速率和生育期之间的函数关系。另一个主要的环境限制因子为温度，在 WOFOST 模型中，用一个温度校正因子来表征这种影响关系，该因子也同作物品种和生境有关。另外，日温和夜温均会影响实际光合速率，因为夜间的同化过程主要是将白天生产的产物运输到各器官，这一过程如果受到持续多天的低温胁迫，同化积累过程和同化速率都将减小并最终停止。这种作用在 WOFOST 模型中，表征为一个平均温度校正系数和低温校正系数。水分胁迫对同化速率的影响效应则表征为实际蒸腾/潜在蒸腾的比例系数，公式为：

$$R_{d} = R_{d}^{l}\frac{T_{a}}{T_{p}} \tag{5.33}$$

式中：R_d 为水分胁迫校正后的日总 CO_2 同化速率，单位为 kg/(hm^2 · d)；R_d^l 为未受水分胁迫影响的日总 CO_2 同化速率，单位为 kg/(hm^2 · d)；T_a 为实际蒸腾速率，单位为 cm/d；T_p 为潜在蒸腾速率，单位为 cm/d。

5.3.3.3　作物的呼吸作用

(1)维持呼吸

维持呼吸指植物代谢能力，它被表征为植物干重的函数。温度对维持呼吸有显著影响，高温将促进植物组织呼吸消耗能量，温度每增加 10℃，维持呼吸能量消耗量将提高 2 倍。这一温度效应在 WOFOST 模型中表征为一个参数 Q_{10}，即表示温度每增加 10℃维持呼吸消耗量的增加比率。在作物生长后期，作物植株代谢能力和维持呼吸能量消耗量均减小。一般根茎叶的维持呼吸消耗系数分别为 0.01、0.015、0.03。这一特征参数一般受温度、植物组织含氮量和含矿物质量、作物代谢活性的影响，因此，维持呼吸消耗量被表征为生育期和温度的函数，具体计算过程如下：

$$R_{m,r} = \sum_{i=1}^{4} c_{m,i} W_i \tag{5.34}$$

式中：$R_{m,r}$为维持呼吸速率，单位为 kg/(hm^2 · d)；$c_{m,i}$为维持呼吸消耗系数 kg/(kg · d)；W_i 为植株各部分干重，单位为 kg/hm^2。

温度对维持呼吸的效应为：

$$R_{m,T} = R_{m,r} Q_{10}^{\frac{T-T_r}{10}} \tag{5.35}$$

式中：$R_{m,T}$为温度 T 下的维持呼吸速率，单位为 kg/(hm^2 · d)；$R_{m,r}$为参考温度 25℃下的维持呼吸速率，单位为 kg/(hm^2 · d)；Q_{10}为温度每增加 10℃，维持呼吸速率增加量；T 为日平均温度，单位为℃；T_r 为参考温度，单位为℃。

(2)生长呼吸

作物通过光合作用合成的同化产物和能量，除用于维持呼吸消耗外，剩余的同化产物均转移到植株体中，用于植物组织的分裂、形成和发育。在这个过程中，能量消耗，并释放 CO_2 和 H_2O，这一过程为生长呼吸过程。公式为：

$$R_g = R_d - R_{m,T} \tag{5.36}$$

式中：R_g 为生长呼吸速率，单位为 kg/(hm^2 · d)；R_d 为实际日 CO_2 总同化速率，单位为 kg/(hm^2 · d)；$R_{m,T}$为温度 T 下的维持呼吸速率，单位为 kg/(hm^2 · d)。

5.3.3.4　同化物的运输与分配

转移到植株体中的同化产物形成植株体的过程由转换效率因子确定，该转换效率因子取决于各组织同化产物的转换效率，这一特征主要同作物品种有关，由于营养器官和生殖器官的形成速率影响，并随生育期而变化。形成的同化产物与转换效率因子的乘积即为作物干物质增量。

作物植株各器官的形成和发育表征为生物量增量和各器官的分配比例的乘积(根、茎、叶和籽粒)，该分配因子 C_e 可表征为生育期的函数，具体计算如下：

$$C_e = \frac{1}{\sum_{i=1}^{3} \frac{PC_i}{C_{e,i}} \times (1 - PC_{rt}) + \frac{PC_{rt}}{C_{e,rt}}} \tag{5.37}$$

式中：$C_{e,i}$ 为干物质向地上部各组分分配的干物质量，单位为 kg/kg；$C_{e,rt}$ 为干物质向地下部各组分分配的干物质量，单位为 kg/kg；PC_i 为向地上部转移的干物质量向地上部各器官的分配系数；PC_{rt} 为向地下部分配的干物质量向根的转换效率系数。

$$\Delta W = C_e \cdot R_g \tag{5.38}$$

式中，ΔW 为干物质增长速率，单位为 kg/(hm^2 · d)；C_e 为同化产物的转换效率因子，单位为 kg/kg；R_g 为生长呼吸速率，单位为 kg/(hm^2 · d)。

5.3.3.5　土壤-植物-大气连续体系

植物除了通过气孔吸收 CO_2 外，从土壤中吸收的水分也会通过气孔蒸腾散失到大气中。如果土壤水分不能持续不断地获得补充，土壤就会干涸，到一定程度后会发生作物水分胁迫，作物就会通过气孔闭合机制，主动响应这种胁迫效应，阻碍 CO_2 吸收，从而影响同化产物的合成，这种情况发展到一定程度后，植物就会萎蔫，并最终死亡。在 WOFOST 模型中，利用水分平衡方程模拟土壤水分变化（图 5.6），可以判断作物什么时候受到水分胁迫，并受到哪种程度的水分胁迫。

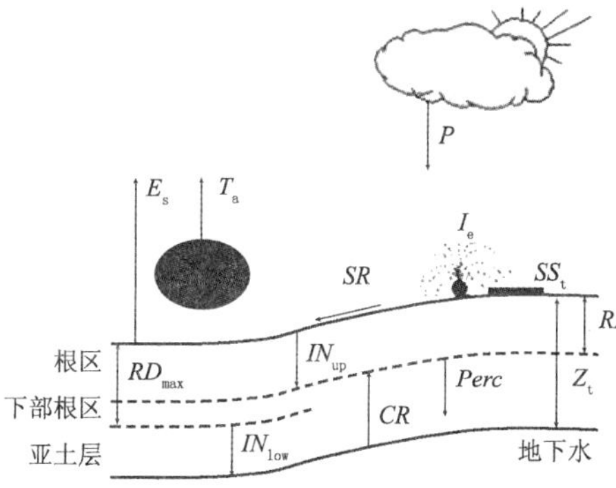

图 5.6　WOFOST 模型土壤水文过程模拟图

一般实际土壤含水量可以如下式所示：

$$\theta_t = \frac{IN_{up} + (IN_{low} - T_a)}{RD}\Delta t \tag{5.39}$$

$$IN_{up} = P + I_e - E_s + (SS_t/\Delta t) - SR \tag{5.40}$$

$$IN_{low} = CR - Perc \tag{5.41}$$

式中：θ_t 为 t 时刻根区实际土壤含水量（cm^3/cm^3），IN_{up} 为通过根区上边界的水分净流入量（cm/d），IN_{low} 为通过根区下边界的水分净出流量（cm/d），T_a 为作物实际蒸腾量（cm/d），RD 为实际根深（cm），P 为降水量（cm/d），I_e 为日有效灌溉量（cm/d），E_s 为土壤蒸发量（cm/d），SS_t 为地表储水量（cm），SR 为地表径流量（cm/d），CR 为毛细上升水量（cm/d），$Perc$ 为入渗水量（cm/d），Δt 为时间步长（d），Z_t 为地下水位深度（cm）。以上有关符号见图 5.6。

在 WOFOST 模型中，土壤分为 3 层：上部根区、下部根区、亚表层。

由于土壤田间持水量能够完全保证作物的水分补给吸收，因此潜在作物生长能力就是假定土壤含水量维持在田间持水量的程度时的作物生长过程。水分胁迫作物生长模拟则区分为两种土壤水分平衡过程：一种是无地下水影响的情况，一种是有地下水影响的情况。直接影响根区土壤含水量变化的过程包括蒸发、蒸腾、降水、下渗和毛细上升。其中，蒸发主要取决于可用的土壤水和土壤的入渗能力。降水中部分被茎、叶、枝干等截流，到达土表的一部分成为径流。WOFOST 中假定固定的一部分降水无法入渗，这个比例为降水量的函数。入渗主要指当根区土壤含水量超过田间持水量后，水分就向下层根区和亚土层下渗的部分。从根区到下层根区的下渗受下层土壤的土壤水势限制，从下层根区到亚土层的渗滤则受到亚土层土壤的储水量和最大下渗速率的限制。地表径流是指当地表储水量超过最大储水量时产生的径流。

5.4 不同风险评估方法的优缺点对比

为进一步优化风险评估方法在实际中的应用，以及为今后风险评估领域的研究工作提供基础方法，在表 5.3 中对目前常用的三种干旱灾害风险评估方法的优缺点进行了对比分析。

表 5.3 干旱灾害不同风险评估方法的优缺点

	优点	缺点
基于风险因子	1. 物理依据充分，突出了风险的成因； 2. 具有灵活性，可针对具体区域进行风险指标的调整。	1. 风险因子指标的选择和因子权重的确定受到主观因素的影响； 2. 评估结果仅能定性反映风险等级，定量化程度低。
基于概率统计	1. 依据成熟的概率统计方法，突出了风险的结果； 2. 能客观反映灾害事件的随机不确定性，可提供稳定的定量化的风险评估结果。	1. 受历史资料限制，结果的动态性较差； 2. 主要关注大概率灾害事件，对极端灾害事件的风险评估易产生误差。
基于物理模型	1. 突出了风险的物理过程； 2. 体现了风险的动态性和精细化。	1. 数据精度要求高； 2. 数据获取的难度较大。

5.5 干旱灾害风险评估面临的科学问题和展望

5.5.1 问题

虽然对干旱灾害风险评估的科学理解有了长足的发展，但在气候变化的背景下，目前仍存在以下问题。

(1)干旱灾害风险评估尚未形成较为统一的风险表征模式。在全球气候变化的背景下，自然气候变率和人为引起的气候变化不仅对干旱灾害事件有影响，也对人类社会和自然生态系统的脆弱性及暴露度产生了影响；干旱灾害事件、承灾体的脆弱性和暴露度及孕灾环境的敏感性共同决定了干旱灾害风险，如何构建干旱灾害风险、暴露度、脆弱性和敏感性及恢复力的表征指标，如何结合研究区的生态气候特点和干旱风险发生规律，建立符合当地实际的评估模型，同时，如何使风险评估结果具有时间和空间的可比性等问题均需要进一步探讨。

(2)对于承灾体的社会经济属性研究不足。干旱灾害风险是由内部和外部因素共同导致的，内部因素是人类活动所导致的暴露度和脆弱性及孕灾环境的敏感性，外部因素是自然致灾因子的影响。所以应该从评估灾害的自然与社会双重属性出发，以自然科学和社会科学相结合的视角来认识干旱灾害风险评估。随着社会经济的发展，抵御自然灾害的能力越来越强，自然灾害带来的人口伤亡逐渐减少，但是带来的经济损失却随着社会经济的发展日益扩大。干旱灾害风险评估的自然与社会双重属性及多视角研究问题更加凸显。

(3)目前干旱灾害风险评估主要是以大尺度研究为主，对次区域及其区域内不同尺度干旱灾害风险实证研究较少，缺乏针对地区或区域内的干旱灾害敏感性、暴露度和脆弱性评估，及其在农业、水文、生态等方面所造成损失的综合风险评估；在农业的风险评估中，缺乏适用于不同作物或品种的针对性风险评估。对不同尺度干旱灾害风险评估，在数据获取、研究方法、风险表达、结果精度、尺度效应和耦合应用方面均不够。

(4)现行的干旱灾害风险评估多是静态评估。事实上干旱风险并非静态不变，它会随时空的变化而呈现出差异，干旱灾害风险评估应是随时空变化而不断变化的动态行为。当前的干旱灾害风险研究大多集中在风险的不确定性、危害性和复杂性等静态特性上，正确认识干旱灾害风险的时空动态特性有着重要的现实意义，将有助于制定不同地域和不同时段的灾害风险管理措施。

5.5.2　展望

以气候系统的变暖为特征的全球气候变化是不争的事实，在全球变暖背景下，干旱发生的频率和强度均呈增加趋势。干旱灾害风险作为一个复杂系统，涉及多个无法用相同方法度量的变量(经济、社会、文化、物理、生态和环境)。未来风险评估的主要挑战是加强综合及整体评估的方法，从多维、整体的角度理解暴露度和脆弱性，注重风险传导和风险累积。在不同时空尺度上，这些变化和波动所遵循的规律及其所具有的基本特性存在着很大的差异。针对干旱灾害风险时空尺度的研究也是深刻认识、恰当评价和有效管理灾害时空风险必须关注的重要学科问题。因此，从多维、整体和不同时空尺度上研究干旱灾害风险评估与干旱灾害风险管理是干旱灾害风险学科发展的必然选择。

面对未来干旱灾害风险，面临的主要风险和挑战是什么，有哪些不确定性，人们有哪些作为，均需在严谨的科学评估下进行判断。必须加强我国气候变化背景下的干旱灾害影响和风险评估的基础研究，研究干旱灾害致灾因子的变异规律，分析干旱灾害承灾体的脆弱性、承灾体的暴露度、孕灾环境的敏感性及其对干旱灾害风险的影响；将干旱灾害风险管理的重点置于在风险评估的基础上提出适应气候变化措施，减少对干旱灾害的脆弱性和暴露度，提高对风险的恢复力；把干旱灾害风险管理和气候变化适应视为发展过程的组成部分，可以降低未来干旱灾害风险，实现社会经济的可持续发展。

我国地域辽阔、地理环境复杂多样、气候差异大、生态及自然环境脆弱、自然灾害的种类多、发生频率高、强度大，是世界上自然灾害最严重的国家之一。自然灾害造成的损失大小与经济密度和人口密度相关，灾损较大的地区往往都是农业生产和社会经济较为发达的区域。自然灾害对社会的影响以及人类活动对自然灾害的脆弱性在不断加剧，干旱灾害的时空变化趋势特征会更加复杂。干旱灾害风险评估与管理随着社会经济的发展显得尤为重要。应该在研究不同等级干旱灾害及与之对应的灾害链关系、孕灾环境敏感性、承灾体暴露度和脆弱性对气候变暖的响应特征方面取得突破；在揭示气候变暖背景下干旱灾害对农业、水资源及社会生态潜在风险特征方面取得进展，以便建立“断链式”灾害风险防御系统，才能有效地减缓干旱灾害的损失和影响。

风险分析是研究具有不确定性系统有效的技术工具,而农业干旱灾害现象极其复杂,涉及的因素众多,不确定性程度较高,对我国这样一个人口大国,农业大国,保障粮食安全是我国的基本国策。因此,将风险理论用于农业干旱灾害研究非常迫切,充分应用现代科技成果,应用风险量化与风险评价技术研究农业干旱灾害风险,从而有效地提高风险等级评价结果的可信度与可靠性,对农业干旱灾害风险管理具有重要的意义。

第 6 章　干旱灾害致灾因子

干旱致灾因子是干旱灾害风险分析理论体系中的重要组成部分，它不仅是干旱灾害风险的主导因素，也是干旱灾害风险中最活跃的因子，直接控制着干旱灾害风险的分布格局和发展趋势，对致灾因子危险性予以准确诊断是客观评估灾害损失与风险大小的基本前提。

6.1　致灾因子综合表征指标

为了监测和研究各类干旱及其变化，许多学者基于气温、降水量、蒸发等多种干旱灾害致灾因素，发展了一些致灾因子的综合表征指标，这些指标大致可划分为单因子指标和多因子指标两类。单因子指标主要指降水距平百分率、无雨日数、标准差指数、标准化降水指数、Z 指数、土壤湿度等，这类指标主要考虑降水量这一主要致灾因子。其虽意义明确，计算简单，但没有考虑引起干旱的其他相关因素的影响，且部分指标在进行不同时空比较时缺乏统一的标准(鞠笑生等，1997；黄晚华等，2013a，2013b)。多因子指标多从水分平衡角度出发，考虑了降水、蒸发、土壤水、地表径流、气温等因素对于干旱的影响而构建的干旱指标，主要包括 Palmer 干旱指标、相对湿润度指数和综合气象干旱指数等，该类指标主要强调了干旱形成的机理和过程，可以较好地反映各因素对干旱过程的综合影响。但由于该类指标涉及的参数多，很多参数需要试验来确定，计算过程繁琐，所以使用范围受到了一定限制(Palmer，1965；安顺清和邢久星 1986；刘巍巍等，2004)。还有一些基于遥感的干旱指数，这类指数主要用于生态干旱监测，包括植被条件指数、温度状态指数、温度植被干旱指数、条件植被温度指数、植被供水指数等。从针对性上可大致分为气象干旱指标、农业干旱指标及基于遥感的生态干旱指标。

6.1.1　气象干旱指数

气象干旱指数主要是从降水、蒸发等方面定义和描述干旱，根据指标涉及的因子可以将气象干旱指标分为单因子指标和多因子指标两类。

6.1.1.1　单因子指标

(1)降水距平百分率指标 P_a

降水距平百分率是指某时段降水量与历年同时段平均降水量的距平百分率，反映了该时期降水量相对于同期平均状态的偏离程度，其计算公式为：

$$P_a = \frac{R_i - \bar{R}}{\bar{R}} \times 100\% \tag{6.1}$$

式中：P_a 为降水量的距平百分率(%)；R_i 为某时段降水量(mm)；$\bar{R}$ 为该时段多年平均降水量(mm)。根据区域和各时空尺度降水量分布特征可确定降水距平百分率旱涝等级标准(鞠笑生等,1997;张强等,2006;黄晚华等,2013)。在半湿润、半干旱地区平均气温高于10℃的时段,其旱涝等级标准如表6.1所示。

表6.1 P_a 干旱等级划分表

等级	类型	降水量距平百分率(%)		
		月尺度	季尺度	年尺度
1	无旱	$-40<P_a$	$-25<P_a$	$-15<P_a$
2	轻旱	$-60<P_a\leqslant-40$	$-50<P_a\leqslant-25$	$-30<P_a\leqslant-15$
3	中旱	$-80<P_a\leqslant-60$	$-70<P_a\leqslant-50$	$-40<P_a\leqslant-30$
4	重旱	$-95<P_a\leqslant-80$	$-80<P_a\leqslant-70$	$-45<P_a\leqslant-40$
5	特旱	$P_a\leqslant-95$	$P_a\leqslant-80$	$P_a\leqslant-45$

降水距平百分率是气象干旱指标中最常见的指标方法,该指标具有简便、直观、资料准确、丰富的特点,在干旱分析评价和相关研究中应用较多。但这一干旱指标也存在一定的缺陷,指标中将降水量当作正态分布来考虑,而实际上多年平均值一般并不是降水量长期序列的中位数;另外,该指标未考虑降水的分布特征,对降水时空分布不均匀地区无法确定一个统一的划分标准,因此,不适用于不同时空尺度的旱涝等级对比分析。

(2)降水量标准差指标 I

降水量标准差指标也叫湿度指标,是假设降水量为正态分布时的降水变异系数,用降水量的标准差划分旱涝等级。其计算公式为:

$$I=\frac{R_i-\bar{R}}{\sigma} \tag{6.2}$$

式中:I 为标准差指标;R_i 为年降水量(mm);$\bar{R}$ 为多年平均年降水量(mm);σ 为降水量的均方差。其等级划分标准见表6.2所示(鞠笑生等,1997)。

表6.2 I 指标干旱等级的划分表

等级	类型	I 指标	等级	类型	I 指标
1	重涝	$I\geqslant1.5$	5	偏旱	$-0.8<I\leqslant-0.3$
2	大涝	$0.8\leqslant I<1.5$	6	大旱	$-1.5<I\leqslant-0.8$
3	偏涝	$0.3\leqslant I<0.8$	7	重旱	$I\leqslant-1.5$
4	正常	$-0.3<I<0.3$			

降水量标准差指标虽然简单易行,但该指标仅表征了年际变化特征,没有考虑降水量年内分配不均匀这一特征,无法反映干旱的季节变化特征。

(3)标准化降水指数 SPI

标准化降水指数(standardized precipitation index,SPI)(Mckee 等,1993)是表征某时段降水量出现的概率多少的指标之一。由于不同时间、不同地区降水量变化幅度很大,直接用降水量很难在不同时空尺度上相互比较,而且降水分布是一种偏态分布,不是正态分布,所以采用 Γ 分布概率来描述降水量的变化,再进行正态标准化处理,最终用标准化降水量累积频率分布划分干旱等级,其计算公式见公式(6.3),等级划分标准见表6.3。

$$SPI=S\,\frac{t-(c_2t+c_1)t+c_0}{((d_3t+d_2)t+d_1)t+1.0} \tag{6.3}$$

式中：t 为累积概率的函数；c_0,c_1,c_2,d_1,d_2,d_3 均为系数，$c_0=2.515517$，$c_1=0.802853$，$c_2=0.010328$，$d_1=1.432788$，$d_2=0.189269$，$d_3=0.001308$；当累积概率小于 0.5 时 S 取负号，否则 S 取正号。

表 6.3　SPI 指数干旱等级划分表

等级	类型	*SPI* 指数	等级	类型	*SPI* 指数
1	无旱	$-0.5<SPI$	4	重旱	$-2.0<SPI\leqslant -1.5$
2	轻旱	$-1.0<SPI\leqslant -0.5$	5	特旱	$SPI\leqslant -2.0$
3	中旱	$-1.5<SPI\leqslant -1.0$			

SPI 指数是目前国际上广泛使用的干旱指标，其优点在于资料获取容易、计算简单、稳定，消除了降水的时空差异，且具备进行多个时间尺度分析的能力，可以满足多种干旱监测需求。Hayes 使用 *SPI* 监测美国的干旱得到了很好的效果（Hayes 等，1999），但 *SPI* 指数也有一定的缺陷，首先，其假定了所有地点旱涝发生概率相同，因此无法标识频发地区；此外，该指数没有考虑水分的支出。

（4）标准化权重降水指数 SPIW

Lu（2009）基于前期降水对后期旱涝的影响呈指数衰减理念提出了加权平均降水量指标 *WAP*，其定义为：

$$WAP=\frac{\sum_{n=0}^{N}\alpha^nP_n}{\sum_{n=0}^{N}\alpha^n}\tag{6.4}$$

式中：参数 N 为超前当前日的最大天数（d）；P_n 为前期第 n 天的降水量（mm）；n 为超前当前日的天数序列，$n=0$ 代表当前日；α 为贡献参数，其取值范围在 0～1 之间。当 α 取值趋近于 1 时，式（6.4）可简化为：

$$WAP=(1-\alpha)\sum_{n=0}^{N}\alpha^nP_n\tag{6.5}$$

WAP 能够综合反映前期降水和当天降水对于当天旱涝的影响，前期降水对当天旱涝的影响呈指数形式递减，*WAP* 值越大，表明前期降水越多，偏涝；*WAP* 值越小，表明前期降水越少，偏旱。为便于不同时空尺度上的比较，可对 *WAP* 进行标准化处理，标准化后定义为 *SPIW* 指数即标准化权重降水指数，其等级划分标准与 *SPI* 类似。

标准化权重降水指数方法简洁、物理意义明确，可对干旱进行动态和定量化的监测，在干旱过程演变的判别效果上表现出良好的稳定性，但其应用也存在一定局限性，在年平均降水量小于 300 mm 的常年干旱地区和青藏高原大部地区不适宜使用该指数（梁成等，2010；赵一磊等，2013）。

（5）Z 指数

Z 指数是假设降水量服从 Person-Ⅲ型分布，通过对降水量进行正态化处理，可将概率密度函数 Person-Ⅲ型分布转换为以 Z 为变量的标准正态分布，进而表征旱涝程度，其计算公式如下：

$$Z=\frac{6}{C_S}\left(\frac{C_S}{2}\Phi+1\right)^{1/3}-\frac{6}{C_S}+\frac{C_S}{6}\tag{6.6}$$

式中：Φ 为降水的标准化变量，C_S 为偏态系数即约翰逊（Johnson）偏度系数。根据 Z 变量的正态分布曲线，可确定不同干旱等级相应的 Z 界限值，其等级划分标准见表 6.4。

表 6.4　Z 指数干旱等级划分表

等级	类型	Z 指数	等级	类型	Z 指数
1	重涝	$Z>1.645$	5	偏旱	$-1.037\leqslant Z<-0.842$
2	大涝	$1.037<Z\leqslant1.645$	6	大旱	$-1.645\leqslant Z<-1.037$
3	偏涝	$0.842<Z\leqslant1.037$	7	重旱	$Z<-1.645$
4	正常	$-0.842\leqslant Z\leqslant0.842$			

有学者对其干旱等级划分标准进行了修正，提出了适用于不同气候区的分级标准，如：张存杰等(1998)提出了西北地区 Z 指数分级标准，黄道友等(2003)提出了适用于南方区域的 Z 指数界限值。

(6)广义极值分布干旱指数指数 GEVI

广义极值分布干旱指数(generalized extreme value index，GEVI)指数(王澄海等，2012)假设某一时段的降水量服从广义极值(generalized extreme value，GEV)函数分布，根据形状参数确定不同的分布函数，再将分布函数 F 的复合负对数定义为一个干旱指数，其形式为：

$$GEVI=-\ln[-\ln(F)]=-\frac{1}{w}\ln\left[1-\frac{w(x_i-u)}{v}\right] \tag{6.7}$$

式中：x_i 为降水量(mm)；F 为累积分布函数，当独立随机变量 x 服从 GEV 分布时，其概率密度函数为：

$$f(x)=\frac{1}{v}\exp(-(1-w)y-\exp(-y)) \tag{6.8}$$

当 $w\neq0$ 时，$y=-\frac{1}{w}\ln\left[1-\frac{w(x-u)}{v}\right]$；当 $w=0$ 时，$y=\frac{(x-u)}{v}$。

由此，累积分布函数可表示为：

$$F(x)=\exp[\exp(-y)]=\begin{cases}\exp\{-[1+w(\frac{x-u}{v})]^{-\frac{1}{w}}\} & w\neq0\\ \exp\{-\exp[-(\frac{x-u}{v})]\} & w=0\end{cases} \tag{6.9}$$

式中：u,v,w 分别是 GEV 概率分布的三个参数，u 为位置参数，v 为尺度参数，w 为形状参数。三个参数的值域分别为：$u\in(-\infty,+\infty)$；$v\in(-\infty,+\infty)$；$w\in(-\infty,+\infty)$。其中当 $w<0$ 时，GEV 为 Weibull 分布；$w>0$ 时，为 Frechet 分布；$w=0$ 时，为 Gumbel 分布。*GEVI* 指数干旱等级划分标准见表 6.5。

表 6.5　*GEVI* 指数干旱等级划分表

等级	类型	*GEVI* 指数	等级	类型	*GEVI* 指数
1	无旱	$0\leqslant GEVI$	4	重旱	$-1.5\leqslant GEVI<-1.0$
2	轻旱	$-0.5\leqslant GEVI<0$	5	特旱	$GEVI<-1.5$
3	中旱	$-1.0\leqslant GEVI<-0.5$			

GEVI 指数和 *SPI* 指数都是假定降水量服从偏态分布，通过概率密度函数求解累积概率，再根据累积概率划分干旱等级，但 *GEVI* 指数拟合出的降水量分布形态比 *SPI* 更为客观、细化(王芝兰等，2013)。同时，该指数不仅可用于干旱强度监测，还可确定干旱的时间尺度及

其历史的再现规律，因此，也可用作未来时刻干旱发生的预测。但该指数也有一定的缺陷，首先，其没有涉及具体的干旱机理研究，其次，该指数对干旱影响因子考虑也不完善，尤其是没有考虑蒸发对干旱的影响。

6.1.1.2　多因子指标

(1)降水温度均一化指标 I_s

降水温度均一化指标(I_s)实际上就是降水标准化变量与温度标准化变量之差，即：

$$I_S = \frac{\Delta R}{\sigma_R} - \frac{\Delta T}{\sigma_T} \tag{6.10}$$

式中：ΔR 为降水量距平(mm)；ΔT 为平均气温距平(℃)；σ_R 为降水量均方差(mm)；σ_T 为气温均方差(℃)。I_s 考虑了气温对干旱发生的影响。其干旱等级标准见表 6.6(张强等，1998)。

表 6.6　I_s 指数干旱等级划分表

等级	类型	I_s 指数	等级	类型	I_s 指数
1	重涝	$I_s \geqslant 3.25$	5	轻旱	$-1.60 < I_s \leqslant -0.85$
2	中涝	$1.60 \leqslant I_s < 3.25$	6	中旱	$-2.25 < I_s \leqslant -1.60$
3	轻涝	$0.85 \leqslant I_s < 1.60$	7	重旱	$I_s \leqslant -2.25$
4	正常	$-0.85 < I_s < 0.85$			

在其他条件相同时，高温有利于地面蒸发，反之则不利于蒸发。因此，当降水减少时，高温将加剧干旱的发展或导致异常干旱，反之将抑制干旱的发生与发展，这从气温对干旱影响物理机制而言是合理的，但气温对干旱的影响程度随地区和时间不同，因此，在应用 I_s 指标时，应对温度影响项适当调整权重(张强等，1998)。

(2)相对湿润度指标 MI

相对湿润度指数是指某时段降水量与可能蒸散量的差占同时段可能蒸散量的比，反映了实际降水供水量与最大水分需要量的平衡关系，其计算公式为：

$$MI = \frac{R - ET_0}{ET_0} \tag{6.11}$$

式中：R 为某时段降水量(mm)；ET_0 为某时段的可能蒸散量(mm)，用 Thornthwaite 方法或 FAO 推荐的 Penman-Monteith 公式计算。MI 指数干旱等级划分标准见表 6.7。

表 6.7　MI 指数干旱等级划分表

等级	类型	MI 指数	等级	类型	MI 指数
1	无旱	$-0.40 < MI$	4	重旱	$-0.95 < MI \leqslant -0.80$
2	轻旱	$-0.65 < MI \leqslant -0.40$	5	特旱	$MI \leqslant -0.95$
3	中旱	$-0.80 < MI \leqslant -0.65$			

相对湿润度指数反映了降水供给水量与最大水分需要量之间的关系，适用于作物生长季节旬以上尺度的干旱监测和评估，但该指数不适用于不同时空尺度旱涝的对比分析，且其蒸发为潜在蒸发而非实际蒸发。

(3)DI 干旱指数

DI 干旱指数(王春林等，2012)是基于前期降水指数(antecedent precipitation index，API)(Richard 等，2002)和相对湿润度指数 MI 建立的逐日干旱监测指标，其计算公式如下：

$$DI_i = SAPI_i + \overline{MI_i} \tag{6.12}$$

式中：$SAPI_i$ 是第 i 日前期降水指数 API 的标准化变量；$\overline{MI_i}$ 为第 i 日常年平均相对湿润度指数。DI 指数干旱等级划分标准见表 6.8。

表 6.8 DI 指数干旱等级划分表

等级	类型	DI 指数	等级	类型	DI 指数
1	无旱	$-0.5<DI$	4	重旱	$-2.0<DI\leqslant-1.5$
2	轻旱	$-1.0<DI\leqslant-0.5$	5	特旱	$DI\leqslant-2.0$
3	中旱	$-1.5<DI\leqslant-1.0$			

DI 干旱指数在广东省气象局业务应用中取得了较好的监测效果，目前已成为广东省气象部门气象干旱指标标准，但在其他区域的适用性还有待做进一步的检验。

(4)K 干旱指数

K 指数(王劲松等，2007)是根据某时段内降水量和蒸发量的相对变率来确定干旱状况，综合考虑了水分收支平衡的降水量和作物参考蒸散量，能较为客观地反映地表的干湿状况，其计算公式为：

$$K = R'/E' \tag{6.13}$$

其中

$$R' = R/\bar{R}, E' = E/\bar{E}$$

式中：K 为某时段的干旱指数，R' 和 E' 分别为该时段降水和蒸散的相对变率，R 和 E 为该时段降水量(mm)和蒸散量(mm)，$\bar{R}$ 和 $\bar{E}$ 为该时段多年平均降水量(mm)和蒸散量(mm)。蒸散量采用世界粮农组织(FAO)1998 年修正的 Penman-Monteith 模型来计算。

K 指数在我国西北地区、黄河流域、西南、华南等区域都具有较好的干旱监测能力(王劲松等，2007；2013；王素萍等，2015；吴哲红等，2012)。但与大多数考虑了蒸发作用的干旱指数一样，其蒸发也是潜在蒸发而不是实际蒸发，因此，在针对具体的下垫面或作物时，其监测服务的效果仍有待进一步的验证。

(5)综合气象干旱指数 CI

综合气象干旱指数 CI(张强等，2006)由近 30 天(相当月尺度)和近 90 天(相当季尺度)标准化降水指数，以及近 30 天相对湿润度指数综合而得，该指标既反映短时间尺度(月)和长时间尺度(季)降水量气候异常情况，又反映短时间尺度(影响农作物)水分亏欠情况。其计算公式为：

$$CI = a\,Z_{30} + b\,Z_{90} + c\,M_{30} \tag{6.14}$$

式中：Z_{30}、Z_{90} 分别为近 30 和近 90 天标准化降水指数 SPI；M_{30} 为近 30 天相对湿润度指数；a 为近 30 天标准化降水系数，平均取 0.4；b 为近 90 天标准化降水系数，平均取 0.4；c 为近 30 天相对湿润系数，平均取 0.8。综合气象干旱指数干旱等级划分标准见表 6.9。

表 6.9 CI 指数等级划分表

等级	类型	CI 值	等级	类型	CI 值
1	无旱	$-0.6<CI$	4	重旱	$-2.4<CI\leqslant-1.8$
2	轻旱	$-1.2<CI\leqslant-0.6$	5	特旱	$CI\leqslant-2.4$
3	中旱	$-1.8<CI\leqslant-1.2$			

CI 指数适合实时气象干旱监测和历史同期气象干旱评估，是在国家气候中心多年的干旱监测业务中发展和完善起来的，它很好地反映了我国不同地区干旱频率分布和年内不同等级干旱的季节分布特征，被广泛应用于我国干旱监测业务和科学研究中。但该指数也存在一些缺陷，首先，CI 监测指标监测旱情时存在跳跃性问题，当一个大的降水过程移出 30 天或 90 天的监测时段，会对 CI 值有明显影响，会出现干旱发展的突变现象；其次，由于 CI 指数最长只反映 90 天的降水情况，没有考虑更长时间的干旱累积效应，当干旱持续时间超过 90 天后，CI 指数反映的干旱程度可能较实际干旱偏轻；第三，CI 指数由于没考虑作物的生长季节和对水资源的影响，其监测服务效果存在针对性问题。

张存杰等(2014)针对以上问题，对 CI 进行了修正，建立了 MCI 指标，相对于 CI 指标，MCI 指标主要在如下几个方面进行了改进：一是引进了标准化权重降水指数 $SPIW_{60}$，使干旱发展过程的不合理跳跃现象得到明显改进；二是考虑更长时间降水的影响(5 个月的标准化降水指数 SPI_{150})，干旱发展的累积效应更加突出；三是考虑作物的生长季节，引进了季节调节系数 K_a，根据不同区域和不同季节进行调整，使干旱监测服务更有针对性。目前，该指数已应用于国家气候中心和各省气候中心干旱监测和预警业务中，其形式如下：

$$MCI=K_a(a\cdot SPIW_{60}+b\cdot MI_{30}+c\cdot SPI_{90}+d\cdot SPI_{150}) \tag{6.15}$$

式中：$SPIW_{60}$ 是近 60 天标准化权重降水指数；MI_{30} 是近 30 天相对湿润度指数；SPI_{90} 和 SPI_{150} 分别为近 90 天和近 150 天的标准化降水指数；a,b,c,d 为权重系数，分别取 0.3、0.5、0.3、0.2。K_a 为季节调节系数，根据不同季节各地主要农作物生长发育阶段对土壤水分的敏感程度确定。作物生长旺季(一般指 3—9 月)需水量越大，对土壤水分敏感度越高，K_a 值则越大(一般在 1.0～1.4 之间)；作物生长初期或成熟期(一般指 10 月至翌年 2 月)需水量越小，对土壤水分敏感度越低，则 K_a 值越小(一般在 0.4～1.0 之间)；无植被生长区域或常年干旱区，K_a 值为 0。MCI 指数的等级划分标准同 SPI。

(6)帕默尔干旱指数 $PDSI$

帕默尔干旱指数(Palmer drought severity index，PDSI)是 Palmer(1965)基于土壤水分平衡原理建立的干旱指数，可以表征一段时间内某地水分供应持续地少于当地气候适宜水分供应的水分亏缺状况。该指数在计算水分收支平衡时，考虑了前期降水量和水分供需，计算了蒸散量、土壤水分供给、径流及表层土壤水分损失，物理意义比较明晰，能描述干旱发生、发展直至结束的全过程，适合月尺度的水分盈亏监测和评估。同时，指数计算时使用月降水量和月平均气温作为输入量，经标准化处理，在空间和时间上具有可比性。具体计算公式如下：

$$PDSI=K_j d_{\mathrm{p}} \tag{6.16}$$

$$d_{\mathrm{p}}=P-P_0=P-(\alpha_j ET_0+\beta_j P_{\mathrm{R}}+\lambda_j P_{\mathrm{RO}}-\sigma_j P_{\mathrm{L}}) \tag{6.17}$$

$$K_i=\left[\frac{17.67}{\sum_{j=1}^{12}\overline{D_j}K'_j}\right]K'_i \tag{6.18}$$

$$K'=1.5\lg\left[\frac{\frac{ET_0+D_R+D_{RO}}{P+L}+2.8}{D_{\mathrm{p}}}\right]+0.5 \tag{6.19}$$

式中：K_j 为权重因子；d_{p} 为水分过剩与短缺量；P 为实际降水量(mm)；P_0 为气候适宜降水量(mm)；ET_0 为可能的蒸散量(mm)；P_{R} 为可能土壤水补给量(mm)；P_{RO} 为可能径流量(mm)；P_{L} 为可能损失量(mm)；D_{R} 为土壤水实际补给量(mm)；D_{RO} 为实际径流量(mm)；L 为实际损

失量(mm);D_P 为各月 d_p 的绝对值的平均值(mm);α、β、λ、σ 分别为各项的权重系数,其取值依赖于研究区域的气候特征。*PDSI* 指数干旱等级划分标准见表 6.10。

表 6.10　*PDSI* 指数等级划分表

等级	类型	*PDSI* 指数	等级	类型	*PDSI* 指数
1	无旱	$-1.0<PDSI$	4	重旱	$-4.0<PDSI\leqslant-3.0$
2	轻旱	$-2.0<PDSI\leqslant-1.0$	5	特旱	$PDSI\leqslant-4.0$
3	中旱	$-3.0<PDSI\leqslant-2.00$			

PDSI 干旱指数是迄今为止应用最广泛的、在国际上最负盛名、最具突破性进展干旱指数,被广泛地应用于描述历史和当前干旱发生的范围和严重程度。安顺清和邢久星(1986)、刘巍巍等(2004)根据我国的实际情况对帕尔默旱度模式进行了进一步修正,建立了我国的气象旱度模式,修正后的旱度模式能较为准确地评估干旱情况,已成为我国干旱分析的有效工具。但 *PDSI* 指数考虑因子较多,部分资料较难获取,应用受到较大限制。

6.1.2　农业干旱指数

农业干旱的发生发展有着极其复杂的机理,受到诸如大气降水、田间温度、地形地貌和土壤生态环境等因素影响,同时也受到人类活动和科技措施的影响,如农业结构、作物布局、种植制度、栽培方式、作物品种和生长发育阶段的田间管理等的影响。因此,农业干旱指标涉及大气降水量、农田土壤生态环境、作物等多种因子,其大致可以分为土壤干旱指标和作物干旱指标两大类。

6.1.2.1　土壤干旱指标

农作物生长发育所需要的水分主要靠根系直接从土壤中吸取,农业干旱的关键在于土壤水分的亏缺状况。表征土壤干旱的指标主要包括土壤相对湿度和土壤有效水分贮存量指标。

(1)土壤相对湿度 R

土壤相对湿度干旱指数是反映土壤含水量的指标之一,适合于某时刻土壤水分盈亏监测。其计算公式如下:

$$R=\frac{w}{f_c}\times100\% \tag{6.20}$$

式中:R 为土壤相对湿度(%);w 为土壤重量含水率(%);f_c 代表土壤田间持水量(%)。土壤相对湿度干旱等级划分标准见表 6.11。由于不同性质的土壤对土壤水分的利用有一定差异,使用者可根据当地土壤性质,对等级划分范围作适当调整。

表 6.11　土壤相对湿度 *R* 的干旱等级划分表

等级	类型	10～20cm 深度 土壤相对湿度 R	等级	类型	10～20cm 深度 土壤相对湿度 R
1	无旱	$60\%<R$	4	重旱	$30\%<R\leqslant40\%$
2	轻旱	$50\%<R\leqslant60\%$	5	特旱	$R\leqslant30\%$
3	中旱	$40\%<R\leqslant50\%$			

（2）土壤有效水分贮存量指标 S

土壤有效水分贮存量（S）是土壤某一厚度层中存储的能被植物根系吸收的水分。当 S 小到一定程度植物就会发生凋萎，因此可以用它来反映土壤的缺水程度及评价农业旱情。公式如下：

$$S = 0.1(W - W_w)\rho \cdot h \tag{6.21}$$

式中：W 为土壤重量含水率（%）；W_w 为凋萎湿度（%）；ρ 为土壤容重（g/cm^3）；h 为土层厚度（cm）。该指标干旱等级范围需要根据土质、作物和生长期的具体特性决定。

6.1.2.2　作物干旱指标

（1）作物水分胁迫指数 $CWSI$

Jackson 等（1981）提出了作物水分胁迫指数（crop water stress index，CWSI）理论模型，Idso 定义的 CWSI 被称为 CWSI 经验模型，两者之间的区别在于对冠气温差上、下限的求解不同。Idso 等（1981）综合了考虑太阳辐射、植物、大气等因素对作物水分状况的影响，建立了 CWSI 经验模型，其形式如下：

$$CWSI = \frac{(T_c - T_a) - (T_s - T_a)_u}{(T_c - T_a)_{ul} - (T_s - T_a)_u} \tag{6.22}$$

式中：T_c 为作物冠层温度（℃）；T_a 为冠层上方空气温度（℃）；$(T_c - T_a)$ 为冠气温差（℃）；$(T_c - T_a)_u$ 为作物潜在蒸发状态下的冠气温差（℃），是冠气温差的最小值（即下基线）；$(T_c - T_a)_{ul}$ 是作物在完全没有蒸腾作用下的冠气温差（℃），是冠气温差的最大值（即上基线）；$CWSI$ 值在 0～1 之间，值越大表示受旱程度越严重。

$CWSI$ 指数能够快速诊断出农田作物水分胁迫程度，计算简单，但是其上、下基线的确定方法不统一，且其中诸如空气动力学阻力等气象和作物参数较难获取，因此，其推广和应用受到极大的限制（赵福年等，2012）。

（2）水分亏缺指数 WDI

Moran 等（1994）在 CWSI 理论基础上，假设陆地表面温度是冠层温度与土壤表面温度线性加权及土壤与植被冠层之间不存在感热交换的情况下，结合陆-气温差与植被指数建立了水分亏缺指数（water deficit index，WDI）。其形式如下：

$$WDI = \frac{(T_s - T_a) - (T_s - T_a)_{min}}{(T_s - T_a)_{max} - (T_s - T_a)_{min}} \tag{6.23}$$

式中：T_a 为空气温度（℃），T_s 为陆地表面温度（℃），$(T_s - T_a)_{min}$ 和 $(T_s - T_a)_{max}$ 分别为地表与空气温差的最小值和最大值（℃）。WDI 采用地表混合温度信息，引入植被指数变量，克服了 $CWSI$ 只能应用于观测点尺度的郁闭植被冠层条件参数的缺陷，成功地扩展了以冠层温度为基础的作物缺水指标在低植被覆盖下的应用及其遥感信息源（袁国富等，2001；齐述华等，2005）。

（3）Palmer 水分距平指数（Z 指数）

Palmer 水分距平指数（Z 指数）其实是计算 PDSI 时的一个中间量，即当月的水分距平，不考虑前期条件对 PDSI 的影响。该指数对土壤水分量值变化响应很快，可用来监测农业干旱。Karl（1986）认为 Z 指数作为农业干旱定量指数比常用的作物水分指数（crop moisture index，CMI）更好。

6.1.3 基于遥感的生态干旱指标

卫星遥感技术的发展和完善,为快速、大范围、多时相地监测干旱,尤其是土壤水分和植被长势提供了可能。随着卫星遥感技术的不断发展,各国已开展了多波段、不同卫星遥感平台的干旱监测方法与模型的研究。总体来说,这些模型和方法大致可以分为三类,一是考虑水分亏缺对植被生长的影响,用植被指数的变化间接反映干旱,主要有距平植被指数 *AVI* 和植被状态指数 *VCI*;另一类指数是针对植被冠层温度在水分胁迫下的变化来监测干旱的指数,通过对温度的监测来反映干旱的指数,这类指数主要有温度状态指数 *TCI*、归一化差值温度指数 *NDTI* 等;第三类是综合考虑干旱的发生对植被指数和植被冠层温度影响建立的指数,如温度植被干旱指数 *TVDI*、条件植被温度指数 *VTCI*、植被供水指数 *VSWI* 等。

6.1.3.1 植被指数

(1)距平植被指数

陈维英等(1994)参考气象学中的距平概念,提出了距平植被指数(anomaly vegetation index, AVI),该指数用干旱时段的植被指数与多年平均值间的差值来监测干旱,能够比较简单直观地反映干旱情况,其计算公式如下:

$$AVI = NDVI - \overline{NDVI} \tag{6.24}$$

式中:$NDVI$ 为监测时段的植被指数,$\overline{NDVI}$为多年平均值。AVI 为正值时表示植被生长较一般年份好,为负值时表示植被生长较一般年份差。一般而言,AVI 在$-0.1\sim-0.2$ 表示旱情已出现,在$-0.3\sim-0.6$ 之间表示旱情较严重。

AVI 指数不仅反映了植被年际间的变化,而且也指示了天气对植被的影响。用该指数监测农作物或生态植被是否遭到旱灾威胁比只用归一化植被指数(normalized difference vegetation index, NDVI)的瞬时值要更有效。

(2)条件植被指数

条件植被指数(vegetation condition index,VCI)的计算公式如下:

$$VCI = \frac{NDVI - NDVI_{\min}}{NDVI_{\max} - NDVI_{\min}} \times 100 \tag{6.25}$$

式中:$NDVI$ 为某一时刻的植被指数,$NDVI_{\max}$和 $NDVI_{\min}$代表同一地点植被指数多年的最大值和最小值。$NDVI_{\max}-NDVI_{\min}$作为研究时段内某一地点植被指数最大值与最小值的差值代表了植被指数的最大变化范围,而 $NDVI-NDVI_{\min}$表征了该时段作物的长势,差值越小说明长势越差。VCI 的取值范围为 0—100,VCI 数值越低,植被生长状况越差。当 $VCI\leqslant30$,表示植被生长状况较差,干旱比较严重;$30<VCI\leqslant70$,则表示植被生长状况适中,干旱程度适中;$VCI>70$,则表示植被生长状况良好,无干旱发生。

VCI 确定了监测目标的 *NDVI* 在历史序列中的地位,将有利和不利的气候状况隐含在其中;利用植被生长最好的年份与最差年份的比值突出了 *NDVI* 信号在时间上的相对变化,在一定程度上消除了因地理位置、气候背景和生态类型不同而产生的 *NDVI* 区域差异使 *VCI* 具有时空可比性。*VCI* 是应用最为广泛的一种卫星遥感干旱指数,能够较好地反映水分胁迫状况,不仅能监测和跟踪区域干旱,还能描述植被的时空变化,其监测干旱动态变化的效果比 *AVI* 更有效、更实用,尤其在地形起伏大的丘陵或山地区域。

不过,植被指数的缺陷在于其主要是反映作物长势的好坏,当长势不受水分限制时,此类方法失效，且该类指数不适用于植被稀疏的荒漠地区。另外，这类指数监测干旱时要求监测区域具有较长时间的 *NDVI* 资料积累。

6.1.3.2　温度指数

(1)热惯量遥感土壤水分

土壤热惯量是度量土壤热惰性大小的物理量，可以表征土壤阻止其自身温度变化能力的大小。对于同一类土壤而言，含水量越高其热惯量就越大，因此可以用其间接反演土壤水分，进而监测干旱。热惯量(P)表达式为：

$$P=(1-A)/\Delta T \tag{6.26}$$

式中：A 为地表反照率，ΔT 为由最高气温和最低气温获得的昼夜温差(℃)。

由于这种热惯量计算简单，在我国干旱监测业务中得到了广泛应用。但由于其仅考虑了地表温差和地表反射率，未考虑地表感热、潜热以及土壤质地等其他参数对热惯量的影响，其反演的土壤水分精度不高，监测结果不稳定，应用效果不理想。

(2)条件温度指数 TCI

由热红外遥感反演的地表温度(T_s)是大气-土壤-植被系统能量和水分交换中的重要参数，可以部分表征地表蒸散和植被水分胁迫状况，进而用于干旱进行监测。当植被发生水分胁迫时，植被叶片气孔会关闭以减少蒸腾所造成的水分损失，进而使得植被冠层潜热通量下降而感热通量增加，导致植被叶面温度上升。根据这一原理建立了条件温度指数(temperature condition index，TCI)，*TCI* 的定义与 *VCI* 相似，但它强调了温度与植被生长之间的关系，其表达式为：

$$TCI=\frac{BT_{\max}-BT_i}{BT_{\max}-BT_{\min}}\times 100 \tag{6.27}$$

式中：BT_i 为某一时刻的 AVHRR 第 4 波段(10.3～11.3μm)亮度温度的值(K)；$BT_{\max}$ 和 BT_{mim} 代表研究年限内同一地点该时刻亮度温度的最大值和最小值(K)。*TCI* 愈小，表示愈干旱。*TCI* 不受植被生长季限制，在作物播种和收获时也可以应用，弥补了 *VCI* 的缺点，但它的缺点是未考虑白天的气象条件(如净辐射、风速、湿度等)对热红外遥感的影响及土地表面温度的季节性变化(Tim 等，1998)。

(3)归一化差值温度指数 *NDTI*

归一化差值温度指数(normalized difference temperature index，NDTI)的定义为(Tim 等，1998)：

$$NDTI=\frac{T_\infty-T_s}{T_\infty-T_0} \tag{6.28}$$

式中：T_∞ 表示地表阻抗无限大时模拟的表面温度(K)，此时实际蒸散 $ET=0$；T_s 是 AVHRR 传感器观测的地表温度(K)；T_0 是地表阻抗为零时模拟的表面温度(K)，此时实际蒸散 $ET=$ 潜在蒸散 ET_0。归一化差值温度指数的优点在于：首先，*NDTI* 和土壤湿度非常接近，而 *NDTI* 可以很容易地计算出来，从而可以用它来代替土壤湿度；其次，当 *NDVI* 增高时，*NDTI* 值也增大，这对于遥感产品的综合利用非常有好处，这种方法消除了地表温度季节变化的影响。该方法的缺点在于，T_∞ 和 T_0 可通过能量平衡-空气动力学阻抗模型计算，需要卫星过境时刻的气温、太阳辐射、相对湿度、风速和叶面积指数等数据，而这些数据不易获得，加之还存在着从点测量数据向遥感数据的转化问题，使得模型在实际中的应用存在一定难度(王小平等，

2003)。

6.1.3.3 综合指数

(1)植被健康指数 *VHI*

根据 *VCI* 和 *TCI* 在监测干旱过程的时空上的差异，将两个指数进行组合，提出了植被健康指数(vegetation health index，VHI)，公式为：

$$VHI = a \times VCI + (1-a) \times TCI \tag{6.29}$$

式中：a 为权重系数，理论上应该根据 *VCI* 和 *TCI* 对干旱的贡献程度确定，应该随区域和时间变化，但在实际应用中却很难实现，通常取 $a=0.5$，视 *VCI* 和 *TCI* 二者的贡献相同。*VHI* 在北美和全球不同区域干旱监测中被广泛应用，是美国国家干旱减灾中心和 NOAA STAR 干旱监测的重要产品。

(2)温度植被干旱指数 *TVDI*

在陆表温度(land surface temperature，LST)*LST* 和 *NDVI* 的散点图呈三角形分布的前提下，Sandholt 等(2002)提出了温度植被干旱指数(temperature-vegetation drought index，TVDI)，其定义为：

$$TVDI = \frac{T_s - T_{s,\min}}{T_{s,\max} - T_{s,\min}} \times 100 \tag{6.30}$$

式中：T_s 是任意像元的地表温度(K)；$T_{s,\min}$ 表示一定 *NDVI* 对应的最小地表温度(K)，对应的是湿边；$T_{s,\max}$ 为某一 *NDVI* 对应的最高温度(K)，即干边；*TVDI* 的值在[0,1]之间，*TVDI* 值越大，越接近干边，表明土壤湿度越低，干旱越严重。在实际干旱监测应用时先由遥感数据获得 *TVDI* 指数之后，再通过对 *TVDI* 指数的数值进行分级或与地面观测的土壤湿度结合建立统计模型，进行干旱监测。不同研究中 *TVDI* 的分级标准不尽相同(沙莎等，2014)，应用时应综合考虑各地状况，选择适宜的分级标准。

温度植被干旱指数较好地改变了单纯基于植被指数或单纯基于陆面温度进行土壤水分状态监测的不足，有效地减小了植被覆盖度对于旱监测的影响，提高了旱情遥感监测的准确性和实用性。

(3)条件植被温度指数 *VTCI*

王鹏新等(2001)基于 $NDVI-T_s$ 的特征空间，提出了条件植被温度指数(vegetation temperature condition index，VTCI)，其形式为：

$$VTCI = \frac{T_{s_{NDVI},\max} - T_{s_{NDVI}}}{T_{s_{NDVI},\max} - T_{s_{NDVI},\min}} \times 100 \tag{6.31}$$

$$T_{s_{NDVI},\max} = a + bNDVI \tag{6.32}$$

$$T_{s_{NDVI},\min} = a' + b'NDVI \tag{6.33}$$

式中：$T_{s_{NDVI},\max}$ 和 $T_{s_{NDVI},\min}$ 分别表示在研究区域内 *NDVI* 等于某一特定值时的地表面温度的最大值和最小值(K)。a,b,a',b' 为待定系数，可通过绘制研究区域的 *NDVI* 和 T_s 的散点相关性对比图近似地获得。*VTCI* 是在 *NDVI* 和 T_s 的散点图(特征空间)是三角形的基础上提出的，适用于研究特定年内某一时期某一区域的干旱程度。其取值范围为[0,1]，*VTCI* 的值越小，干旱程度越严重。

王鹏新等(2001；2003)通过试验证实 *VTCI* 是一种近实时的干旱监测模型。与 *TVDI* 指数类似，它的缺点同样是指数分级人为性大，且对研究区域选择的要求较高。

(4)植被供水指数 *VSWI*

Carlson 等(1994)提出了植被供水指数(vegetation supply water index,VSWI),其形式为：

$$VSWI = NDVI / T_s \tag{6.34}$$

式中:*NDVI* 为植被指数,T_s 为地表温度(K)。*VSWI* 越小,旱情越严重。

VSWI 指数基于干旱发生时植被叶片气孔关闭致使冠层温度升高,同时 *NDVI* 随着光合作用降低而减少建立的。*VSWI* 指数计算简单,一般通过建立 *VSWI* 与土壤湿度的统计模型来监测干旱,在我国应用比较广泛。但该指数也有一定的缺陷,其只适合地形平坦、植被覆盖度较高的地区和季节,且统计模型受时间、地域的限制,监测结果不具有时空可比性(郭铌等,2015)。

TVDI,*VTCI* 和 *VSWI* 这类指数综合了植被指数和温度指数监测干旱的优势,物理意义明确,得到了广泛的应用。但运用这类方法时必须保证研究区域具有区域代表性,地表覆盖包括从裸土变化到植被完全覆盖,土壤表层含水量包括从凋萎系数到田间持水量的变化。同时,研究区气候跨度要适中,太大会造成太阳辐射差异过大,对 T_s 和 *NDVI* 有较大影响;太小会使植被盖度和土壤水分变化不足以满足建模的要求。

6.2　致灾因子指标的敏感性和适应性

上节重点介绍了一些常见的气象干旱、农业干旱以及基于遥感的生态干旱指标的定义、应用范围及其优缺点,可以看出,不同指标在不同区域、不同时间尺度上具有不同的适用性。为准确反映各区域干旱特征,需要对干旱指标在特定区域的适用性进行检验,找到能充分表征干旱致灾因子的指标。

以西南和华南研究区为例,目前国际常用的几种干旱致灾因子表征指标给出的危险性差异较大,最大的相差可达 50%以上(图 6.1),表明了致灾因子表征指标对致灾因子危险性具有很强的敏感性。由于干旱致灾因子是干旱灾害风险评估中最活跃的因素,致灾因子危险性又是风险评估中的重要组成部分,那么这种由于干旱致灾因子表征指标对致灾因子危险性的敏感性,从而导致的致灾因子危险性差异,必然会影响到综合干旱风险的评估结果,造成干旱灾害风险性的差异,所以应该选择合适的干旱指标来表征致灾因子。

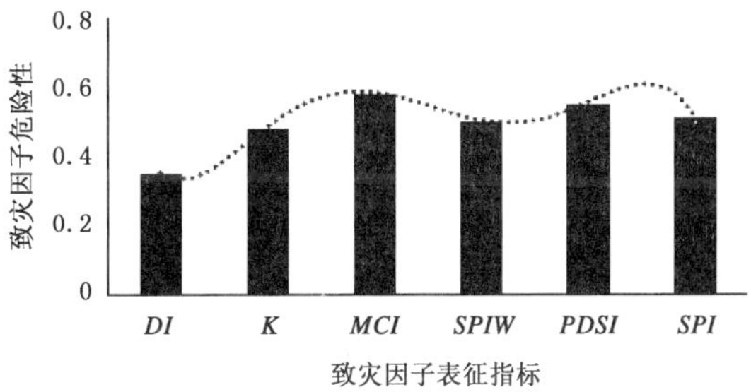

图 6.1　不同干旱致灾因子表征指标的危险性

6.2.1 北方区域干旱致灾因子指标适用性

针对北方区域干旱指标适用性评估方面的工作较多，其中，卫捷和马柱国(2003)对比了帕尔默干旱指数 *PDSI*、地表湿润指数 *MI* 和降水距平百分率 P_a 三种指数在我国的适用性，得出 *PDSI* 适用性最好，且其在中国东部地区更具代表性；袁文平和周广胜(2004)对比了标准化降水指数 *SPI* 和 *Z* 指数在我国的应用，得出 *SPI* 优于 *Z* 指数；王林和陈文(2014)对比了标准化降水蒸散指数(standardized precipitation evapotranspiration index，SPEI) *SPEI* 指数、*SPI* 以及 *PDSI* 三种指数的适用性，指出 *SPEI* 在中国的适用性最强；杨世刚等(2011)指出，*PDSI* 对山西省干旱强度的判定优于降水距平百分率 P_a 和 *Z* 指数，而 *Z* 指数更适用于反映单站的旱涝变化；张存杰等(1998)认为较降水距平百分率 P_a、降水标准化变量而言，经修正后的 *Z* 指数更适合于西北地区单站各旱涝时段的划分；王劲松等(2013)详细评估了综合气象干旱指数 *CI*、*SPI*、*PDSI*、P_a 以及 *K* 干旱指数在黄河流域的适用性，结果表明，*K* 干旱指数和 *CI* 指数对该区域干旱的监测结果与实际情况吻合得最好，其次是 *SPI*、P_a 和 *PDSI*。但各指数的适应性也表现出一定的区域和季节差异性。蔡晓军等(2013)研究指出，*Z* 指数较 P_a、*MI*、*SPI* 以及 *CI* 指数应用效果最好，*SPI* 指数在冬季吻合率较差，其余月份总体与 *Z* 指数相当；*MI* 指数效果最差；*CI* 指数应用效果存在时空差异，在河南最好，在山东最差，夏季效果最好，春季、冬季最差；谢五三等(2014)研究指出，在淮河流域，*CI* 和改进的 CI_{new} 要优于 P_a、*Z* 指数、*SPI* 和 *MI*，具有更好的适用性。

6.2.2 南方区域干旱致灾因子指标适用性

在南方区域，赵海燕等(2011)对比了 *CI* 指数和改进的 CI_{new} 指数在西南区域的适用性，得出 CI_{new} 较 *CI* 更适合在西南地区实时干旱监测业务中使用。熊光洁等(2014)对 *MI*、*SPI* 以及 *SPEI* 指数在西南区域不同时间尺度干旱的表征能力进行了比较，得出 *SPEI* 指数对西南地区季、半年以及年尺度的干旱有较好的表征能力，*SPI* 指数对年、半年尺度以及春季和秋季的干旱表征是适用的，*MI* 对部分站点年尺度的干旱、夏半年的干旱以及春、夏季的干旱是适用的。王素萍等(2015)对 *SPI*、*PDSI*、标准化权重降水指数 *SPIW*、改进后的综合气象干旱指数(*MCI*)、*K* 干旱指数、广义极值分布指数 *GEVI* 以及 *DI* 指数共 7 种常见的气象干旱指标在西南和华南区域干旱监测中的适用性进行了详细对比分析，结果表明，*MCI* 和 *K* 干旱指数在研究区监测能力最强，其中，夏、秋季 *K* 干旱指数优于 *MCI*，冬、春季 *MCI* 优于 K 干旱指数；*DI* 指数对于冬季和春季的旱情监测的较好，夏、秋季监测效果略差；*PDSI* 和 *GEVI* 在夏、秋季监测能力较强，春季和冬季存在漏测情况；*SPI* 指数夏季监测效果较好，其他季节监测效果较差；$SPIW_{60}$ 指数在各季的监测能力都较弱。另外，从各干旱致灾因子指标对干旱发生、发展、持续、缓解以及解除的整个过程的刻画能力来看，*K* 干旱指数对干旱发展过程的刻画能力最强；其次是 *DI* 指数，*MCI* 由于考虑了前 5 个月的降水情况，其干旱持续时间更长，缓解时间偏晚，缓解阶段监测的旱情较实际偏重，而 *SPI*、$SPIW_{60}$ 以及 *GEVI* 对干旱的累积效应考虑不够充分，存在旱情持续阶段监测偏轻、旱情缓解或解除过快的情况；*PDSI* 对降水的响应较慢，对干旱波动发展过程反映能力较差。图 6.2 以 2009/2010 年西南地区秋冬春连旱事件为例，从代表站实际旱情与各干旱指数所反映的干旱程度的对应情况具体给出了各指数对干旱演变过程的刻画能力，图 6.2 中实际旱情是根据对干旱情况的描述转换得到的相应干旱等级，1 为

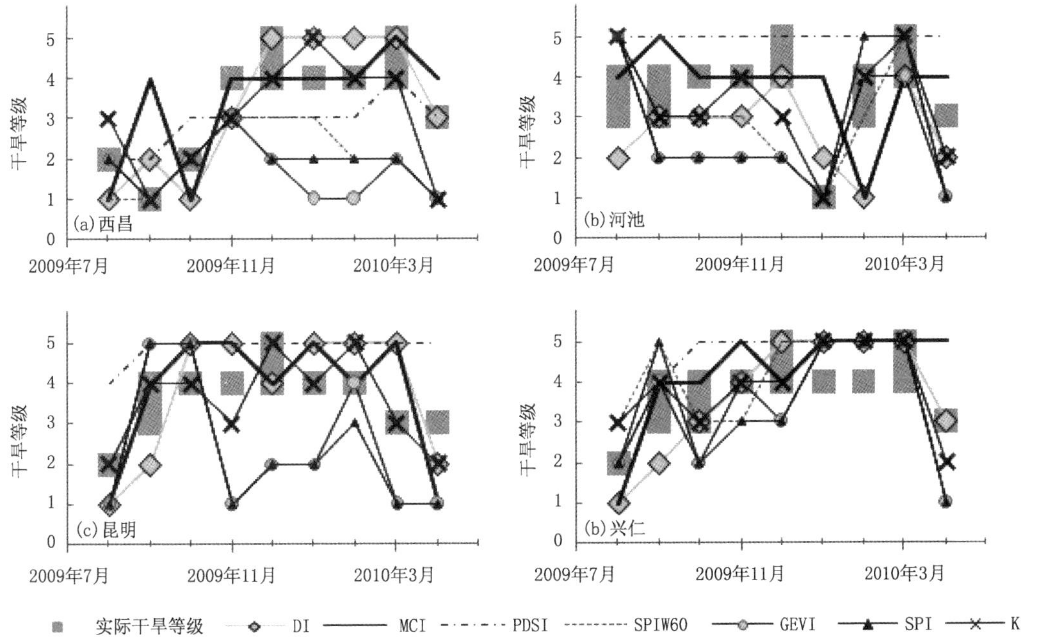

图 6.2　2009 年 8 月至 2010 年 4 月西南地区各代表站实际旱情以及各干旱指数等级演变对比图

无旱，2 为轻旱，3 为中旱，4 为重旱，5 为特旱，若对干旱情况的描述分别为中到重旱或重到特旱，则在图中分别以 3～4 或 4～5 的区间表示。

6.2.3　表征干旱致灾因子的不同指标的性能对比

以下就不同类型的干旱事件各给出 1 个实例，具体说明标准化降水指数(*SPI*)、帕默尔干旱指数(*PDSI*)、标准化权重降水指数(*SPIW*)、改进后的综合气象干旱指数(*MCI*)、*K* 干旱指数、广义极值分布指数(*GEVI*)以及逐日气象干旱指数(*DI*)指数共 7 种干旱指数对西南和华南区域干旱的监测能力。

[彩]图 6.3 为各指数对研究区 1963 年春旱的监测结果。1963 年春季我国华南、云南、贵州以及四川南部发生了严重春旱。其中，广东为重春旱，遍及全省；广西除东北部外，大部分地区也存在重春旱；贵州大部、重庆大部、四川南部以及云南中东部和西北部部分地区有严重的春旱；四川盆地大部也存在一定程度的春旱。从各指数的监测结果来看，*SPI*、*PDSI*、*GEVI* 以及 $SPIW_{60}$ 指数均没有监测出重庆大部的旱情，另外，*SPI* 监测到的云南西北部的旱情较实际偏轻，*PDSI* 和 *DI* 指数监测到的广西的旱情较实际偏轻，范围偏小；*K* 干旱指数对重庆旱情的监测结果偏轻，范围偏小；比较而言，*MCI* 指数对此次春旱的监测效果最好，与实际情况最为吻合。

[彩]图 6.4 为各指数对 2006 年西南伏旱的监测结果。8 月，伏旱最严重，旱情较为严重的区域位于重庆、四川东部、贵州北部以及云南北部地区，其中，重庆遭受了百年一遇的特大伏旱，四川旱情最重的地方位于盆地中部和东北部交接的南充、遂宁两市。由图 6.4 可见，*K* 干旱指数和 *MCI* 指数很好地反映出了这一旱情；*PDSI* 监测的特旱范围较其他指数大；*DI* 指数监测的旱情较实际偏轻，范围也稍偏小；*SPI*、$SPIW_{60}$ 以及 *GEVI* 监测的旱情较实际偏轻。

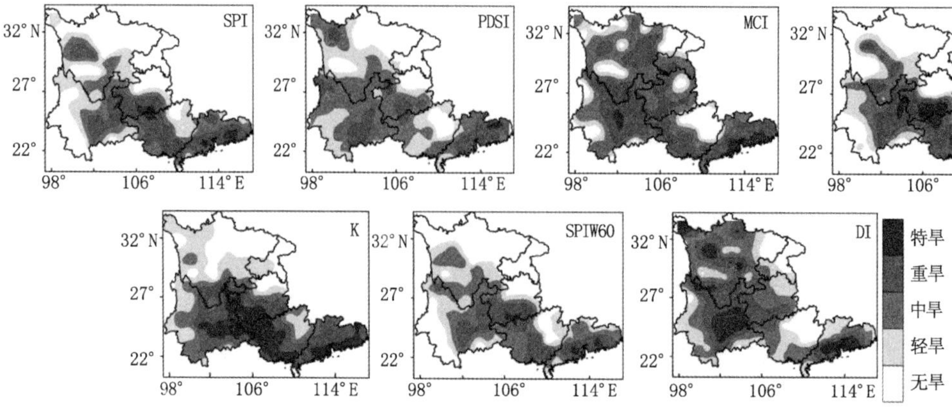

图 6.3　1963 年 4 月西南和华南干旱指数监测图

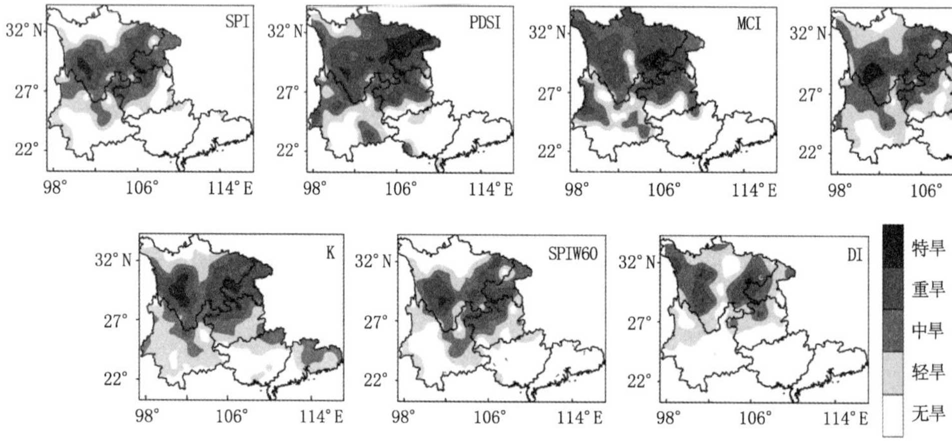

图 6.4　2006 年 8 月西南和华南干旱指数监测图

[彩]图 6.5 为各指数对研究区 2004 年秋旱的监测结果。2004 年入秋以后，南方大部地区降水持续偏少，尤其是 10 月份降水锐减，秋旱快速发展，广西、广东大部等地达到重旱标准，部分地区达到特旱标准，贵州、云南等地也有不同程度的旱情。从各指数的监测结果来看，*K* 干旱指数监测结果与实况最吻合，*DI* 监测结果与实况差异最大，程度偏轻，范围偏小。

对于冬旱而言，*MCI* 和 *K* 干旱指数的监测结果与实况最吻合。2008 年 12 月至 2009 年 2 月，我国南方地区降水持续偏少，华南大部及云南南部较常年偏少 5～8 成，广东东部偏少 8 成以上，加之气温显著偏高，气象干旱发展迅速。2 月，华南大部及贵州大部、云南、四川中部和南部有中到重度气象干旱，局部达特旱。[彩]图 6.6 是各指数对这次冬旱的监测结果。从各指数的监测效果来看，*MCI* 的监测结果与实况最吻合，其次是 *K* 干旱指数和 *DI*，*PDSI* 和 *GEVI* 指数与实况差异较大，存在监测范围偏小、程度偏轻的情况。

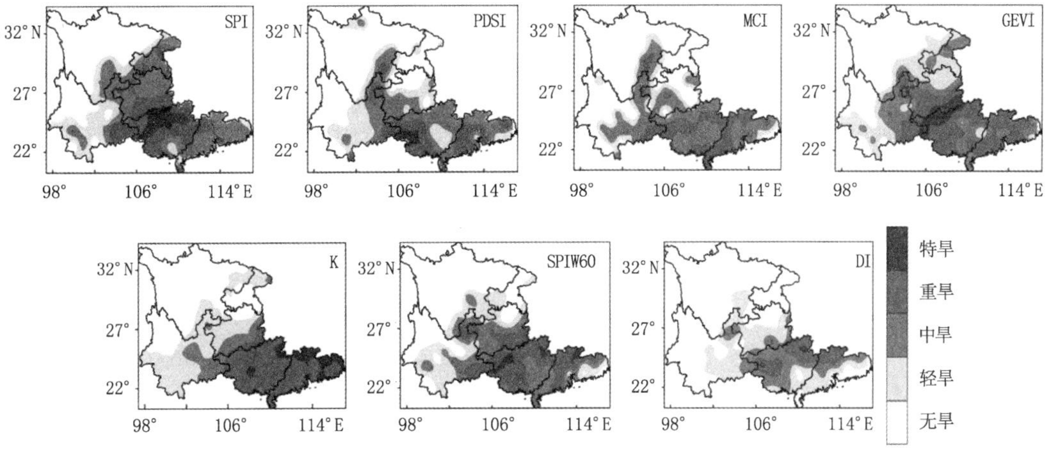

图 6.5　2004 年 10 月西南和华南干旱指数监测图

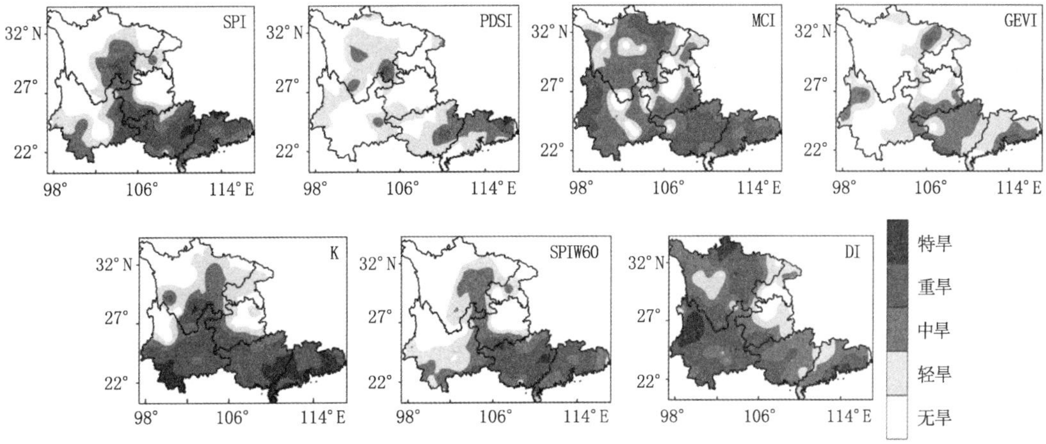

图 6.6　2009 年 2 月西南和华南干旱指数监测图

6.3　致灾因子累积效应及持续性特征

6.3.1　致灾因子累积效应

降水量是最主要的干旱致灾因子，而干旱的发展又是一个缓慢的累积过程，某时刻干旱程度不仅与当前降水量有关，还与前期降水的累积效应有关，究竟多长时间尺度和多大程度的降水亏缺才会带来旱情？科学合理地回答这一问题是准确地开展干旱监测、预警和评估干旱风险的必要前提。Wang 等(2016)对我国南方典型区域重大干旱前期降水亏缺的累积效应进行了分析，结果表明：南方区域大部发生重度以上旱情都是由 3 个月内即季尺度内的降水亏缺引起。其中，华南、西南地区东部及南部主要由 1 个月尺度的降水亏缺引起，西南地区北部干旱的降水亏缺累积时间尺度要明显更长一些。

[彩]图 6.7 显示了各站前 4 个累积时间尺度及该尺度导致的重大干旱过程占总重大干旱过程的百分比，可以看出，西南和华南地区 96.7%的站点发生重大干旱时第一累积时间尺度基本为 1 个月([彩]图 6.7a)。由月尺度降水亏缺累积引起的重大干旱在华南大部、云南大部、贵州东北部以及重庆大部占 50%以上，其余区域在 30%～50%之间。第二累积时间尺度([彩]图 6.7b)基本都为 2 个月。其中，在四川大部、贵州西部和东南部的部分地区、广西西部占总过程的 20%～30%，在其余地区大部在 10%～20%之间。第三累积时间尺度([彩]图 6.7c)基本都为 3 个月，只有四川局地累积月份为 4 个月。该累积时间尺度导致的干旱过程一般占总干旱过程的 10%～20%。第四累积时间尺度([彩]图 6.7d)在 4～6 个月之间，其中，华南区域以 4 个月为主，西南区域在 4～5 个月之间，局地为 6 个月。该尺度降水亏缺累积的重大干旱在川西高原和云南北部占总干旱过程数的 10%～20%外，在其余地区大部均在 10%以下，说明在华南和西南地区这种时间尺度导致的重大干旱较少，重大干旱大都是由季尺度内尺度的降水亏缺引起。

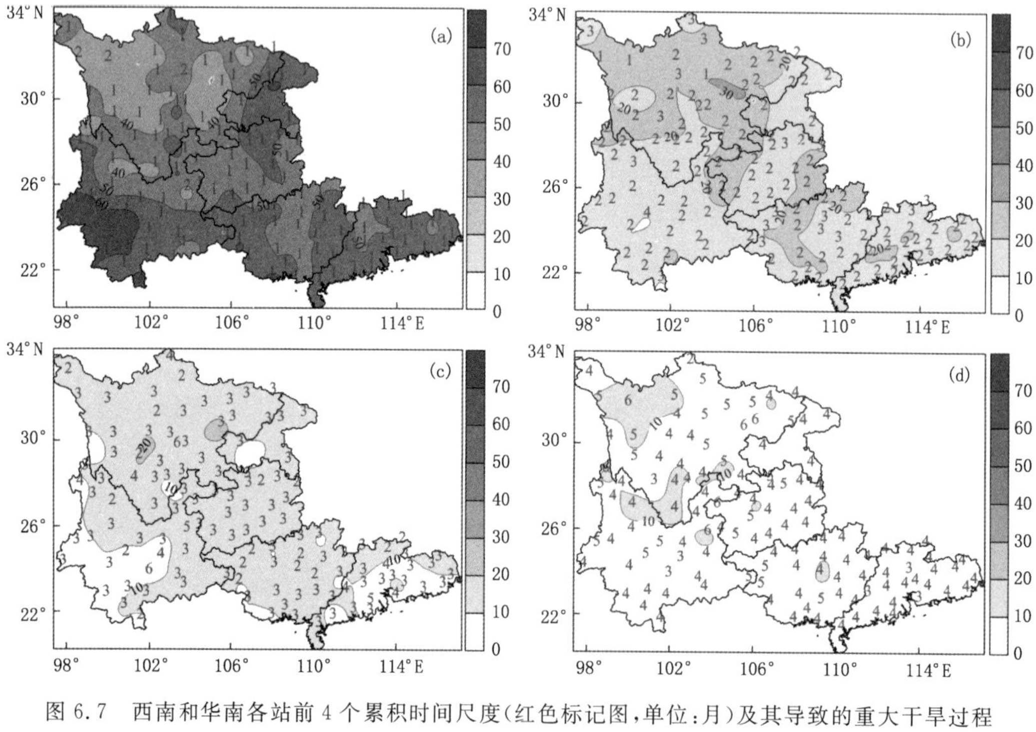

图 6.7　西南和华南各站前 4 个累积时间尺度(红色标记图，单位：月)及其导致的重大干旱过程占总过程的百分比(填充图，单位：%)(a. 第一；b. 第二；c. 第三；d. 第四累积时间尺度)

不过，降水亏缺累积 4～6 个月甚至更长时间发生的重大干旱过程虽然占的比例小，但其往往都是几十年一遇或百年一遇的特大干旱，如 2006 年川渝百年一遇特大伏旱，大部区域降水负累积达 4～5 个月(图 6.8)；2009 年西南地区遭遇有气象记录以来最严重的秋冬春连旱，旱区大部降水负累积时间尺度大多也在 4～6 个月之间，局部地区甚至在 6 个月以上(图 6.9)。

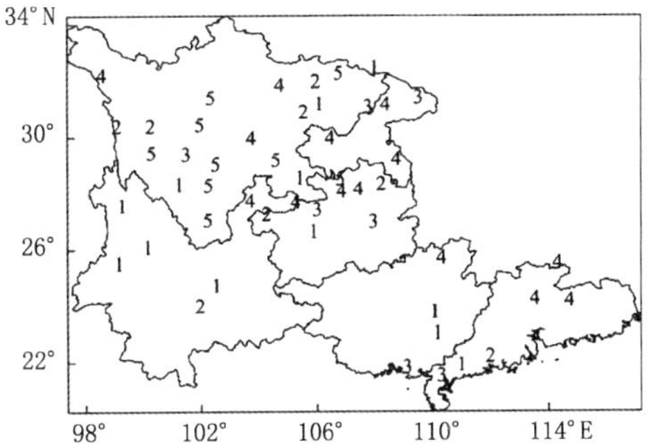

图 6.8　2006 年 6—8 月西南和华南发生重大干旱站点前期降水负累积最短月数

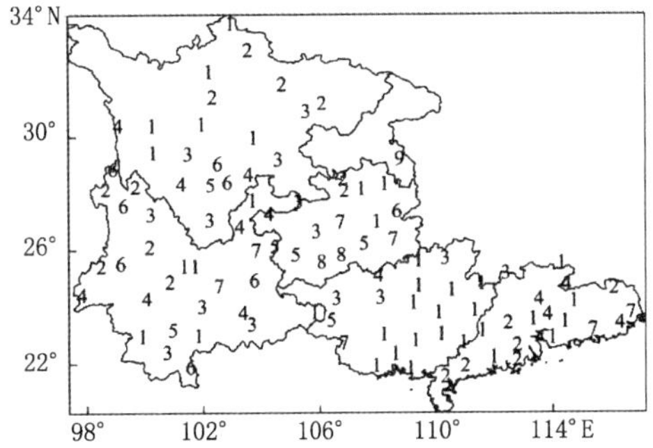

图 6.9　2009 年 10 月至 2010 年 3 月川渝发生重大干旱站点前期降水负累积最短月数

6.3.2　致灾因子持续性特征

干旱的持续性是指干旱发生后持续时间的长短以及持续时间较长的干旱过程发生的可能性大小。李忆平等(2014)着眼于南方地区干旱的持续性特征，围绕单个站点和区域平均状况，研究了南方地区的干旱持续性特征。

6.3.2.1　致灾因子持续时长特征

[彩]图 6.10 分别给出了持续时间为 1 个月、2 个月、3 个月以上的干旱过程发生频率的分布图。该图表明，西南地区东南部(贵州大部及四川东北部)发生持续 1 个月以内干旱过程的频率最高，能达到 70%～85%左右，这些地区的干旱过程较短，很少持续发展，而长江以北的大部分区域均容易发生 3 个月以上的连续干旱，这与这些地区之间降水分布存在明显差异的实际情况非常一致。而持续 2 个月的干旱过程，其发生频率在各区域之间差异不太大，都在 25%左右。

可见，南方大部分地区都以 1 个月的短期干旱为主要特征，只在四川东北部及西北地区东南部以 3 个月以上的长时间干旱为主要特征。

6.3.2.2　致灾因子重现期特征

对于干旱过程的持续性，除了干旱过程本身的持续长度作为其表现特征外，每次干旱过程之后再次发生干旱的频率即重现期也从另一方面表现了干旱的特征。对于某站点来说，所有干旱过程之后间隔 1 个月(或 2、3、4、……个月)再次发生的干旱过程的总数与所有干旱过程

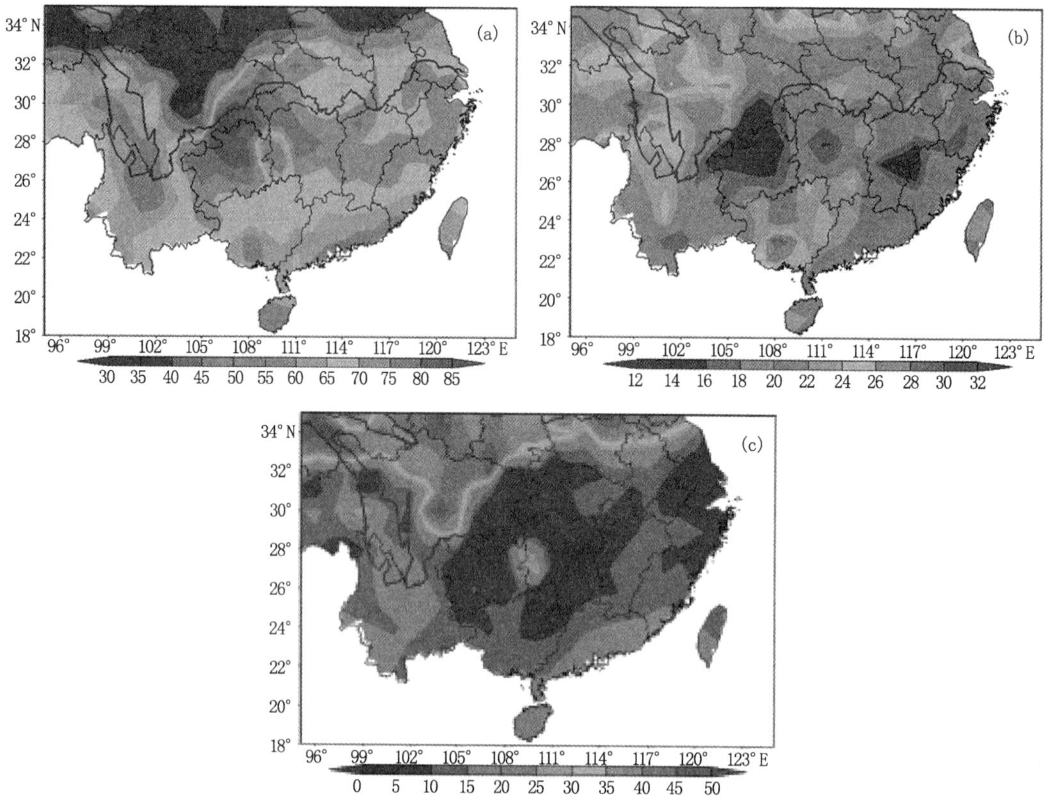

图 6.10　南方各类干旱过程发生频率的分布图

(a,b,c 分别表示干旱长度为 1 个月、2 个月、3 个月以上的干旱过程)

总数的比值称为干旱重现率。重现率越大,表示出现后续干旱的可能性越大,即该站干旱过程的重复迭加影响性越强。

[彩]图 6.11 显示了不同间隔月份的干旱重现率分布图,可以明显看出,干旱持续期分布与干旱重现率分布形势基本相反,每次干旱过程后 1 个月再次发生干旱过程的频率在四川东北部、西北地区东南部明显较其他地区偏高,长江以南地区发生频率最低。对于干旱过程之后 3 个月以上再次发生旱灾的频率来说,在长江以北地区较低而长江以南地区发生频率较高;同样,干旱过程发生 2 个月以后再次出现干旱的频率分布区域差异不太明显。

6.4　致灾因子危险性评估

干旱致灾因子危险性评估方法基本分为以下五类:一是概率统计法;二是将历史干旱灾害致灾因子的强度、频率、作用周期、持续时间,综合分析得到的多因子综合评估法;三是基于干旱致灾因子情景分析的评估方法;四是基于专业人员经验的专家打分法;五是相关分析法。不同评估方法具有不同的特点及使用要求,详述如下。

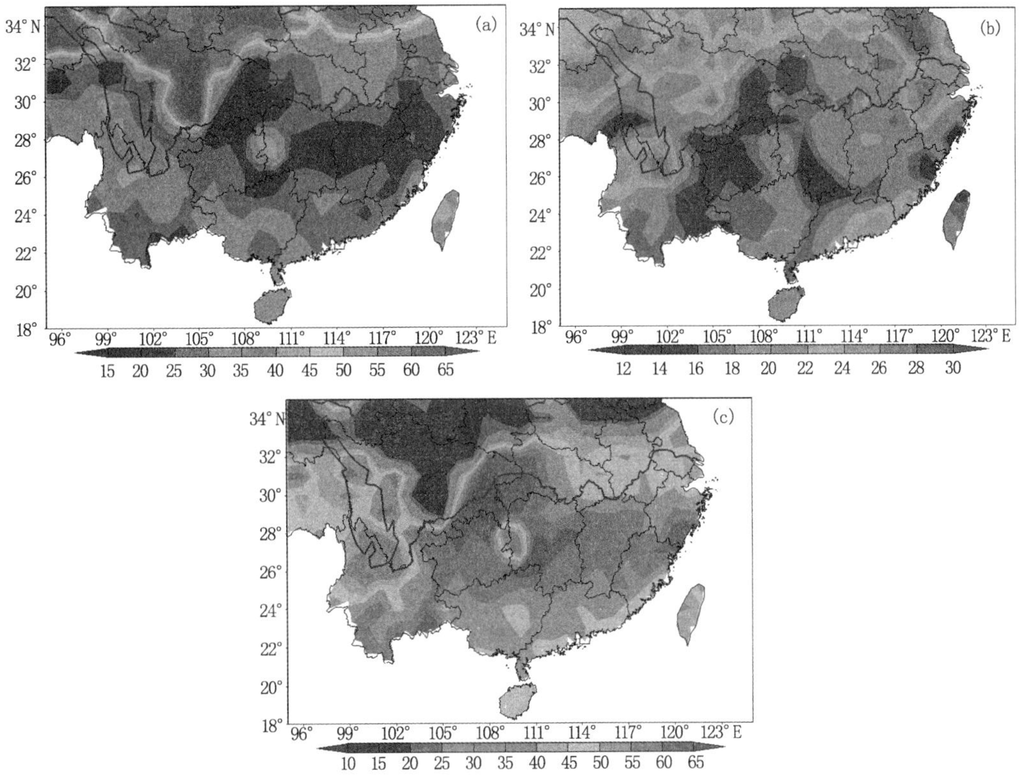

图 6.11　南方干旱过程的重现率分布图
（a,b,c 分别表示干旱过程后 1 个月、2 个月、3 个月以上再次发生干旱的频率）

6.4.1　概率统计法

概率统计法在干旱灾害危险性评估中应用最为普遍。这种方法将干旱气象灾害风险看成是一种随机过程，假设风险概况符合特定的随机概率分布，运用特定的风险概率函数来拟合风险。该方法适用于多空间尺度，侧重于干旱灾害致灾因子的数理统计信息，可全面地反映其随机性和客观性，且可靠性强，但由于受历史资料限制，结果的现实性和动态性较差。

6.4.1.1　频率统计法

该方法以数理统计学中的大数定律和中心极限定理为理论基础，认为在样本量足够大时（一般要求大于 30 个），可以用干旱事件发生的频率作为灾害危险性的无偏估计。具体如下：

(1)计算不同强度干旱的出现频率(次)，计算公式为：

$$F_i = T_i / Y \tag{6.35}$$

式中：F_i 为第 i 等级的干旱致灾因子出现的频率(次/年)，当 $F_i \leqslant 1$ 时，一般采用多少年一遇来表示；Y 为统计年限(年)，一般要求 30 年以上；T_i 为在统计年限 Y 内第 i 等级的干旱致灾因子的出现次数(次)。

(2)对不同强度等级的干旱灾害发生频率进行加权求和，计算公式为：

$$H = \sum_{i=1}^{n} (h_i \cdot Q_i) \tag{6.36}$$

式中：H 为干旱致灾因子危险性指数；h_i 为第 i 种干旱等级的危险性指数；Q_i 为第 i 种干旱等级的危险性权重；n 为干旱强度等级个数。

(3)若不需要对评估结果有过高定量化要求时，也可以按照达到某一强度的干旱发生次数或干旱总发生次数来表示灾害的危险性程度。

6.4.1.2　基于复杂函数关系的概率评估法

该方法假设干旱致灾强度服从某种已知的时间分布函数，从历史观测数据中推算其分布函数的参数，从而得到某一强度下的干旱灾害概率。常见的方法有以下几种。

(1)泊松(Possion)Ⅲ型风险估算模型

自 20 世纪初期提出泊松Ⅲ型分布模型以来，各国学者对线性选择、分布特性、曲线拟合等做了大量的探索和分析工作(Sergio 等，2006)。该曲线是一条一端有限一端无限的不对称单峰、正偏曲线，数学上常称为伽玛分布，其概率密度函数为：

$$f(x) = \frac{\beta^{\alpha}}{\Gamma(\alpha)}(x-\alpha_0)^{\alpha-1}\exp[-\beta(x-\alpha_0)] \tag{6.37}$$

式中：α,β,α_0 分别为泊松Ⅲ型分布密度函数的形状、尺度和位置未知参数，$\alpha>0,\beta>0$；$\Gamma(\alpha)$是 α 的伽玛函数。

当这三个参数确定之后，该概率密度函数随之可以确定。它们与总体的 3 个统计量 $\bar{x}$，C_v，C_s，并有如下关系：

$$\alpha = \frac{4}{C_s^4} \tag{6.38}$$

$$\beta = \frac{2}{\bar{x}C_vC_s} \tag{6.39}$$

$$\alpha_0 = \bar{x}\left(1-\frac{2C_v}{C_s}\right) \tag{6.40}$$

式中：$\bar{x}$，C_v，C_s 分别代表均值、离差系数和偏差系数。

计算中，一般需要求出指定频率 P 所对应的随机变量取值 x_p，即：

$$P = P(x \geqslant x_p) = \frac{\beta^{\alpha}}{\Gamma(\alpha)}\int_{x_p}^{\infty}(x-\alpha_0)^{\alpha-1}\exp[-\beta(x-\alpha_0)]\mathrm{d}x \tag{6.41}$$

求出等于和大于 x_p 的累积频率 P 值。由公式(6.41)计算 P 值较麻烦，可通过变量转换，用下式计算：

$$P(\phi \geqslant \phi_p) = \int_{\phi_p}^{\infty} f(\phi \cdot C_s)\mathrm{d}\phi \tag{6.42}$$

式中：被积函数只含有一个待定参数 C_s，其他两个参数 $\bar{x}$，C_v 都包含在 ϕ 中。x 是标准化变量，$\phi=\frac{x-\bar{x}}{\bar{x}C_v}$称为离均系数。$\phi$ 的均值为 0，标准差为 1。因此，只需要假定一定 C_s 值，便可从式(6.42)通过积分求出 P 与 ϕ 之间的关系。对于若干个给定的 C_s 值及 P 与 ϕ 的对应数值表，已先后由苏联科学家雷布京和美国科学家福斯特制作出来。由 ϕ 就可以求出相应频率 p 和 x 值：

$$x=\bar{x}(1+C_v\phi) \tag{6.43}$$

在实际频率计算时，由已知的 C_s 值，查 ϕ 值表得出不同的 P 和 ϕ，然后利用已知的 $\bar{x}$、C_v，通过式(6.43)即可求出与各种 P 相应的 x 值,从而可绘制出泊松Ⅲ型频率曲线。

当 C_s 等于 C_v 的一定倍数时,泊松Ⅲ型频率曲线的模比系数 $K_p=x_p/\bar{x}$ 也已制成表格。在实际频率计算时,由已知的 C_s 和 C_v 可以从泊松Ⅲ型频率曲线的模比系数 K_p 值查算表中查到与各种频率 P 相对应的 K_p 值,然后即可计算出与各种频率对应的 $x=\bar{x}K_p$。有了 P 和 x 的一些对应值,即可绘制出泊松Ⅲ型频率曲线。

(2)马尔科夫概率模型

马尔科夫链(Markov chain)是一种随机时间序列,它在将来取什么值只与它现在的取值有关,而与它过去取什么值无关,即无后效性。类似于青蛙在若干荷叶上跳跃,下一位置仅与当前位置有关。对于干旱风险来说,风险系统未来的发展状态只与过去若干年的风险系统情况有关,而与更早以前的风险系统情况无关,且相应的概率规律也不会因时间的平移而改变,因此需要在应用前检验历史样本数据是否符合平稳马尔科夫随机过程的假定。

马尔科夫概率模型应用多元时间序列分析和马尔科夫过程理论,从实测时间序列中抽象出随机过程的概率规律。计算过程如下。

① 采用 χ^2 统计检验方法检验待分析的干旱时间序列数据是否具有马尔科夫性质,即无后效性。具体来说,就是以历史实测资料为基础,统计各个状态之间的转移概率 P_{ij},得到转移概率矩阵 $(P_{ij})_{n\times n}$;计算各状态的极限分布:

$$P=\lim_{n\to\infty}P^{(n)} \tag{6.44}$$

之前需要计算状态 i 和状态 j 之间的置换系数 L_{ij}

$$L_{ij}=\frac{\sum_{k=1}^{m}P_{ik}\cdot P_{jk}}{\sqrt{\sum_{k=1}^{m}P_{ik}^2\cdot\sum_{k=1}^{m}P_{jk}^2}} \tag{6.45}$$

式中:P_{ik} 和 P_{jk} 分别表示状态 i 和状态 j 转移到状态 k 的概率,L_{ij} 越接近于 1,状态 i 和 j 在序列中的地位相似性越高;L_{ij} 越接近于 0,表明这两个状态很不相似,因此 L_{ij} 是考虑状态 i 和 j 动态变化相似性程度的指标。

② 用相关系统统计检验方法检验各状态之间相互转换的显著性,并据此对各状态加以分类。

(3)游程分布函数

游程理论也叫轮次理论,是分析时间序列的一种方法。一般而言,在一个有限取值的序列中,满足一定条件的同一符号的一连串样本数据称之为一个"游程"。一个游程中同一符号出现的次数称之为游程的长度。例如在贝努利试验中,可以定义一个成功游程为连续 k 次成功的子序列,这时游程的长度就是 k,也可以定义一个成功游程为一个失败之前的连续的成功子序列。最初把该方法应用于干旱研究的是 Herbst 等(1966),他们利用月降雨量或月径流量对干旱进行识别;之后 Mohan 和 Rangacharya(1991)及 Shen 等(1995)也基于该理论做了相关研究。该理论可以描述为:在连续出现同类事件的前后为另一事件,如旱涝及连续的有雨日和无雨日。把月平均降水资料视为离散序列,并假设多年同月降水量的平均值 s_0 作为标准量,若 $x_i-s_0<0$ 则具有负变差,对应少雨月;若 $x_i-s_0>0$ 则具有正变差,对应多雨月。当连续出现负变差则称为负游程,而连续出现正变差则称为正游程,连续 m 个负(正)变差项的和称为负(正)游程和 s。对照干旱特点,便可把一次负游程认为一次干旱事件,而把序列中从 x_i-s_0

<0 时刻到 $x_i-s_0>0$ 时刻之间的时间跨度 d 表示为该次干旱事件的持续时间，而负游程的值为本次干旱事件的强度。如以年为数据样本周期，其概率用下式计算：

$$P=\rho^{(k-1)}\cdot(1-\rho) \tag{6.46}$$

$$\rho=(S-S_1)/S \tag{6.47}$$

式中：P 为连续 k 年负（正）游程发生概率；k 为连续负（正）游程的年数；ρ 为模型分布参数；S 为统计资料中负（正）游程年累计年频次；S_1 为统计时期中各种统计长度的负（正）游程发生的累计频次。

(4)耿贝尔分布

耿贝尔分布(Gumbel distribution)是极值极限分布的主要形式之一。理论上已经证明，只要随机变量在足够大（小）时遵从指数规律分布，其极大（小）值分布就以耿贝尔分布为极限分布。水利和气象部门经常用耿贝尔分布来求多少年一遇的极值。假设 X 为一随机变量（例如某地的日降水量），令 $x_1,x_2,\cdots,x_n$ 为 X 的一组随机样本，则若按由小到大的次序排列这个样本，就可写成：$x_1^*<x_2{}^*<\cdots<x_n^*$。

这里所有的 $x_i^*(i=1,2,\cdots,n)$ 都是次序随机变量，其中 x_n^* 就是该样本的极大值，而 x_1^* 就是该样本的极小值。所谓极值分布，就是代表 x_n^* 或 x_1^* 的随机变量的概率分布，即对次序随机变量（又称次序统计量）寻求其分布函数和分布密度：

$$x_n^*=\max(x_1,x_2,\cdots,x_n) \tag{6.48}$$

$$x_1^*=\min(x_1,x_2,\cdots,x_n) \tag{6.49}$$

x_n^* 和 x_1^* 取决于 n 的大小和原始变量 x 的分布形式。现以极大值为例，可以推得 x_n^* 和 x_1^* 的分布函数分别为：

$$F_n(x)=[P(X<x)]^n=[F(x)]^n \tag{6.50}$$

$$F_1(x)=1-[1-P(X<x)]^n=1-[1-F(x)]^n \tag{6.51}$$

Fisher 和 Tippett(1928)证明了当取样长度 $n\to\infty$ 时，x_n^* 和 x_1^* 极值具有渐近分布函数。与原始分布对应的通常有三种类型的极限概率分布，即渐近的极值分布模型：

$$F(x)=P(X<x)=\exp[-\exp(-x)]\quad -\infty<x<\infty \tag{6.52}$$

其标准化形式为：

$$\phi(X)=P\left(\frac{x-\theta}{\beta}<x\right)=\exp[-\exp(-\frac{x-\theta}{\beta})]\quad -\infty<x<\infty \tag{6.53}$$

耿贝尔分布的参数仅有两个，一般用矩法、耿贝尔法、最小二乘法和极大似然法估计参数。近年来，发展了一种概率加权矩法(probability weighted moments，PWM)估计参数，后又发展出 L—矩法估计或与 PWM 估计相结合的方法。

(5)基于信息扩散的评估模型

一般采用的极值模型和概率模型所需数据量大，这些方法不适于信息不完备的小样本事件（样本数不足 30）分析。为了解决这个问题，信息扩散理论被应用于危险性评估中。此方法解决了从普通样本转变为模糊样本的问题，从而超越了传统模糊集技术依赖专家选定隶属函数的随意性，既可提高概率分布的精度，又可较合理地构建参数间关系，明显提高了评估的客观性（黄崇福，2012）。

① 信息扩散方法

基于信息扩散理论的评估模型中，令 X 为研究区在过去 m 年内危险评估指标的实际观测值样本集合：

$$X=\{x_1,x_2,x_3,\cdots,x_m\} \tag{6.54}$$

式中：x_i 是观测样本点，m 是观测样本总数。

设 U 为 X 集合中 x_i 的信息扩散范围集合：

$$U=\{u_1,u_2,u_3,\cdots,u_n\} \tag{6.55}$$

式中：u_j 代表区间 $[u_1,u_n]$ 内固定间隔离散得到的任意离散实数值，n 是离散点总数。

然后，可将样本集合 X 中的每一个单值观测样本值 x_i 所携带的信息扩散到指标论域 U 中的所有点：

$$f_i(u_j)=\frac{1}{h\sqrt{2\pi}}=\exp\left[-\frac{(x_i-u_j)^2}{2h^2}\right] \tag{6.56}$$

式中：h 是信息扩散系数，根据观测样本总数的不同而不同。其解析表达式如下：

$$h=\begin{cases}0.8146\times(b-a) & m=5\\ 0.5690\times(b-a) & m=6\\ 0.4560\times(b-a) & m=7\\ 0.3860\times(b-a) & m=8\\ 0.3362\times(b-a) & m=9\\ 0.2986\times(b-a) & m=10\\ 2.6851\times(b-a)/(n-1) & m\geqslant 11\end{cases} \tag{6.57}$$

式中　　$a=\min(x_i,\ i=1,\ 2,\ \cdots,\ m)$，$b=\max(x_i,\ i=1,\ 2,\ \cdots,\ m)$

$$C_i=\sum_{j=1}^{n}f_i(u_j)\quad(i=1,\ 2,\ \cdots,\ m) \tag{6.58}$$

由此，样本 x_i 的归一化信息分布可表示为：

$$\mu_{x_i}(u_j)=\frac{f_i(u_j)}{C_i}\quad(i=1,\ 2,\ \cdots,\ m;j=1,\ 2,\ \cdots,\ n) \tag{6.59}$$

假设：

$$q(u_j)=\sum_{i=1}^{m}\mu_{x_i}(u_j)\quad(j=1,\ 2,\ \cdots,\ n) \tag{6.60}$$

$$Q=\sum_{j=1}^{n}q(u_j) \tag{6.61}$$

则可得到

$$p(u_j)=\frac{q(u_j)}{Q} \tag{6.62}$$

公式(6.62)代表了概率的估计值，即所有样本落在 $U=(u_1,u_2,u_3,\cdots,u_n)$ 处的频率值。其超越概率的表达式如下：

$$P(u\geqslant u_j)=\sum_{k=j}^{n}q(u_k)\quad(i=1,\ 2,\ \cdots,\ n) \tag{6.63}$$

式中：P 为不同旱情下的风险值。

② 信息扩散模型的应用

王莺等(2014)以甘肃省 1990—2000 年的干旱受灾面积和播种面积为基础，采用基于信息扩散理论的模糊数学方法，建立了甘肃省农业旱灾风险分析模型，对甘肃省农业旱灾进行分析。

表 6.12 是甘肃省 1990—2000 年的农业旱灾统计数据和旱灾受灾指数(旱灾受灾指数=干旱受灾面积/播种面积)。该指数是衡量相对损失的指标,可以比较客观地反映出旱灾的受灾情况。由干旱受灾指数的公式可知,该指数越大,干旱灾情越严重。

表 6.12　甘肃省 1990—2000 年旱灾受灾面积、农业播种面积以及旱灾受灾指数

年份	干旱受灾面积/万 hm^2	播种面积/万 hm^2	旱灾受灾指数
1990	60.667	361.133	0.1680
1991	106.133	358.882	0.2957
1992	102.395	366.025	0.2797
1993	24.375	284.187	0.0858
1994	116.606	371.101	0.3142
1995	208.739	377.285	0.5533
1996	50.454	376.683	0.1339
1997	157.408	375.997	0.4186
1998	73.045	376.862	0.1938
1999	98.446	380.682	0.2586
2000	162.23	373.903	0.4339

以旱灾受灾指数为输入数据,对甘肃省的农业干旱灾害做风险分析。由于样本数量较少,所以选用基于信息扩散理论的模糊风险分析模型。设 $X_i(i=1,2,\cdots,11)$ 分别为 1990 年,1991 年,……,2000 年甘肃省农业旱灾受灾指数。取风险指标论域为 U_j 为{0,0.01,0.02,…,1}。按照公式(6.54)—(6.63)进行计算,可以得到旱灾受灾风险估计值,并给出旱灾受灾指数的概率密度曲线和超越概率密度曲线,如图 6.12 和图 6.13 所示。

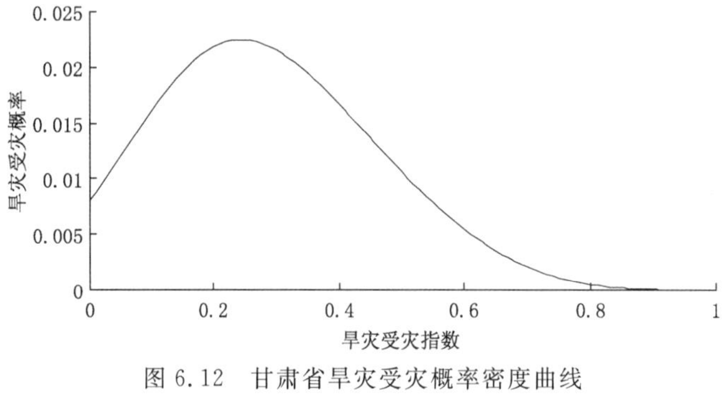

图 6.12　甘肃省旱灾受灾概率密度曲线

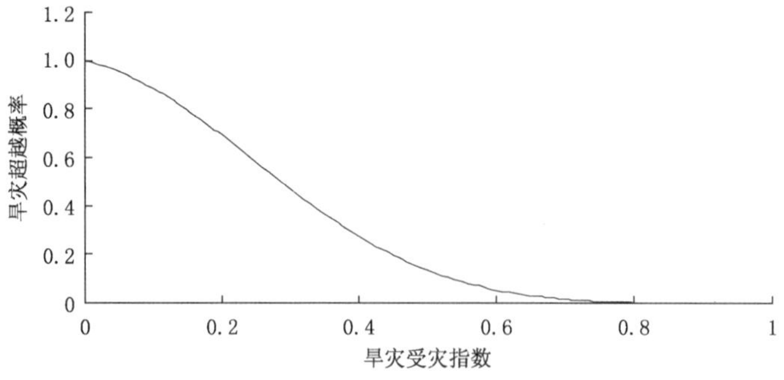

图 6.13　甘肃省旱灾受灾超越概率密度曲线

图 6.12 给出了任意受损区间上的干旱受灾概率值分布特征。该概率值的大小代表了不同程度灾情发生的可能性大小。从甘肃省干旱受灾概率密度曲线可以看出，曲线的横坐标跨度很大，这说明甘肃省的旱灾受灾面积具有较强的不确定性。甘肃省干旱受灾指数在 24%时的干旱受灾概率最大，受灾指数超过 80%时，干旱受灾可能性就很小。图 6.13 中的旱灾超越概率呈一个反 S 形分布，曲线有一个从凸到凹的变化过程，这说明对应的概率密度曲线有一个极大值，符合图 6.12 反映的情况，此曲线陡度比较缓，说明旱灾事件发生的离散性较强，具有较高的不确定性，旱灾发生风险较大。

表 6.13 中的风险指数是指干旱受灾指数的大小，风险估计值表示大于该受灾指数的概率。当风险指数为 20%时，风险估计值为 0.6926，也就是说该地区旱灾受灾指数大于 20%时的概率为 0.6926，历史重现期为 1.44 a。同理，旱灾面积超过 40%的概率为 0.2745。这说明甘肃省的旱情非常严重。从表 6.13 中数据可知，干旱受灾面积大于 10%的干旱事件历史重现期为 1.13 a。这符合甘肃省“十年九旱”和“三年一大旱”的农谚。甘肃省百年一遇的干旱，受灾面积要大于 72%。这说明甘肃省的农业干旱受灾情况在频率和强度这两方面来说都是非常严重的，对农业生产带来的影响巨大。

表 6.13　甘肃省农业旱灾风险分析结果

风险指数/%	10	20	30	40	50	60	70	80	90	100
风险估计值	0.8837	0.6926	0.4704	0.2745	0.1351	0.0529	0.0150	0.0028	0.0003	5.31×10^{-6}
重现期/a	1.13	1.44	2.13	3.64	7.40	18.90	66.67	357.14	—	—

6.4.2　多因子综合评估法

该方法采用多个指标综合反映致灾因子危险度。首先确定指标体系的组成，例如频率指标加上一个或多个强度指标，或者频率指标加上多个强度和孕灾环境指标。然后对各指标进行归一化处理，消除量纲差异(李美娟等，2004)。归一化出来后的指标值均位于 0—1 之间。计算公式如下：

$$D_{ij}=(A_{ij}-\min_i)/(\max_i-\min_i) \tag{6.64}$$

式中：D_{ij} 是 j 区第 i 个指标的规范化值；A_{ij} 是 j 区第 i 个指标值；$\min_i$ 和 $\max_i$ 是第 i 个指标值中的最小值和最大值。

可用层次分析法、德尔菲法、主成分分析法、模糊评判法、神经网络法、熵权系数法等手段确定各指标权重，然后按照一定的函数关系加以聚合。常用的函数关系式如下：

$$H_j=\sum_{i=1}^{n}(h_i\cdot Q_i) \tag{6.65}$$

式中：H_j 为第 j 区干旱灾害危险性指数；h_i 为第 i 种因素的危险性指数；Q_i 为第 i 种因素的危险性权重；n 为因素个数。

最后用自然断点分级法或聚类分析等数学方法对计算出的不同区域致灾因子危险性值做等级划分。

王莺等(2015)用 1960—2012 年 CI 指数作为中国南方研究区干旱强度的判断指标，用不同干旱强度的干旱发生次数作为干旱发生频率，通过归一化消除各指标量纲，应用层次分析法得到各指标的权重系数，然后，利用公式(6.65)可以得到研究区干旱致灾因子危险性及其空间

分布图([彩]图 6.14)

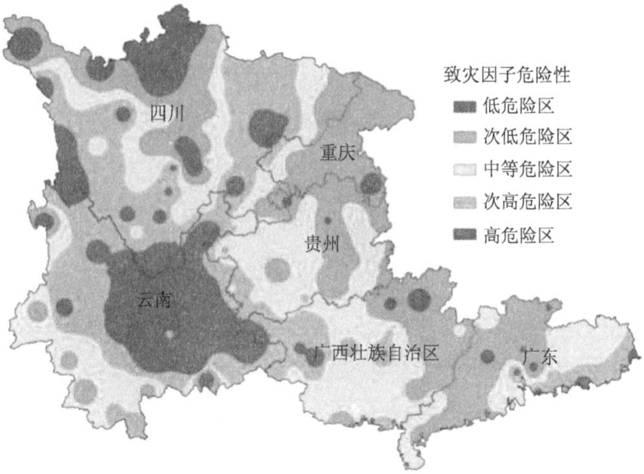

图 6.14　西南和华南干旱灾害致灾因子危险性区划图

这种方法技术上简洁,物理依据充分,但其因子权重的确定易受主观因素影响,资料分辨率也相对较低,因此结果的精细化程度不高。

6.4.3　基于干旱致灾因子情景分析的评估方法

这类评估方法也是以一定的历史干旱灾害数据为基础,采取多指标的评估思路。但它是在假定干旱灾害事件的多个关键影响因素有可能发生的前提下,基于成因机制构造出未来的干旱灾害情景模型,从而评估干旱灾害的致灾危险性。翟建青等(2009)用 ECHAM5/MPI-OM 气候模式输出的 2001—2050 年逐月降水资料,考虑 IPCC 采用的 3 种排放情景(A2:温室气体高排放情景;A1B:温室气体中排放情景;B1:温室气体低排放情景),计算其标准化降水指数,分析了中国 2050 年前 3 种排放情景下的干旱危险性格局分布。

6.4.4　专家打分法

专家打分法是指通过征询有关专家及有经验人士的意见,对这些意见进行统计、处理、分析和归纳,并客观地综合多数专家经验与主观判断,对大量难以采用技术方法进行定量分析的因素做出合理估算,经过多轮意见征询、反馈和调整,得到最终打分结果。在评估干旱灾害的致灾因子危险性时,若缺少历史资料及地理背景资料,或评估区域不需要高精度结果,就可以采用专家打分法。该方法的具体操作步骤如下:

(1)调查对象:干旱灾害管理部门、农业研究部门、当地居民等;

(2)调查方式:发放调查问卷或与调查对象进行面对面的交谈,让受访者依据自身的工作和生活经验为其所在区域的干旱灾害致灾因子危险性排序打分;

(3)结果分析:将填好的调查问卷收集起来,进行统计分析和综合判断,获得最终结果。

在进行专家打分法时需要注意以下几点:

(1)调查(访谈)的地点在空间上要均匀分布;

(2)调查(访谈)的业务人员必须具有中级以上职称,受访居民应在当地居住 20 年以上,并处于健康状态；

(3)居民调查应以家庭为基本调查单位，每个调查点受调查的家庭不少于总数的 80%，有效调查问卷不能低于发放问卷总量的 80%。

6.4.5　相关分析法

由于近些年各地区都建立了很多的自动气象站，甚至建到了每个乡镇、名胜和风景区。但是这些自动气象站的资料普遍存在年限较短的问题，不足以进行干旱灾害风险的数理统计分析。另外，我们还可能会收集到一些残缺不全的干旱灾害记录。这些干旱灾害事件资料一般无法使用信息扩散模型，因此提出了相关分析的方法。该方法通过分析自动气象站观测到的干旱气象要素或历史干旱灾害事件与周边的县气象站同期气象要素的关系，从而建立相关模型。该模型可以是回归模型，也可以是其他数理统计方法，例如模糊数学、灰色系统等。然后求县气象站相关气象要素的概率，用相关模型推算出自动气象站的干旱相关要素或历史干旱灾害发生的概率。这种方法中相关分析是关键，相关程度应当通过必要的信度检验，相关关系好才能使用相关分析法。

第7章 干旱灾害承灾体

在致灾因子危险性相对稳定的情况下，承灾体的暴露度和脆弱性的增加是导致干旱危险扩大的一个十分重要的因素。因此，评估干旱灾害承灾体的暴露度和脆弱性对政府部门调整产业结构，制定干旱防灾减灾策略及风险防控措施具有重要的意义。

7.1 承灾体暴露度

干旱灾害承灾体暴露度主要指暴露在干旱致灾因子影响范围内的承灾体的数目、时间长度和价值，反映了在一定致灾强度下可能遭受损失的承灾体总量。它是干旱灾害及其风险对象存在的必要前提。对干旱灾害风险而言，暴露量越大，其干旱灾害风险也就越大。

7.1.1 暴露度的表征指标

承灾体暴露度指标的选取应遵循代表性与普适性、客观性与准确性、综合性与可操作性以及结构性与系统性的原则，应该能够全面反映该区域干旱灾害承灾体暴露度的本质特征。按照承灾体的具体特征和指标，将暴露度分为数量型、时间长度型和价值型三种。其中，数量型指标可抽象为点、线、面和体。抽象为点的承灾体通常用个数来表示，如人口数、牲畜数、机井数、农业机械数等；抽象为线的承灾体一般用长度单位（m、km 等）来表示，如河流长度、水渠长度等；抽象为面的承灾体一般用面积单位（亩、m^2、hm^2 等）来表示，如耕地面积、播种面积等；抽象为体的承灾体一般用体积单位（如亿 m^3 等）来表示，如水库库容。承灾体具体用什么来表示要视评估目标和可获取的资料而定。暴露度价值型指标除常用的人口和农林牧渔业生产总值等一般价值型指标外，还有环境要素类（如土地资源、水资源、野生动植物资源等）承灾体，均可估算为一定的价值量。“价值”在这里为广义概念，既包括干旱风险载体在经济学意义上的价值和使用价值，也包含干旱风险载体在人类社会经济生活中体现出来的或负担着的作用与功能，还包括干旱风险载体的资源环境意义与影响等多个层面或侧面（苏桂武和高庆华，2003）。暴露度时间长度型指标主要指承灾体暴露在致灾危险下的时间长度。它的表现相对比较简单，一般用天数、月数或年数来表示。当然，也可把暴露时间指标归入到承灾体脆弱性中。也有研究把承灾体暴露度和脆弱性统称为承灾体暴露度。

7.1.2 暴露度特征

对于任一的评估区域，首先需要确定评估的最小单元。该单元既可以是规则的格点（如经纬网），也可以是不规则的行政单元。评估单元的大小直接决定了评估结果的空间分辨率。空间分辨率越高，评估结果越精细。但由于收集到的经济和生产活动数据资料多以行政单元为统计单元，因此若要以规则格网作为最小评估单元，则需要采用空间插值等方法将不规则多边形数据转换为规则格网数据（陈建飞，2006）。不过，这需要特别注意空间插值的应用范围，即只有具有连续变化特征的数据才可以进行此类运算。依据既定的最小评估单元和收集到的干旱承灾体数据资料，就可以确定最小评估单元的承灾体暴露度。

承灾体资料的获取途径一般主要有四条：

（1）实地调查：根据干旱灾害风险评估目的设计调查表，然后到评估区进行实地普查和抽查。该方法精度高，但工作量较大，耗时耗力，且对调查人员的技术要求较高，一般只适用于县以下区域或重点关注的特殊区域的承灾体物理暴露度研究。

（2）文献获取：通过查阅文献等文字资料获得。

（3）收集和检索相关部门统计数据。从统计局、民政局、农牧局、国土资源局、水利部门等与干旱灾害承灾体相关联的管理部门索要并检索其干旱承灾体的统计资料。此方法获取的承灾体资料一般是按照行政区划设定的统计单元，而干旱灾害的危害范围一般是自然地理含义上的，两者在一定程度上存在空间匹配上的困难。

（4）专题地图和遥感影像解译：运用地理信息系统方法提取专题地图和遥感影像中蕴藏的干旱承灾体信息，并对这些信息进行解译，从而获取承灾体暴露度数据。但这种方法有一定的局限性：一是对地图和遥感影像有一定要求。例如，评估不同的空间尺度，所需要的地图比例尺及遥感影像分辨率大小不同。二是影像“解译”需要一定的技术。例如，遥感影像的“解译”主要利用地面承灾体在遥感影像中的空间特征和光谱特征，通过一定的软、硬件来分析影像中的物体形状、大小、颜色、阴影、位置和纹理等要素。另外，为了提取合乎要求的干旱承灾体数据，还必须在解译前对遥感影像进行几何校正和投影匹配。三是这种方法只能得到干旱灾害风险承灾体暴露度评估所需的部分数据，例如植被盖度、耕地面积、河流长度等。

需要说明的是，当获取资料不足时，可以用评估区域内单位面积承灾体的数量作为代用指标，如区域人口密度、耕地密度、经济密度等。

7.1.3　暴露度评估

王莺等（2015）在对华南和西南地区的干旱灾害暴露度做分析时综合考虑了受干旱威胁地区承灾体的种类、范围、数量、密度、价值等。一般而言，一个地区暴露的人口数量和价值密度越多，干旱灾害风险也就越大。结合评估区承灾体特点，选择人口密度和农林牧渔业总产值密度作为承灾体暴露度的评价指标，并根据灾害学理论和加权综合评价法可以建立干旱灾害承灾体暴露度评估模型为：

$$V_j = \sum_{i=1}^{n} (y_i \cdot Q_i) \tag{7.1}$$

式中：V_j 为第 j 个区域孕承灾体暴露度；y_i 为第 i 种因素的暴露度指数；Q_i 为第 i 类因素权重，如人口密度、农林牧渔业总产值密度等；n 为因素个数。

从[彩]图 7.1 中可以看出，华南和西南地区人口密度较大的区域主要集中在广东西南部和沿海地区，四川东部盆地以及广西南部；农林牧渔业总产值密度较大的区域主要位于广东省、广西东部和南部以及四川盆地。

在此基础上，根据干旱灾害承灾体暴露度评估指标在干旱灾害过程中作用的大小，用层次分析法确定出人口密度和农林牧渔业总产值密度的权重值分别为 0.5 和 0.5，且均通过一致

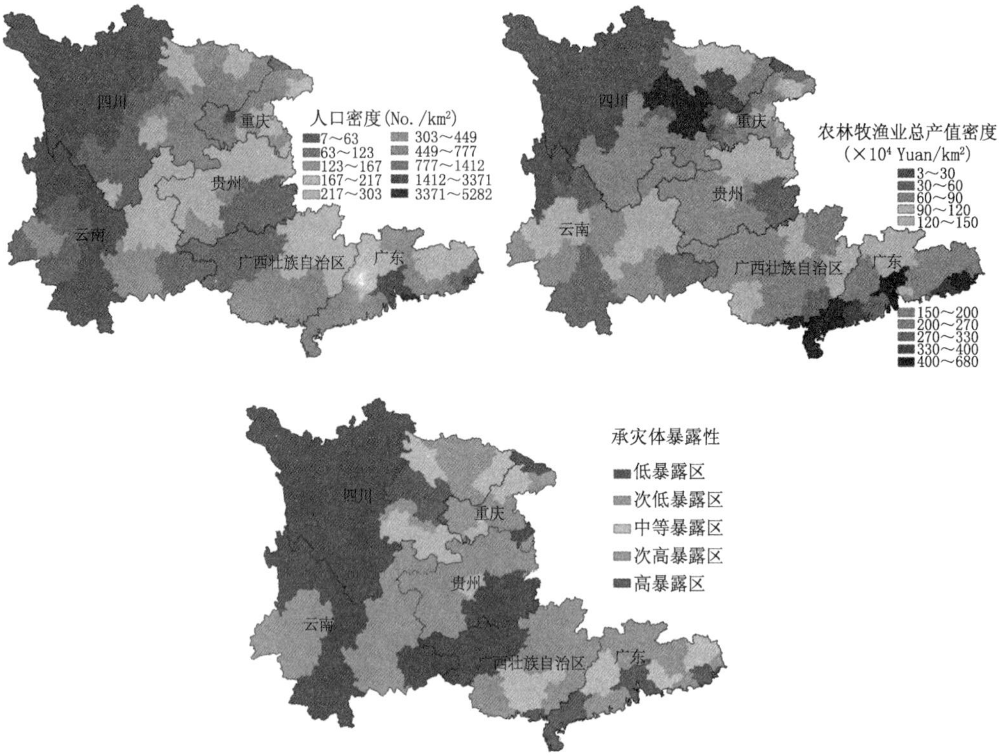

图 7.1　华南和西南干旱灾害承灾体因子及其暴露度评估

性检验。然后根据承灾体暴露度评估模型(公式 7.1),通过 ArcGIS 软件的 Raster Calculator 模块得到承灾体暴露度 V_j。最后用自然断点分级法将 V_j 划分为低暴露区、次低暴露区、中等暴露区、次高暴露区和高暴露区共 5 个等级。从图 7.1 中可以看出,华南和西南地区承灾体的高暴露区主要位于广东东部、雷州半岛和沿海地区及广西南部和四川盆地的大部分地区。形成这种空间分布特征的主要原因是由于这些地区暴露的人口密度和价值数量较高。从行政区划上来看,广东的干旱灾害风险暴露度最高,暴露度指数为 0.24,以下依次为重庆(0.16)、广西(0.13)、四川(0.09)、贵州(0.08)、云南(0.06)。

7.2　承灾体脆弱性

7.2.1　承灾体脆弱性含义

承灾体脆弱性一般指承灾体容易受到伤害或损伤的程度,它反映了特定条件下承灾体的抗致灾危险性的能力,反映了承灾体对灾害的承受能力。对于干旱灾害来说,承灾体不同,脆弱性就不同。一般情况下,暴露在干旱危险区的概率较高、自身适应性较差以及恢复能力较弱的承灾体,其脆弱性就较大。近年来,干旱灾害承灾体脆弱性在干旱灾害风险中的作用在不断增强,这与气候、人口、水资源、土地利用及社会管理导向政策等的变化密切相关(Wilhite,2000;Prabhakar 等,2008;Rohan 等,2008)。目前,干旱减灾行动的一个有效途径就是降低干旱灾害承灾体脆弱性(李世奎,1999;张竟竟,2012)。

7.2.2 承灾体脆弱性表征指标

承灾体脆弱性指标的选取应全面地反映区域干旱灾害承灾体脆弱性的本质特征。承灾体脆弱性评估对象一般为人类及社会经济实体,具体包括农业、牧业、工业、城市、人类和生态环境等。与干旱灾害风险有关的脆弱性指标包括植物和人的抗旱性、人均生活用水量、易旱耕地比率、农业旱灾损失率、农作物耐旱指数、作物需水量指数、大牲畜占总牲畜数比例等。承灾体脆弱性综合反映了干旱灾害的损失程度。承灾体脆弱性越低,灾害损失越小,灾害风险也越小;承灾体脆弱性越高,灾害损失越大,灾害风险也越大。

7.2.3 承灾体脆弱性评估

承灾体脆弱性评估较为复杂,对一个区域内某一类型承灾体脆弱性分析时,可能会遇到3种情况:①承灾体被原发致灾因子彻底摧毁,脆弱性彻底消失;②承灾体遭受原发致灾因子打击后,出现局部破坏或变异,脆弱性增加或改变;③脆弱性增加或改变的承灾体再次遭受致灾因子打击,被彻底摧毁或严重破坏与变异。已有研究给出了承灾体脆弱性评估的半定量和定量方法(史培军,2011):半定量方法主要通过查询致灾强度(概率)与脆弱性等级矩阵表达不同致灾强度下的脆弱性大小,定量方法则主要是通过历史案例数据或实验数据拟合,输入致灾强度值求得脆弱性。这两种方法都只在承灾体首次遭受致灾因子打击时适用,如遇承灾体重复遭受同一致灾因子或新致灾因子打击的情况就需要考虑承灾体脆弱性的变化。需要特别说明的是,脆弱性从本质上讲是承灾体的属性,完全由承灾体的特征或特性要素决定,在遭受致灾因子打击后,承灾体的特征或特性要素发生了变化,进而引起脆弱性变化。

第 8 章 干旱灾害孕灾环境

干旱灾害的孕灾环境是干旱灾害风险形成的环境条件，它主要指干旱灾害形成过程中自然环境、人类活动、社会经济结构、发展状况以及生产水平等因素的影响和作用。孕灾环境能够对干旱灾害风险起到缩小或放大的作用。孕灾环境的变化会间接地影响到致灾因子的变化，是干旱灾害风险性区域特征的主要体现。一般情况下，稳定性较差、抗干扰能力较低及容易传递干旱信息的孕灾环境其干旱灾害风险会更显著。生态环境脆弱带大多是干旱灾害孕灾环境的高敏感区。

8.1 孕灾环境表征指标

干旱孕灾环境表征指标是指能够表征干旱孕灾环境敏感性特征的物理量，主要包括农作物结构、地形地貌、土壤环境、植被特征和气候背景等自然因素。在具体孕灾环境敏感性指标构建时，不同的学者采用了不同的指标。王鹏等(2014)利用降水数据和数字高程数据，从天气因素和下垫面因素两方面考虑，建立了四川省干旱灾害孕灾环境评估指标体系。戴策乐木格(2014)采用坡度、植被覆盖度、草地类型、土壤类型和地下水资源富水程度等因素建立了草原牧区干旱灾害风险中孕灾环境评价指标。农业干旱孕灾环境指标应该从农业角度出发考虑作物种植情况，选取粮食作物种类、品种、种植比例和土壤环境作为评价指标，粮食种植比例一般用粮食种植面积与土地面积的比例表示。

地形和地貌对干旱的影响主要表现在相对海拔高度、坡度和地貌状况(如岩溶地貌)等方面。植被对抑制和减缓干旱灾害孕灾环境敏感性具有重要的作用，良好的植被覆盖度具有涵养水源、调节水量、减少地表无效径流量等作用，可以有效降低孕灾环境敏感性。因此，也可以选择植被覆盖度来表征孕灾环境特征。

8.2 孕灾环境敏感性评估

孕灾环境敏感性是指受到气象灾害威胁的地区其环境条件对灾害传递的敏感程度。在同等强度灾害危险性情况下，敏感程度越高，气象灾害所造成的破坏或损失就越严重，气象灾害的风险也就越大。在确定干旱灾害孕灾环境评估的基本内容及具体指标后，还需要选择一定的方法把相关指标逐级耦合起来，以综合反映一个区域孕灾环境对干旱灾害的敏感性。耦合相关指标的方法的选择，需要寻求定性评价和定量评价相结合的平衡点，将不同指标整合起来。对于所评估地区的干旱灾害风险来说，其孕灾环境敏感性评估将涉及多个指标，例如，地形指数、土壤属性指数、土地利用类型指数等。这些指数一般多以层次分析法、主成分分析法、灰色聚类分析、模糊综合评判法等方法加以耦合。

8.2.1　孕灾环境敏感性评估步骤

(1)根据评估的空间范围和精度要求，确定评估单元大小。

(2)根据评估单元大小整理基础资料。

(3)构建各种敏感性指标，并进行归一化处理，去除量纲。

(4)用专家打分法、层次分析法、主成分分析法、灰色聚类分析、模糊综合评判法等方法来确定各指标的权重系数。

(5)将灾害学理论和加权综合评价法相结合，建立干旱灾害孕灾环境敏感性评估模型为：

$$S_j = \sum_{i=1}^{n}(\theta_i \cdot Q_i) \tag{8.1}$$

式中：S_j 为第 j 个区域孕灾环境敏感性；θ_i 为第 i 种因素的敏感性指数；Q_i 为第 i 类因素的敏感性权重；n 为因素个数。

8.2.2　孕灾环境敏感性评估

以华南和西南地区为例，根据该区域的实际状况，一般选择长期平均的降水量、温度、相对湿度、降水倾向率、温度倾向率及田间持水量、土壤凋萎系数、土壤类型、地貌类型、土地利用类型和河网密度来表征干旱孕灾环境敏感性程度。

干旱灾害敏感性的程度具有“放大”或“缩小”干旱风险的作用，同时还能客观反映环境条件对干旱灾害应对、缓冲和恢复能力的差异。孕灾环境的敏感性越高，灾害风险就越大。可以结合灾害学理论和加权综合评价法建立干旱灾害孕灾环境敏感性评估模型(式(8.1))，并计算得到评估区干旱灾害孕灾环境敏感性评估分布特征。

[彩]图 8.1 是华南和西南地区孕灾环境影响因子空间分布。从气候背景来看，该区域平均年降水量从大到小依次为广东、广西、重庆、贵州、云南和四川，温度从高到低依次为广东、广西、重庆、云南、贵州和四川，空气相对湿度从高到低依次为重庆、贵州、广东、广西、云南和四川，三者均呈现自东南至西北逐渐减少的趋势。从年降水倾向率图中可以看出贵州、云南、重庆、广西和四川的年降水量呈减少趋势，减少速率分别为 25 mm/10a、13 mm/10a、11 mm/10a、9 mm/10a 和 7 mm/10a，广东呈增加趋势，增加速率为 9 mm/10a。从年平均温度倾向率图中可以看出云南的温度增加速率最高，为 0.20℃/10a，其次为四川(0.17℃/10a)、广东(0.16℃/10a)、广西(0.13℃/10a)、贵州(0.10℃/10a)和重庆(0.08℃/10a)，温度呈降低趋势的区域主要位于四川的巴中、云南的元谋和华坪以及贵州的贵阳和盘县。从地貌类型来看，丘陵主要分布在四川东部、贵州中部、云南东部以及广东和广西大部分地区；平原分布面积较少，且比较分散，主要位于四川的成都和德阳以及广东的佛山、东莞和中山市；台地主要分布在广东的雷州半岛、广西南部、四川中东部；山地主要分布在西藏高原东部边缘的四川、云南和贵州，广西和广东有部分低山丘陵分布。重点考虑地貌的相对海拔高度、坡度等因素对干旱的影响，可以建立地貌类型敏感性指数。从[彩]图 8.1 中可以看出，地貌敏感性程度高的区域主要位于西藏高原东部边缘以及广西和广东。从土壤类型来看，四川盆地主要为紫色土，四川西部山区为黑毡土，云南主要为红壤、赤红壤和紫色土，贵州主要为黄壤和石灰土，广东和广西主要

为红壤、赤红壤和石灰土。根据不同土壤类型对水分的吸附和输送特征及在干旱形成过程中的作用可以建立土壤类型敏感性指数。从[彩]图 8.1 中可以看出四川盆地、贵州和广西中部以及广东东部的土壤敏感性较高。从土壤属性来看，贵州和云南的土壤田间持水量和凋萎系数较高，但是四川的土壤有效含水量较高。从土地利用类型来看，广东和广西的城镇、工矿、居民用地所占比例远高于其他地区；重庆、四川、云南和贵州的耕地主要以旱地为主，广东和广西的耕地主要以水田为主；云南与四川的林地和草地面积较大，广东的水域面积较大，四川的未利用土地面积最大。可以通过不同土地利用类型对干旱灾害反应的敏感程度，建立土地利用类型的干旱敏感性指数。从[彩]图 8.1 中可以看出，四川盆地的土地利用敏感性较高。就河网而言，主要考虑不同地理环境条件下 1～3 级河流特点，来建立河流对干旱灾害的缓冲区。在平原区，1 级河流的缓冲区宽度设为 18 km，2 级设为 14 km，3 级设为 8 km；在山区，1 级河流的缓冲区宽度设为 4 km，2 级为 2 km，3 级以下不设缓冲区。根据以上原则得到河网密度敏感性指数，从高到低依次为贵州、云南、四川、广西、重庆和广东。

根据各种干旱灾害孕灾环境敏感性评估指标在干旱灾害过程中作用的大小，可用层次分析法获得各因素的权重值(均通过了一致性检验)(表 8.1)。然后再利用孕灾环境敏感性评估模型(式 8.1)，通过 ArcGIS 9.3 软件的 Raster Calculator 模块得到孕灾环境敏感性 S_j。最后再用自然断点分级法将 S_j 划分为低敏感区、次低敏感区、中等敏感区、次高敏感区和高敏感区等五个级别区。从[彩]图 8.2 中可以看出，孕灾环境的高敏感区主要分布在云南中东部、四川东部盆地以及贵州西北部，广西东北部以及广东省的大部分地区，敏感性均较低。从行政区划

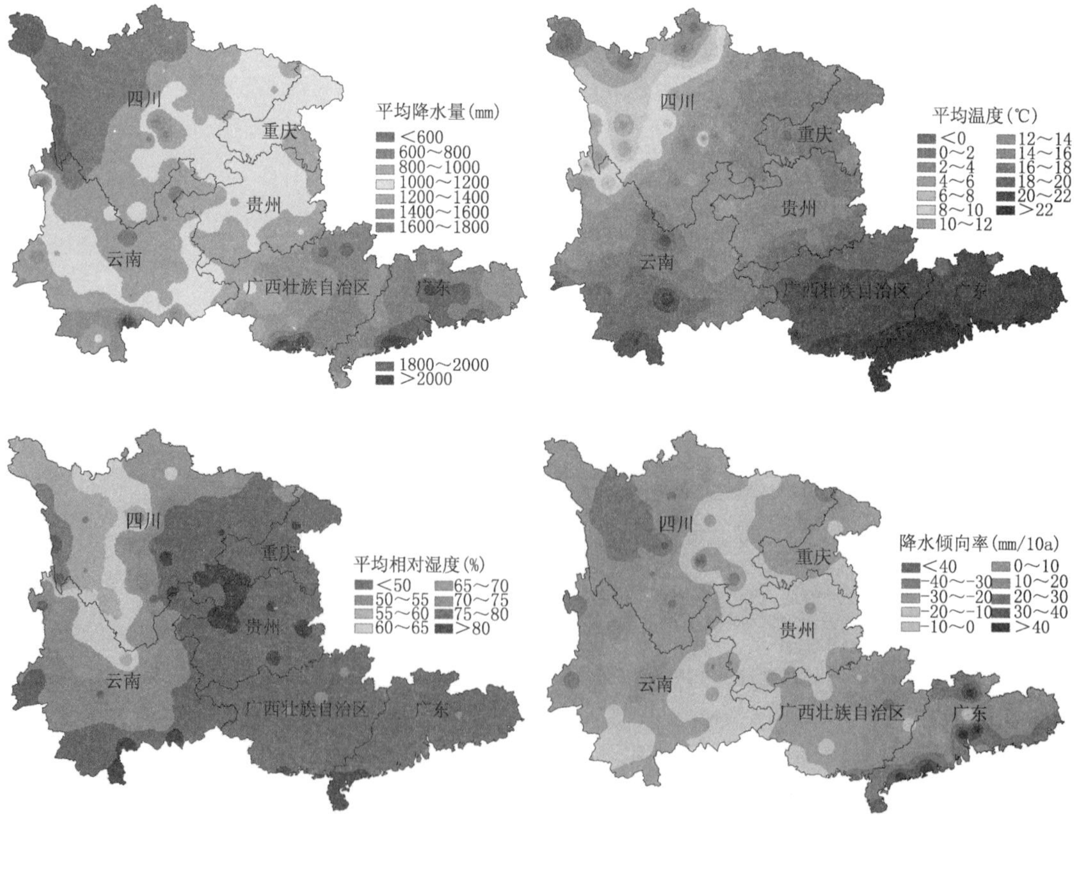

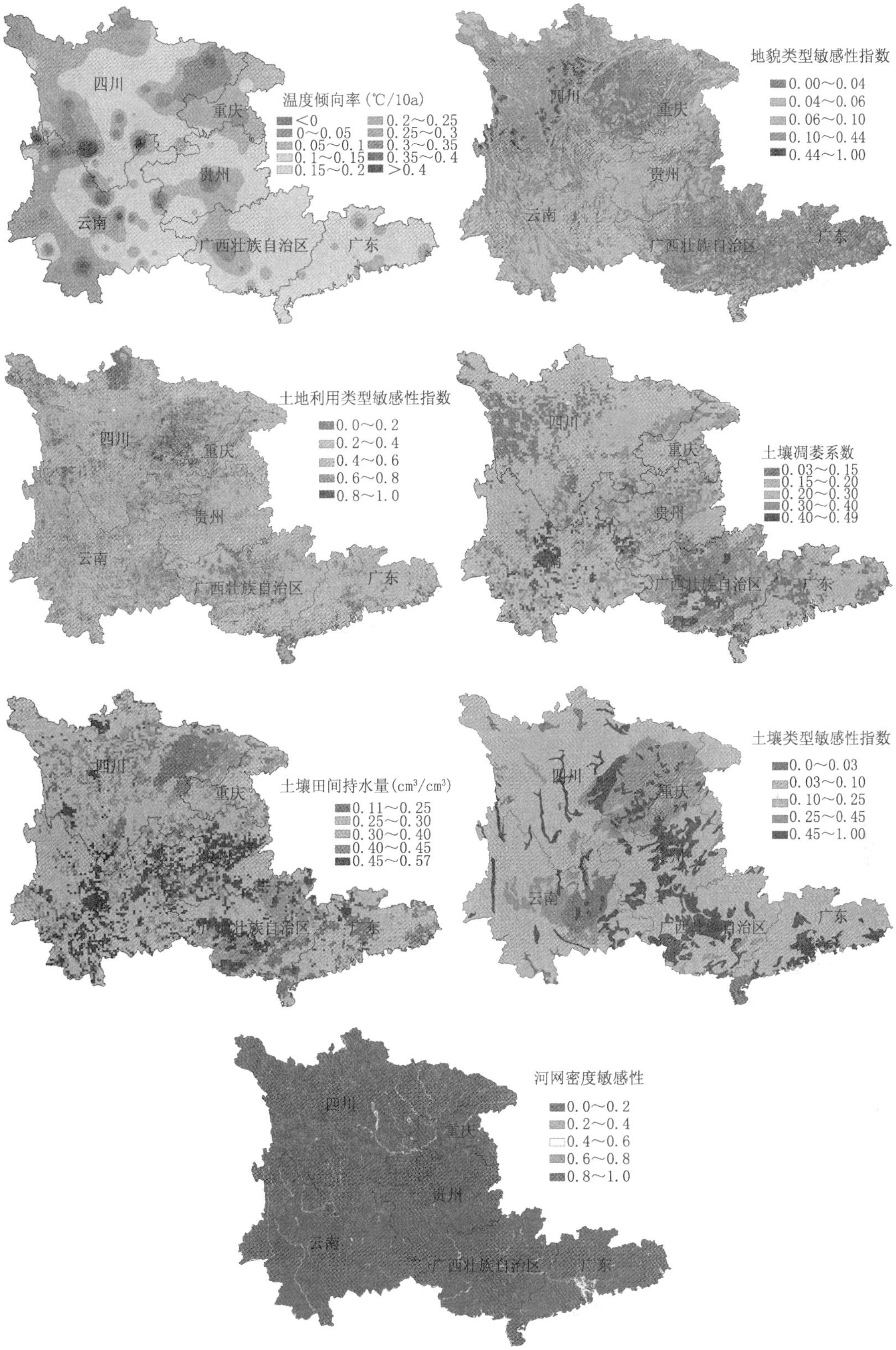

图 8.1　华南和西南地区孕灾环境影响因子的空间分布

来说，孕灾环境敏感性由高到低分别为云南(0.61)、四川(0.60)、贵州(0.59)、重庆(0.58)、广西(0.57)和广东(0.54)。

表 8.1 孕灾环境敏感性权重

孕灾环境敏感性指标	降水量	降水倾向率	空气相对湿度	温度	温度倾向率	田间持水量	土壤凋萎系数	地貌	土壤类型	土地利用	河网
权重	0.22	0.08	0.06	0.12	0.08	0.04	0.04	0.03	0.03	0.05	0.22

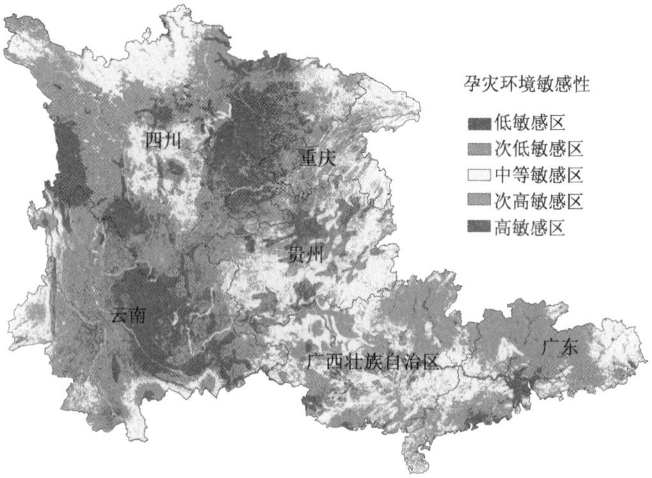

图 8.2 孕灾环境敏感性空间分布

8.2.3 孕灾环境敏感性评估问卷调查

在评估干旱灾害敏感性时，还可以采用问卷调查方法。该方法的结果很大程度上依赖于受调查对象的经验，不过该方法简单易行，适用于干旱灾情统计资料匮乏的地区。

以下为干旱灾害敏感性调查问卷范例。

南方干旱灾害敏感性农户调查问卷

为了认识气候变暖背景下南方干旱灾害敏感性特点及其变化特征，完成南方干旱灾害风险评估与区划工作，需要准确地掌握您在干旱灾害发生时的应对和反应活动及需求情况，需您帮助完成下面的调查表，您的资料和意见对我们研究提出干旱灾害的防灾减灾策略具有极其重要的参考作用。我们会对您答卷的个人信息严格保密，您的答卷仅供统计分析用，请放心回答。

1. 请根据题目要求和说明填写。

2. 问卷填写时，除有特殊说明以外，均为多选，请在相应的方框中打√。

3. 问卷填写内容务必客观、真实和准确；若无此项，请填“无”。填写过程中如有疑问，请及时与调查人联系(联系人：××× 电话：××××)。

谢谢您的支持！

干旱灾害敏感性调查表

________省________市________县________村

<table>
<tr><td>姓名</td><td></td><td>性别</td><td></td><td>年龄</td><td></td><td>家庭人口(人)</td><td></td></tr>
<tr><td colspan="2">文化程度</td><td colspan="2"></td><td colspan="2">人均年收入(元)</td><td colspan="2"></td></tr>
<tr><td colspan="2" rowspan="6">土地来源
(√)</td><td colspan="2" rowspan="3">旱地(亩)</td><td colspan="2">租</td><td colspan="2"></td></tr>
<tr><td colspan="2">免费获取</td><td colspan="2"></td></tr>
<tr><td colspan="2">自有</td><td colspan="2"></td></tr>
<tr><td colspan="2" rowspan="3">水地(亩)</td><td colspan="2">租</td><td colspan="2"></td></tr>
<tr><td colspan="2">免费获取</td><td colspan="2"></td></tr>
<tr><td colspan="2">自有</td><td colspan="2"></td></tr>
<tr><td colspan="2">无灌溉耕地面积(亩)</td><td colspan="2"></td><td colspan="2">可灌溉耕地面积(亩)</td><td colspan="2"></td></tr>
<tr><td colspan="2" rowspan="3">主要种植作物
(习惯种植的且种植面积占前三位的作物)</td><td>作物名称 1</td><td colspan="2"></td><td>种植面积(亩)</td><td colspan="2"></td></tr>
<tr><td>作物名称 2</td><td colspan="2"></td><td>种植面积(亩)</td><td colspan="2"></td></tr>
<tr><td>作物名称 3</td><td colspan="2"></td><td>种植面积(亩)</td><td colspan="2"></td></tr>
<tr><td colspan="2" rowspan="12">造成干旱的限制性因素(√)可多选</td><td colspan="6">不规则降水等气象因素</td></tr>
<tr><td colspan="6">缺气象预测信息</td></tr>
<tr><td colspan="6">贫穷</td></tr>
<tr><td colspan="6">缺防旱抗旱技术</td></tr>
<tr><td colspan="6">缺劳动力</td></tr>
<tr><td colspan="6">缺设备</td></tr>
<tr><td colspan="6">缺基础水利设施</td></tr>
<tr><td colspan="6">水利设施年久失修,未发挥应有作用</td></tr>
<tr><td colspan="6">地理位置的原因</td></tr>
<tr><td colspan="6">政府决策不充分</td></tr>
<tr><td colspan="6">缺信贷和保险服务</td></tr>
<tr><td colspan="6">其他(具体说明)</td></tr>
<tr><td colspan="2" rowspan="6">干旱带来的损失(√)可多选</td><td colspan="6">农作物损失</td></tr>
<tr><td colspan="6">牲畜损失</td></tr>
<tr><td colspan="6">饮水缺乏</td></tr>
<tr><td colspan="6">导致饥饿</td></tr>
<tr><td colspan="6">经济损失,导致无法偿还贷款、儿童失学</td></tr>
<tr><td colspan="6">其他(具体说明)</td></tr>
<tr><td colspan="2" rowspan="6">受灾后资金帮助来源(√)可多选</td><td colspan="2">朋友亲属</td><td colspan="4"></td></tr>
<tr><td colspan="2">政府</td><td colspan="4"></td></tr>
<tr><td colspan="2">非政府组织</td><td colspan="4"></td></tr>
<tr><td colspan="2">金融贷款</td><td colspan="4"></td></tr>
<tr><td colspan="2">保险</td><td colspan="4"></td></tr>
<tr><td colspan="2">其他(具体说明)</td><td colspan="4"></td></tr>
</table>

续表

灌溉方式(√)可多选	节水灌溉	(包括滴灌、挑水灌溉等有节水作用的灌溉方式)
	大水漫灌	
灌溉量(亩)	正常年份	
	干旱年份	
干旱灾害出现后的应对措施(√)可多选	改种作物	
	补种作物	
	外出打工	
	借贷	
	挑、抽水灌溉	
	政府救济	
	农作物保险	
	未采取任何措施	
	儿童辍学	
	减少正常消费支出	
	向亲友借款借粮	
	其他(具体说明)	
掌握何种种植技术抵御干旱	(例如覆膜等)	
希望获得的帮助		

注意:此表正反两页均需填写!

下面给出两份调查问卷的实例作为案例。

案例 1:

南方干旱灾害敏感性农户调查问卷

为了认识气候变暖背景下南方干旱灾害敏感性特点及其变化特征,完成南方干旱灾害风险评估与区划工作,需要准确地掌握您在干旱灾害发生时的应对和反应活动及需求情况,需您帮助完成下面的调查表,您的资料和意见对我们研究提出干旱灾害的防灾减灾策略具有极其重要的参考作用。我们会对您答卷的个人信息严格保密,您的答卷仅供统计分析用,请放心回答。

1. 请根据题目要求和说明填写。

2. 问卷填写时,除有特殊说明以外,均为多选,请在相应的方框中打√。

3. 问卷填写内容务必客观、真实和准确;若无此项,请填“无”。填写过程中如有疑问,请及时与调查人联系(联系人:×××　　电话:××××)。

谢谢您的支持!

干旱灾害敏感性调查表

贵州　省　铜仁　市　思南　县　沈家坝　村

<table>
<tr><td>姓名</td><td>×××</td><td>性别</td><td>男</td><td>年龄</td><td>20</td><td>家庭人口(人)</td><td>6</td></tr>
<tr><td>文化程度</td><td colspan="3">本科</td><td colspan="2">人均年收入(元)</td><td colspan="2">1300</td></tr>
<tr><td rowspan="6">土地来源
(√)</td><td rowspan="3" colspan="2">旱地(亩)
2 亩</td><td colspan="3">租</td><td colspan="2"></td></tr>
<tr><td colspan="3">免费获取</td><td colspan="2"></td></tr>
<tr><td colspan="3">自有</td><td colspan="2">√</td></tr>
<tr><td rowspan="3" colspan="2">水地(亩)
1 亩</td><td colspan="3">租</td><td colspan="2"></td></tr>
<tr><td colspan="3">免费获取</td><td colspan="2"></td></tr>
<tr><td colspan="3">自有</td><td colspan="2">√</td></tr>
<tr><td>无灌溉耕地面积(亩)</td><td colspan="2">2</td><td colspan="3">可灌溉耕地面积(亩)</td><td colspan="2">1</td></tr>
<tr><td rowspan="3">主要种植作物
(习惯种植的且种植面积占前三位的作物)</td><td colspan="2">作物名称 1</td><td colspan="2">水稻</td><td colspan="2">种植面积(亩)</td><td>1</td></tr>
<tr><td colspan="2">作物名称 2</td><td colspan="2">小麦</td><td colspan="2">种植面积(亩)</td><td>1.3</td></tr>
<tr><td colspan="2">作物名称 3</td><td colspan="2">玉米</td><td colspan="2">种植面积(亩)</td><td>0.7</td></tr>
<tr><td rowspan="12">造成干旱的限制性因素
(√)可多选</td><td colspan="6">不规则降水等气象因素</td><td>√</td></tr>
<tr><td colspan="6">缺气象预测信息</td><td></td></tr>
<tr><td colspan="6">贫穷</td><td>√</td></tr>
<tr><td colspan="6">缺防旱抗旱技术</td><td>√</td></tr>
<tr><td colspan="6">缺劳动力</td><td></td></tr>
<tr><td colspan="6">缺设备</td><td>√</td></tr>
<tr><td colspan="6">缺基础水利设施</td><td>√</td></tr>
<tr><td colspan="6">水利设施年久失修,未发挥应有作用</td><td></td></tr>
<tr><td colspan="6">地理位置的原因</td><td>√</td></tr>
<tr><td colspan="6">政府决策不充分</td><td></td></tr>
<tr><td colspan="6">缺信贷和保险服务</td><td></td></tr>
<tr><td colspan="6">其他(具体说明)</td><td></td></tr>
<tr><td rowspan="6">干旱带来的损失(√)可多选</td><td colspan="6">农作物损失</td><td>√</td></tr>
<tr><td colspan="6">牲畜损失</td><td></td></tr>
<tr><td colspan="6">饮水缺乏</td><td>√</td></tr>
<tr><td colspan="6">导致饥饿</td><td>√</td></tr>
<tr><td colspan="6">经济损失,导致无法偿还贷款、儿童失学</td><td></td></tr>
<tr><td colspan="6">其他(具体说明)</td><td></td></tr>
<tr><td rowspan="6">受灾后资金帮助来源(√)可多选</td><td colspan="2">朋友亲属</td><td colspan="5">√</td></tr>
<tr><td colspan="2">政府</td><td colspan="5">√</td></tr>
<tr><td colspan="2">非政府组织</td><td colspan="5"></td></tr>
<tr><td colspan="2">金融贷款</td><td colspan="5"></td></tr>
<tr><td colspan="2">保险</td><td colspan="5"></td></tr>
<tr><td colspan="2">其他(具体说明)</td><td colspan="5"></td></tr>
</table>

续表

灌溉方式(√)可多选	节水灌溉	(包括滴灌、挑水灌溉等有节水作用的灌溉方式)√
	大水漫灌	
灌溉量(亩)	正常年份	0.8
	干旱年份	0.5
干旱灾害出现后的应对措施(√)可多选	改种作物	√
	补种作物	
	外出打工	√
	借贷	
	挑、抽水灌溉	
	政府救济	√
	农作物保险	
	未采取任何措施	
	儿童辍学	
	减少正常消费支出	√
	向亲友借款借粮	√
	其他(具体说明)	
掌握何种种植技术抵御干旱	(例如覆膜等)无土栽培,培养抗旱育苗	
希望获得的帮助	当碰到天干时,希望能够得到政府及非政府的帮助,帮助解决饮水、灌溉农田等方面的问题。	

注意:此表正反两页均需填写!

案例 2:

南方干旱灾害敏感性农户调查问卷

为了认识气候变暖背景下南方干旱灾害敏感性特点及其变化特征,完成南方干旱灾害风险评估与区划工作,需要准确地掌握您在干旱灾害发生时的应对和反应活动及需求情况,需您帮助完成下面的调查表,您的资料和意见对我们研究提出干旱灾害的防灾减灾策略具有极其重要的参考作用。我们会对您答卷的个人信息严格保密,您的答卷仅供统计分析用,请放心回答。

1.请根据题目要求和说明填写。

2.问卷填写时,除有特殊说明以外,均为多选,请在相应的方框中打√。

3.问卷填写内容务必客观、真实和准确;若无此项,请填“无”。填写过程中如有疑问,请及时与调查人联系(联系人:×××　　电话:××××)。

谢谢您的支持!

干旱灾害敏感性调查表

广西 省 钦州 市 大寺区 县______村

<table>
<tr><td>姓名</td><td>×××</td><td>性别</td><td>女</td><td>年龄</td><td>19</td><td>家庭人口(人)</td><td>5</td></tr>
<tr><td>文化程度</td><td colspan="3">本科</td><td colspan="2">人均年收入(元)</td><td colspan="2">3000</td></tr>
<tr><td rowspan="6">土地来源
(√)</td><td rowspan="3" colspan="2">旱地(亩)
2亩</td><td colspan="3">租</td><td colspan="2"></td></tr>
<tr><td colspan="3">免费获取</td><td colspan="2"></td></tr>
<tr><td colspan="3">自有</td><td colspan="2">√</td></tr>
<tr><td rowspan="3" colspan="2">水地(亩)
1亩</td><td colspan="3">租</td><td colspan="2"></td></tr>
<tr><td colspan="3">免费获取</td><td colspan="2"></td></tr>
<tr><td colspan="3">自有</td><td colspan="2">√</td></tr>
<tr><td>无灌溉耕地面积(亩)</td><td colspan="2">1</td><td colspan="3">可灌溉耕地面积(亩)</td><td colspan="2">1</td></tr>
<tr><td rowspan="3">主要种植作物
(习惯种植的且种植面积占前三位的作物)</td><td colspan="2">作物名称1</td><td colspan="2">玉米</td><td colspan="2">种植面积(亩)</td><td>0.5</td></tr>
<tr><td colspan="2">作物名称2</td><td colspan="2">水稻</td><td colspan="2">种植面积(亩)</td><td>2</td></tr>
<tr><td colspan="2">作物名称3</td><td colspan="2">蚕豆</td><td colspan="2">种植面积(亩)</td><td>0.5</td></tr>
<tr><td rowspan="12">造成干旱的限制性因素
(√)可多选</td><td colspan="6">不规则降水等气象因素</td><td></td></tr>
<tr><td colspan="6">缺气象预测信息</td><td></td></tr>
<tr><td colspan="6">贫穷</td><td></td></tr>
<tr><td colspan="6">缺防旱抗旱技术</td><td></td></tr>
<tr><td colspan="6">缺劳动力</td><td>√</td></tr>
<tr><td colspan="6">缺设备</td><td></td></tr>
<tr><td colspan="6">缺基础水利设施</td><td>√</td></tr>
<tr><td colspan="6">水利设施年久失修,未发挥应有作用</td><td></td></tr>
<tr><td colspan="6">地理位置的原因</td><td></td></tr>
<tr><td colspan="6">政府决策不充分</td><td></td></tr>
<tr><td colspan="6">缺信贷和保险服务</td><td></td></tr>
<tr><td colspan="6">其他(具体说明)</td><td></td></tr>
<tr><td rowspan="6">干旱带来的损失(√)可多选</td><td colspan="6">农作物损失</td><td>√</td></tr>
<tr><td colspan="6">牲畜损失</td><td></td></tr>
<tr><td colspan="6">饮水缺乏</td><td></td></tr>
<tr><td colspan="6">导致饥饿</td><td></td></tr>
<tr><td colspan="6">经济损失,导致无法偿还贷款、儿童失学</td><td></td></tr>
<tr><td colspan="6">其他(具体说明)</td><td></td></tr>
<tr><td rowspan="6">受灾后资金帮助来源(√)可多选</td><td colspan="2">朋友亲属</td><td colspan="5">√</td></tr>
<tr><td colspan="2">政府</td><td colspan="5">√</td></tr>
<tr><td colspan="2">非政府组织</td><td colspan="5"></td></tr>
<tr><td colspan="2">金融贷款</td><td colspan="5"></td></tr>
<tr><td colspan="2">保险</td><td colspan="5"></td></tr>
<tr><td colspan="2">其他(具体说明)</td><td colspan="5"></td></tr>
</table>

续表

灌溉方式(√)可多选	节水灌溉	(包括滴灌、挑水灌溉等有节水作用的灌溉方式)√
	大水漫灌	
灌溉量(亩)	正常年份	1.5
	干旱年份	1
干旱灾害出现后的应对措施(√)可多选	改种作物	
	补种作物	√
	外出打工	
	借贷	
	挑、抽水灌溉	
	政府救济	
	农作物保险	√
	未采取任何措施	
	儿童辍学	
	减少正常消费支出	√
	向亲友借款借粮	
	其他(具体说明)	
掌握何种种植技术抵御干旱	(例如覆膜等)覆膜	
希望获得的帮助	政府重视农民的水利设施设备	

注意:此表正反两页均需填写!

第 9 章　我国干旱灾害风险分布特征

进入 21 世纪，干旱灾害风险已明显超过多年平均水平，对中国粮食安全、生态环境安全、水资源安全和社会经济发展造成巨大的影响。干旱已成为制约我国农业发展最主要的气象灾害。因此，建立一套干旱灾害风险评估指标和模型，客观地评估干旱灾害风险分布与变化特征，深入分析灾害风险的规律，有利于政府和减灾部门及时掌握干旱损失，制定防灾减灾的应对措施，减少灾害造成的损失，为保障国家粮食、生态和水资源安全提供依据。

9.1　基于风险因子评估法的评估结果分析

9.1.1　中国西南干旱灾害风险分布特征

9.1.1.1　致灾因子危险性特征

干旱灾害致灾因子危险性指干旱造成危害的剧烈程度，它常常由降水减少、温度升高、蒸散加大等气象要素异常造成的。气象场中的降水和温度是干旱致灾危险性的最关键因子，也是干旱灾害风险的主导因子和最活跃的因子，直接控制干旱灾害风险分布格局和发展趋势（张强等，2014）。许多学者利用气象干旱指数研究干旱强度、发生频率和空间分布特征，对于开展区域干旱风险评估提供了很好的借鉴。由于各气象干旱指标有其适用的时间和地域范围，因此，首先必须选择适用于本地区的干旱指数。参考前人对干旱指数研究成果，在国标规定的五种干旱指标中，可以选择计算简单、适用性广、资料容易获取、能够计算任意时段不同地区干旱情况的降水距平百分率（percentage precipitation anomaly，PPA）作为干旱致灾因子危险性评估指标。然而，农业干旱主要由水分亏缺引起，有气象干旱并不一定会向农业干旱传递。气象干旱指数仅考虑气象干旱强度和发生频率，在综合反映农业干旱致灾特征方面具有明显不足（葛全胜等，2008），而土壤墒情是作物水分亏缺的综合反应，但是土壤墒情观测资料稀疏，对农业干旱反应上缺乏时效性。所以用了遥感反演土壤湿度（remote sensing moisture content，RSMC）和干旱频次（frequency of drought occurred，DF）作为农业干旱致灾危险性指标具有一定优势（表 9.1）。为了使该指标具有客观性和本地化，还参考了减产率和农业干旱综合损失率对其进行修订（韩兰英等，2014）。

在此基础上，可以利用层次分析法构建危险性各项指数判断矩阵，通过矩阵一致性检验，一致性满足要求时得出有效权重，得出降水距平百分率、土壤湿度和干旱频次的权重（表 9.2）。同理，也可以用层次分析法计算得到孕灾环境敏感性和承灾体暴露度的各项指标权重。

表 9.1　干旱致灾因子危险性指数(%)

等级	类型	降水距平百分率(PPA)	土壤湿度(RSMC)	干旱频次(DF)
1	低危险	－15＜PPA	60＜RSMC	DF＜30
2	次低危险性	－30＜PPA≤－15	50＜RSMC≤60	30＜DF≤40
3	中危险性	－40＜PPA≤－30	40＜RSMC≤50	40＜DF≤50
4	次高危险性	－45＜PPA≤－40	30＜RSMC≤30	50＜DF≤60
5	高危险性	PPA≤－45	RSMC≤30	DF＞60

表 9.2　干旱评估指标的因子权重

因子	指数和权重			
致灾因子危险性	降水距平百分率	土壤相对湿度	干旱频次	
	0.4	0.35	0.25	
承灾体暴露度	作物种植面积	土地利用类型	NDVI	产量
	0.3	0.2	0.2	0.3
孕灾环境敏感性	地形高差	植被覆盖度	河网密度	土壤类型
	0.22	0.24	0.16	0.38

利用反距离加权内插法和 GIS 自然断点法，将致灾因子危险性指数划分为低、次低、中、次高和高 5 个等级。[彩]图 9.1 为西南地区农业干旱致灾因子危险性空间分布图。由[彩]图 9.1 可以看出，西南地区的干旱致灾因子的危险性有两个高危险性区域：四川西北部和云南中部。很明显，西南致灾因子危险性与气候带和地势空间分布基本一致，西部高于东部，北部高于南部，自西北向东南逐渐降低。在寒温带半湿润区的四川西北部、中亚热带湿润区的云南中南部和东北部与贵州交界处为中—高危险性区；中亚热带湿润区的四川南部、贵州西北部和云南中北部为中—次高危险区；重庆、贵州中东部和云南西南部为低—次低危险区。在边缘热带湿润区的云南南部和西南东部亚热带湿润区的危险性最低。

9.1.1.2　孕灾环境敏感性特征

孕灾环境敏感性指孕灾环境对干旱的响应能力大小，是土壤、地理地貌等自然环境和当地社会经济综合系统对干旱灾害影响的敏感度和恢复能力的综合反映。根据影响自然环境对干旱灾害的缓冲和加速能力的相关要素，选用地形高差、植被覆盖度、河网密度和土壤类型来度量孕灾环境敏感性。地形高差采用高程和标准差表示起伏变化。用 GIS 数据计算河网密度，将一定半径范围内的河流总长度和距离水体远近作为中心格点的河流密度。距离水体远近和河网密度不同反映了农田可利用水资源不同。植被覆盖度可以通过遥感数据中 NDVI 计算得出。土壤类型不同，土壤的有机质含量不同，从而导致土壤保水性不同。根据土壤类型和有机质含量分别给土壤类型赋予敏感性权重。利用层次分析法得出地形高差、植被覆盖度、河网密度和土壤类型等孕灾环境敏感性因子权重(表 9.2)。

[彩]图 9.2 为西南地区孕灾环境敏感性空间分布图。随着地形高低变化，西南地区干旱灾害孕灾环境敏感性由中部向西北和东南逐渐降低。高敏感地区主要分布在四川盆地四周、四川南部、云南北部和贵州西部。该区域地形高差大，河网稀疏，土壤有机质含量低、植被盖度低，是西南生态敏感带。而四川盆地、四川西北部、云南中部和贵州中部的敏感性最低，该区域

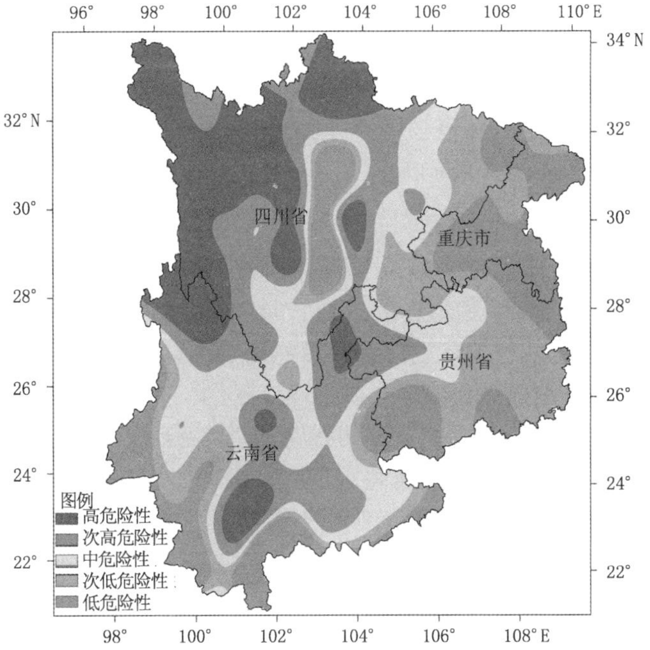

图 9.1　西南地区致灾因子危险性空间分布

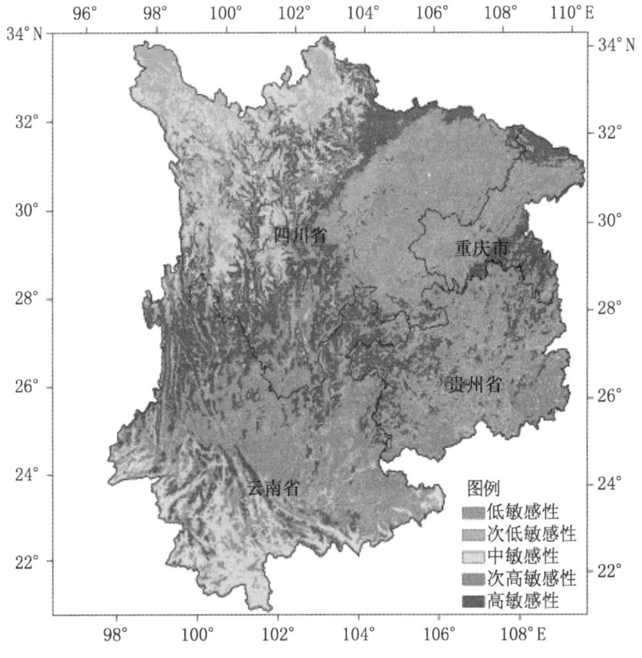

图 9.2　西南孕灾环境敏感性空间分布

降水量、植被盖度、土壤含水量与有机质含量等地理条件均较好。随着地理条件的变化，四川西北部和云南西南部降为次低—中敏感性；重庆西南部、四川东南部，贵州中部和云南中部的环境敏感性为低—次低区。很明显，植被覆盖度较差、土壤有效含水量较低的云南东部和贵州东部为次高敏感性，四川南部、云南北部和贵州西部与东北部为次高—高敏感性。孕灾环境敏感性是由能够抑制或加速干旱灾害风险的地理环境条件决定的，它的高低决定了干旱灾害的传递影响能力。恢复能力较差、抗干扰能力较低及容易传递干旱信息的孕灾环境，干旱灾害风险性一般会比较显著。我国生态环境脆弱带、地貌复杂多样的地区一般都是干旱孕灾环境敏感性较高区，干旱灾害的风险也一般较高。

9.1.1.3　承灾体暴露度特征

承灾体暴露度主要研究承灾体暴露在干旱风险中的面积、密度等和时间数量多少，有时包括承灾体本身对干旱灾害抵御和适应能力。种植作物的品种、结构和种植制度、区域经济发展水平、农业科技管理水平、水利设施状况等都是影响承灾体受干旱灾害损害或抗干旱灾害风险能力大小的主要因素，在一定的致灾因子和孕灾环境下，承灾体是影响旱灾风险大小的重要原因。选用代表当地农作物生产暴露水平的种植面积和代表脆弱性水平的作物产量水平来表征承灾体暴露度指数。作物种植面积、土地利用类型、NDVI、产量权重分别为 0.3、0.2、0.2 和 0.3，基于这 4 个指标构建承灾体暴露度模型，并计算出承灾体暴露度的空间特征分布图。

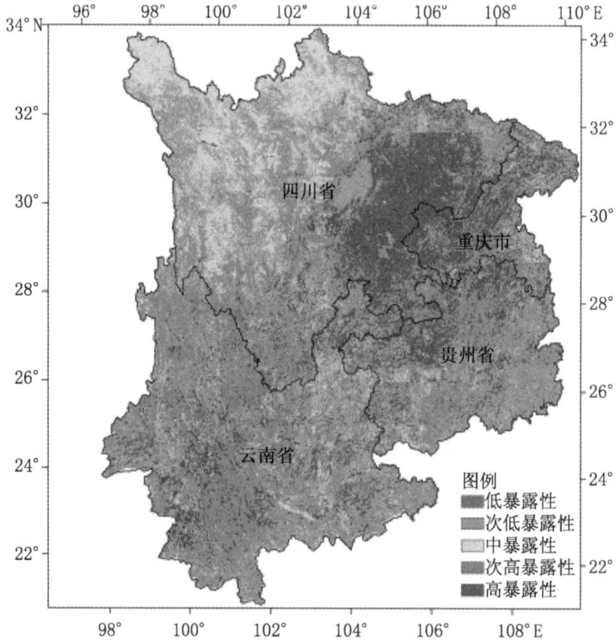

图 9.3　西南承灾体暴露度空间分布

[彩]图 9.3 为西南地区承灾体暴露度的空间分布图。由[彩]图 9.3 可以看出，西南农作物暴露度空间差异十分明显，重庆西北部和四川东南部是西南主要作物种植区和种植密度较大的地区，承灾体暴露度较高。承灾体暴露在干旱危险区的概率越高、自身适应性越差和恢复能力越弱区域，其暴露度就越高，其干旱灾害风险也就越大。在特定降水条件下，旱灾风险大小分布往往与承灾体暴露度空间分布一致。所以，西南地区承灾体暴露度最高区域分布在四川盆地及云、贵、川三省交接处。四川西北部、贵州西南部和云南东北部和西部为中—高暴露度，该区域土地利用主要以草地为主，植物主要是一年生草本，这种植被对降水和温度等干旱因子响应比较敏感。在作物种植密度不太大的云南和贵州也有零碎的高暴露度分布区域。在

森林分布的大多区域为低—次低暴露度，森林是多年生乔木或灌木，对短期的水分亏缺反响不敏感，而且木本植物根系较深，土壤水分存储较好，抵御干旱灾害或适应干旱灾害的能力较强，其承灾体的暴露度较低。自 1949 年以来，西南农作物种植面积明显增加，其作物暴露度增大，会加大干旱灾害风险。四川盆地作物较集中，暴露度最大，云南和贵州作物种植相对分散，全省各地都有零碎分布，高暴露区呈碎片化分布。虽然西南暴露度增加，但是由于农业技术发展，作物产量呈增加趋势，这说明承灾体脆弱性在降低。西南农业承灾体广义暴露度受直接暴露度和脆弱性综合作用，直接脆弱性和暴露度越低，承灾体应对干旱灾害和减轻灾害影响的能力就越大，因灾造成的损失就越少。根据西南农业承灾体暴露度分布特征，提出适合西南地区的农业种植结构和措施，对作物种植集中、面积较大、作物暴露度高的那些干旱潜在风险较高的地区，应该充分利用灌溉技术和地膜覆盖，保持水分并充分利用。对脆弱性较高的地区，可以采用推广耐旱作物品种，降低农作物对干旱脆弱性，提高农业抗旱能力。

9.1.1.4　干旱综合风险性特征

干旱灾害综合风险评估是在致灾因子危险性、孕灾环境敏感性和承灾体暴露度(或脆弱性)等指标评估基础上，综合考虑干旱灾害风险的致灾因子危险性、孕灾环境敏感性和承灾体暴露度(或脆弱性)，利用建立的干旱灾害综合风险评估模型得出干旱灾害综合风险性指数，并依据干旱灾害风险指数大小，将综合风险性指数划分为高风险区、次高风险区、中风险区、次低风险区、低风险区 5 个等级。以此比较分析干旱灾害风险性的空间特征和变化规律。

[彩]图 9.4 为西南干旱综合风险空间分布。由[彩]图 9.4 可以看出，西南干旱灾害风险具有明显的地带性和复杂性。高风险区域主要位于西南中东部四川盆地和三省交界处，低—次低风险区位于四川中南部、云南中部和北部、贵州东部。北部风险高于南部，东部高于西部，从西南到东北风险性依次增加。

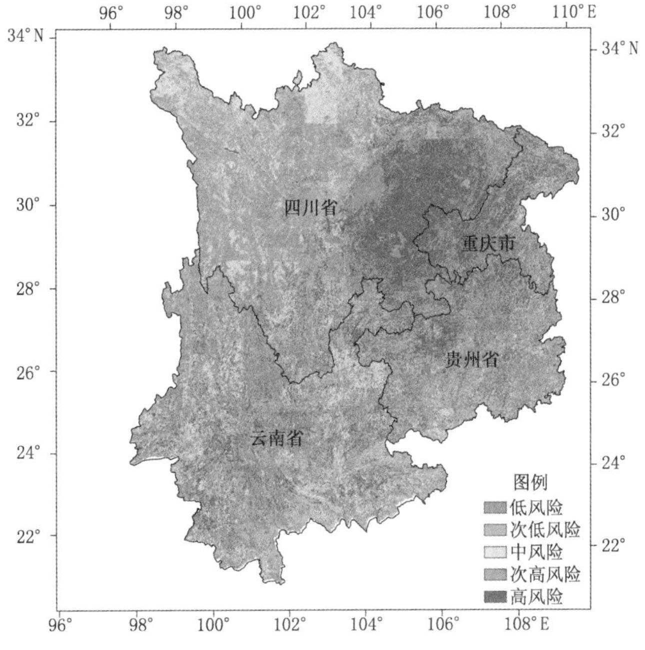

图 9.4　西南干旱灾害综合风险空间分布特征

依据计算得出干旱风险指数(drought risk index,DRI)栅格图,利用GIS空间分析,分别提取西南每个县级行政栅格DRI的平均值,DRI值越大,表明风险越高;DRI值为1时风险最大,DRI值为0时风险最小。随着DRI的时空变化,干旱灾害风险格局发生变化或调整。这与徐新创等(2011)的研究结果是一致的。干旱灾害致灾因子、承灾体、孕灾环境和防灾减灾能力等因素的时空差异使干旱灾害风险格局非常复杂,区域或局地性突出,呈片状交错分布。

西南干旱综合风险指数与农业干旱灾情数据对比表明,贵州、云南和四川三省的风险指数分别为0.18、0.16和0.13,相应三省的农业干旱综合灾损率分别为4.99%、4.39%和4.11%,它们之间的对应关系很好。贵州的风险指数最高,其实际灾情也最严重;四川的风险指数最低,其实际灾情也最轻。

西南区域多样且破碎的气候带分布是造成干旱灾害高风险的主要因素之一。西南地区横跨寒温带半湿润区、亚热带湿润区和边缘热带湿润区三个气候带;并且北高南低,地形高差十分明显。由于低纬度与低海拔及高纬度与高海拔相结合,明显扩大了气候变幅和区域差异性,形成了几乎包括热带到寒温带的全部气候带。这种气候带,再加上西南东西两大不同地形的影响,气候水热条件差异更加显著,作物农业种植结构差异很大。其东部的重庆西北部、四川东南部和贵州西部是农作物主要种植区,虽然年平均降水量超过1000 mm,却仍是干旱灾害的高危险区。这主要与该部分地区作物种植面积大,承灾体暴露度比较高,遭受干旱灾害危险性较大。

当然复杂的地形地貌是西南干旱高风险另一主要因素。由于地形影响,垂直变化十分突出;并且该地区普遍山区面积大,河谷坝区面积小;迎风坡大,背风坡小;随地形起伏呈高低交错相间分布,导致部分地区干旱风险较高。四川南部、重庆东部、云南东部与西部等一些多山地区地理环境复杂,农业基础设施建设也严重落后,为中—高干旱灾害风险等级。四川西北部、贵州西南部和云南东北部为中—次高风险,这里作物一般种植在远离河流的山地或者河谷之中,是典型的雨养农业区,由于地形的阻隔影响,河谷难以获得暖湿气流,同时还受山地焚风效应等的影响,形成了干热河谷,这种气候造成了土壤水分和有机质含量的过量流失,直接导致农业干旱灾害风险加剧。同时,比较特殊的喀斯特地貌和相对薄弱的抗旱能力也使得这些区域农业干旱风险较高。

虽然西南地区水土资源总量多,但是,由于自然地理和气候条件的复杂性,致使水土资源地区分布不平衡,人均水土资源区域差异悬殊。例如,云南省水资源分布的特点为坝区地多水少,农业水分竞争较大,怒江州、迪庆州等水资源量在74963 m^3/hm^2 以上,作物水分充沛。而在滇西高黎贡山西侧迎风面,多年平均年径流深高达3000 mm以上,作物不受降水限制,即使发生干旱,河流流量充沛的水源完全可以满足当地农业的灌溉需求。而云南省部分县耕作条件好,但水资源总量不多,水资源总量在29850 m^3/hm^2 以下。尤其金沙江河谷的局部区域多年平均年径流深不足50 mm,这里一旦发生干旱,没有水分的补充,农业就会因旱灾受损,干旱灾害风险明显较高。此外,西南还常出现连续丰水年和连续枯水年,一旦发生干旱,都是持续几个月,或者连续几年,加剧了地表水和地下水之间的竞争和供需矛盾,使得作物需水关键期水分亏缺严重,导致了较高的干旱风险。此外,由于人口的持续增长和经济的高速发展,工农业生产和人民生活用水持续增加,对水资源的数量、质量、供水保证率等方面的要求也越来越高,造成了地下水位下降,耕作层土壤持续干化,使得作物耐旱能力降低,孕灾环境敏感性增大,造成干旱风险增高。同时,一些地区河流枯季断流、井泉干涸、湿地消失、水生态环境恶化等人类活动影响，导致西南部分地区致灾因子危险性、孕灾环境敏感性和承灾体的暴露度（脆弱性）均增大，干旱高风险形势比较严峻。

9.1.2　南方典型地区作物干旱灾害风险评估

在很多情况下，不同作物或作物品种之间，即便在同一致灾因子危险性条件下，其干旱灾害的风险性也有较明显差异。

9.1.2.1　冬小麦干旱灾害风险评估

马晓群等(2012)建立了安徽省冬小麦全生育期和抽穗灌浆期干旱灾害风险性、干旱孕灾环境敏感性和承灾体脆弱性及抗旱能力评估模型，并以全生育期和抽穗灌浆期两级指标得到冬小麦干旱风险区划。结果表明，安徽省冬小麦干旱风险程度可划分为 4 个大区和 6 个亚区，其中淮北平原是冬小麦干旱风险最大的区域，其次是沿淮和江淮地区，南部干旱风险很小，较好地反映了安徽省冬小麦农业干旱风险的分布特点和区域差异。

贺楠(2009)也确定了安徽省基于全生育期的小麦干旱致灾等级指标（表 9.3），并且基于构建的全生育期干旱指数模型及其构成因子，通过逐站、逐年计算，修订了小麦旱灾风险指数，对该指数进行极差标准化处理，依据评估区域内极差化后的旱灾风险指数大小，将冬小麦旱灾风险分为高、中、低 3 个等级（表 9.4）。

表 9.3　安徽省基于全生育期的小麦干旱致灾等级指标

致灾等级	旱灾指数	涝灾指数	减产率参考值(%)
轻	$-0.2 \leqslant H < -0.1$	$0.3 < H \leqslant 0.8$	5～10
中	$-0.4 \leqslant H < -0.2$	$0.8 < H \leqslant 1.2$	10～20
重	$H < -0.4$	$H > 1.2$	>20

表 9.4　安徽省冬小麦旱灾风险分区指标

序号	区名	旱灾风险指数(I_b)
1	高风险区	$I_b > 0.15$
2	中风险区	$0.05 < I_b \leqslant 0.15$
3	低风险区	$0 < I_b \leqslant 0.05$

评估结果认为，高风险区主要是阜阳、淮南、蚌埠、天长一线以北的地区。该区降水比较少，日照较为丰富，3 月中旬至 5 月即该区冬小麦拔节、抽穗和灌浆等需水关键时期降水量在 100 mm 左右，但这一时期的需水量为 200 mm 左右，自然水分亏缺程度比较严重，造成了影响冬小麦产量的主要因素；而该地区生产力水平不高，灌溉能力有限，抗灾能力不强也是该区产量波动较大的原因之一。中风险区主要是六安、合肥以及巢湖北部地区。该区冬小麦播种—成熟期日照时数在 1200 h 左右，降水量在 400 mm 左右，与小麦全生育期的需水量相差不大，自然水分亏缺程度不严重。但是，该区降水变率较大，加上其他自然灾害如越冬冻害、春霜冻等对产量的影响，使得冬小麦产量并不是很稳定。低风险区主要分布在霍山、舒城、巢湖、马鞍山一线以南。此区年降水量在 1000 mm 以上，且在季节分布上春雨多于秋雨，春雨对返青后的冬小麦生长较为有利，保水与需求匹配较好，利用率高。总体来看，安徽冬小麦干旱灾害风险由东到西呈带状分布，并由南向北干旱风险逐渐增加。

9.1.2.2 玉米干旱风险评估

贺楠(2009)确定了安徽省基于玉米全生育期的干旱致灾等级指标(表 9.5),并与冬小麦旱灾综合风险指数相似,将夏玉米干旱灾害风险分为高、中、低 3 个等级(表 9.6)。

表 9.5 安徽省基于全生育期的玉米干旱致灾等级指标

致灾等级	旱灾指数	涝灾指数	减产率参考值(%)
轻	$-0.1\leqslant H<-0.05$	$0.2<H\leqslant 0.5$	5～10
中	$-0.3\leqslant H<-0.1$	$0.5<H\leqslant 0.8$	10～20
重	$H<-0.3$	$H>0.8$	>20

表 9.6 安徽省夏玉米旱灾风险分区指标

序号	区名	旱灾风险指数(I_b)
1	高风险区	$I_b>0.2$
2	中风险区	$0.1< I_b\leqslant 0.2$
3	低风险区	$0< I_b\leqslant 0.1$

以此为模型进行的玉米干旱灾害风险区划分析表明,高风险区域主要在淮北地区西部、江淮地区东部。虽然淮北地区西部夏季降水量较安徽省其他地区多,但该地区地势平坦,土壤多为沙壤土和黏壤土,透水性好,积水不易储存,容易发生旱灾。江淮地区东部地势较高,海拔高度一般为 50～80 m 不等,高地发生涝灾的风险较小,但发生干旱灾害的风险却较大。中风险区主要分布在池州市和宿州市。宿州市虽然地势平坦,但土壤多为沙壤土和黏壤土,透水性较好,积水不易储存,同时该地区年平均降水量相对较少(800～1000 mm 之间),作物遭受干旱灾害的风险较大。池州市虽然降水量较高(平均降水量在 1300～1700 mm 之间),并且年内降雨集中在汛期 5—9 月,汛期流量占全年的 60%左右,大部分降水以洪水形式流走,比较容易发生涝灾,但 8—9 月份降雨量只占全年的 15%,恰值夏玉米关键生长期,所以其遭受干旱灾害风险还是比较大。低风险区主要分布在大别山区、淮北、淮南地区以及天长市。大别山区地势较高,海拔在 500～800 m,南北两侧水系较为发达,有典型的山地气候特征,气候温和,雨量充沛,雨热同季,具有优越的山地气候和森林小气候特征,具备适宜森林生长的气候优势,所以发生干旱灾害的风险较小。淮北地区年降水量较安徽省其他地区大,海拔高程约 14～46 m,是华北大平原的一部分,比较不容易发生旱灾。淮南地区虽然降水量较安徽其他地区少,但该地区土地适应性强,夏玉米具备了良好的生长条件,所以发生干旱灾害的风险也较小。天长市经济条件比较好,灌溉能力较强。总体来看,安徽全省冬玉米干旱灾害风险北部较高,南部较低。

9.1.2.3 水稻干旱灾害风险评估

袁淑杰等(2013)评估分析了四川省水稻的干旱灾害风险分布特征,该工作选取了水稻分蘖期、拔节孕穗期和抽穗扬花期的降水距平百分率、相对湿润度指数作为干旱致灾因子危险性指标。承灾体脆弱性主要考虑了水稻生产效率指数、应灾能力指数、水稻暴露指数三方面。孕灾环境敏感性主要考虑降水年均标准差、地形、河网密度三个方面。他们利用 ArcGIS 中空间分析的栅格计算功能对以上 3 个评价因子进行了规范化处理,并使用叠加分析功能将规范化后的图层进行空间叠加分析，得到了四川省干旱灾害综合风险分布图，然后用自然断点分级法将水稻干旱灾害风险指数划分为 5 个等级：低风险区、较低风险区、中等风险区、较高风险区、高风险区。水稻干旱灾害风险区划结果为：四川省水稻干旱灾害风险指数的分布趋势从东向西逐渐增加。风险区划具有较大的区域差异性，这主要是由于气温、降水量、土壤湿度等自然因素及灌溉率、人口密度、经济收入、财政投入、播种面积比重等社会因素的区域差异造成。将得到的风险区划结果图与水稻减产率风险指数区划图对比表明，低风险区域都在四川中部的仁寿和雅安一带，高风险区域主要集中在康定的西南部以及西昌和攀枝花地区。水稻减产率地理分布受到干旱风险的地理分布影响比较明显，但与干旱风险指数的地理分布规律并不完全相同，说明除了干旱灾害因素、地形、社会经济的影响外，其他影响因子对最终产量形成及减产率高低也有不可忽视的作用，如其他自然灾害、各地的农业政策及为防灾减灾所采取的补救措施等。

9.1.3　中国北方典型区域干旱灾害风险分布特征

以位于西北气候变化敏感地带的甘肃省为典型区域。该区域降水少、降水变率大、气候干燥、水资源贫乏且分布不均，由于自然条件严酷，甘肃具有“十年九旱”的旱情特征。其中甘肃省位于黄河以东的河东地区的主要依赖自然降水来维持，因此也被称作河东旱作区。该地区作为生态脆弱带，一旦发生大旱就会给社会经济和生态环境造成巨大灾难。这里以致灾因子危险性、孕灾环境敏感性和承灾体暴露度（或脆弱性）作为河东地区干旱灾害风险影响因素建立干旱灾害评估模型，并用地理信息系统方法将干旱灾害的自然属性和社会属性统一了起来，实现了评估结果的空间可视化。

9.1.3.1　致灾因子危险性特征

致灾因子危险性主要指造成干旱灾害的自然变异因素及其异常程度，主要考虑了干旱灾害的强度和频率。本书选择基于降水资料的 3 个月时间尺度的标准化降水指数 *SPI* 指数来表征甘肃省河东地区干旱灾害发生的频率和强度。*SPI* 指数各级旱涝指标见表 9.7。

表 9.7　标准化降水指数旱涝等级划分

等级	类型	*SPI* 值	等级	类型	*SPI* 值
1	湿润	$0.5<SPI$	4	中旱	$-1.5<SPI\leqslant-1.0$
2	无旱	$-0.5<SPI\leqslant0.5$	5	重旱	$-2.0<SPI\leqslant-1.5$
3	轻旱	$-1.0<SPI\leqslant-0.5$	6	特旱	$SPI\leqslant-2.0$

干旱频次是指每 100 a 发生干旱事件的次数。在计算出不同时间尺度干旱的不同干旱强度（不同等级）出现的月数的基础上，就可以用下式计算干旱频次：

$$N_{i,100}=\frac{N_i}{i\cdot n}\cdot 100 \tag{9.1}$$

式中：$N_{i,100}$是 100 a 中时间尺度为 i 的干旱次数，N_i 是 n 年系列中时间尺度为 i 的干旱发生的月份数，i 为干旱时间尺度（1 月，3 月，6 月和 12 月），n 为数据系列的年份数。

一般来说，干旱致灾因子危险性越高，干旱灾害的风险也就越大。这里主要考虑了干旱灾害发生的强度和频次。根据致灾因子危险性指标，用层次分析法（analytic hierarchy process，AHP）确定了不同干旱强度的权重值（表 9.8），然后根据致灾因子危险性模型，通过 ArcGIS 软件中栅格计算功能得到致灾因子危险性 H_j，最后将所得图形用 GIS 中自然断点分级法可

将 H_j 划分为低危险区、次低危险区、中等危险区、次高危险区和高危险区等 5 个等级，对应的 H_j 分别为<1.54、1.54～1.59、1.59～1.63、1.63～1.69 和>1.69，进而可以给出河东地区干旱灾害致灾因子危险性区划分布图([彩]图 9.5)。

表 9.8　致灾因子危险性权重

干旱强度	特旱	重旱	中旱	轻旱
权重	0.48	0.24	0.16	0.12

从[彩]图 9.5 可以看出，河东地区的致灾因子危险性等级自中部向东西两边逐渐降低。通过统计 H_j 数据可知，在甘肃河东的 7 个市(州)中干旱灾害危险性最大的是天水，其他依次是平凉、陇南、定西、临夏、甘南和庆阳。更细致地看，高危险区主要位于文县、漳县和静宁县；次高危险区主要位于陇南礼县、宕昌、徽县和两当县，天水的武山、甘谷、秦安、张家川、清水和天水市区，定西的安定区、通渭县、漳县、岷县和陇西县的大部分地区，平凉的崇信县，以及甘南州的舟曲县；中等危险区主要位于临夏州的永靖县、定西的临洮和岷县的西部，甘南州的迭部县，陇南的西和县和武都区，平凉的泾川、灵台、庄浪以及平凉市崆峒区的西部，庆阳的镇原、庆城和庆阳市西峰区的大部分地区；次低危险区主要集中在临夏州南部，甘南州的卓尼、合作、夏河和碌曲的东部，定西的渭源县，陇南的成县和康县大部分地区，平凉的华亭县，以及庆阳的华池、合水、宁县、正宁；低危险区主要位于甘南州西部的玛曲县以及夏河和碌曲的西部，陇南的康县及庆阳的环县。

图 9.5　甘肃省河东地区干旱灾害致灾因子危险性区划

9.1.3.2　孕灾环境敏感性特征

根据甘肃省河东地区的实际状况，选择多年平均降水量、植被盖度、地貌、土壤类型、土壤田间持水量和土壤萎蔫系数来表征孕灾环境敏感性。

降水数据是根据河东地区 38 个气象站以及周边 11 个气象站的多年平均降水资料，在 ArcGIS 9.3 软件中用反距离权重法进行空间插值，获得区域内多年平均降水量的空间分布。

植被盖度是由 MODIS 产品中的 NDVI 数据计算获得，计算公式如下：

$$fg = (NDVI - NDVI_0) / (NDVI_g - NDVI_0) \tag{9.2}$$

式中：fg 为植被盖度(%)；$NDVI_0$ 和 $NDVI_g$ 代表研究区的裸土和高垂直密度植被的 $NDVI$ 值。将矢量格式的地貌和土壤类型在 ArcGIS 9.3 软件中转为栅格数据，以便于进行各图层间的数学运算。

根据干旱灾害孕灾环境敏感性评估模型，用 AHP 方法确定给出了各指标的权重值(表 9.9)。在这些指标中，降水量、植被盖度和田间持水量越大的地区，干旱灾害的孕灾环境敏感性就越弱。通过 ArcGIS 软件中栅格计算功能得到孕灾环境敏感性 S_j。最后将所得图形用 GIS 中自然断点分级法把 S_j 划分为低脆弱区、次低脆弱区、中等脆弱区、次高脆弱区和高脆弱区等 5 类区域，它们对应的 S_j 分别为＜0.28、0.28～0.30、0.30～0.33、0.33～0.37 和＞0.37，从而就可以给出河东地区干旱灾害孕灾环境敏感性区划([彩]图 9.6)。

表 9.9　孕灾环境敏感性权重

孕灾环境敏感性指标	降水量	植被盖度	地貌	土壤类型	田间持水量	土壤萎蔫系数
权重	0.33	0.33	0.11	0.11	0.07	0.07

图 9.6　甘肃省河东地区干旱灾害孕灾环境敏感性区划

从[彩]图 9.6 可以看出，河东地区的孕灾环境敏感性自北向南逐渐降低。从 S_j 值的分布来看，庆阳的敏感性最高，临夏、定西、平凉、天水、甘南和陇南的孕灾环境敏感性依次降低。孕灾环境敏感性最高的地区主要集中在环县、定西市区和永靖县；次高敏感区主要位于庆阳的华池、庆城和镇原，平凉的静宁县，天水的武山、甘谷以及天水市区的西南部，定西的通渭、陇西和临洮，以及临夏州的积石山和东乡；中等敏感区主要位于甘南州的夏河、合作，临夏州的康乐、广河，定西的渭源、漳县，陇南的文县北部和武都的西部以及礼县的大部分地区，天水的秦安、张家川，平凉的庄浪、泾川、崇信、灵台和平凉市区，以及庆阳的宁县、庆阳市区和合水县西部；次低敏感区和低敏感区主要集中在甘南南部的玛曲、碌曲、卓尼、临潭、迭部和舟曲，临夏州的南部，定西的岷县，陇南的宕昌、康县、成县、徽县、两当，天水的清水和天水市区的东南部，平凉的华亭，以及庆阳的正宁和合水县。

9.1.3.3　承灾体暴露度特征

根据甘肃省统计局出版的《2010 年甘肃省统计年鉴》，选用以县为单位的行政区域面积、年末总人口、年末耕地面积、农作物播种面积、大牲畜存栏数和农林牧渔业生产总值，可以计算出研究区各县的人口密度、耕地比重、农作物播种面积、地均大牲畜和农林牧渔业总产值密度。用 ArcGIS9.3 将这些属性信息导入评估区各县空间分布图的属性数据库中，继而就可得到各指标的空间分布图，最后将矢量图层转为栅格图层。

根据承灾体暴露度评估模型，用 AHP 方法确定各指标的权重值(表 9.10)。通过 ArcGIS 软件中栅格计算功能就可得到承灾体暴露度 V_j。最后可将所得图形用 GIS 中自然断点分级法把 V_j 划分为低暴露区、次低暴露区、中等暴露区、次高暴露区和高暴露区等 5 类区域，对应的 V_j 分别为 <0.52、0.52～0.55、0.55～0.59、0.59～0.70 和 >0.70，进而就可以给出河东地区干旱灾害承灾体暴露度空间分布区划([彩]图 9.7)。

表 9.10　承灾体暴露度权重

承灾体暴露度指标	人口密度	耕地比重	农作物播种面积比重	地均大牲畜	农林牧渔业总产值
权重	0.33	0.11	0.33	0.07	0.16

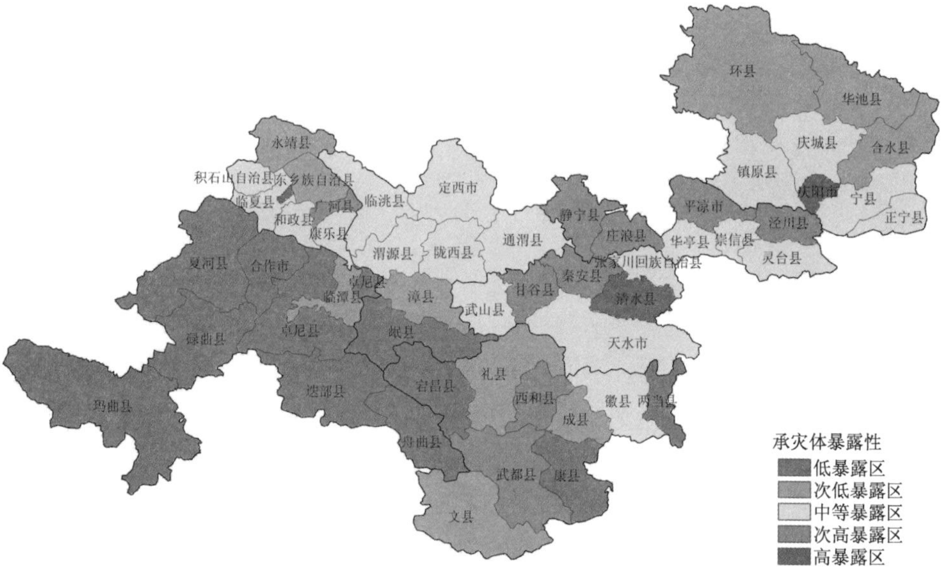

图 9.7　甘肃省河东地区干旱灾害承灾体暴露度区划

从区划[彩]图 9.7 可以看出，天水的承灾体暴露度最高，平凉、临夏、定西、陇南、庆阳和甘南的暴露度依次降低。具体而言，承灾体高暴露区主要位于天水市的清水县和庆阳市的西峰区；次高暴露区主要包括平凉的静宁、庄浪、泾川和平凉市区，天水的甘谷和秦安，陇南的西和和武都，以及临夏州的广和；中等暴露区主要位于庆阳的镇原、庆城、正宁和宁县，平凉的张家川、华亭、崇信和灵台，天水的徽县和天水市区，定西的临洮、渭源、陇西、通渭、武山和定西市区，以及临夏州的积石山、临夏县、和政和康乐；次低暴露区位于庆阳的环县、华池和合水，陇南的礼县、成县和文县，定西的漳县，甘南州的临潭及临夏州的永靖、东乡；低暴露区主要集中在甘南州除临潭以外的所有县区，定西的岷县，及陇南的宕昌、康县和两当县。

9.1.3.4　干旱灾害综合风险

在定量分析了致灾因子危险性、孕灾环境敏感性和承灾体暴露度的基础上，根据干旱灾害风险综合评估模型，通过 ArcGIS 软件得到干旱灾害风险区划图（[彩]图 9.8），然后用自然断点分级法将干旱灾害风险 R 分为高风险区、次高风险区、中等风险区、次低风险区和低风险区等 5 类区域，它们对应的 R 分别为 <0.1、0.1～0.12、0.12～0.13、0.13～0.15、>0.15。

总的来说，河东地区自北向南干旱灾害风险逐渐降低。干旱灾害高风险区主要集中在庆阳的环县西北部，天水的清水县，定西的通渭县和安定区，临夏州的永靖县，以及平凉的静宁县北部；次高风险区主要位于庆阳的环县东南部、华池、庆城和镇原，平凉的泾川、崇信、灵台和庄浪，天水的张家川、秦安、武山、甘谷和秦州区的西部，定西的陇西、漳县，陇南的文县，以及临夏州的东乡和积石山；中等风险区主要集中在定西的临洮、渭源，甘南州的夏河和合作，陇南的礼县，平凉市崆峒区，以及庆阳的宁县；次低风险区集中在甘南州的玛曲、碌曲、卓尼、临潭、迭部、舟曲，陇南的武都区东部、宕昌、西和、成县、徽县、两当，平凉的华亭县，庆阳的正宁和合水，以及定西的岷县；干旱灾害低风险区主要位于临夏州的广河、临夏、康县及庆阳市的西峰区。

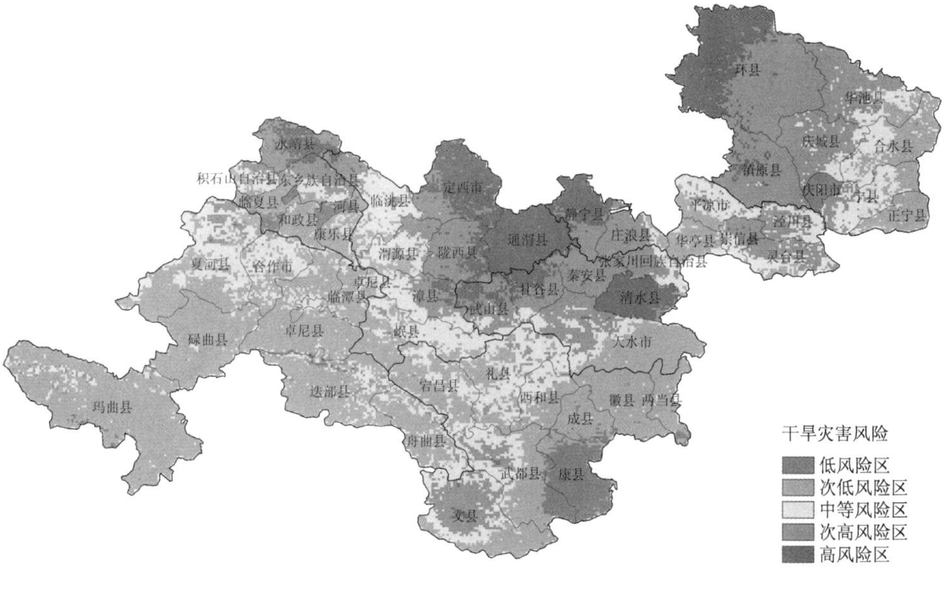

图 9.8　甘肃省河东地区干旱灾害风险区划

9.1.4　主要作物品种的干旱风险评估

9.1.4.1　冬小麦

（1）气象干旱的基本时空分布特征

甘肃陇东黄土高原冬小麦主产区春旱出现频率最高，均在 0.35 次/年以上（表 9.11）；其次为天水市渭北地区，为 0.29 次/年；陇南市徽成盆地及两江流域发生频率最低，为 0.18 次/

年。其中，重旱主要出现在陇东黄土高原崆峒区，出现频次为0.08次/年；渭河流域、渭北旱区重旱出现频次为0.03～0.08次/年，属小概率事件。特旱仅出现在陇东北部的环县，出现频次为0.05次/年，属小概率事件。初夏旱出现频率最高的区域为环县，为0.35次/年；其次为平凉崆峒区；出现频率最少的为西峰、成县和秦安，均为0.16次/年。其中，崆峒、西峰及麦积区重旱偶有出现，频次为0.03次/年；各地均无特旱出现。伏旱出现频率最高的地区为庆阳的环县和天水的麦积区，为0.31次/年；出现频率最低的为张家川县，为0.19次/年。其中，重旱只有秦安、张家川、武都、环县出现，频率均为0.03次/年，均为小概率事件，其他各地均无特旱。秋旱出现频率最高的地区也为环县，为0.39次/年；出现频率最低的为武都，为0.15次/年。其中重旱只出现在平凉市的崆峒区和庆阳市的环县，频率均为0.03次/年，均为小概率事件；各地均无特旱发生。

表9.11 甘肃冬小麦主产区干旱发生频率空间分布(次/年)

干旱类型		天水			陇南		平凉		西峰
		渭河流域	渭北旱区	关山区	徽成盆地	两江流域	陇东黄土高原		
		麦积	秦安	张家川	成县	武都	崆峒区	西峰	环县
春旱	干旱	**0.26**	**0.29**	**0.23**	**0.18**	**0.18**	**0.39**	**0.35**	**0.38**
	重旱	0.03	0.03	0	0	0	0.08	0.03	0.03
	特旱	0	0	0.0	0	0	0	0	0.05
初夏旱	干旱	**0.21**	**0.16**	**0.18**	**0.16**	**0.23**	**0.29**	**0.16**	**0.35**
	重旱	0.03	0	0	0	0	0.03	0.03	0
	特旱	0	0	0	0	0	0	0	0
伏旱	干旱	**0.31**	**0.21**	**0.19**	**0.28**	**0.29**	**0.25**	**0.23**	**0.31**
	重旱	0	0.03	0.03	0	0.03	0	0	0.03
	特旱	0	0	0	0	0	0	0	0
秋旱	干旱	**0.21**	**0.30**	**0.20**	**0.16**	**0.15**	**0.33**	**0.33**	**0.39**
	重旱	0	0	0	0	0	0.03	0	0.03
	特旱	0	0	0	0	0	0	0	0

甘肃省各地各时段气象干旱均以轻旱为主，占所有干旱次数的45%～80%；其次为中旱，占10%～44%；重旱小于14%；属小概率事件；特旱仅在环县的春季偶有出现，其他各地出现可能性极小。可见，不同时段干旱在不同地区出现的频次明显不同。各地出现频次最多的旱段为：以天水市麦积区的伏旱为主，其次是春旱；天水市秦安主要以秋旱和春旱为主，张家川县主要以春旱为主；陇南市的成县、武都区主要以伏旱为主；平凉市的崆峒区主要以春旱为主；庆阳市的西峰主要以春旱和秋旱为主，环县主要以春旱和秋旱为主。

从近40年干旱的变化情况来看，甘肃省各地20世纪90年代干旱出现频次最多，80年代出现的频次最少，陇东黄土高原21世纪干旱频次及程度仅次于20世纪90年代。20世纪90年代是各类干旱的主要多发期，进入21世纪后，除陇东黄土高原而外，其余地区秋旱发生频次明显减少，除去90年代以外，春旱则有相对增多的趋势，而伏旱和初夏旱则年代际变化不太明显(表9.12)。

表 9.12　甘肃省冬小麦主产区不同种类干旱出现频次的年代分布(次/年)

年代		1971—1980		1981—1990		1991—2000		2001—2010	
干旱类型		干旱	重旱	干旱	重旱	干旱	重旱	干旱	重旱
渭河流域	春旱	**0.1**	**0.1**	**0.1**	**0**	**0.5**	**0**	**0.3**	**0**
	初夏旱	0.3	0	0.1	0.1	0.3	0	0.2	0
	伏旱	0.3	0	0.3	0	0.3	0	0.3	0
	秋旱	0.3	0	0.2	0	0.2	0	0	0
	总和	**1.0**	**0.1**	**0.7**	**0.1**	**1.3**	**0**	**0.8**	**0**
徽成盆地	春旱	0.2	0		0	0.2	0	0.3	0
	初夏旱	0.1	0	0.1	0	0.2	0	0.2	0
	伏旱	0.2	0	0.3	0	0.4	0	0.2	0
	秋旱	0.3	0	0.2	0	0	0	0.1	0
	总和	**0.8**	0	**0.6**	0	**0.8**	0	**0.8**	0
陇东黄土高原	春旱	0.2	0	0.3	0	0.7	2	0.3	0.1
	初夏旱	0.5	0	0.1	0	0.4	0	0.4	0
	伏旱	0.3	0	0.3	0	0.3	0.1	0.3	0
	秋旱	0.2	0	0.4	0.1	0.5	0	0.4	0
	总和	**1.2**	0	**1.1**	**0.1**	**1.9**	**0.3**	**1.4**	**0.1**

(2)不同时段气象干旱对冬小麦产量的影响

20 世纪 80 年代以来，各地冬小麦产量均呈逐年增高趋势。如天水 2010 年总产达到 32070 万 kg 的最高值，比 80 年代增产 33%，比 90 年代增产 24%。但单产起伏变化较大，1991 年为 2119.5 kg/hm^2，1999 年降至 1110 kg/hm^2，2010 年升至 2374.5 kg/hm^2。

可以用滑动平均方法分离天水冬小麦单产变化特征(图 9.9)。由图 9.9 可以看出，气候产量变化较大，说明气候单产很不稳定，气候因子对冬小麦产量影响较大，气象灾害风险比较高，特别是 90 年代以来，气候产量波动加剧。1998 年达到了 40 年来的最高值 395 kg/hm^2，

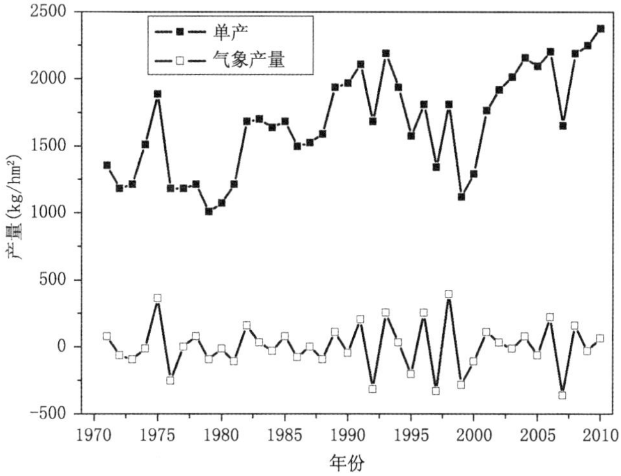

图 9.9　天水冬小麦产量变化

2007 年达到 $-366.5\ kg/hm^2$ 的最低值。由于冬小麦生育周期长，分布范围广，对于地处干旱半干旱地区、以雨养农业为主的陇东和陇东南来讲，影响其产量的最主要气象灾害为干旱。对冬小麦单产气候产量数据与相应年代不同等级干旱指标相关计算的可知，影响冬小麦生长的主要干旱为春旱，其次为秋旱，初夏旱影响相对较小，表 9.13 给出了不同时段干旱、不同干旱程度对冬小麦产量的具体影响系数值。

表 9.13　不同时期的不同等级干旱对冬小麦产量的影响系数

干旱类型	春旱				初夏旱				秋旱			
	轻旱	中旱	重旱	特旱	轻旱	中旱	重旱	特旱	轻旱	中旱	重旱	特旱
影响系数	0.2	0.3	0.4	0.5	0.05	0.1	0.2	0.3	0.1	0.15	0.2	0.5

(3)冬小麦的干旱灾害风险性特征

春季 4—5 月是冬小麦孕穗—抽穗—开花时段，也是生殖生长与营养生长并进的生长旺盛阶段，此时期是作物对水分供给的敏感期，也是作物水分需求最大期，干旱会直接威胁到小麦小穗形成和穗粒数的增多，进而影响产量。根据计算的风险指数结果表明，冬小麦干旱灾害高风险指数区为陇东黄土高原的崆峒区和环县，次高风险区域为渭北旱区及渭河流域，其他地区均为风险低值区。其中轻旱风险指数最高地区为环县，为 0.05；其次为张家川，为 0.04。中旱风险指数最高为西峰，其次为崆峒和秦安。重旱风险指数最高为崆峒，其他各地均较低。特旱风险指数较高地区为环县，其余各地无风险。初夏是小麦生殖生长的主要时段，小麦灌浆、乳熟等都在此时段完成，干旱缺水会影响到小麦产量的最终形成。不过，初夏的 6 月后期降水量过多，雨日集中，反倒会影响小麦光合作用的形成，不利于后期成熟，所以初夏冬小麦干旱风险指数远小于春季。初夏冬小麦干旱风险指数最高地区为陇东黄土高原，为 0.023～0.032；其次为渭河流域。其中，轻旱风险指数最高地区为环县，其他均较低，基本对冬小麦产量形成不构成威胁；中旱风险指数较高地区为陇东黄土高原及张家川，均≥0.01，其他地区风险较小；重旱在崆峒、西峰和麦积稍有风险，其他地区无风险；特旱各地均无明显风险。秋季是冬小麦麦田休闲期，干旱将影响冬小麦播种质量及冬前的苗期生长和分蘖形成。秋旱风险指数在陇东黄土高原最高，为 0.033～0.042；次高区为渭北地区及渭河流域。其中，轻旱在环县风险最高，其次为崆峒及秦安，其他地区风险较小；中旱风险指数较高地区为西峰(0.013)，其次为环县及麦积，其他地区风险较低；重旱在环县及崆峒区有一定风险，其余地区无种植风险；特旱各地均无明显种植风险(表 9.14)。

表 9.14　冬小麦不同时段的不同等级干旱灾害风险指数

干旱类型		天水			陇南		平凉		西峰
		渭河流域	渭北旱区	关山区	徽成盆地	两江流域	陇东黄土高原		
		麦积	秦安	张家川	成县	武都	崆峒区	西峰	环县
春旱	轻旱	0.030	0.026	0.040	0.016	0.026	0.036	0.030	0.050
	中旱	0.024	0.039	0.009	0.030	0.015	0.039	0.045	0.015
	重旱	0.012	0.012	0	0	0	0.032	0.012	0.012
	特旱	0	0	0	0	0	0	0	0.025
	合计	**0.066**	**0.077**	**0.049**	**0.046**	**0.041**	**0.107**	**0.087**	**0.102**

续表

干旱类型		天水			陇南		平凉		西峰
		渭河流域	渭北旱区	关山区	徽成盆地	两江流域	陇东黄土高原		
		麦积	秦安	张家川	成县	武都	崆峒区	西峰	环县
初夏旱	轻旱	0.009	0.004	0.004	0.004	0.009	0.007	0.007	0.013
	中旱	0.005	0.012	0.015	0.012	0.008	0.020	0.015	0.010
	重旱	0.006	0	0	0	0	0.006	0.006	0
	特旱	0	0	0	0	0	0	0	0
	合计	**0.020**	**0.016**	**0.019**	**0.016**	**0.017**	**0.032**	**0.028**	**0.023**
秋旱	轻旱	0.013	0.025	0.015	0.013	0.010	0.025	0.020	0.028
	中旱	0.008	0.005	0.005	0.003	0.005	0.005	0.013	0.008
	重旱	0	0	0	0	0	0.006	0	0.006
	特旱	0	0	0	0	0	0	0	0
	合计	**0.021**	**0.030**	**0.020**	**0.016**	**0.015**	**0.036**	**0.033**	**0.042**
总计		**0.107**	**0.123**	**0.088**	**0.078**	**0.073**	**0.175**	**0.148**	**0.167**

由此，还可计算出冬小麦全生育期保险率。其中，徽成盆地及两江流域保险率最高，为92%～93%，冬小麦种植所受干旱影响最低，风险也最小；其次为关山区，为91%，冬麦种植风险也相对较小；渭河流域及渭北旱区为88%～89%，干旱对冬麦种植已有一定影响，风险较大；陇东黄土高原保险程度最低，为83%～85%；冬小麦种植受干旱胁迫最大，风险程度也最高(表9.15)。

表 9.15　冬小麦全生育期干旱影响下的保险率

地区	渭河流域	渭北旱区	关山区	徽成盆地	两江流域	陇东黄土高原		
	麦积	秦安	张家川	成县	武都	崆峒区	西峰	环县
保险率(%)	89.3	87.7	91.2	92.2	92.8	82.5	85.3	83.3

9.1.4.2　玉米

(1)气象干旱的基本时空变化特征

计算统计结果表明，在甘肃陇东黄土高原及陇西黄土高原的安定一带的玉米主产区，春旱出现频率最高，均在0.35次/年以上(表9.16)；其次为陇西黄土高原的麦积和秦安，为0.26～0.29次/年；陇南市的徽成盆地及两江流域干旱发生频率最低，为0.18次/年，其中，重旱仅在陇东黄土高原平凉市的崆峒区及陇西黄土高原的定西市的安定一带出现，出现频次为0.05～0.08次/年，属小概率事件；特旱仅在环县出现，出现频次为0.05次/年，属小概率事件。初夏旱出现频率最高的区域为庆阳市的环县，为0.32次/年；其次为平凉市的崆峒区；出现频率最少的为庆阳市的西峰、陇南市的成县和天水市的秦安，均为0.16次/年。其中，平凉市的崆峒、庆阳市的西峰及天水市的麦积重旱偶有出现，频次为0.03次/年；各地均无特旱出现。伏旱出现频率最高的地区为庆阳市的环县及天水市的麦积，为0.31次/年；出现频率最低的为安定区，为0.15次/年。其中，重旱只在天水市的秦安、麦积和陇南市的武都及庆阳市的环县出现，频率均为0.03次/年，均为小概率事件；特旱各地均无。秋旱出现频率最高的地区为崆峒区，为 0.35 次/年；出现频率最低的为陇南地区，为 0.15 次/年。其中，重旱只有平凉市的崆峒区、庆阳市的环县和西峰及定西市的安定区出现，频率均为 0.03～0.08 次/年，均为小概率事件；特旱各地均无。

表 9.16　甘肃旱作玉米主产区气象干旱发生频率空间分布(次/年)

干旱类型		定西	天水		陇南		平凉	西峰	
		陇西黄土高原			徽成盆地	两江流域	陇东黄土高原		
		安定	麦积	秦安	成县	武都	崆峒区	西峰	环县
春旱	干旱	**0.37**	**0.26**	**0.29**	**0.18**	**0.18**	**0.39**	**0.35**	**0.38**
	重旱	0.05	0.03	0.03	0	0	0.08	0.03	0.03
	特旱	0	0	0.0	0	0	0	0	0.05
初夏旱	干旱	**0.25**	**0.21**	**0.16**	**0.16**	**0.23**	**0.29**	**0.16**	**0.32**
	重旱	0	0.03	0	0	0	0.03	0.03	0
	特旱	0	0	0	0	0	0	0	0
伏旱	干旱	**0.15**	**0.31**	**0.21**	**0.28**	**0.29**	**0.25**	**0.23**	**0.31**
	重旱	0	0.03	0.03	0	0.03	0	0	0.03
	特旱	0	0	0	0	0	0	0	0
秋旱	干旱	**0.23**	**0.20**	**0.30**	**0.15**	**0.15**	**0.35**	**0.28**	**0.35**
	重旱	0.03	0	0	0	0	0.08	0.03	0.05
	特旱	0.03	0	0	0	0	0	0	0

总体而言，各地各时段干旱均以轻旱为主，占所有干旱次数的 50%～80%；其次为中旱，占 10%～44%；重旱占 0～14%，属小概率事件；特旱仅在庆阳市的环县春季及定西市的安定区秋季偶有出现，其他各地出现的可能性极小。而且，不同地区出现不同时段干旱的频次不同，各地出现频次最多的旱段为：定西市的安定区是春旱；天水市的麦积区以伏旱为主，其次是春旱；天水市的秦安县基本是秋旱和春旱；陇南市的成县和武都区基本是伏旱；陇东黄土高原主要是春旱和秋旱。

近 40 年干旱变化特征表明，甘肃玉米种植区，各地 20 世纪 90 年代干旱出现频次最多，80 年代出现频次最少，21 世纪干旱频次及程度仅次于 20 世纪 90 年代。不过，伏旱和初夏旱的年代变化并不明显，而且秋旱发生频次还在明显减少，春旱除去 90 年代而外，其他年代均呈增加趋势(表 9.17)。

表 9.17　甘肃省玉米主产区不同种类干旱出现频次的年代分布(次/年)

年代		1971—1980		1981—1990		1991—2000		2001—2010	
干旱类型		干旱	重旱	干旱	重旱	干旱	重旱	干旱	重旱
陇西黄土高原	春旱	0.1	0.1	0.1	0	0.5	0	0.3	0
	初夏旱	0.3	0	0.1	0.1	0.3	0	0.2	0
	伏旱	0.3	0	0.3	0	0.3	0	0.3	0
	秋旱	0.3	0.1	0.3	0	0.5	0	0.1	0
	总和	**1.0**	**0.2**	**0.8**	**0.1**	**1.6**	0	**0.9**	0

续表

年代		1971—1980		1981—1990		1991—2000		2001—2010	
徽成盆地	春旱	0.2	0		0	0.2	0	0.3	0
	初夏旱	0.1	0	0.1	0	0.2	0	0.2	0
	伏旱	0.2	0	0.3	0	0.4	0	0.2	0
	秋旱	0.3	0	0.1	0	0.1	0	0.1	0
	总和	**0.8**	0	**0.5**	0	**0.9**	0	**0.8**	0
陇东黄土高原	春旱	0.2	0	0.3	0	0.7	0.2	0.3	0.1
	初夏旱	0.5	0	0.1	0	0.4	0	0.4	0
	伏旱	0.3	0	0.3	0	0.3	0.1	0.3	0
	秋旱	0.1	0.1	0.3	0	0.7	0.1	0.1	0
	总和	**1.1**	0.1	**1.0**	0	**2.1**	**0.4**	**1.1**	**0.1**

(2)不同时段干旱对玉米产量的影响

20 世纪 80 年代以来，甘肃省各地玉米产量呈增高趋势。比如，天水 2012 年总产达到了 53710 万 kg 的最高值，比 80 年代增产了 3.3 倍，比 90 年代增产 1.4 倍。但与冬小麦的情况类似，玉米单产起伏变化较大，如 1996 年为 3952.5 kg/hm^2，1997 年降至 1237.5 kg/hm^2，1999 年又升至 3303 kg/hm^2。通过用滑动平均方法分离出的天水玉米气候单产数据(图 9.10)，由图 9.10 可以看出：气候产量变化较大，单产不稳定，这说明气候因子对玉米产量影响较大。特别是 90 年代，气候产量波动最为加剧。1996 年达到了 30 年来的最高值 1221 kg/hm^2，1997 年达到了 30 年来的最低值(−1572.5 kg/hm^2)，直到 2006 年以后气候产量波动才趋于平稳。甘肃省玉米生育期内各地热量条件丰富，正常情况能够满足玉米生长的要求，影响产量的最主要气象因子为干旱。利用各地 1971—2010 年玉米生长期 4—9 月逐旬降水量与玉米单产气候产量进行的线性相关性普查结果表明：仲春 4 月中旬—5 月中旬降水与玉米产量呈正相关，此期正值玉米播种期间，降水偏少，导致墒情较差，延缓了玉米播种或影响了玉米播种质量；初夏为玉米拔节期，尤其 6 月中下旬降水与玉米产量呈正相关性较明显；伏期(7 月中

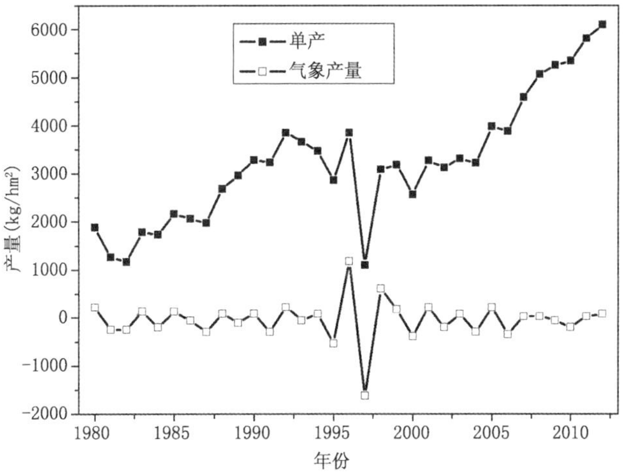

图 9.10　天水玉米产量变化

旬—8 月中旬)降水与玉米产量正相关更加显著,玉米的营养生长和生殖生长均在此时段进行,玉米对水分和养分的需求均比较敏感,发生在伏期的干旱即“卡脖子”旱,对玉米生长影响极大;秋季(9 月)降水与产量反而呈负相关,这一时期玉米生长对水分依赖不大,反而需要较充足的日晒。综合分析表明,影响各地玉米生长的主要干旱时段为伏旱、其次为初夏旱和春旱,秋旱影响最小。由此,可以参照以往研究,确定出不同时段的不同等级干旱对玉米产量的影响系数值(表 9.18)。

表 9.18　4 玉米不同时段的不同等级干旱对产量的影响系数

干旱类型	春				初夏				伏				秋			
	轻旱	中旱	重旱	特旱	轻旱	中旱	重旱	特旱	轻旱	中旱	重旱	特旱	轻旱	中旱	重旱	特旱
影响系数	0.02	0.1	0.15	0.3	0.1	0.15	0.2	0.5	0.15	0.2	0.25	0.5	0.0	0.05	0.1	0.2

(3)玉米干旱灾害风险性特征

甘肃省的玉米种植区地域跨度大,气候类型不同,玉米物候期有所差异。总体来看,春季 4—5 月是玉米播种—出苗期,此时如遇轻旱(土壤表层含水量较少),反而有利于幼苗扎根“蹲苗”,除了陇西黄土高原及陇东黄土高原的重旱和偶有出现的特旱会影响到玉米播种及苗期生长外,其余各地的干旱灾害风险指数均较低,干旱对玉米苗期生长影响不大。初夏的 6 月大部分地区为玉米拔节期,此时为玉米主要营养生长阶段,干旱会影响其营养累积,各地风险指数明显较春旱增大,高风险指数区主要为陇东黄土高原及陇西黄土高原的定西市的安定区,风险指数在 0.033～0.04 之间。其中,轻旱风险指数最高区在庆阳市的环县,为 0.025;中旱的高风险指数区在定西市的安定区;重旱最高风险区在天水市的麦积及陇东各地。伏期 7—8 月为玉米抽雄、开花、乳熟阶段,此期营养生长与生殖生长并进,对水分和养分需求均比较敏感,也是水分需求量最大的时期,此时在全生育期内的干旱对产量形成影响最大,各地干旱风险指数均明显较高,尤其以天水市的麦积区、庆阳市的环县及陇南市的武都区最高,为 0.048～0.053。这表明这三个区域伏旱出现频次较高,干旱对玉米生长及产量形成影响较大。其中,轻旱风险指数最高区为陇南市的武都及陇东地区,为 0.027～0.035;其他地区风险指数低,对玉米产量形成影响不大。中旱风险指数较高地区为定西市的安定区和天水市的麦积区,为 0.026。重旱只在天水市的秦安县、陇南市的武都区及庆阳市的环县偶有发生,其他地区无风险。特旱各地均无风险。秋季 9 月为玉米成熟期,其间一般降水量过多而且雨日集中,反而会影响玉米光合作用的形成,不利玉米成熟,此时更需要日晒。此时除了陇东黄土高原及陇西黄土高原的安定和秦安会因中旱和重旱对玉米生长有所影响外,其余各地受干旱灾害影响均较小(表 9.19)。

表 9.19　玉米不同时段的不同等级干旱的风险指数

干旱类型		定西,天水			陇南		定西,天水		
		陇西黄土高原			徽成盆地	两江流域	陇东黄土高原		
		安定	麦积	秦安	成县	武都	崆峒区	西峰	环县
春旱	轻旱	0.004	0.003	0.005	0.002	0.003	0.004	0.003	0.005
	中旱	0.008	0.004	0.012	0.005	0.003	0.007	0.008	0.003
	重旱	0.005	0.003	0.005	0	0	0.008	0.003	0.003
	特旱	0	0	0	0	0	0	0	0.015
	合计	0.017	0.010	0.022	0.007	0.005	0.019	0.014	0.026

续表

干旱类型		定西，天水			陇南		定西，天水		
		陇西黄土高原			徽成盆地	两江流域	陇东黄土高原		
		安定	麦积	秦安	成县	武都	崆峒区	西峰	环县
初夏旱	轻旱	0.013	0.018	0.008	0.008	0.018	0.013	0.013	0.025
	中旱	0.020	0.005	0.012	0.012	0.008	0.020	0.015	0.015
	重旱	0	0.006	0	0	0	0.006	0.006	0
	特旱	0	0	0	0	0	0	0	0
	合计	0.033	0.029	0.020	0.020	0.026	0.039	0.034	0.040
伏旱	轻旱	0.012	0.027	0.023	0.012	0.035	0.030	0.027	0.035
	中旱	0.026	0.026	0.010	0.016	0.006	0.010	0.010	0.010
	重旱	0	0	0.008	0	0.008	0	0	0.008
	特旱	0	0	0	0	0	0	0.000	0.000
	合计	0.038	0.053	0.041	0.028	0.049	0.040	0.037	0.053
秋旱	轻旱	0	0	0	0	0	0	0	0
	中旱	0.002	0.002	0.005	0.001	0.002	0.002	0.003	0.002
	重旱	0.002	0	0	0	0	0.004	0.002	0.003
	特旱	0.006	0	0	0	0	0	0	0
	合计	0.010	0.002	0.005	0.001	0.002	0.006	0.005	0.005
总计		0.098	0.094	0.088	0.056	0.076	0.104	0.090	0.124

由此，还可以进一步计算得到甘肃省玉米全生育期旱灾影响下的种植保险率。对甘肃玉米全生育期旱灾影响种植保险率的统计表明，徽成盆地及两江流域的保险率最高，为 92%～94%，玉米种植所受干旱影响最低；其次为陇西黄土高原，保险率为 90%～91%，玉米种植风险也相对较小；陇东黄土高原的玉米生长的保险程度最低，为 88%～90%，玉米种植受干旱影响最大，风险程度相对最高（表 9.20）。

表 9.20　玉米全生育期干旱影响下的保险率

地域	陇西黄土高原			徽成盆地	两江流域	陇东黄土高原		
	安定	麦积	秦安	成县	武都	崆峒区	西峰	环县
保险率（%）	90.4	90.7	91.3	94.4	92.0	89.8	91.1	87.8

9.2　基于灾情资料的概率统计的风险评估法的评估结果分析

9.2.1　基于解析概率密度的农业灾害风险评估

9.2.1.1　作物趋势产量分析

（1）粮食趋势产量分析

从 1949—2014 年华南和西南 5 个主要农业省（区）粮食、秋粮和夏粮的趋势产量的变化可以看出（图 9.11），华南和西南 5 省（区）粮食总产量逐年增加，增幅最为明显的是广东，平均每年增加 66.9 kg/(hm^2 · a),其次是广西和四川,平均每年增加 55.65 kg/(hm^2 · a)和 56.1 kg/(hm^2 · a),云南和贵州粮食产量增幅不甚明显,平均每年增加 37.2 kg/(hm^2 · a)和 25.5 kg/(hm^2 · a)。其趋势产量变化大致可分为三个阶段,即 1949—1961 年,粮食产量逐年增加,第二阶段为 1962—2004 年,粮食产量增加较为明显,第三阶段为 2004 年以后,粮食产量增加速度放缓,并且有的省份粮食产量降低。

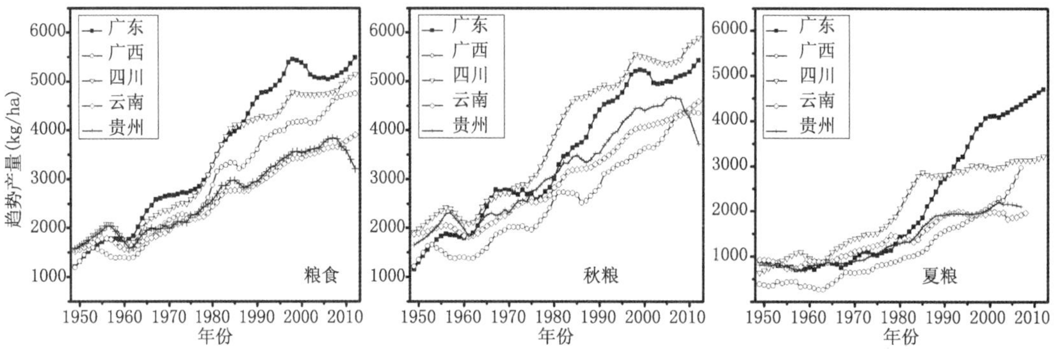

图 9.11　华南、西南 5 省(区)粮食趋势产量

秋粮和夏粮的产量也是逐年增加的,秋粮产量的增长速度明显高于夏粮的增长速度,华南和西南秋粮平均增幅为每年 50.55 kg/(hm^2 · a),其中,广东省和四川省秋粮增幅最为明显,每年平均增长 66.9 kg/(hm^2 · a)和 62.25kg/(hm^2 · a),其次为广西壮族自治区,平均每年增长 49.05 kg/(hm^2 · a),贵州和云南略低,平均每年增长 42.45 kg/(hm^2 · a)和 32.4 kg/(hm^2 · a)。夏粮的增产幅度略低于秋粮,平均每年增产为 36.6 kg/(hm^2 · a)。其中,广东省的增产幅度最为明显,平均每年增产 59.55 kg/(hm^2 · a),其次是广西和四川,平均每年增产 43.5 kg/(hm^2 · a)和 40.5 kg/(hm^2 · a)。云南省和贵州省依然是增幅相对较缓的,分别是 17.4 kg/(hm^2 · a)和 21.9 kg/(hm^2 · a)。总体而言,华南省份比西南省份的粮食产量增长幅度大。

(2)不同类别作物趋势产量分析

从华南和西南 1949—2014 年粮食作物中的稻谷、小麦、玉米和薯类,以及经济作物中的油料、糖料和烤烟的趋势产量的变化情况来看(图 9.12),华南和西南 5 省(区)各类粮食作物和各类经济作物产量逐年增加。

5 省(区)稻谷类作物的增长幅度都比较明显,5 省(区)平均增产为 61.95 kg/(hm^2 · a)。其中,四川省的增幅最为明显,平均增产为 79.65 kg/(hm^2 · a),其次为广东省和广西壮族自治区,平均增产为 70.35 kg/(hm^2 · a)和 63.15 kg/(hm^2 · a),云南省和贵州省相对略低,平均为 54.0 kg/(hm^2 · a)和 42.3 kg/(hm^2 · a)。玉米作物的产量增长幅度也相对较高,5 省(区)平均每年增长 58.05 kg/(hm^2 · a)。其中,广东和四川依然是增产幅度最高的,分别为 71.85 kg/(hm^2 · a)和 66.15 kg/(hm^2 · a)。5 省(区)小麦的增产幅度平均为 26.1 kg/(hm^2 · a),其中,广东和四川的增幅最为明显,平均为 43.8 kg/(hm^2 · a)和 40.2 kg/(hm^2 · a),其次为云南和贵州,增产幅度平均为 15.9 kg/(hm^2 · a)和 20.1 kg/(hm^2 · a),广西的小麦增产幅度最低,仅为 10.5 kg/(hm^2 · a)。薯类作物的增幅 5 省(区)平均为 33.3 kg/(hm^2 · a),其中广东的增幅最大,为 59.7 kg/a,广西和贵州略低,分别为 26.85 kg/(hm^2 · a)和 19.65 kg/(hm^2 · a)。

对经济作物而言,油料作物各省(区)差别不大,5 省(区)平均为 22.65 kg/(hm^2 · a)。其

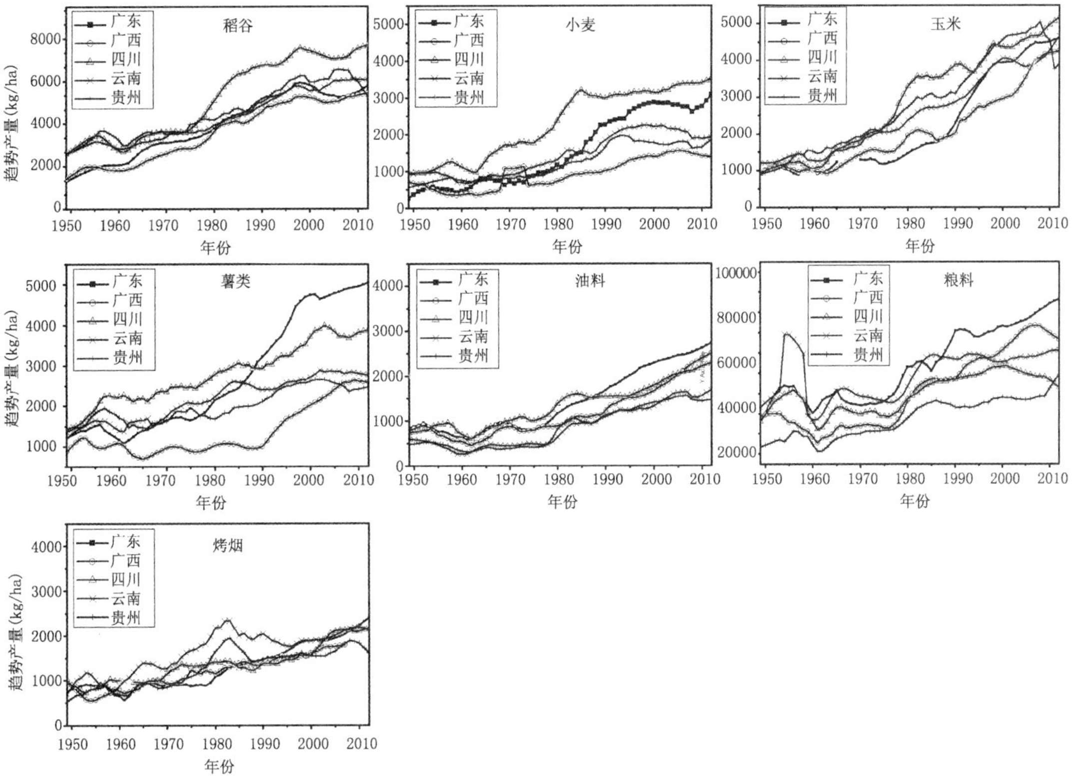

图 9.12　华南、西南 5 省(区)不同类别作物趋势产量

中，广东省、广西壮族自治区和四川省的油料作物产量增幅比较大一些，分别为每年 29.55 kg/(hm^2 · a)、26.85 kg/(hm^2 · a)和 24.3 kg/(hm^2 · a)。但糖料作物 5 省(区)增幅差别较大。其中，广东的增幅最高，为 954.0 kg/(hm^2 · a)；其次为广西、云南和贵州；而四川的糖料作物产量增幅相对较低，平均每年增长 261.0 kg/(hm^2 · a)。西南和华南各省(区)中，糖料作物主要为甘蔗，甘蔗产业在这些省份的种植处于非常重要的地位。烤烟产量增长的不甚明显，5 省(区)平均增幅为 19.5 kg/(hm^2 · a)。其中，广东、广西、四川、云南和贵州的增幅分别为 25.65 kg/(hm^2 · a)、13.35 kg/(hm^2 · a)、18.9 kg/(hm^2 · a)、22.35 kg/(hm^2 · a)和 16.8 kg/(hm^2 · a)。

(3)5 省(区)主要作物趋势产量分析

由于待分析作物种类较多，在此主要分析 5 省(区)播种面积最广的 3 种作物(图 9.13)，这些作物的趋势产量均逐年增加。相比较而言，广东省的早稻和晚稻单产增加较为明显，20 世纪 90 年代的产量是 50 年代产量的 3 倍，冬小麦在近 10 年产量增加也较为明显。广东省早稻产量增加略高于广西壮族自治区，晚稻产量增幅显著高于广西。广东和广西在 2000 年以后，早稻产量均有明显的减产趋势，这可能是受到作物品种、经济政策、田间管理措施等因素的影响造成的趋势变化。四川省、云南省和贵州省最主要的粮食作物为冬小麦、玉米和中稻。从图 9.13 可以看出，四川省冬小麦产量显著增加，而云南省和贵州省冬小麦产量增加并不明显。不过玉米的增产幅度在西南 3 省之间相差不大，近 60 年产量均增加了近 2 倍。同样的，四川省的中稻产量增幅较云南省和贵州省明显。

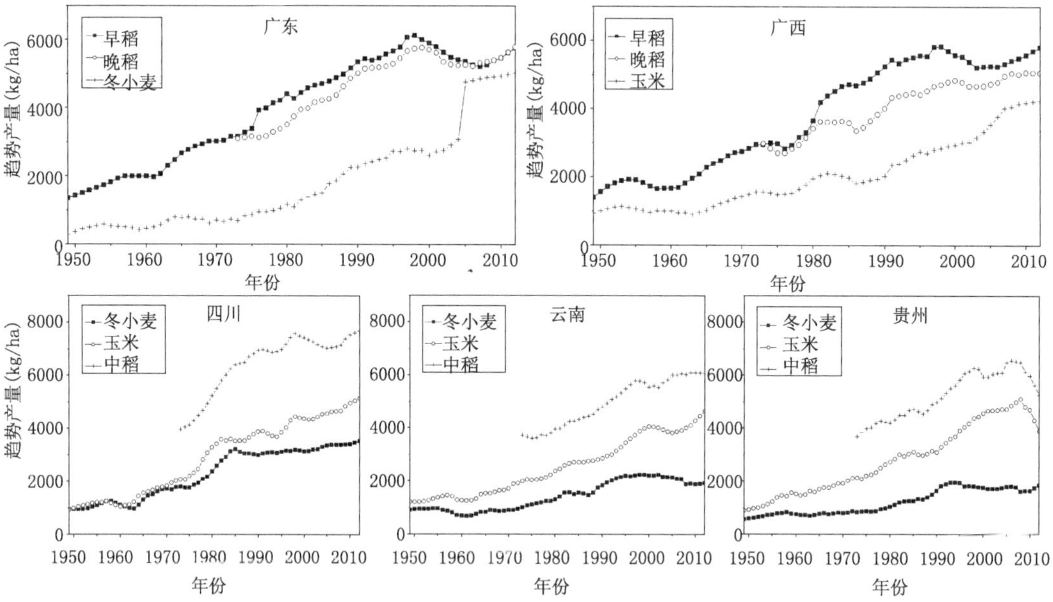

图 9.13　华南、西南 5 省(区)主要作物趋势产量

9.2.1.2　作物相对气象产量分析

(1)农作物相对气象产量分析

相对气象产量主要表征因农业自然灾害等不可预见因素造成的粮食的波动,该因子不受时间和空间影响,具有可比性,能较好地描述以气象要素为主的各种短期变动因子对产量序列波动性的影响。由于灾害发生的随机性,造成粮食产量的不确定性,使相对气象产量序列具有明显的随机变量的特点。

从[彩]图 9.14 可以看出,在 5 省(区)农业灾害对粮食产量的影响中,农业灾害对贵州省的影响相对较大,并且可以看出,无论哪个省(区),相对气象产量均逐年降低。尤其在早期相对气象产量波动较大,而近年来相对气象产量则波动较小,说明近些年随着科学技术和抗灾防灾能力的增加,农业灾害的防御能力逐年有所增强,所以粮食产量的波动幅度也会减小。同时也可以看出,广东省和云南省的粮食相对气象产量波动比较小,说明这两个省粮食生产受农业灾害的影响也比较小。然而,广东省和广西壮族自治区,秋粮和夏粮的相对气象产量的波动则较为剧烈,尤其在早期波动幅度很小。其次贵州省的相对气象产量变化也比较剧烈,这可能与贵州省粮食生产对农业灾害的抵御能力较差有关,其容易受到农业灾害的不利影响。

(2)各类作物相对气象产量分析

[彩]图 9.15 为华南和西南 5 个省(区)1949—2014 年粮食作物中的稻谷、小麦、玉米和薯类以及经济作物中的油料、糖料和烤烟的相对气象产量的变化情况。可以看出,小麦和烤烟受到农业灾害的影响最大。这可能说明对这两类作物的农业防灾减灾措施实施得有所不足,因此对这两种作物的生产还需要采取更多、更有效的措施,来抵御农业灾害对其的影响。而稻谷类的生产相对较为稳定,是所分析作物中受到气象灾害后,波动最小的(表 9.21),这可能与防灾减灾能力比较强有一定关系。

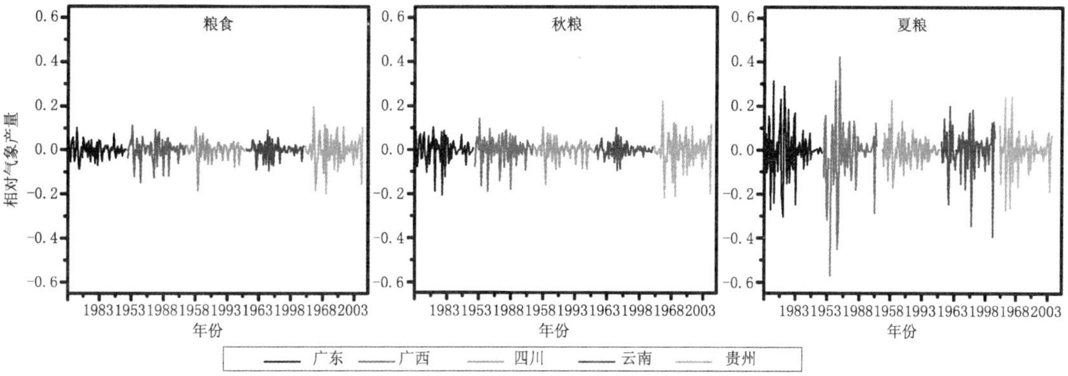

图 9.14　5 省(区)农作物相对气象产量

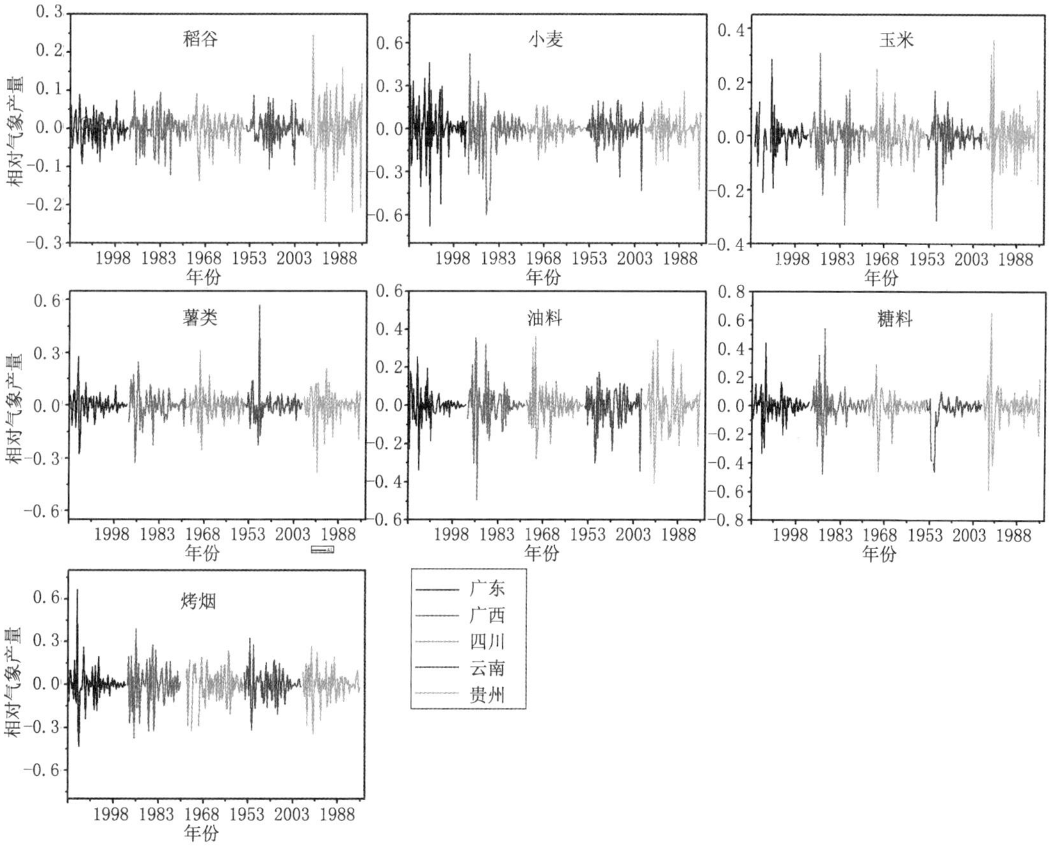

图 9.15　5 省(区)各类作物相对气象产量

表 9.21　5 省(区)不同作物相对气象产量(%)状况

作物	省(区)					平均
	广东	广西	四川	云南	贵州	
稻谷	3.1	3.4	3.0	2.9	6.0	3.7
小麦	13.2	15.7	5.1	8.4	7.2	9.9

续表

作物	省(区)					平均
	广东	广西	四川	云南	贵州	
玉米	3.9	6.0	5.2	4.2	8.5	5.5
薯类	4.9	6.4	5.8	5.2	6.8	5.8
油料	5.4	7.9	6.2	7.8	8.7	7.2
糖料	6.9	7.8	6.1	8.1	9.4	7.7
烤烟	7.6	10.6	9.1	8.1	8.0	8.7

(3) 5省(区)主要作物相对气象产量分析

分别选取5省(区)播种面积最大的3种主要作物分析气象产量,从[彩]图9.16可以看出,针对广东省的3种作物,冬小麦产量在自然灾害状况下波动更加明显,其增减产波动幅度在±40%之间,而晚稻和早稻产量波动相对并不明显,尤其是晚稻产量波动基本在±10%以下。相对而言,广西壮族自治区的主要作物之间的产量波动差异并不明显,大致都在±40%之间。四川省,中稻产量波动相对较小,冬小麦和玉米的产量波动相对较大。贵州省主要作物的产量波动均较大,尤其集中在生产早期。而云南省的几种作物中,冬小麦产量波动相对较大。

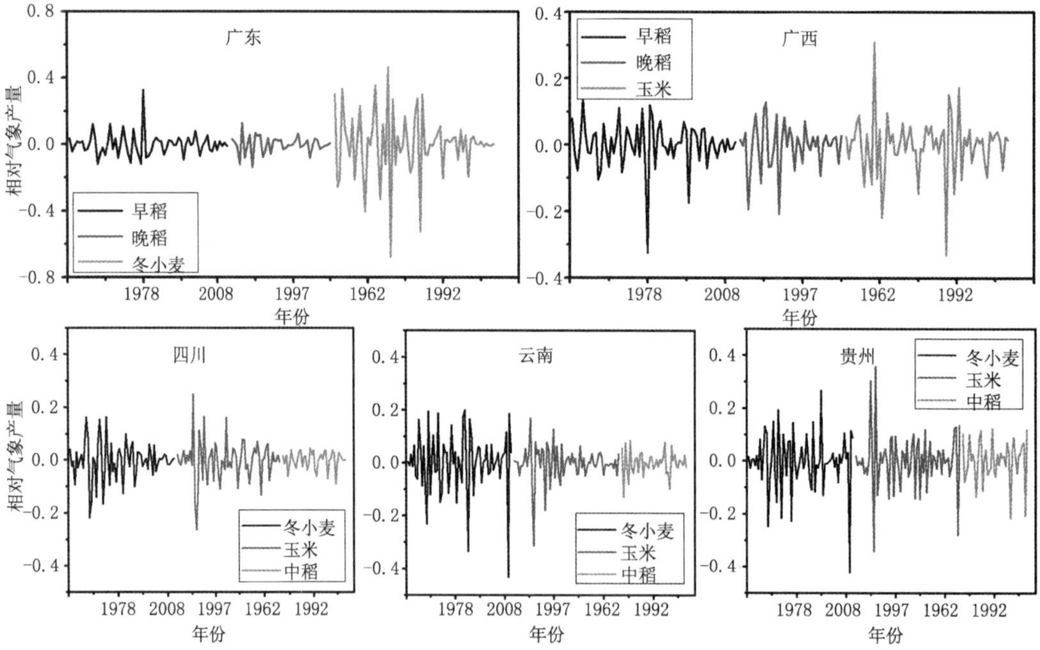

图9.16　各省主要作物相对气象产量时间序列

9.2.1.3　作物产量总体风险水平分析

(1) 5省(区)农作物产量序列概率密度曲线

针对统一的农作物单产资料,利用概率密度函数解析式,构建5省(区)农作物相对气象产量概率分布曲线(图9.17)。概率密度曲线能够客观地描述相对气象产量序列的分布特点。由图9.17可以看出,5个省(区)的相对气象产量的增减产概率主要集中在−30%～30%之间。其中广西和云南的增减产概率主要集中在－10％～10％之间，这表明这两个省（区）的粮食产量相对比较稳定，出现大丰收年和大减产年的概率较少。而贵州省相对气象产量的增减产概率集中在－20％～20％之间，相对于其他几省（区）来说，粮食生产表现出了较大的不稳定，这说明贵州省粮食生产容易受到气象灾害等不可预见因素的影响，粮食产量波动幅度较大，抵御粮食灾害的风险任务较重。

另外，还可以看出，贵州省农业灾害风险率（减产率）达到 20％，而其他省（区）在 10％以内，相对于其他省来说，其粮食生产风险性最高，也最不稳定。而四川和云南的农业干旱风险率较低，而且呈偏态分布，偏向于增产。这些也说明贵州省比四川省的农业成本和代价要更高。

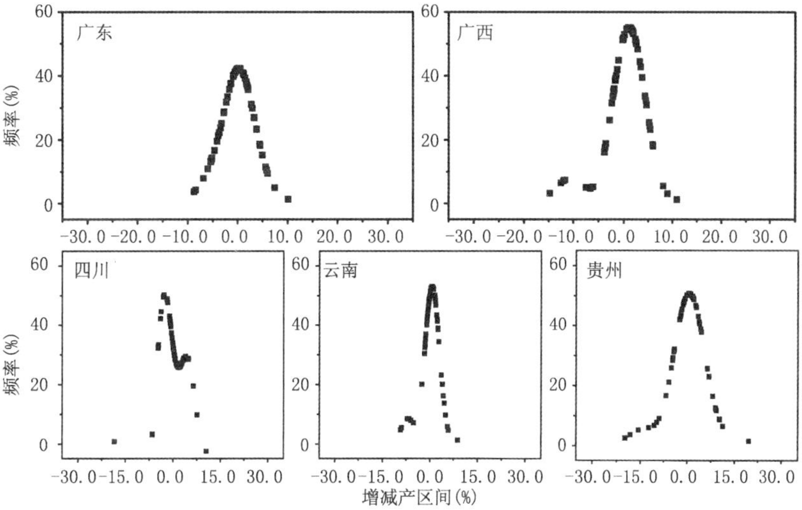

图 9.17　5 省（区）粮食单产序列概率密度曲线

(2) 5 省（区）农作物产量风险水平概况

图 9.18 为 5 个省（区）的粮食产量风险水平，可以看出，南方 5 个省（区）的粮食单产年际波动幅度近 50 年来大部分介于－5％和 5％之间，广东省和广西壮族自治区产量波动在这一范围的出现概率分别为 99.1％和 92.2％，西南地区的四川省、贵州省和云南省产量波动在这一范围的出现概率分别为 97.7％、86.2％和 98.9％。相对而言，贵州省的产量波动较大，粮食产量增产率和减产率低于－5％和高于 5％的出现概率是 13.8％，说明贵州省农业灾害风险较大。

如果从农作物单产的波动幅度概况来说，5 个省（区）的粮食生产均较为稳定，幅度变化不大。其原因是，各类作物生产之间存在补偿效应，所以总体粮食生产面临的风险较小。但如果从单一作物来看，有的作物产量波动大，增减产率较高，发生大增产年和大减产年的概率均较高，说明这些作物抵御风险水平的能力较低。

(3) 5 省（区）粮食、秋粮和夏粮产量风险水平概况

图 9.19 给出了 5 省（区）粮食、秋粮和夏粮产量在遭受农业气象灾害的情况下总的风险水平状况。可以看出，广东省、四川省、云南省粮食产量年际波动幅度近 60 年来主要分别介于－10％～10％、－10％～5％和－5％～5％之间，年际波动相对较小，减产的风险相对较低；广

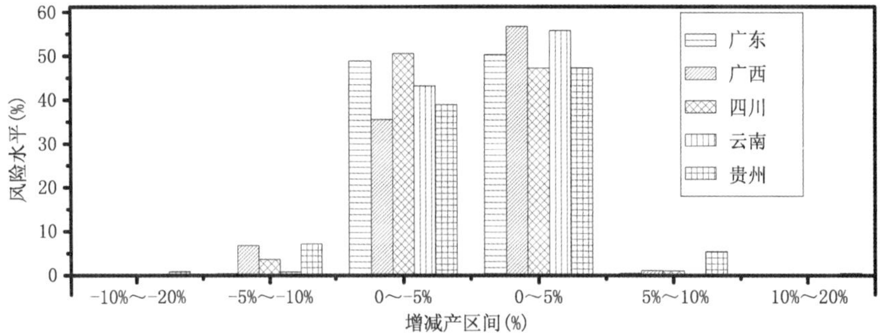

图 9.18　5 省(区)农作物产量风险水平状况

西壮族自治区粮食产量年际波动幅度近 60 年来大部分介于－20％～10％之间，其中夏粮产量在遭受农业灾害后，波动十分明显，严重减产的概率较大，减产超过 10％的概率达到了 26％左右；贵州省粮食产量年际波动幅度近 60 年来大部分界于－20％～20％之间，相比较其他省份来说，其在遭受农业灾害后粮食产量波动最为明显，农业灾害的风险较大。

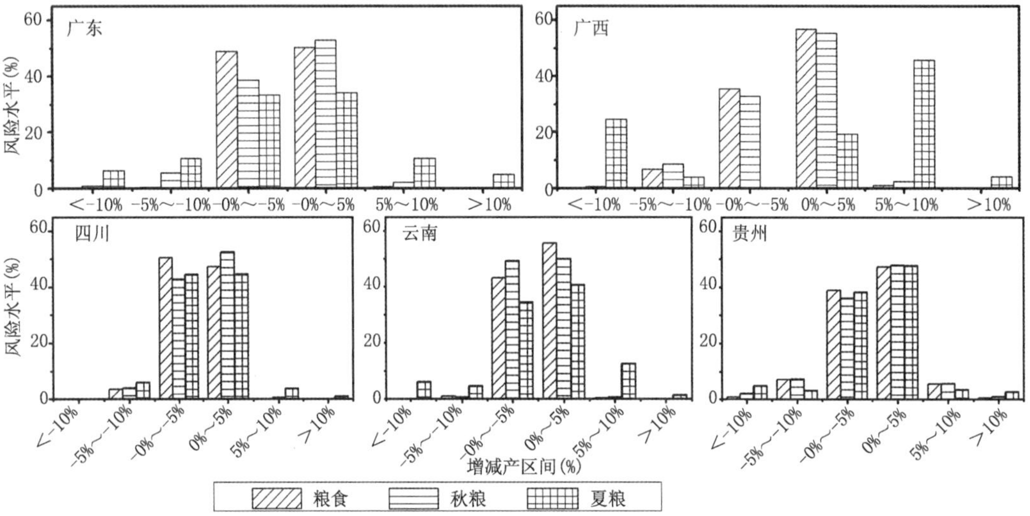

图 9.19　5 省(区)粮食、秋粮和夏粮产量风险水平分布特征

9.2.1.4　广东省农业灾害风险评估

根据广东省农业单产资料，构建了广东省各类作物相对气象产量的概率分布曲线，对广东省来说，稻谷类和薯类作物的增减产区间主要分布在－5％～5％，增减产的概率相对较低；而小麦作物的增减产区间则主要分布在－10％～20％之间，增减产概率较大，风险较高。糖料作物的增减产区间主要分布在－10％～10％之间，油料作物的增减产区间分布在－5％～10％之间，但糖料作物和油料作物的增减产区间的概率密度分布则呈相反的态势，对于油料作物来说减产的风险大一些，而对于糖料作物来说增产的概率大一些。

广东省主要作物农业灾害风险水平如图 9.20 所示。从图 9.20 中可以看出，晚稻、大豆和花生的增减产区间主要集中在－5％～5％之间，而冬小麦的增减产区间主要分布在－10％～20％之间，黄红麻和甘蔗的增减产区间主要分布在－10％～10％之间，油菜籽和芝麻的增减产区间主要分布在－20％～20％之间。其中，冬小麦减产率超过 20％和增产率高于 20％的可能性均较高，出现概率分别达到了 4.6％和 2.1％；油菜籽减产率超过 20％的可能性也相对较高，出现概率达到 3.9％。

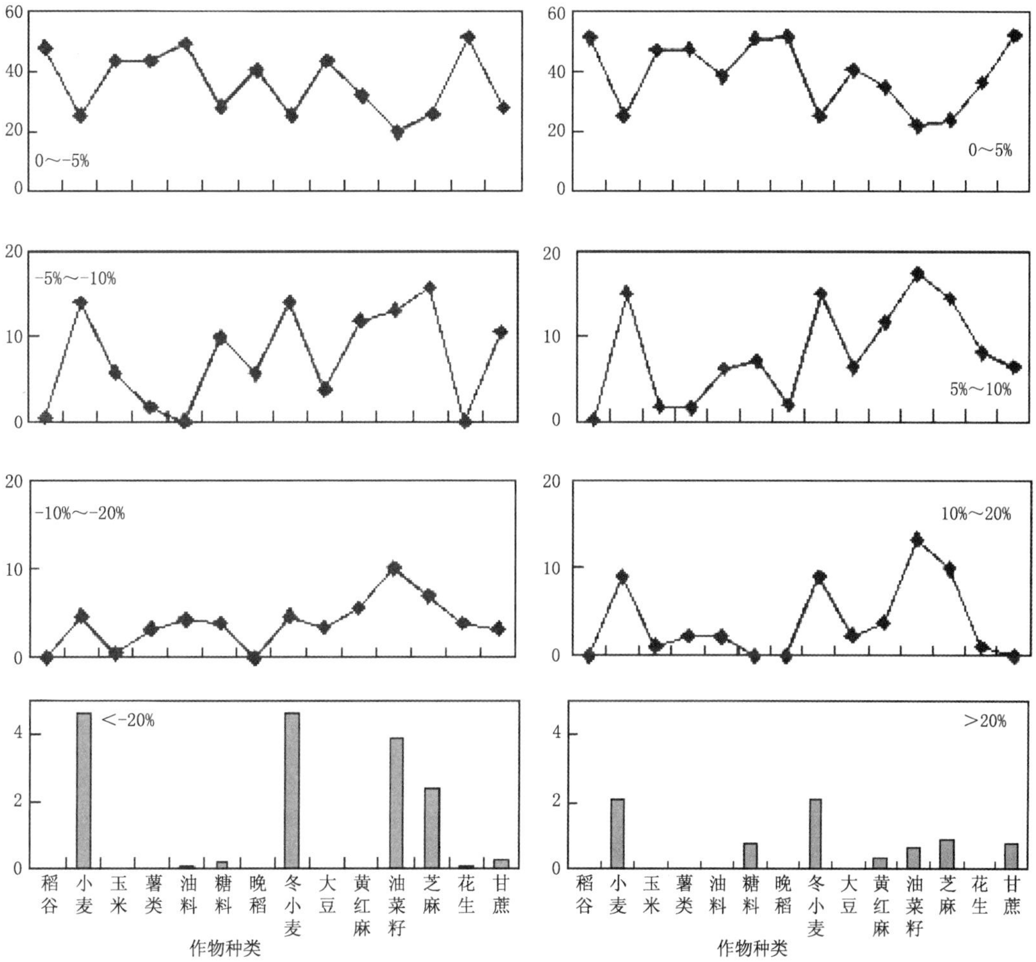

图 9.20　广东省不同作物产量风险对比

9.2.1.5　广西壮族自治区农业灾害风险评估

根据广西壮族自治区农业单产资料，构建了广西各类作物相对气象产量概率分布曲线。广西粮食产量年际波动幅度近 60 年来大部分介于－20％～10％之间。其中，稻谷类、玉米和薯类作物的增减产区间主要分布在－5％～5％，增减产的概率均较低，风险较小。而小麦和糖料作物的增减产区间则主要分布在－10％～10％之间，油料作物的增减产区间分布在－10％～20％之间，烤烟的增减产区间主要分布在－20％～20％之间。但糖料作物和油料作物的增减产区间的概率密度分布同样呈相反的态势，对于油料作物来说减产的风险大一些，而对于糖料作物来说增产的概率大一些。

在对广西壮族自治区农业及主要作物进行概率密度估算后，采用风险水平计算方法估算了主要作物的农业灾害风险水平。如图 9.21 所示，油料和糖料作物生产的风险比较大，显著高于其他作物种类。这两类作物产量波动较大，减产率超过 20%和增产率高于 20%的可能性较高。油料和糖料减产率超过 20%的概率分别达到 1.9%和 1.3%，其增产率超过 20%的概率分别达到 0.3%和 3.1%，灾害风险较高。在其他各种作物中，谷子和花生的增减产区间主要集中在－10%～20%之间，大豆的增减产区间主要分布在－20%～10%之间，黄红麻、油菜籽和芝麻的增减产区间主要分布在－20%～20%之间，棉花的增减产区间主要分布在－30%～20%之间。

其中，谷子和棉花减产率超过 20%的可能相对较高，出现概率分别达到 5.0%和 3.8%；甘蔗增产率高于 20%的可能性相对较高，出现概率达到 3.1%；其中，棉花的减产概率也较大，灾害风险也较高。

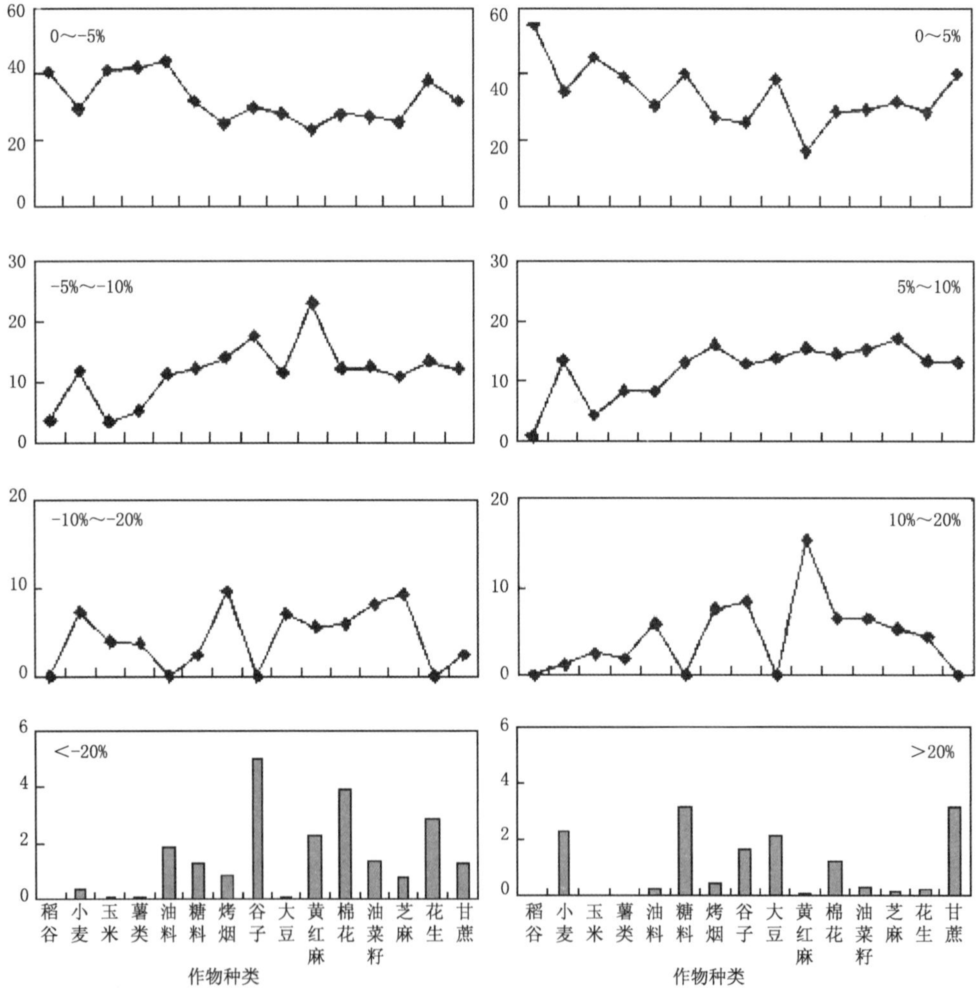

图 9.21 广西壮族自治区不同作物产量风险对比

9.2.1.6 四川省农业灾害风险评估

从四川省各类作物相对气象产量概率密度分布特征分析得知，四川省粮食产量年际波动幅度近 60 年来大部分介于－10%～5%之间，粮食产量年际波动幅度相对较小。稻谷类和玉米作物的增减产区间主要分布在－5%～5%，增减产的概率相对较低。而小麦、薯类和油料作物的增减产区间则主要分布在－10％～5％之间，烤烟的增减产区间主要分布在－20％～10％之间。

四川省各类作物农业灾害风险水平如图 9.22 所示，各类作物在受到自然灾害后总体减产风险较小，减产幅度基本不超过 20％。其中，大豆的增减产区间主要集中在－5％～10％之间，冬小麦的增减产区间主要集中在－10％～10％之间，高粱的增减产区间主要集中在－10％～20％之间，花生、黄红麻、棉花的增减产区间主要集中在－20％～20％之间，油菜籽和芝麻的增减产区间主要集中在－20％～10％之间。此外，高粱减产率和增产率都超过 20％的可能相对较高，出现概率分别达到 1.5％和 1.7％，灾害风险相对较高。

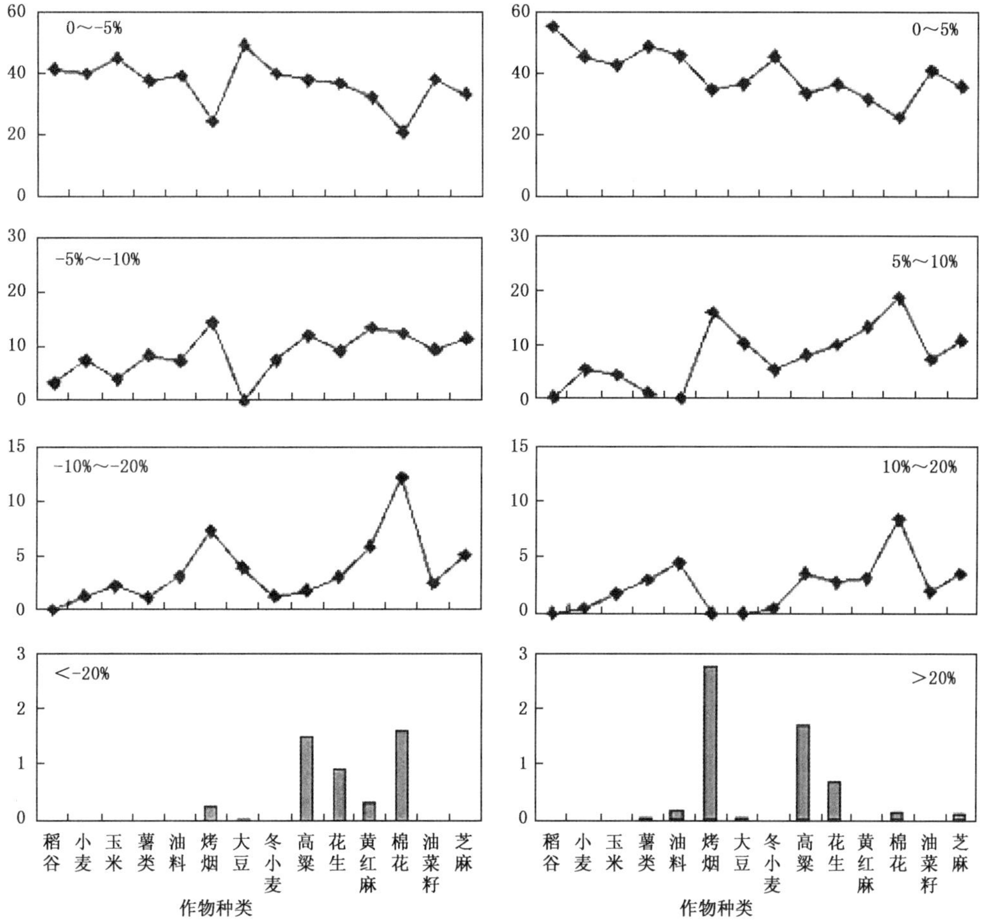

图 9.22　四川省不同作物产量风险对比

9.2.1.7　贵州省农业灾害风险评估

根据贵州省的农业单产资料，构建的各类作物相对气象产量概率分布特征表明，贵州省粮食产量年际波动幅度近 60 年来大部分介于－20％～20％之间。其中，稻谷、小麦、玉米、薯类、油料和烤烟的增减产区间也主要分布在－20％～20％之间，基本为正态分布，增减产的概率基本相当。

利用贵州省各类主要作物进行了概率密度估算结果，分析了主要作物的农业灾害风险水平(图 9.23)。在各种作物中，中稻的增减产区间主要集中在－10％～10％之间，高粱、谷子、大豆、棉花和油菜籽的增减产区间主要集中在－20％～20％之间，冬小麦的增减产区间主要集中在－20％～10％之间，花生的增减产区间主要集中在－10％～20％之间。其中，高粱减产率和增产率均超过 20％的可能性相对较高，出现概率分别达到 4.3％和 2.8％，灾害风险相对较高。

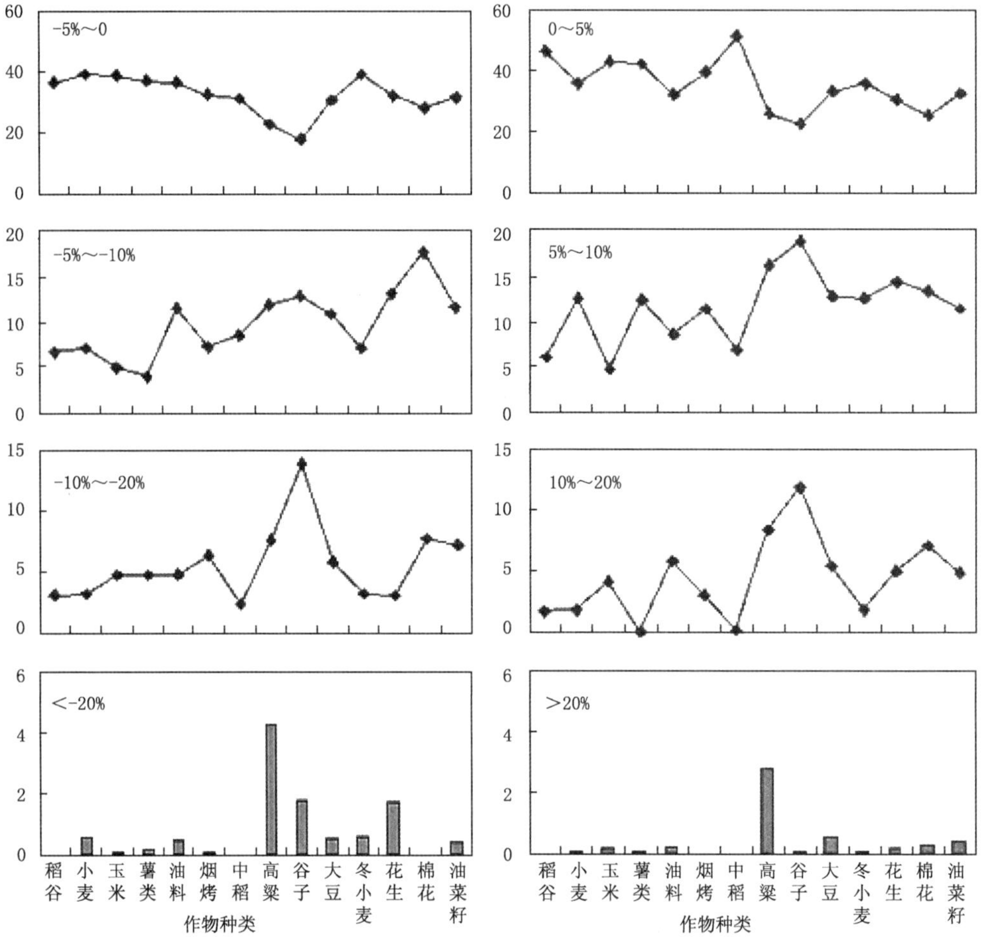

图 9.23　贵州省不同作物产量风险对比

9.2.1.8　云南省农业灾害风险评估

云南省各类作物相对气象产量概率分布曲线表明，云南省粮食产量年际波动幅度近 60 年来大部分介于－5％～5％之间，相比较西南其他省份，粮食产量年际波动较小。另外，对于云南省来说，稻谷、薯类和糖料作物的增减产区间主要分布在－5％～5％，增减产的概率相当，而小麦作物的增减产区间则主要分布在－20％～20％之间，油料作物的增减产区间分布在－20％～10％之间。

在对云南省各类主要作物进行了概率密度估算后，采用风险水平计算方法，估算了这些主要作物的农业灾害风险水平。从图 9.24 可以看出，稻谷、薯类和糖料作物的增减产区间主要集中在－5%～5%之间，而小麦、油料和烤烟的增减产区间则主要集中在－10%～10%之间。

在各种作物中，早稻的增减产区间主要分布在－10%～10%之间。而冬小麦、大豆、油菜籽和花生的增减产区间主要分布在－20%～20%之间，甘蔗的增减产区间主要分布在－5%～5%之间。其中，冬小麦和油菜籽减产率超过 20%的可能性相对略高，出现概率分别为 0.9%和 0.63%，而大豆增产率高于 20%的可能性相对较高，出现概率为 3.0%。

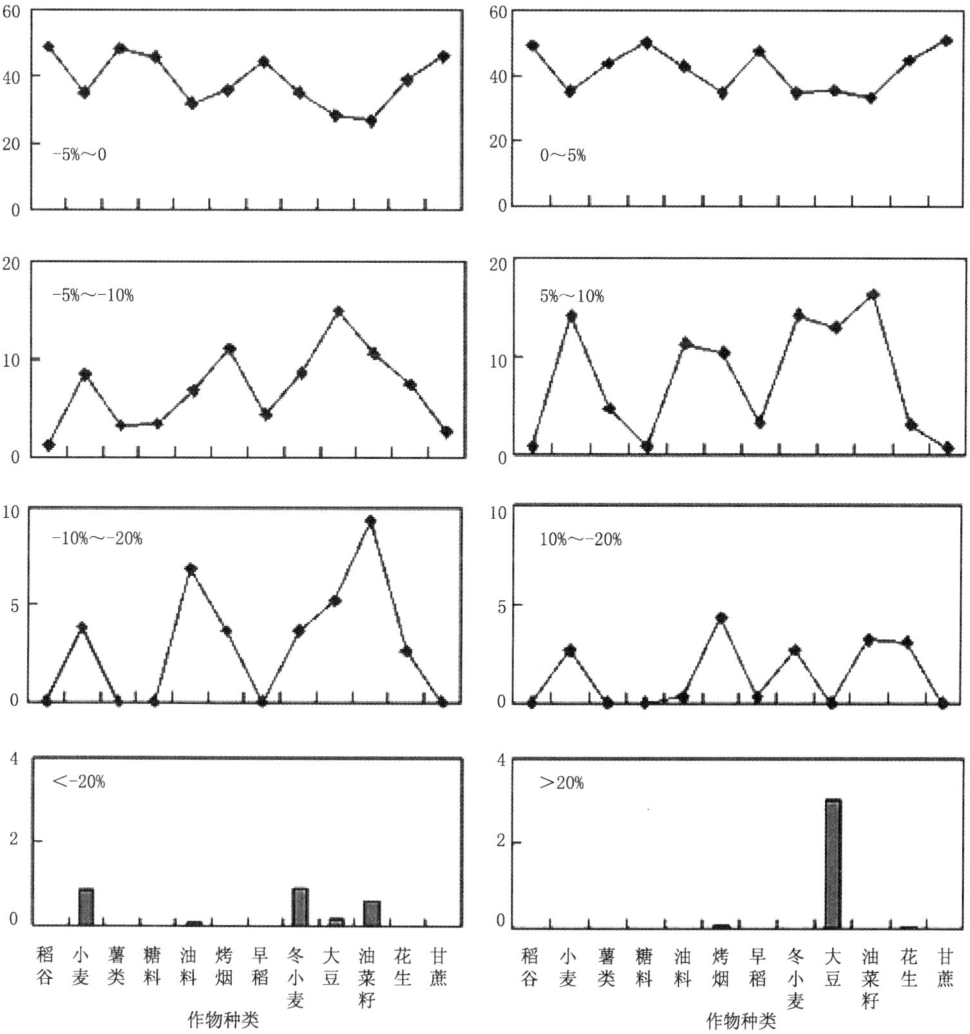

图 9.24　云南省不同作物产量风险对比

9.2.2　基于风险价值的农业旱灾风险评估

9.2.2.1　南方(华南和西南)农业干旱灾害风险评估

(1)农业干旱损失率(1978—2012 年)

根据灾情实况资料，可以得到南方(华南和西南)5 省(区)的农业干旱灾害损失率。从图

9.25 可以看出，广东省的农业干旱灾害损失率比较低，贵州省的农业干旱灾害损失率比较高。尤其是 90 年代以前，贵州省大多数年份的干旱灾害损失率都达到了 10%以上。

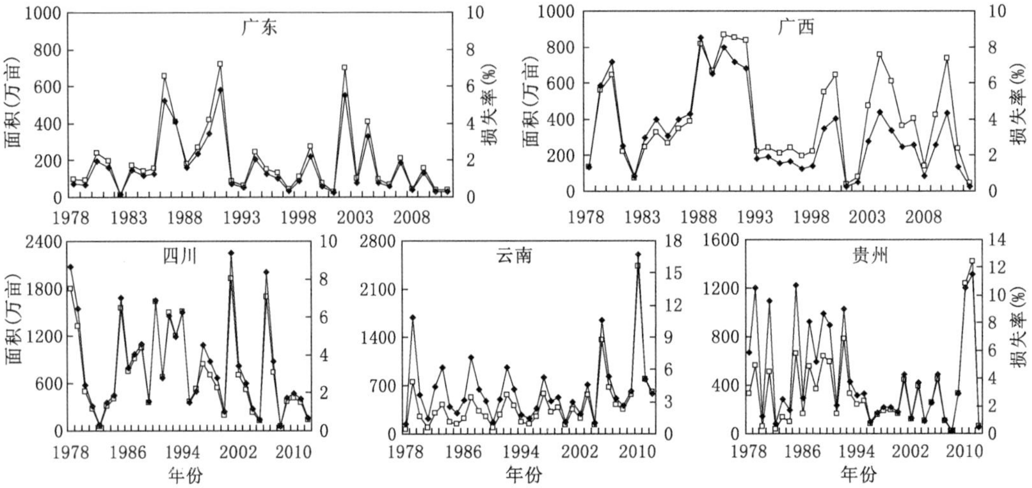

图 9.25　华南和西南 5 省(区)粮食干旱损失率

(2)南方 5 省(区)农业旱灾损失率序列拟合优度检验和农业旱灾风险评估模型

通过对华南和西南 5 省(区)农业旱灾损失率序列在不同的分布拟合下的拟合优度检验数值试验，我们可以得到最适合 5 省(区)的干旱灾害损失率概率分布形式。从表 9.22 可以看出，5 省(区)的损失率概率最优分布函数并不相同。其中最适合四川干旱灾害损失率的是广义帕累托分布，最适合云南和广西的是广义极值分布，最适合贵州和广东的是对数正态分布。

表 9.22　华南和西南 5 省(区)粮食旱灾损失率序列拟合优度检验

云南省								
分布模型		K-S 检验		AD 检验		卡方检验		综合
		统计值	排序	统计值	排序	统计值	排序	
1	Beta	0.1764	8	5.202	10	N/A		10
2	Chi-Squared	0.0877	2	0.4897	4	1.4903	5	5
3	Fréchet	0.1764	9	1.0236	7	5.5586	7	7
4	Gamma	0.1035	5	0.7546	6	2.2523	6	6
5	Gen. Extreme Value	0.0963	4	0.2409	1	0.5478	2	1
6	Gen. Pareto	0.1225	7	11.5120	11	N/A		11
7	Log-Logistic	0.1151	6	0.3036	3	0.5458	1	4
8	Logistic	0.1774	10	1.8251	8	6.4070	8	8
9	Lognormal	0.0894	3	0.2589	2	0.5592	3	2
10	Normal	0.1833	11	2.1595	9	6.5536	9	9
11	Weibull	0.0798	1	0.7311	5	0.7837	4	3

续表

贵州省								
	分布模型	K-S 检验		AD 检验		卡方检验		综合统计值
		统计值	排序	统计值	排序	Statistic	Rank	
1	Beta	0.1562	8	1.5245	8	8.0286	11	8
2	Chi-Squared	0.1588	9	1.6824	9	4.7667	9	9
3	Fréchet	0.1187	4	1.0227	7	1.2168	3	4
4	Gamma	0.1210	6	0.5784	5	3.4291	5	5
5	Gen. Extreme Value	0.1264	7	0.7660	6	3.1980	4	7
6	Gen. Pareto	0.1039	1	0.4822	3	4.5855	8	3
7	Log-Logistic	0.1046	2	0.4324	2	0.4519	2	2
8	Logistic	0.2278	11	2.3193	11	5.6073	10	11
9	Lognormal	0.1091	3	0.3650	1	0.1562	1	1
10	Normal	0.2108	10	2.0419	10	3.9747	7	10
11	Weibull	0.1209	5	0.5180	4	3.6622	6	6
四川省								
	分布模型	K-S 检验		AD 检验		卡方检验		综合统计值
		统计值	排序	统计值	排序	Statistic	Rank	
1	Beta	0.1425	8	4.8683	11	N/A		11
2	Chi-Squared	0.1208	7	0.8607	7	1.5898	6	7
3	Fréchet	0.1553	10	1.6055	10	3.0417	8	9
4	Gamma	0.0898	5	0.2768	3	1.4756	5	4
5	Gen. Extreme Value	0.0897	4	0.2976	4	2.0143	7	6
6	Gen. Pareto	0.0724	1	0.2087	1	0.1338	1	1
7	Log-Logistic	0.0985	6	0.5200	6	0.2385	2	5
8	Logistic	0.1572	11	1.2122	9	3.5754	10	10
9	Lognormal	0.0842	3	0.4174	5	0.2948	3	3
10	Normal	0.1442	9	1.0566	8	3.1526	9	8
11	Weibull	0.0794	2	0.2112	2	0.9272	4	2
广西壮族自治区								
	分布模型	K-S 检验		AD 检验		卡方检验		综合统计值
		统计值	排序	统计值	排序	Statistic	Rank	
1	Beta	0.2046	11	1.6791	9	6.1571	10	11
2	Chi-Squared	0.1443	8	0.8061	6	1.6388	4	6
3	Fréchet	0.2020	10	2.1161	10	3.8613	9	10
4	Gamma	0.0773	2	0.3536	3	1.6318	3	3
5	Gen. Extreme Value	0.0751	1	0.2642	1	0.1700	1	1
6	Gen. Pareto	0.0914	4	7.6277	11	N/A		9

续表

广西壮族自治区								
分布模型		K-S 检验		AD 检验		卡方检验		综合统计值
		统计值	排序	统计值	排序	Statistic	Rank	
7	Log-Logistic	0.1463	9	0.7665	5	3.8547	8	8
8	Logistic	0.1259	6	1.0020	8	3.3282	7	7
9	Lognormal	0.1302	7	0.6483	4	2.6984	6	4
10	Normal	0.1207	5	0.9180	7	2.4136	5	5
11	Weibull	0.0883	3	0.2875	2	0.5660	2	2

广东省								
分布模型		K-S 检验		AD 检验		卡方检验		综合统计值
		统计值	排序	统计值	排序	Statistic	Rank	
1	Beta	0.1609	8	1.5656	7	8.5130	9	10
2	Chi-Squared	0.3638	11	8.5133	11	16.3110	10	11
3	Fréchet	0.1308	7	0.6908	6	0.9239	3	4
4	Gamma	0.0771	3	0.3632	4	1.7721	5	3
5	Gen. Extreme Value	0.0860	6	0.2652	3	1.8178	6	6
6	Gen. Pareto	0.0724	2	3.9815	10	N/A		7
7	Log-Logistic	0.0789	4	0.2173	2	0.1448	1	2
8	Logistic	0.1911	10	2.1509	8	4.1516	8	8
9	Lognormal	0.0596	1	0.1545	1	0.9238	2	1
10	Normal	0.1837	9	2.2542	9	3.8282	7	9
11	Weibull	0.0811	5	0.4925	5	1.7007	4	5

在确定了最佳分布函数形式之后，可以利用最大似然估计方法，确定各种分布形式的具体参数，并得到可以具体针对 5 省（区）的干旱灾害风险评估模型。

云南省：

$$F(x) = \exp\left\{-\left[1+0.26926\left(\frac{x-2.6048}{1.6302}\right)\right]^{-\frac{1}{0.26926}}\right\} \tag{9.3}$$

贵州省：

$$F(x) = 1-\left[1+0.26469\left(\frac{x-0.22677}{4.0761}\right)\right]^{-\frac{1}{0.26469}} \tag{9.4}$$

四川省：

$$F(x) = 1-\left[1+0.26469\left(\frac{x-0.22677}{4.0761}\right)\right]^{-\frac{1}{0.26469}} \tag{9.5}$$

广西壮族自治区：

$$F(x) = \exp\left\{-\left[1+0.03688\left(\frac{x-2.2027}{1.8036}\right)\right]^{-\frac{1}{0.03688}}\right\} \tag{9.6}$$

广东省：

$$F(x)=\frac{1}{2}+\frac{1}{2}\text{erf}\left[\frac{\ln(x-0.11806)}{0.92316\times\sqrt{2}}\right] \tag{9.7}$$

(3)华南和西南 5 省(区)农业旱灾风险性分析

利用风险价值方法(VaR)对华南和西南 5 省(区)遭受不同程度的干旱灾害后的风险损失进行了估算,结果如表 9.23 所示。广东、四川、云南、贵州和广西 5 省(区)粮食旱灾损失率的平均值分别为 1.7%、3.4%、4.1%、4.2%和 3.3%。在遭受 100 年一遇的旱灾巨灾时,可使广东和广西粮食减产 1/10 左右,贵州粮食减产接近 1/5,贵州的巨灾风险很高。

表 9.23 华南和西南 5 省(区)农业旱灾风险度量

省(区)	损失率(%)						
	均值	最大值	最小值	10 年一遇	20 年一遇	50 年一遇	100 年一遇
四川省	3.4	9.4(2001 年)	0.2(2008 年)	7.3	8.7	10.2	11.1
云南省	4.1	16.7(2010 年)	0.9(1978 年)	7.7	10.0	13.9	17.4
贵州省	4.2	11.5(2011 年)	0.2(2008 年)	6.9	13.2	15.3	18.1
广西壮族自治区	3.3	8.5(1988 年)	0.2(2001 年)	6.4	7.8	9.8	11.3
广东省	1.7	5.8(1991 年)	0.1(1982 年)	3.7	5.2	7.5	9.7

从四川、云南、贵州、广西和广东 5 省(区)的干旱灾害对粮食作物影响对比来看([彩]图 9.26),旱灾引起的广东和广西的农业生产损失相对较轻,引起云南和贵州的粮食生产损失相对较重。其中,贵州和云南巨灾风险度较高,10 年一遇干旱损失率分别超过了 25%和 17%,其余 3 省(区)则不超过 10%。西南 10 年一遇的干旱灾害损失率为 15%,而华南只有 10%,与前面因子评估法的风险性分布一致。这也说明西南地区干旱灾害对农业生产的风险明显比华南地区要大。针对这一特征,西南地区建立干旱的防灾措施和提高防灾减灾能力的任务更加紧迫。

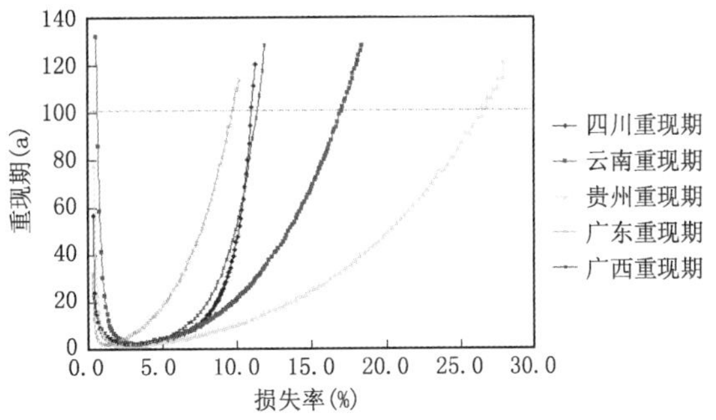

图 9.26 华南和西南 5 省(区)粮食干旱损失率重现期

9.2.2.2 甘肃省农业旱灾风险评估

(1)甘肃省农业旱灾损失年际变化

甘肃省农作物干旱灾害受灾面积占气象灾害受灾面积的比值如图 9.27 所示。由图 9.27 可见,甘肃省干旱灾害在自然灾害中所占比重较大,在过去的 62a 中有 48a 干旱灾害占气象灾害受灾面积的 50%以上,其中 1951 年、1953 年、1971 年、1995 年和 1997 年高达 85%以上。从年代际变化看,20 世纪 50 年代干旱占气象灾害的 53.7%,60 年代为 52.6%,70 年代为

52.7%，80 年代为 58.6%，90 年代为 68.1%，进入 21 世纪(2000—2011 年)为 65.7%。由此可以看出，甘肃省的干旱灾害较为严重，在增温明显的 20 世纪 80 年代中期以后，干旱灾害所占比重均在 50%以上，较前期有明显增加。

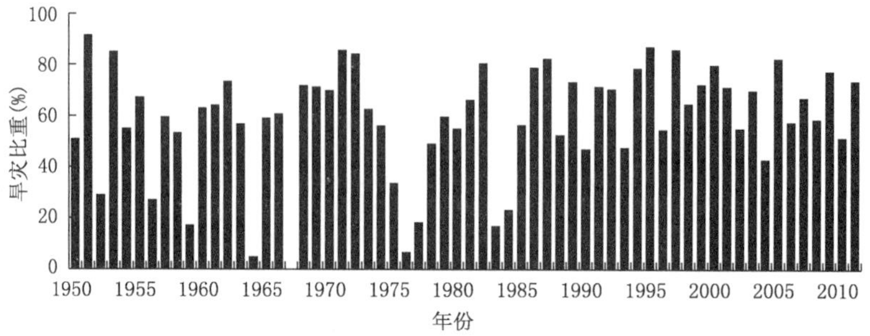

图 9.27　1950—2011 年甘肃省农作物干旱灾害受灾面积占农作物气象灾害受灾总面积比值的年际变化

干旱灾害损失率表征因干旱所导致的作物产量损失率。1950—2011 年甘肃省农业旱灾损失率均在 30%以下(图 9.28)。1995 年、2000 年因干旱造成农业损失率最大，为 26.8%和 25.5%。旱灾损失率的年际变化呈现增长趋势，尤其在 20 世纪 90 年代以后，损失率增大较明显。由各年代平均值看，20 世纪 50 年代甘肃省农业干旱灾害损失率为 4.16%，60 年代为 8.40%，70 年代为 10.15%，80 年代为 8.95%，90 年代为 12.93%，21 世纪以来上升为 14.49%。可见，农业旱灾损失率年代际变化与年际变化均呈现一致的增加趋势。

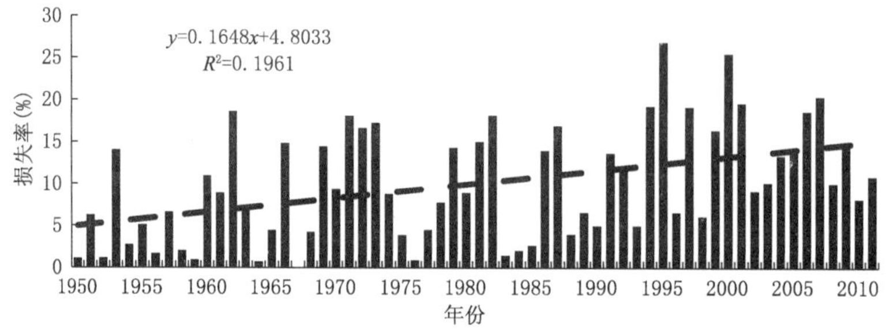

图 9.28　1950—2011 年甘肃省农业旱灾损失率年际变化

(2)甘肃省农业干旱灾害损失率概率分布函数拟合

甘肃省农业干旱灾害平均损失率为 10%，损失率中位数为 9.01%，均值大于中位数，标准差为 6.71%，损失率时间序列在 5%的显著性水平下表现为右偏态分布，偏度为 0.39；峰度小于 3，呈现出平顶曲线的特征。

表 9.24 为 10 种模型对甘肃省农业干旱灾害损失率时间序列的优度检验。可以看出，候选的 10 种模型中，K-S 检验、A-D 检验及 χ^2 检验的结果的排序均存在一定差异，根据优度检验的规定，对 Gen. Extreme Value、Normal、Weibull、Lognormal、Log-Logistic、Frechet 及 Chi-Squared 模型的检验结果中有 2 种或以上方法的检验结果一致，则以该结果为准；Logistic、Gamma 和 Beta 模型的 3 种结果各不相同，则以 A-D 检验结果为准。由表 9.24 还可以看出，Gen. Extreme Value(极值理论，GEV)模型排序第一。利用计算得到的变异系数(coefficient of variation)CV 值(CV=0.7426)对结果进行检验,AD<CV,故接受样本服从指定模型的假设。因此,甘肃省农业旱灾损失率服从 GEV 分布模型,且为最优概率分布模型。

表 9.24　1950—2011 年甘肃省农业干旱灾害损失率拟合优度检验

分布模型	K-S 检验		AD 检验		卡方检验		综合排序
	统计值	排序	统计值	排序	统计值	排序	
Beta	0.15316	8	6.7966	9	N/A		9
Chi-Squared	0.23886	10	13.469	10	16.491	9	10
Frechet	0.19849	9	6.3685	8	10.673	8	8
Gamma	0.1209	5	2.9343	4	1.9916	1	4
Gen. Extreme Value	0.09729	1	0.61188	1	2.3329	2	1
Log-Logistic	0.14756	7	4.2966	7	7.499	7	7
Logistic	0.11924	4	1.2942	3	7.4696	6	5
Lognormal	0.12563	6	3.9491	6	4.3374	5	6
Normal	0.09905	2	0.83379	2	4.1901	4	2
Weibull	0.11226	3	3.0755	5	3.6826	3	3

GEV 模型的概率密度函数为:

$$f(x)=\frac{1}{v}\exp[-(1-w)y-\exp(-y)] \tag{9.8}$$

其中

$$y=\begin{cases}\dfrac{(x-u)}{v} & w=0\\ -\dfrac{1}{w}\ln\left[1-\dfrac{w(x-u)}{v}\right] & w\neq 0\end{cases} \tag{9.9}$$

其累积分布函数为:

$$F(x)=\exp[\exp(-y)]=\begin{cases}\exp\left\{-\exp\left[-\left(\dfrac{x-u}{v}\right)\right]\right\} & w=0\\ \exp\left\{-\left[1+w\left(\dfrac{x-u}{v}\right)\right]^{-\frac{1}{w}}\right\} & w\neq 0\end{cases} \tag{9.10}$$

式中,u 为位置参数,v 为尺度参数,w 为形状参数。

根据甘肃省 1950—2011 年历年农业干旱灾害损失率资料,采用极大似然法对选取的 GEV 分布模型进行参数估计。所得参数为:$u=7.1169$,$v=5.7993$,$w=0.1036$。因此,确定出最优模型的概率分布函数为:

$$F(x)=\exp\left\{-\left[1+0.1036\left(\frac{x-7.1169}{5.7993}\right)\right]^{-\frac{1}{0.1036}}\right\} \tag{9.11}$$

为了进一步检验甘肃省农业干旱灾害损失率概率分布模型拟合的准确性,给出了概率分布函数 $F(x)$对应的 $P-P$ 图(图 9.29a)和概率密度函数图(图 9.29b)。$P-P$ 图给出了变量的累积比例与指定分布的累积比例间的关系,由此可了解可检验变量是否符合指定的分布。由图 9.29a 可看出,$P-P$ 图中虽有些点不在直线上,但近似呈一条直线,这说明损失率分布与指定的 GEV 模型的偏离不大。由概率密度函数图 9.29b 可以看出,函数的估计和频率图拟合的相对较好，损失率在8%左右的发生概率最大。综合上述，GEV模型对甘肃省农业旱灾损失率分布拟合较好。

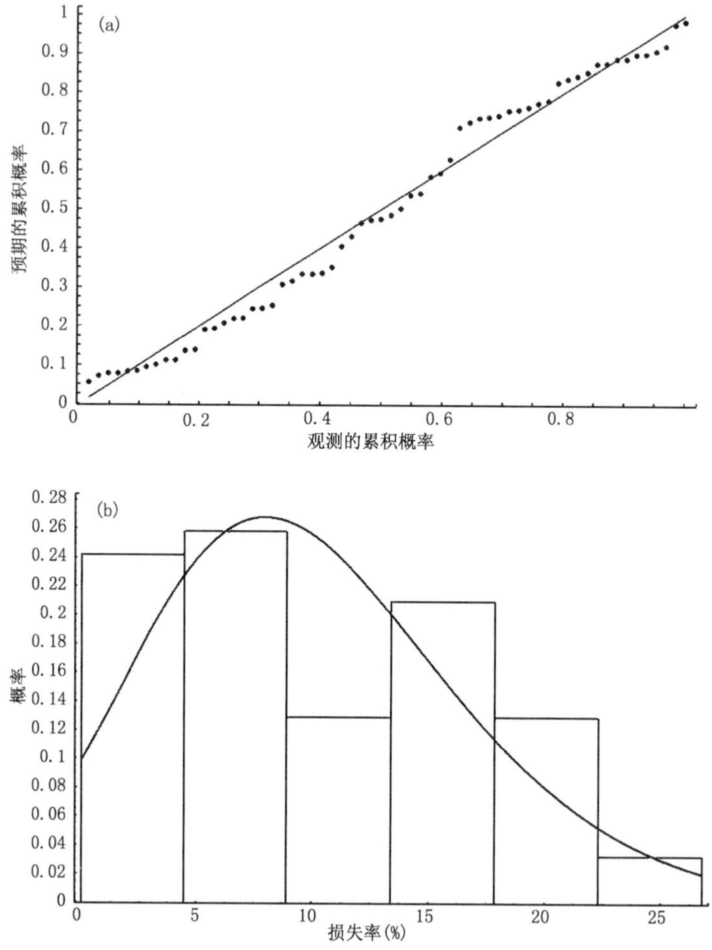

图9.29　甘肃省农业旱灾损失概率分布 $P-P$ 图(a)和概率密度函数图(b)

(3)甘肃省农业旱灾风险度量

基于甘肃省农业干旱灾害损失概率分布函数，可以运用风险价值(value at risk，VaR)方法计算出甘肃省农业生产遭受10年一遇、20年一遇的较重旱灾及50年一遇和100年一遇的重旱灾时的损失率，结果见表9.25。由表9.25可见，甘肃省农业遭受10年一遇的干旱灾害时农业损失率不超过20%，遭受20年一遇的干旱灾害时农业损失率为22%，遭受50年一遇或100年一遇的旱灾巨灾时，农业损失率均超过25%(分别达到25.7%和28.3%)。

1960—2011年甘肃省最严重的农业干旱灾害灾损发生在1995年，造成农业产量减产26.8%，根据记载，1995年3—6月全省降水普遍偏少30%～80%，陇东及陇中大部分地区降水偏少50%～80%，其降水量为气象记录以来的最小值或次小值；全省粮食受灾面积达187.06万 hm^2，占全省粮食面积的63.9%。由此可见，1995年甘肃省的确发生了极端干旱，造成了严重的农业损失，符合本文运用VaR方法计算出的50年一遇到100年一遇的旱灾损失风险度量。这也说明运用VaR方法对农业旱灾进行分析评估是合理的。由表9.25可见，甘肃省遇到百年一遇的干旱巨灾时，全省农业产量或粮食产量将减少近 30%，干旱灾害风险相当高，这将给甘肃省粮食安全造成极大损失和严峻考验。

表 9.25　甘肃省农业旱灾风险度量

灾害水平	10 年一遇	20 年一遇	50 年一遇	100 年一遇
损失率(%)	18.8	21.9	25.7	28.3

第10章 干旱灾害风险对气候变化的响应

政府间气候变化专门委员会(IPCC)第五次评估报告(AR5)认为,1880—2012年全球地表温度平均上升了0.85 ℃,1951—2012年全球地表温度的升高速率为0.12℃/10a,几乎是1880年以来升温速率的2倍,1983—2012年可能是过去1400年中最暖的30年。1909年以来中国的变暖速率高于全球平均值,升温在0.9～1.5 ℃/100a之间,且具有明显的区域和季节变化特征(IPCC,2014)。气候变暖使得蒸发皿蒸发加大(Zhang等,2016),不断变化的气候可导致极端天气和气候事件在频率、强度、空间范围、持续时间和发生时间上的变化,并能够导致前所未有的极端天气和气候事件发生,包括干旱在内的灾害风险在明显加剧(张强等,2014,2015,2017)。图10.1给出了气候变暖对干旱灾害风险的影响。

10.1 干旱灾害风险与气候变化

从短期看,虽然气候变暖可能会对北欧、俄罗斯及北极圈的某些地区产生一定程度的积极影响,但是从长期看,气候变暖对全球所有地区的最终影响都将是十分消极的(IPCC,2014)。鉴于非洲及部分亚洲地区的地理位置及其政府应对洪水、干旱及粮食产量下降等方面的应对能力有限,气候变化特别容易对这些地区产生消极的后果。以干旱为主要气候背景的我国西北地区,对气候变暖的响应更敏感,对气候变化的适应能力更脆弱,受气候变暖的影响程度会更加严重,所造成的各方面损失也会更加巨大(张强,2007)。

统计表明,气候变化引起的气象灾害损失约占自然灾害损失的70%以上,其中干旱灾害损失又占到了气象灾害损失的50%以上。干旱灾害作为中国最严重的气象灾害,其范围大且呈片状分布的特点使其危害对象十分广泛,一旦发生就会造成大范围、长时间的负面影响(王劲松等,2012;傅敏宁等,2004)。随着气候变化,近些年我国干旱灾害多发区逐步从北方向华中、华南等地扩展,干旱严重程度也在不断增加。与新中国成立之初相比,21世纪以来中国干旱的平均受灾率、成灾率和粮食减产率分别为原来的2.3倍、4.3倍和2.6倍之高。干旱灾害不仅会对人类生活和社会生产造成了不利影响,还会带来严重的灾害风险,特别是对农作物生产和畜牧业带来的灾害风险尤其值得关注。

气候变化还额外增加了干旱问题的复杂性(张强等,2014)。首先,由于气候变暖对降水的影响,使衡量降水距平的参考态发生了改变,如降水量减少将会使干旱的降水量阈值降低。其次,由于气候变暖对降水量和温度的改变,改变了干旱发生的频率,极端干旱事件将会有所增加。第三,气候变化还使干旱传递所依赖的生态环境敏感性和承灾体脆弱性等因素发生了改变,从而会影响气象干旱向农业干旱、生态干旱和水文干旱的传递及发展进程。一般而言,气候变暖会加快传递进程。第四,气候变化还使干旱分布格局发生改变,干旱灾害的分布范围会

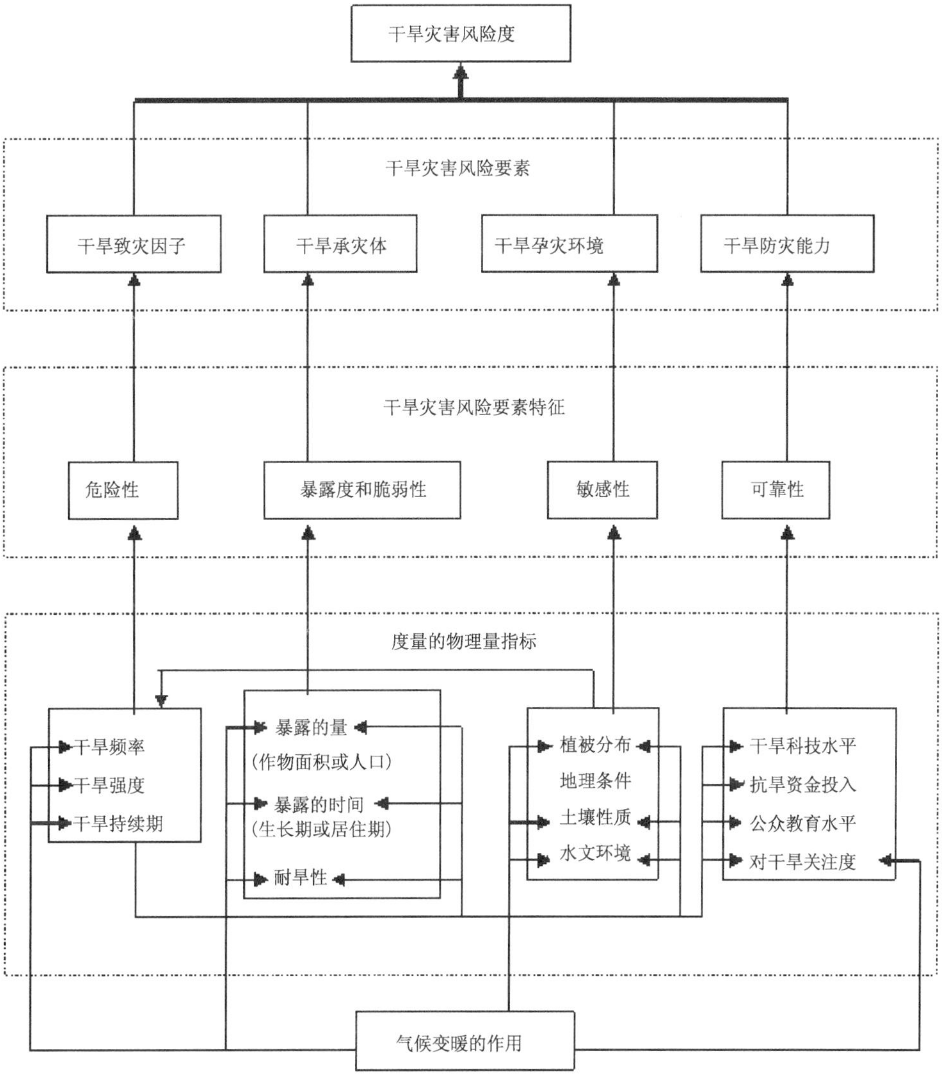

图 10.1　干旱灾害风险要素之间的关系及其受气候变暖的影响(引自张强等,2014)

有所扩展。第五,气候变暖还会使干旱灾害发生时间和地点的不确定性增加,会表现出更加反常的时间和空间分布特征,其发生发展的规律将会更加难以把握。

研究气候变化对干旱灾害风险及自然生态系统的影响,最重要的方面就是要研究干旱灾害风险带来的自然生态系统的脆弱性和风险趋势。气候变化下自然生态系统的脆弱性是指气候变化对该系统造成的不利影响的程度,它是系统内气候变率和幅度变化及其对变化的敏感性和适应能力的多因子函数。一个系统的脆弱性首先取决于其对环境变化的敏感性,生态系统对气候变化的敏感性是指气候因素变化对其格局、过程和功能的影响程度,这种影响可能是有害的,也可能是有益的。气候变化包括气候波动、变化趋势和极端气候事件的频率和强度改变。影响包括直接的或间接的两个方面。脆弱性与敏感性密切相关,通常,脆弱系统是指对气候变化影响敏感且稳定性较差的系统(李克让等,2005)。

干旱灾害风险的最大特点就是动态性和空间格局的不稳定性,因此需要对干旱灾害风险的各种因素及时进行动态分析和科学调控。正是由于气候变化和人类活动造成了干旱灾害风险的动态性，干旱灾害风险性中反映气候变化和人类活动影响的“风险系数”贡献会越来越突出(Kunreuther,1996;谭海丽,2012),并与其本身变化趋势相互影响，这会使干旱脆弱区的固有弱点进一步暴露出来。

10.2 南方干旱灾害风险对气候变化的响应

10.2.1 基于风险因子法的西南和华南干旱灾害风险对气候变化的响应

运用 Mann-Kendall 非参数检验法对华南和西南 5 省(区、市)(四川、云南、重庆、贵州和广西)1961—2012 年的年平均气温序列做突变检验(Wang 等,2015)。从[彩]图 10.2 可以看出，虽然西南和华南地区近 50 年来气温总体持续呈增暖趋势，但在 1994 年发生了趋势突变，1994 年之后变暖趋势更加显著。以 1961—1994 年为变暖突变前，以 1995—2012 年为变暖突变后，进行变暖突变前后干旱灾害风险的对比分析，将会更加突出变暖对干旱灾害风险的影响。

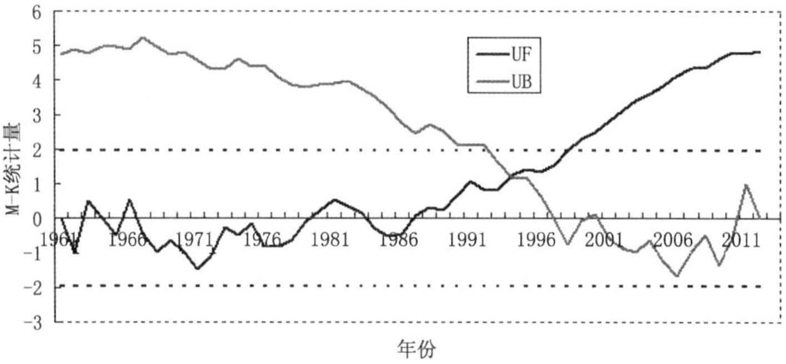

图 10.2 华南和西南 5 省(区)气温 Mann-Kendall 分析

对比分析了变暖突变前后华南和西南地区干旱致灾因子危险性、孕灾环境敏感性和干旱灾害风险的特征([彩]图 10.3),从图 10.3 中可以看出变暖对风险性特征的改变:变暖突变后致灾因子高危险区面积扩大了 8%,华南扩大得更显著一些，达 13%,且致灾因子危险性从云南东部向贵州和四川盆地扩展，说明该因子对气候变暖的响应较为敏感。从孕灾环境敏感性来看，变暖突变后云南中东部地区的高敏感区范围扩大，四川盆地和贵州北部的高敏感区范围略有缩小。总的来说，变暖后孕灾环境敏感性变化并不明显。从干旱灾害风险结果来看，变暖突变后干旱灾害的高风险区域面积扩大了 3%,呈现自云南向东和向北扩展的趋势，且华南的面积扩大更为明显，为 6%。

10.2.2 南方农业干旱灾害风险对气候变化的响应

气候变化对干旱灾害风险的影响可反应在作物的生理生态过程上，在 CO_2 饱和点之内，随着 CO_2 浓度的增加作物光合作用会增强。结合 IPCC A2 和 B2 气候变化情景下预估的 2011—2050 年中国南方地区气候变化结果，在 A2 气候变化情景下，如果考虑了 CO_2 因素，长江流域以南、华南大部的早稻产量会呈现增加趋势，增加幅度大约为 10%～40%;但湖南北部

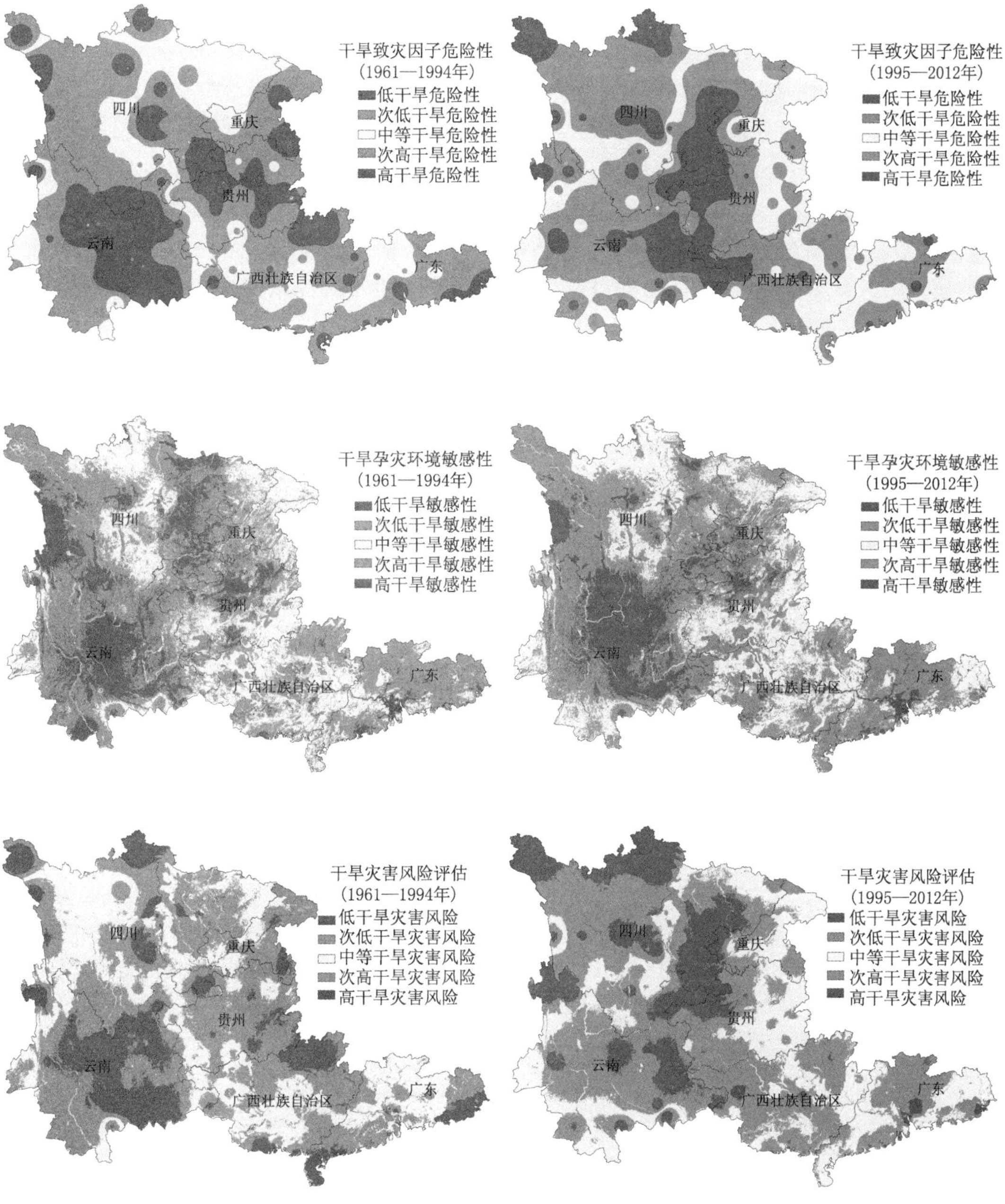

图 10.3　变暖突变前后华南和西南 5 省(区)干旱灾害风险的对比

地区作物产量则会呈现减少趋势,减少幅度为 10%～20%左右。长江流域以南、华南大部分地区晚稻产量也呈增加趋势,增加幅度为 10%～30%;但江西大部呈减少趋势,减少幅度为 10%左右。单季水稻产量在长江流域以北的江苏、安徽和湖北大都会增加 10%～20%左右,但在四川反而会减少 10%左右。

在 B2 气候变化情景下,如果考虑了 CO_2 因素,长江流域以南及华南大部分地区早稻产量会呈现减少趋势,减少幅度为 10%～20%左右;只有其中一小部分地区早稻产量呈现增加趋势,增加幅度为 10%。长江流域以南及华南大部分地区晚稻产量增加幅度在 10%～20%范围，但江西、广东和湖南部分地区晚稻产量会减少10%左右。长江流域以北的大部分地区单季稻产量会增加10%左右，但有部分地区减少10%左右。

在A2气候变化情景下，如果考虑CO_2的直接影响，CO_2施肥效应会部分地补偿了气候变化带来的负面影响，长江流域以南、华南双季稻产量总体会增加10%～40%，长江流域以北的大部分地区单季稻产量增加10%～20%左右，只有局部地区减少10%左右。但东北部分地区单季稻产量减少10%～20%，只在局部地区有小幅增加。B2气候变化情景下，如果考虑CO_2的直接影响，长江流域以南、华南稻区小部分地区早稻产量会增加10%，但其大部分地区早稻产量减少10%～20%左右；长江流域以南、华南稻区少部分地区晚稻产量仍会减少10%左右，但其大部分地区晚稻产量增加10%～20%；长江流域以北大部分地区单季稻产量会增加10%左右，部分地区会减少10%左右。

不过，若不考虑CO_2浓度的变化，在A2气候变化情景下，长江流域以南、华南大部早稻产量会下降10%～40%，其中湖南和福建部分地区产量下降幅度比较大，会达到30%～40%。长江流域以南、华南大部晚稻产量会下降10%～30%，但浙江沿海、福建北部和广西晚稻产量下降幅度小于10%，其中广西局部还会有10%左右的增加。长江流域以北单季稻产量下降幅度为8%～40%，靠近长江流域地区产量下降幅度可达20%～40%。

同样，如果不考虑CO_2，在B2气候变化情景下，长江流域以南、华南大部早稻产量会下降10%～40%。长江流域以南、华南大部晚稻产量也会下降10%～30%左右，但其中的浙江、福建和广西局部地区晚稻产量还会小幅增加。长江流域以北单季稻产量下降幅度为10%～20%左右，但其北部局部地区反而会小幅增加。

如果不考虑CO_2直接影响，在A2气候变化情景下，水稻产量总体也会减少，其中长江流域以南、华南早稻产量会减少10%～40%，下降幅度最大，长江流域以北会减少8%～40%；长江流域以南、华南晚稻产量会减少10%～30%减少幅度最小。如果不考虑CO_2直接影响，在B2气候变化情景下，水稻产量总体减少；长江流域以南、华南早稻产量减少10%～40%，但部分地区早稻产量增加10%左右；长江流域以南、华南晚稻产量则会减少10%～30%；长江流域以北单季稻会减少10%左右。

10.3　北方干旱灾害风险对气候变化的响应

近60年来中国北方地区温度呈显著增高趋势，最大增温区在东北，其次为华北。降水变化更为复杂，不同区域差异更加显著，例如高纬度地区的降水量有增加趋势，而西北中部、青藏高原西南部、华中至华北地区和东北中部4个地区的降水却显著减少。在这种气候背景下，中国西北地区东部、华北地区和东北地区极端干旱发生频率明显增加，干旱化趋势更加显著，特别是20世纪90年代后期至21世纪初，上述地区发生了连续数年的大范围干旱。我国西北地区作为全球气候变化的敏感区和生态环境脆弱区，农业受气候变化的影响更加显著，粮食和食品的安全性更加脆弱(张强，2012)。根据IPCC SRES A1B、A2和B1三种情景，采用WCRP耦合模式，预估2011—2050年中国北方地区干旱状况时空变化趋势，发现在未来40年中北方地区会出现干旱化倾向，虽轻度和中度季节性干旱发生频率有所降低，但重度和极端季节性干旱发生频率明显增加，其中华北地区、东北地区和新疆北部地区等半湿润半干旱地区的极端干旱频率增加趋势更加显著(胡实等,2015)。

气候变化对中国北方农业生产带来了很大影响。东北地区未来春小麦面积将缩小,有向三江平原北部集中的趋势,而冬小麦面积则会增加,热量资源也可逐渐满足一年两作的需要,特别是辽宁南部地区逐步可以进行冬小麦/夏玉米的轮作。受热量条件影响较大的喜温作物和越冬作物以及高原冷凉气候区作物的种植面积将会迅速扩大,未来玉米种植品种也将由现在的早熟品种更替为晚熟品种。华北地区增温多集中在山东东部和河北北部地区,而华北平原中部地区增温幅度较小。河北省北部地区的种植制度可能由一年一熟(春小麦)或两年三熟(如冬小麦-夏大豆-春玉米)演变为一年两熟(麦+大豆或麦+棉等)。山东省东南部和河南省南部复种指数会提高,可由当前一年两熟(如麦+稻、麦+大豆或麦+棉等)演变为一年三熟,甚至在水资源条件较好的地区还可种植冬小麦+双季稻(金之庆等,1998)。西北地区冬季气候变暖使得越冬作物种植区北界西伸北扩,喜温作物面积会扩大,多熟制会向北推移,作物品种的熟性会由早熟向中晚熟发展,单产会增加,品质也会提高。另外,多熟制还会向高海拔地区推移,高海拔地区的复种指数也会提高(刘德祥等,2005)。农作物生长发育速度发生明显变化,春播作物提早播种,喜温作物生育期延迟,越冬作物推迟播种,生育期缩短。如冬小麦的生育期缩短趋势大于春小麦(郝祺,2009),棉花产量会明显增加(刘明春等,2009)。气候变暖使西北干旱区作物种植格局由春小麦为主转变为玉米、棉花和冬小麦为主;半干旱区以春小麦为主转变为以玉米、马铃薯、冬小麦为主(王润元,2010)。

在新的气候背景和农业种植模式下,干旱灾害风险也将发生变化。分析 1985—2008 年中国 29 个省(区、市)农业干旱灾害数据发现,我国农业干旱灾害递增趋势十分明显,并且灾害多发于北方地区,以内蒙古、西北和东北的受灾情况最为严重,受灾率上升最明显的地区在淮河以北。通过灰色关联法对中国气象因素和旱灾做时空关联分析发现,旱灾的增加与温度上升的关系比较密切(孙嗣旸,2012)。赵静(2012)利用马尔科夫链的状态转移概率构成转移概率矩阵,发现豫北地区自 20 世纪 90 年代到 21 世纪 10 年代,干旱轻风险和低风险区面积在减少,中风险和高风险区面积增加。从转移概率来看,由低风险和高风险区转移为中风险区的概率较大,由中风险和高风险区转移为低风险区及由轻风险区转移为高风险区的概率均较小。

10.4 干旱灾损对气候变化的响应

10.4.1 全国干旱灾损对气候变化的响应

研究资料表明,我国降水的总趋势大致是从 18 和 19 世纪较湿润时期转变为 20 世纪较为干燥时期。从全国来看,20 世纪 50 年代降水明显偏多,60 年代降水大幅度减少,70 年代降水继续减少至最低值,90 年代比 80 年代降水略有增加。全国降水减少趋势主要表现在夏季,干旱化趋势在北方更加明显,主要区域有河北、山西、山东和西北地区东部。

近 60 年来,中国平均每年受灾面积达到了 $2160\times10^4\ hm^2$,平均每年成灾面积达 $961\times10^4\ hm^2$,平均每年因灾损失粮食为 $161\times10^8\ kg$。总体而言,60a 来干旱灾害的受灾、成灾面积和粮食损失均在逐年增加,增加速率分别为 $22\times10^4\ hm^2/a$、$18\times10^4\ hm^2/a$ 和 $5.39\times10^8\ kg/a$(图 10.4)。

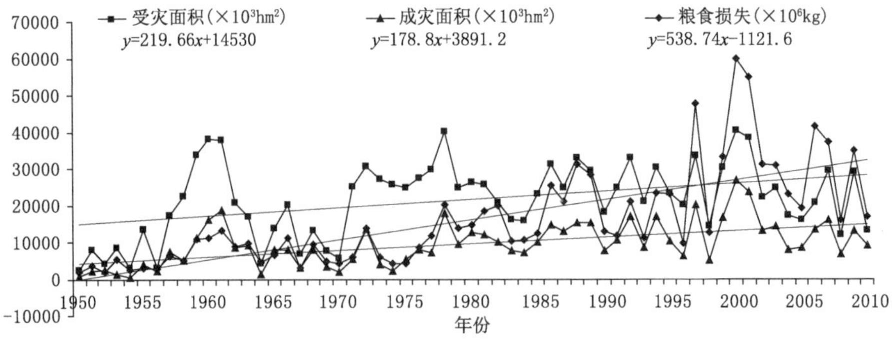

图 10.4　1950—2010 年中国干旱灾害成灾、受灾面积和粮食损失时间变化

从 1950—2010 年全国干旱灾害统计年表(表 10.1)可以看出,20 世纪 90 年代北方地区干旱频繁,旱情严重,受旱面积超过 $3000\times10^4\,hm^2$ 的有 1992 年、1994 年、1997 年、1999 年、2000

表 10.1　1950—2010 年全国干旱灾情统计

年份	受灾面积 ($10^3\,hm^2$)	成灾面积 ($10^3\,hm^2$)	粮食损失 ($10^8\,kg$)	年份	受灾面积 ($10^3\,hm^2$)	成灾面积 ($10^3\,hm^2$)	粮食损失 ($10^8\,kg$)
1950	2398.00	589.00	19.00	1981	25693.00	12134.00	185.45
1951	7829.00	2299.00	36.88	1982	20697.00	9972.00	198.45
1952	4236.00	2565.00	20.21	1983	16089.00	7586.00	102.71
1953	8616.00	1341.00	54.47	1984	15819.00	7015.00	106.61
1954	2988.00	560.00	23.44	1985	22989.00	10063.00	124.04
1955	13433.00	4024.00	30.75	1986	31042.00	14765.00	254.34
1956	3127.00	2051.00	28.60	1987	24920.00	13033.00	209.55
1957	17205.00	7400.00	62.22	1988	32904.00	15303.00	311.69
1958	22361.00	5031.00	51.28	1989	29358.00	15262.00	283.62
1959	33807.00	11173.00	108.05	1990	18174.67	7805.33	128.17
1960	38125.00	16177.00	112.79	1991	24914.00	10558.67	118.00
1961	37847.00	18654.00	132.29	1992	32980.00	17048.67	209.72
1962	20808.00	8691.00	89.43	1993	21098.00	8658.67	111.80
1963	16865.00	9021.00	96.67	1994	30282.00	17048.67	233.60
1964	4219.00	1423.00	43.78	1995	23455.33	10374.00	230.00
1965	13631.00	8107.00	64.65	1996	20150.67	6247.33	98.00
1966	20015.00	8106.00	112.15	1997	33514.00	20010.00	476.00
1967	6764.00	3065.00	31.83	1998	14237.33	5068.00	127.00
1968	13294.00	7929.00	93.92	1999	30153.33	16614.00	333.00
1969	7624.00	3442.00	47.25	2000	40540.67	26783.33	599.60
1970	5723.00	1931.00	41.50	2001	38480.00	23702.00	548.00
1971	25049.00	5319.00	58.12	2002	22207.33	13247.33	313.00
1972	30699.00	13605.00	136.73	2003	24852.00	14470.00	308.00
1973	27202.00	3928.00	60.84	2004	17255.33	7950.67	231.00
1974	25553.00	2296.00	43.23	2005	16028.00	8479.33	193.00
1975	24832.00	5318.00	42.33	2006	20738.00	13411.33	416.50
1976	27492.00	7849.00	85.75	2007	29386.00	16170.00	373.60
1977	29852.00	7005.00	117.34	2008	12136.80	6797.52	160.55
1978	40169.00	17969.00	200.46	2009	29258.80	13197.10	348.49
1979	24646.00	9316.00	138.59	2010	13258.61	8986.47	168.48
1980	26111.00	12485.00	145.39	平均	21599.54	9613.61	161.18

年和 2001 年。2000 年全国受旱面积约 4054×10^4 hm^2，成灾面积约 2678×10^4 hm^2，成灾率为 66.1%，无论干旱受灾面积还是成灾面积均是近 50 年来最严重的一年。2001 年全国干旱受灾面积约 3848×10^4 hm^2，成灾面积约 2370×10^4 hm^2，受灾面积是建国以来第 2 位。1999—2001 年 3 年连续干旱，灾害影响 10 多个省(区、市)，平均干旱受灾面积 3638×10^4 hm^2，成灾面积 2237×10^4 hm^2。与 1959—1961 年的 3 年连续干旱事件相比，虽然干旱受灾面积相近，但成灾面积增加了 704×10^4 hm^2。因此，1999—2001 年是建国以来 3 年连续干旱中最严重的一次。

从以上分析可以看出，干旱气候的发生与干旱灾情紧密联系，气候干旱化带来了更加频繁的干旱灾害。从全国近 50 年干旱灾情可知，20 世纪 90 年代的干旱发生最为频繁，干旱灾情最为严重。全国干旱灾情最重的是 2000 年，其次是 2001 年，干旱气候变化引发干旱化趋势非常明显。

以我国西南地区为例，干旱灾害年综合损失率与年平均温度呈明显正相关(图 10.5)，综合损失随温度升高而增加，温度高于 14.2 ℃之后损失率十分敏感，温度每升高 0.1 ℃损失率约提高 1%。反映了气候变暖对干旱灾害灾损的显著影响。

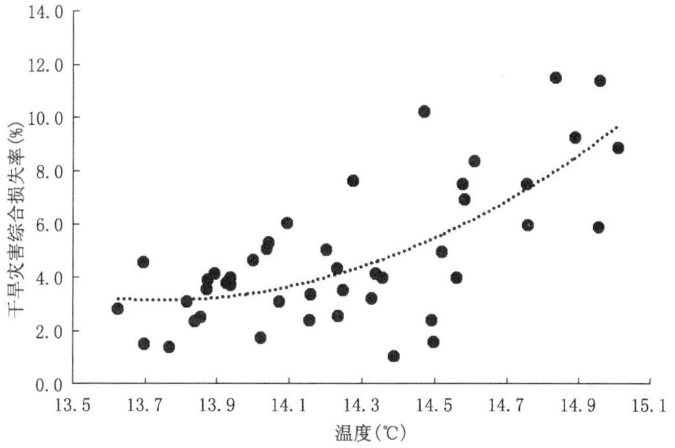

图 10.5　西南气温变化与干旱灾害综合损失率的关系

20 世纪 90 年代气温升高趋势十分显著，南方、北方和全国的气温突变点分别出现在 1996 年、1991 年和 1997 年(张强等，2015)。图 10.6 给出的气温突变前后南方、北方和全国中度和重度农业干旱灾害比率及综合损失率平均值的对比分析表明，温度突变前我国农业干旱灾害中度和重度比率及综合损失率分别为 5.9%、0.6%和 5.1%；而温度突变后分别增加为 7.5%、1.7%和 6.0%，增幅分别为 1.6%、1.1%和 0.9%。从温度突变前后各类灾损率差值来看，北方的中度干旱灾害比率的差值高达 2.9%，是南方的 3 倍多；重度干旱高达 1.6%，也是南方的 3 倍多；综合损失率的差值高达 1.8%，更是南方的 4 倍还多。这说明北方农业面对干旱灾害的影响要明显比南方表现得更脆弱，受气候变暖影响也更大，这符合我国农业生产的实际现状。

由于气候变化，华北地区在 20 世纪 80—90 年代的年平均降水量减少，发生长期干旱导致干旱灾损更加严重。为了详细了解温度突变对我国农业干旱灾损率的影响的区域差异性，表

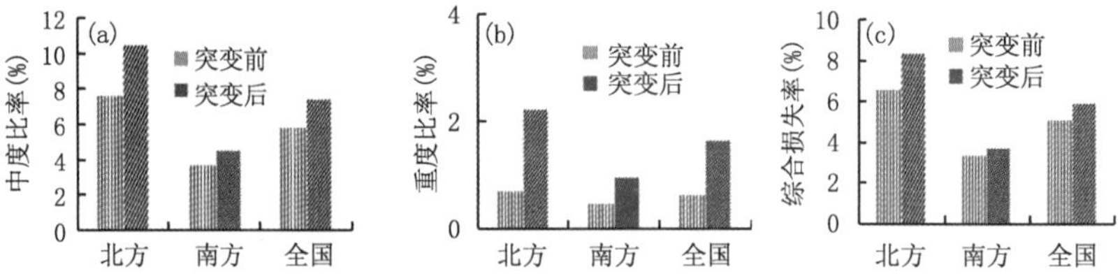

图 10.6　气温突变前后南方、北方和全国农业干旱灾害中度(a)和重度比率(b)及综合损失率(c)的平均值对比

10.2 中统计出了气温突变前后我国各地农业干旱灾害中度和重度比率及综合损失率差值。由表 10.2 可见，由于受气候变化的影响，突变前后农业干旱灾损率变化均十分明显。温度突变后，全国绝大部分地方农业干旱灾害中度比率明显增加（只有湖南和河南的极少部分地方有略微降低的趋势），重度比率在全国范围无一例外地全部增加，综合损失的情况与农业干旱灾害中度比率类似。并且，我国北方与南方气温突变前后农业干旱灾损率变化幅度的区域差异很大，突变后北方干旱灾损率增幅要明显比南方大。南方农业干旱灾害综合损失率的差值范围在－0.92～4.9，北方的差值范围在－0.9～8.4；南方农业干旱灾害中度比率的差值范围在－0.92～4.9，而北方的在－0.29～11.4；南方农业干旱灾害重度比率的差值范围在 0～3.9；而北方的在 0.39～4.8。这说明温度突变后，农业干旱灾害重度比率增加幅度北方普遍超过南方，中度比率和综合损失率南方的局部降低比北方明显一些，而北方局部升高比南方更明显。

表 10.2　气温突变前后我国各地农业干旱灾害中度和重度比率及综合损失率差值

省份	综合损失率(%)	中度比率(%)	重度比率(%)	省份	综合损失率(%)	中度比率(%)	重度比率(%)
甘肃	8.37	11.44	2.97	贵州	1.40	1.89	1.45
吉林	8.15	11.16	3.86	四川、重庆	1.35	2.38	3.89
内蒙古	7.59	9.33	4.78	江苏	1.31	2.29	0.30
青海	7.54	10.55	2.11	湖北	0.97	1.97	0.61
辽宁	7.32	9.83	3.57	安徽	0.88	2.21	0.83
山西	6.34	8.45	4.28	浙江	0.84	1.51	0.46
宁夏	6.33	7.56	3.47	江西	0.27	0.70	0.39
陕西	6.31	8.79	2.79	上海	0.21	0.12	0.00
黑龙江	5.17	6.89	1.99	广西	0.19	0.95	0.40
天津	4.22	4.81	1.71	广东	0.12	0.60	0.19
海南	3.90	4.50	0.56	福建	0.12	0.26	1.18
云南	3.60	4.86	1.49	华中	0.10	0.53	0.62
北京	2.08	3.07	0.70	山东	－0.14	0.46	0.83
新疆	2.07	3.37	0.56	湖南	－0.77	－0.92	0.64
河北	1.57	2.97	1.63	河南	－0.96	－0.29	0.39

图 10.7 给出的南方、北方和全国农业干旱灾害综合损失率随温度的变化关系曲线进一步表明，无论是全国还是南方和北方，综合损失率均与平均温度呈正相关。但相比较而言，南方和北方综合损失率均随温度升高变化比较明显，而全国总的综合损失率随温度升高变化却似乎并不太明显。温度每升高 1 ℃，南方和北方综合损失率分别增加 0.93%和 0.94%左右，相关系数分别为 0.25 和 0.22。而全国温度每升高 1 ℃，综合损失率仅增加 0.67%左右，相关系数也只有 0.16，相关系数均通过了 0.1 的显著性水平检验。

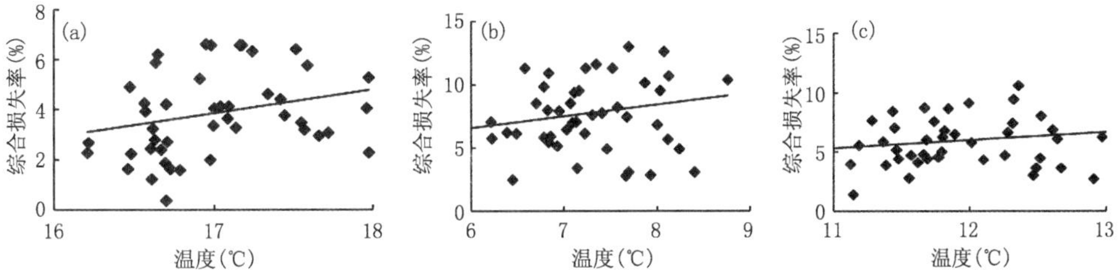

图 10.7　南方(a)、北方(b)和全国(c)农业干旱灾害综合损失率随温度的变化关系

由图 10.8 给出的南方、北方和全国农业综合损失率随降水的变化关系可以看出，农业干旱灾害综合损失率与降水量呈负相关，而且明显比与温度的相关性更好，这说明降水对我国农业干旱灾害的影响要比温度更大。相比较来看，南方年降水量每减少 100 mm，综合损失率大约只增加了 0.76%，而北方大约要增加 5.5%左右，增加速度几乎比南方大了一个量级。而且，南方干旱灾害综合损失率与降水的相关系数只有−0.37，而北方的却高达−0.63，相关系数均通过了 0.1 的显著性水平检验。可见降水变化对我国北方农业干旱致灾的主导性要远比南方的强。

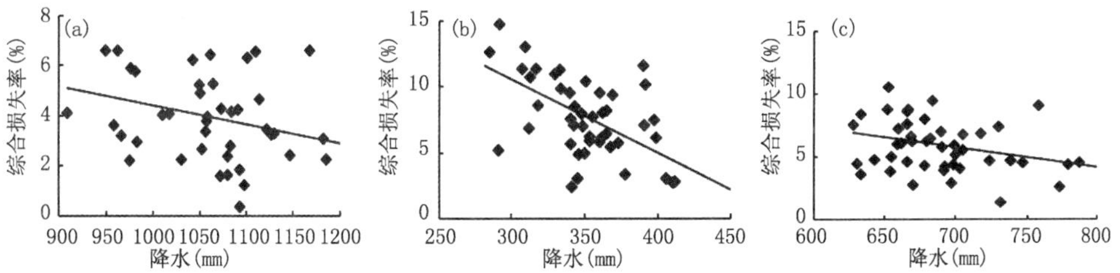

图 10.8　南方(a)、北方(b)和全国(c)农业干旱灾害综合损失率随降水的变化关系

与温度的关系类似，全国农业干旱灾害综合损失率与降水的相关系数只有−0.30，也比南方和北方分别计算的都低。这充分说明，农业干旱灾害综合损失率无论与温度还是与降水的关系都具有显明的南北区域性，而全国总体平均会部分地掩盖或平滑了它们之间的显著区别。不过，农业干旱灾害综合损失率无论与降水还是温度的关系都相对比较离散，相关系数也不是很高，这虽然与温度和降水的耦合影响作用有一定关系，但更主要原因是在全年往往只有某些关键时段的温度和降水变化对农业干旱灾害影响比较显著，不少时段的温度和降水变化对农业干旱灾害并不很重要，甚至个别时段还会出现与总的影响效果相反的影响特征。

10.4.2　甘肃省干旱灾损对干旱气候变化的响应

10.4.2.1　气候变化突变特征及灾损的响应

甘肃省气候变化趋势与全球气候变化趋势基本一致，近 50 年甘肃省平均气温为 7.2 ℃，并自 1960 年以来呈持续上升趋势，每 10 年增温达到 0.29 ℃，从 1987 年后期上升幅度逐渐加大，特别是 1996 年以后，年均气温呈快速上升趋势并且突变分析表明（图 10.9a），年平均气温在 1994 年发生突变。年降水量总体呈下降趋势，年降水的波动比较大，20 世纪 80 年代中期以前，降水呈持续波动状态，80 年代中期以后，有明显的下降趋势（图 10.9b）。

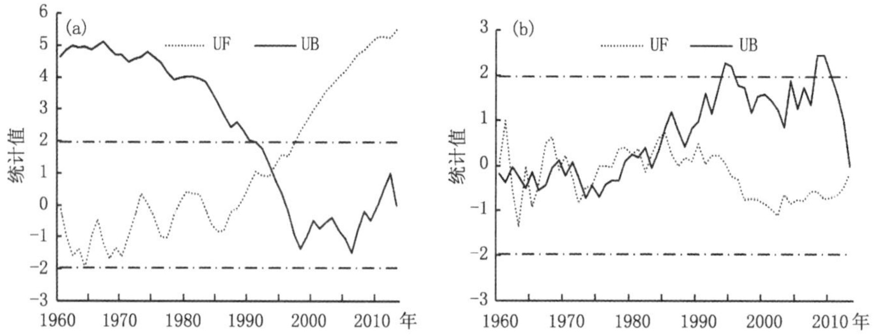

图 10.9　气温(a)和降水(b)序列 Mann－Kendall 统计量曲线

目前气候变暖水平使得甘肃农作物物候期提前、生长期延长、作物热量条件得到改善，作物生产潜力增加，这在一定程度上促进了作物的稳产高产（宋连春等，2003；黄荣辉和杜振彩，2010；张强，2010；IPCC，2014）。但不同地区气候变暖的程度和趋势不同，降水的时空格局变化也不相同。甘肃省的气候变暖也会引起部分地区温度升高、蒸发增大，干旱灾害频次增加，加之降水时间和强度变异幅度加大等，加大了农业干旱灾害发生的频次和强度，影响了作物生产潜力的发挥。可以以 1994 年为突变点，分析气温突变前后农业干旱灾损的变化，以此来突出气候变暖的影响特征。由图 10.10 可以看出，温度突变前后受灾率分别为 20.8% 和 29.5%，成灾率分别为 10.1% 和 18.2%，绝收率分别为 0.8% 和 3.7%，综合损失率分别为 7.9% 和 13.5%。从温度突变前后农业灾损的增幅可以看出，绝收率的增幅最大。这说明，在温度突变后干旱灾害不仅频次增加，而且强度也在增大，而且越重的干旱，增大的幅度越大。

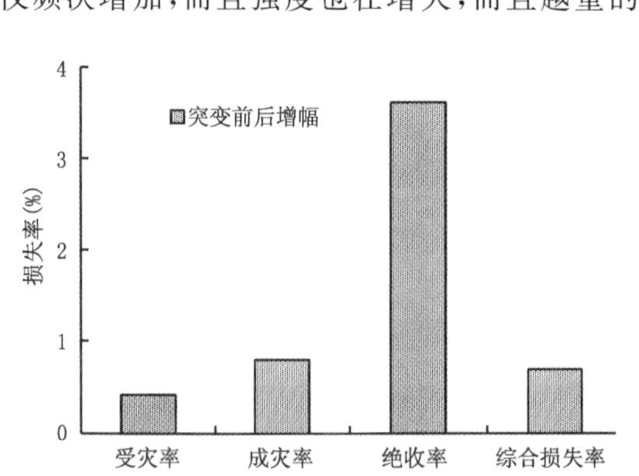

图 10.10　气温突变前后干旱农业受灾率、成灾率、绝收率和综合损失率

可见，随着气候变化，甘肃农业灾损面临的风险是非常大的，气候变化导致甘肃农业生产风险明显增加。

10.4.2.2　不同等级灾损的气温和降水阈值

通过计算各等级灾损在气候空间的分布阈值发现，重度损失主要集中在温度大于 6.35 ℃，降水小于 525 mm 的象限；成灾主要集中在温度大于 6.45 ℃，降水小于 525 mm 的象限；而绝收主要集中在温度大于 6.95 ℃，降水小于 355 mm 的象限；综合损失主要集中在温度大于 6.45 ℃，降水小于 460 mm 的象限。受灾率对温度和降水均较敏感，也就是说温度也是灾损的关键因子。6.35 ℃和 525 mm 是重旱受灾的临界阈值，即当温度超过 6.35 ℃，降水小于 525 mm，就会出现重旱灾害风险。随着温度的升高、降水的减少，出现高干旱风险的概率会更高。在降水不变的情况，温度每增加 0.1 ℃，灾害量级就会由受灾转变成了成灾。温度每增加 0.6 ℃，灾害量级就会由受灾转变成了绝收。在 6.45 ℃的年平均温度和 460 mm 的年平均降水气候态是干旱高风险的临界值，6.65 ℃的和 525 mm 是干旱中风险的临界值，5.88 ℃和 515 mm是干旱低风险的临界值。一定的温度下，随着降水的增加，干旱灾害风险会有一定的缓解。当温度小于 6.5 ℃时，降水对干旱风险的影响相对较小，出现干旱风险的概率较低，一般都是低风险，所以高寒山区一般发生干旱灾害的可能性很小。

10.4.2.3　干旱灾损与温度和降水的相关性

受灾率、成灾率、绝收率和综合损失率与温度的相关性都很高(图 10.11)，随温度的升高，灾损明显增大；温度每升高 1 ℃时，受灾率、成灾率、绝收率和综合损失率分别会增加 11.5%、

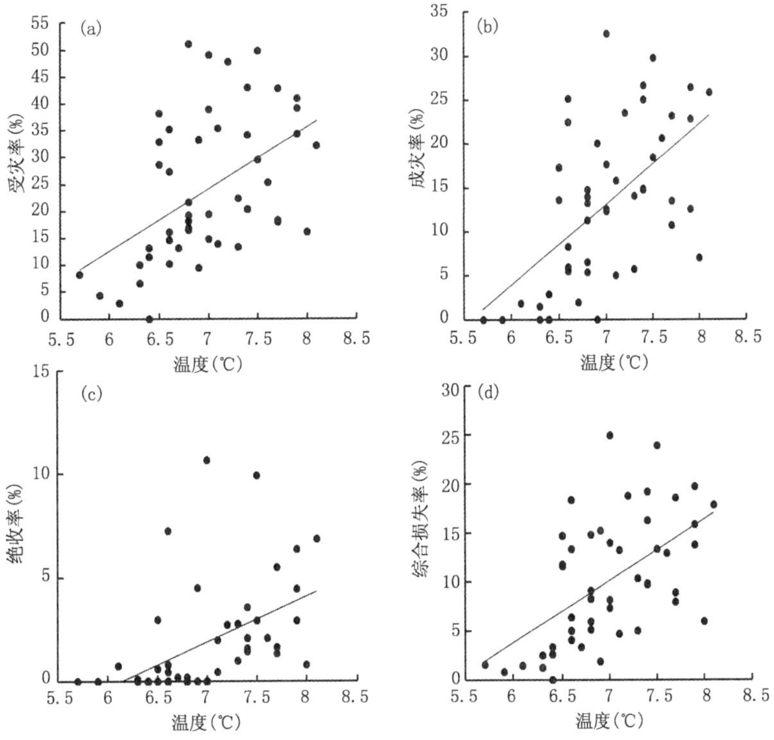

图 10.11　受灾率(a)、成灾率(b)、绝收率(c)和农业综合损失率(d)与温度的关系

9.2%、2.2%和 6.3%。平均温度超过 6.5 ℃后，干旱灾损增加会更加明显。综合损失率与温度的相关性达到了 0.99，与受灾率、成灾率、绝收率的相关系数分别为 0.86、0.99 和 0.84，所有都通过了 0.05 的显著性水平检验。

受灾率、成灾率、绝收率和综合损失率与降水的相关性也很高(图 10.12)，随降水的增加，灾损减少，降水每减少 10 mm，受灾率、成灾率、绝收率和综合损失率分别增加 1.3%、0.7%、0.2%和 0.6%。在降水超过 450 mm 后，干旱灾损会明显减少。综合损失率与降水的相关性达到了 0.86，与受灾率、成灾率和绝收率的相关系数分别为 0.84、0.76、0.55。

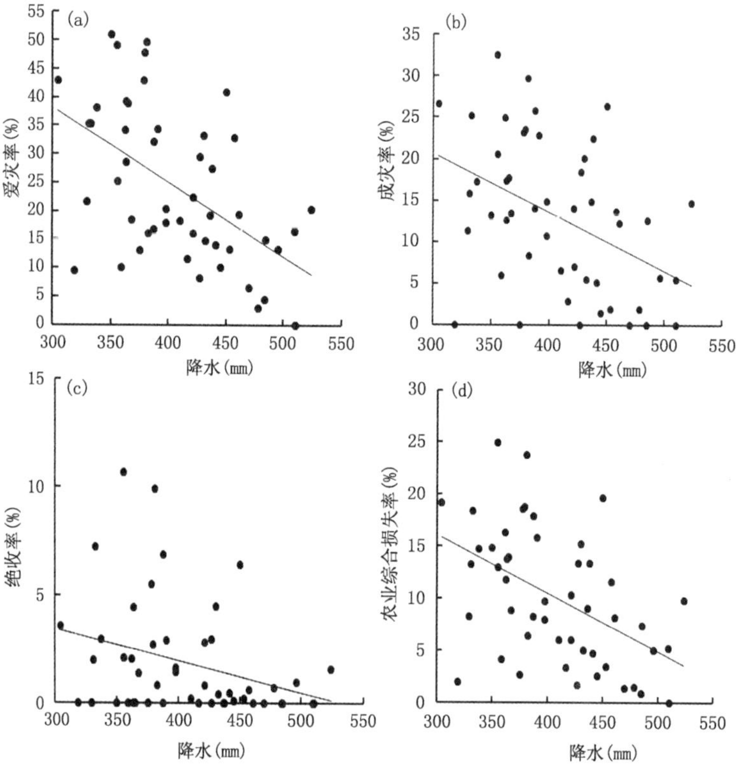

图 10.12　受灾率(a)、成灾率(b)、绝收率(c)和农业综合损失率(d)与年降水量的关系

作物干旱更多地由关键时段的气象条件决定，而年平均气象资料平滑了关键时段气象条件的影响。灾损与月降水的相关性分析表明(图 10.13)，农业综合损失率与关键时段 2 月和 6 月温度相关性最高，均在 0.84 以上，与 12 月、1 月、3 月和 7 月温度相关性较高，与 10 月和 11 月相关性最低，说明该区域作物在 2 月和 6 月最需要充足的热量。综合损失率与关键时段 5 月降水相关性最高，都达到了 0.91，其次是与 4 月和 10 月降水相关性较高，1 月份最小。说明西北干旱、半干旱区 5 月份是作物需水关键期，其次是 4 月和 10 月份，1 月份水分多少对作物的影响很小。

灾损与季节温度和降水的相关性分析表明(图 10.14)，综合损失率与夏季温度和降水的相关性都很高，其次与秋季温度和春季降水，与春季温度和秋季降水相关性最低。在甘肃省，夏季是作物生长的关键时段，对水热匹配需求高。

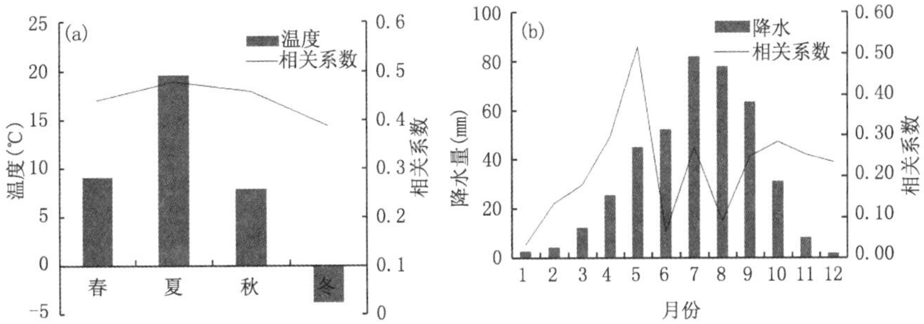

图 10.13　农业综合损失率与月降水和温度的相关关系

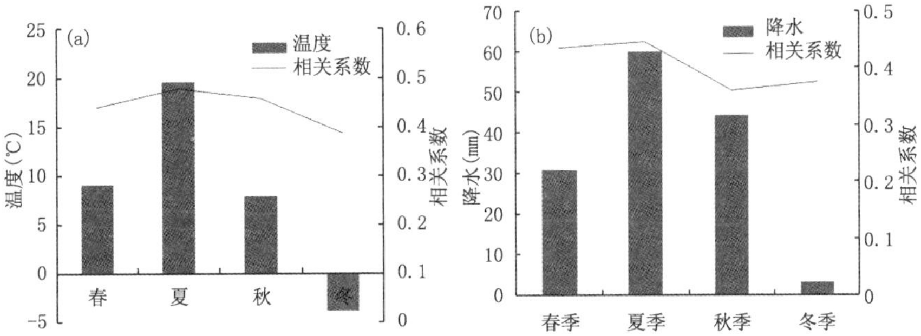

图 10.14　农业综合损失率与季节降水和温度的相关关系

10.4.3　基于两种干旱灾害风险评估方法得到的评估结果对比

为了了解干旱灾害风险评估结果的可靠性，图 10.15 给出了利用两种评估方法得到的气候变暖突变前后的干旱风险性结果的简单对比，可以看出，无论是南方、西南，还是华南，变暖突变后，两种评估方法得到的风险性均是增大的。变暖突变后，基于风险因子法(图 10.15a)的南方干旱风险区域扩大了 3%；基于概率统计法(图 10.15b)的南方农业干旱灾损率也表现出增加的特点，其中成灾率增加 21%、绝收率增加 102%，综合损失率增加 11%。可见因子法评估的风险性和概率统计法评估的风险性趋势特征是一致的。

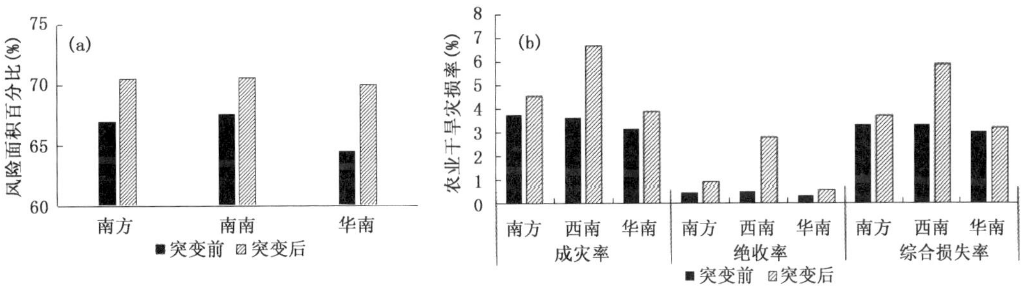

图 10.15　变暖突变前后基于风险因子法(a)和概率统计法(b)的风险性

10.5　未来气候变化情景下干旱灾害风险变化趋势

10.5.1　基于情景的风险评估

基于情景的风险评估是对风险机理进行分析，它是依据“风险是与某种不利事件有关的一种未来情况”的风险概念框架，将风险形式化地表达为“情景、情景概率和情景后果”的三元组集合，通过“情景制作—情景演练—情景结局—情景综合”4个主要步骤来实现对干旱灾害风险的有效评估（徐磊和张峭，2011）。具体流程如图10.16所示。

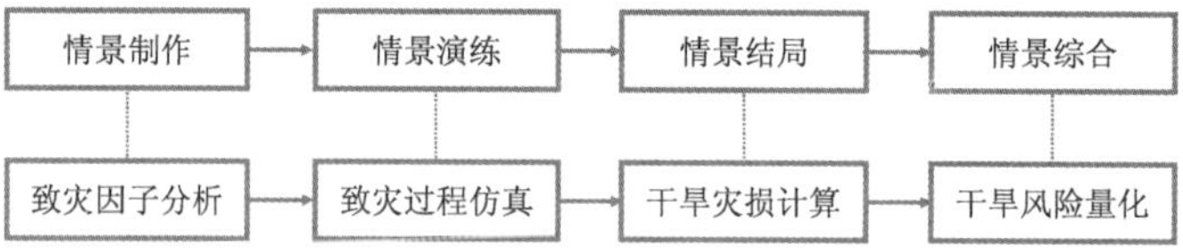

图10.16　基于情景的干旱风险评估示意图

10.5.1.1　干旱风险情景制作

基于情景的干旱风险评估理论和方法的基础是情景制作，即生成或制作未来可能出现的各种干旱风险情景。不同农业风险情景的差异主要体现在致灾因子差异上，对农业致灾因子的分析成为情景制作的关键，一般通过时间、空间和强度3个参数来完整地刻画致灾因子。干旱灾害致灾因子分析的任务就是计算不同时间、空间和强度的旱灾致灾因子发生的概率或者重现期。所谓农业干旱灾害致灾因子重现期就是指某种事件平均多少年重复出现一次。例如，旱灾重现期可用连续120天无有效降雨导致出现特大干旱事件平均多少年重复出现一次的时间来表述。通过设定干旱灾害致灾因子重现期的范围（多少年一遇）为评估目标区域生成或制作各种可能出现的干旱灾害致灾因子，从而完成对未来干旱风险情景集的制作。需要指出的是，在情景制作中干旱致灾因子指标的确定及干旱致灾因子重现期范围需要合理地设定。使用干旱灾害致灾因子的极端重现期来生成情景，即重现期可离散为50年、100年或1000年一遇的重现期，其中每个重现期干旱灾害致灾因子都会构成独立的风险情景，但这不适合使用干旱致灾因子偏小的重现期来生成情景（如5年一遇甚至3年一遇），因为此类情景出现的可能性虽很大，但却不足以造成重大损失。

综上所述，干旱致灾因子情景制作的主要内容为：识别干旱的致灾因子，建立不同时间、空间和强度的干旱致灾因子的概率分布，设定干旱致灾因子的重现期，生成目标区域内未来可能出现的干旱致灾因子，进而构造出未来的情景集。

10.5.1.2　干旱风险情景演练

基于情景的干旱风险评估理论和方法的关键是情景演练，即对评估区域内可能发生的干旱灾害致灾因子的致灾过程进行仿真模拟。主要根据干旱灾害致灾因子的致灾过程物理机理，建立干旱灾害致灾因子的致灾过程通用仿真模型，在输入旱灾致灾因子时间、空间、强度参数以及评估区域农业环境特征后，仿真模型即可模拟出该干旱灾害致灾因子作用下的致灾过程，并可获得对农业生产破坏力即干旱灾害致灾因子的场地致灾力。目前存在两类可供选择的农业干旱灾害致灾因子场地致灾力空间分布的度量方法，即基于行政单元和基于网格单元，具体使用哪种方法则需要根据仿真的精度、数据源的特征以及风险评估要求而定。需要指出的是，在风险情景演练中，干旱灾害致灾因子致灾过程的可靠性主要取决于仿真模型和数据源的可靠性。可以通过回溯检验法对现场实际调查结果与仿真结果进行对比来实施可靠性验证。从理论上讲，仿真结果与现实的匹配度倘若能达到70%以上便可认为干旱灾害致灾因子致灾过程的仿真过程是可靠的。

综上所述，干旱致灾因子情景演练的主要内容为：建立旱灾致灾因子致灾的仿真模型，并对仿真模型进行可靠性检验，然后输入旱灾风险情景集的各种情景(50年、100年或1000年一遇)，分别进行不同情景下干旱致灾过程的仿真模拟，从而获得干旱灾害风险情景集的各种情景下场地致灾力的空间分布。

10.5.1.3　干旱风险情景结局

基于情景的干旱风险评估理论和方法的核心是情景结局，即通过识别评估区域内承灾体的种类并评估其暴露量和脆弱性，从而估算出不同风险情景下的旱灾损失。这其中，一是计算干旱灾害发生时承灾体所承受的破坏力(情景演练中所提及的场地致灾力)，即通过情景演练来获得干旱灾害场地致灾力的空间分布；二是评估干旱灾害发生时承灾体的暴露度和脆弱性。干旱灾害承灾体的暴露度是指承灾体暴露在致灾力中的量，干旱承灾体的脆弱性是指承灾体承受超出最大限度破坏力时所表现出来的耐力特征以及干旱灾害承灾体系统自我适应和调节的能力。干旱灾害承灾体的脆弱性一般可通过破坏性实验来实现，例如田间实验。由于旱灾承灾体的灾损在量纲上存在一定差异，通常需要将灾损统一折算为农作物产量的损失量及金额。需要指出的是，在干旱风险情景结局中，上述灾损是指干旱灾害承灾体的直接损失，但除了旱灾承灾体的直接损失外，还应包括间接损失即没有受到旱灾场地致灾力的直接作用而产生的损失，例如重旱使得粮食大幅度减产从而导致物价飙升，并对城乡居民生活产生不利影响。

综上所述，旱灾致灾因子情景结局的主要内容为：识别区域内旱灾承灾体种类并评估其暴露度，构建各承灾体的脆弱性函数，输入情景演练后获得的场地致灾力，估算出不同情景下(50年、100年或1000年一遇)的干旱灾害损失。

10.5.1.4　干旱风险情景综合

干旱风险情景综合也是基于情景的干旱风险评估理论和方法的重要内容。按照风险情景的定义，旱灾风险是对未来情景的综合，干旱风险的量化就是对各种未来情景不利后果的综合量化。基于情景制作、情景演练和情景结局所获得不同重现期(50年、100年或1000年一遇)下干旱致灾因子的灾害损失(农作物产量”损失量或金额)，便可利用期望损失来度量干旱风险，即实现干旱灾害风险的有效评估。

基于情景的风险评价是对干旱风险机理的梳理，通过“情景制作—情景演练—情景结局—情景综合”来实现旱灾风险的有效评估。如以水稻生产干旱灾害风险评估为例，上述干旱灾害风险评估的基本过程可以按如下步骤：①情景制作—干旱致灾因子分析。降水是水稻干旱灾害的主要致灾因子，为此收集评估区内气象站点上降水量历史数据，同时建立不同站点的“干旱指标—干旱强度—持续时间—重现期”模型，并设定不同重现期来制作未来情景。②情景演练一致灾过程仿真。通过建立"干旱指标—水稻生长—干旱的发生"分布式仿真模型(需要通过回溯检验法来检验仿真模型的精确性),在地理环境数据(土地利用、土壤质量、河流等)的支持下,分别输入不同情景下的降水量或干旱指标对干旱灾害进行仿真演练,从而获得不同情景下区域内水稻干旱灾害场地致灾力的分布(例如干旱持续时间、干旱的范围等)。③情景结局—旱灾损失计算。建立基于网格的水稻干旱损失估算模型,即在水稻田分布数据的支持下,并输入不同情景下评估区域内干旱灾害场地致灾力(例如干旱持续时间、干旱的范围等)后,对进行不同情景(50 年、100 年或 1000 年一遇)下水稻因旱的损失量进行评估,然后以行政区划为单元,统计行政单元内水稻的损失之和。④情景综合—干旱风险量化。以评估区域为单元,利用条件期望损失为标准来评估水稻干旱灾害的风险大小。基于情景的干旱灾害风险评估理论和方法也存在一定的局限性:基于情景方法的核心是对区域自然灾害过程的仿真建模,即通过借助于诸如分布式水文模型、作物生长模型等系统平台对干旱致灾因子的致灾过程进行仿真模拟,因而比较适合对某一特定农田或范围较小区域(县级)农业生产风险进行分析评估,而干旱灾害风险的覆盖面十分广阔,一般至少波及到省级的范围,倘若采用该方法进行"以点推面"以评估旱灾风险,势必会造成较大误差。到目前为止,学术界尚未提供与省一级甚至更大范围农业生产实际相吻合的仿真模型。

10.5.2　未来气候情景下南方地区干旱风险趋势

利用全球耦合模式比较计划第 5 阶段(CMIP5)多模式集合预估结果,以中温室气体排放情景(RCP4.5)为例,基于标准化降水蒸散指数(SPEI),预估未来 20 年(2017—2036 年)不同类型干旱危险性变化,这里借鉴国际上已有的研究方法,Sergio and Coauthors(2012)计算得到了 3、6、9 个月时间尺度的 SPEI 指数,分别代表气象干旱、农业干旱及水文干旱,结果如图 10.17 所示。可见,未来 20 年,西南地区、华南西部、湖南、江西和福建是各类型干旱危险性较大的区域,其中四川北部的气象干旱危险性最大。

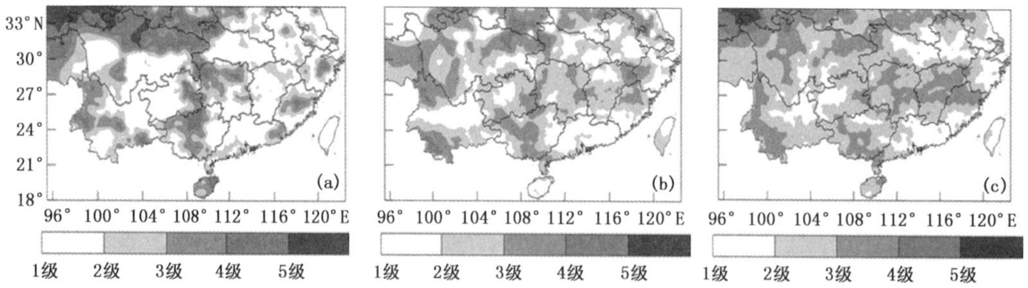

图 10.17　中温室气体排放情景(RCP4.5)下 2017—2036 年不同类型干旱危险性
(从左至右分别为气象干旱、农业干旱和水文干旱)

10.5.3　未来气候情景下甘肃省农业干旱灾损的风险趋势

根据 IPCC 第四次评估报告中的 20 多个不同分辨率的全球气候系统模式的预估结果(A1B 温室气体排放情景下)的分析表明,到 2100 年,甘肃省的年平均气温总体呈现出一致的上升态势,增温幅度在 0.8～3.9 ℃之间,其中 2050 年气温将上升至 8.5 ℃。假设不考虑其他因素，仅考虑温度升高对干旱灾害风险的影响，以 1960—2012 年多年平均综合损失率为基准值，利用灾损与气温的相关关系，通过拟合分析，到 2100 年，甘肃省的干旱灾损的风险值将会由目前的 10.6%增加到 12.6%～31.5%之间（图 10.18），即甘肃省未来气候变化情景下农业干旱灾害综合风险会呈持续上升趋势。

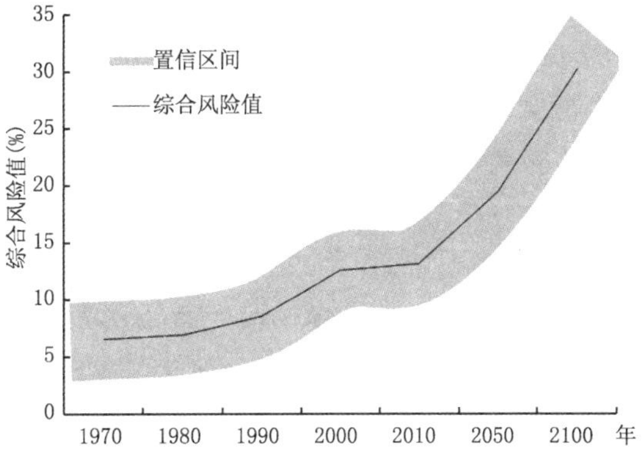

图 10.18　未来气候变化情景下农业综合风险

第 11 章 农业干旱灾害及其风险防控技术

气候变暖变干是导致干旱频繁发生的重要原因。气温升高引起地表蒸发量加大，自然降水量减少，引起土壤水分迅速下降，这双重作用致使大气干旱和土壤干旱同时发生，从而造成农业干旱，进而严重影响农业生产。

11.1 农业干旱及农业干旱灾害特征

11.1.1 农业干旱定义

农业干旱是指某一地域范围在某一具体时段内的降水量比多年平均降水量显著偏少，造成作物水量供需明显不平衡，从而阻碍作物正常生长的现象。农业干旱会导致该地域农业生产遭受到较大危害。农业干旱是气象灾害的延伸，也是气象灾害的持续。农业干旱的常用表征指标有降水量、土壤含水量、作物旱情指数和综合性旱情指数等。

11.1.2 农业干旱影响因素

农业干旱发生是一个复杂的过程。农作物在长期无雨或少雨的情况下，由于蒸发强烈，土壤水分亏缺，使体内水分平衡遭到破坏，影响正常生理活动，从而造成损害。农业干旱的发生除受降水量、降水性质、气温、光照和风速等气象因素影响外，还与土壤性质、种植制度、作物种类、生育期等直接有关。作物从营养生长向生殖生长转换时期对水分最为敏感，如果此时降水条件不能充分保证，就会对粮食产量造成很大影响。因此，分析农业干旱时通常要从农作物生长规律和水分供应特征两个方面考虑。

11.1.3 农业干旱分类

中国各地降水的季节变化和年际变化差异较大。因此，各地农业干旱发生频率与降水变率关系很大，季节性和区域性也十分明显，形成了各区域不同的作物季节性干旱特征。全国主要有以下 5 类农业干旱：华北冬小麦春旱，北方小麦秋播干旱，北方秋作物夏旱，南方水稻伏秋旱，华南冬作物冬旱。

另外，还有一些区域性的季节性农业干旱。如西北牧区的干旱和黄土高原半干旱区的春旱、华南南部和西南地区的春旱、甘肃中部、宁夏南部、关中等地的初夏旱和伏旱、华北的冬旱以及北方牧区的冬旱(黑灾)等，这些区域性和季节性农业干旱对农牧业生产均带来了不同程度的危害。

11.1.4　农业干旱灾害的危害

农业干旱灾害是最严重的气象灾害，也是重大自然灾害之一，是世界上广为分布的自然灾害，全世界有 120 多个国家受到不同程度的农业干旱威胁。特大农业干旱可夺走难以计数的生命，是导致自然生态和环境恶化的罪魁祸首，是社会经济特别是农业可持续发展的重大障碍。我国历史上发生的每一次特大农业干旱都给中华民族带来了深重灾难。农业干旱具有发生频率高、持续时间长、影响范围广、危害程度重、后延影响大等特点。

11.1.5　农业干旱类型

农业干旱按照干旱发展过程分为土壤干旱、生理干旱、生态干旱三种类型。

11.1.5.1　土壤干旱

农业干旱以往大多是根据土壤水分含量来确定的，当根层土壤水分达到限制作物生长和产量形成时就称为土壤干旱。土壤干旱应根据作物种类、发育期及不同地区的根层土壤含水量来确定。一般来说，豆科作物应考虑较深土层的含水量，而禾本科作物应考虑浅土层的含水量。在作物生长初期，如果上层水分足以满足其生长需要的话，虽然下层土壤水分不足，也不会对作物最终产量造成大的影响。但随着作物生长发育和根系的发展，下层土壤水分继续缺少则会导致产量明显下降。

11.1.5.2　生理干旱

生理干旱是因土壤环境不良，使根系和作物本身生理活动受阻，吸水困难，导致作物体内水分失衡从而产生危害。干旱对作物的危害是因植物体的水分平衡被破坏所致。当蒸腾量超过吸水量后会使叶内水分逐渐减少，于是叶子气孔闭塞，光合作用会减少，植物生长速度和产量降低。如果干旱往下持续，最终将使作物死亡。有时即使有足够土壤水分，但由于土壤温度过高或过低，会造成氧气不足，或者由于施肥过多等原因，使作物根系吸水困难，作物会因体内水分失调而受害。

11.1.5.3　生态干旱

生态干旱是由于太阳辐射强、温度高、空气湿度低、有时还伴有中等或较强风力使大气蒸发力很强所致。生态干旱导致植物蒸腾旺盛，耗水增多。此时，即使土壤不干旱，有足够的水分供根系吸收，但却因蒸腾耗水太多，根系吸取的水量不足以抵消蒸腾耗水量，从而使植物体内发生水分亏缺。这种干旱能对生态环境产生严重危害，最为典型的是北方冬、春小麦产区产量形成阶段的干热风危害。

11.1.6　农业干旱分布特征

我国农业干旱的地理范围分为 5 大中心：黄淮海区、华南沿海区、西南区、东北区和西北区。按农业干旱发生的季节划分，有春旱、夏旱、秋旱、冬旱以及持续时间跨 2～3 个季节的季节连旱等。

11.1.6.1　春旱

我国北方地区春季受极地大陆气团控制，降水量很少，月降水量大多小于 50 mm，并且风多风大，蒸发强烈，降水量远低于蒸发量，土壤水分亏缺严重，干旱经常会发生。例如，黄淮海流域在 30 年中有 26 年出现过不同范围的春旱，干旱频率达到了 87%，与农谚“十年九春旱”和“春雨贵如油”的说法完全一致。东北地区春旱也很频繁，30 年中有 21 年出现了春季干旱，干旱频率达 70%。这些地区春旱年份一般是从冬季少雨雪开始，此时正值冬小麦处于越冬阶段，对干旱反映不甚敏感。但进入 3 月份以后，土壤解冻，冬小麦返青，春作物由南向北播种，若降水继续偏少，旱象便明显地反映出来。这时如果不下透雨，甚至一直持续到夏季，便会形成春夏连旱。

我国南方春旱主要发生在华南南部和西南地区。春季时节，华南静止锋位于南岭到长江之间，致使华南南部春季少雨，而春季气温却已迅速上升，蒸发量明显增大，降水量小于蒸发量，春旱频率一般偏高。例如，广东南部沿海地区、雷州半岛和海南岛，春旱年可达 90%以上，其中严重春旱年份占 31%～63%，中等春旱年占 17%～38%，平均春旱日数达 80～90 d，个别地区更高达 110 d。西南地区春旱也较为严重，四川盆地春旱频率为 55%，严重春旱 3～5 年一遇。云南省除滇西北外，每年均有旱区出现，在干旱年中 70%为春旱。

11.1.6.2　夏旱

夏旱通常分为初夏旱和伏旱。初夏时节，我国北方雨季尚未真正来临，降水量仍较少，蒸发量却增加很快，农田土壤含水量会下降到全年最低值。此时，西太平洋副热带高压(以下简称副高)一般稳定在 20°N 附近，雨带停留在江淮流域，我国北方广大地区相对少雨，会形成初夏旱。初夏旱主要发生在甘肃中部、宁夏南部、关中东部、山西南部、河南中北部、河北南部和山东中部，对这些地区冬小麦灌浆成熟和夏播作物及时播种有很不利影响，并造成春播作物“卡脖旱”。我国南方有时也出现初夏旱。在四川盆地西部，初夏旱频率可达 80%以上，干旱中心在梓桐、中江、简阳一线附近，干旱时间为 5 月中旬至 6 月中旬，持续一个月左右。在有些年份，西太平洋副热带高压强大，并于 6 月份西伸北抬，开始控制长江中下游地区，会出现干旱少雨，造成所谓的“空梅”现象，从而形成初夏旱。

伏旱是指盛夏三伏期间的干旱，在我国南方和北方均会发生。在 7 月上旬，一般西太平洋副高脊线会由 20°N 跃进到 25°N 以上，雨带也会移到华北和东北地区，长江中下游被副高控制，天气晴热少雨，与 6 月份的梅雨季节相比较，日照时数增加了 80%，月降水量却减少了三分之二，蒸发量也增加了 80%，由此便形成了伏旱气候。据统计，长江中下游地区 1951—1980 年 30 年中有 25 年出现了伏旱，频率达到了 83%，严重影响中稻灌浆和晚稻移栽过程。一般说来，北方伏旱范围比春旱和初夏旱要小，发生频率也较小。但从咸阳以东的渭河谷地到河南境内的黄河两岸，伏旱却极为频繁。这一带的伏旱多发生在 7 月下旬到 8 月下旬，其中 8 月上旬发生概率最高，达到 50%以上，导致关键生育时期出现玉米发生“卡脖旱”，致使玉米不能抽雄吐丝，棉花蕾铃大量脱落，严重影响粮(棉)产量。

11.1.6.3　秋旱

到了 9 月以后，西太平洋副热带高压迅速南退东撤，雨带逐渐南移。如果此时副高撤退比常年快，降水量突然显著偏少，就会发生秋旱。秋旱主要发生在江南和华南地区。广东省秋旱主要在粤北和粤东沿海地区，重秋旱频率达 36%～59%，秋旱平均日数 60～70 d，最长一次秋旱日数达到了 80～90 d。江西省秋旱常与伏旱相连，根据该省旱情记载与降水量资料对照分析得出，当 7 月中旬至 10 月上旬的总雨量少于 250 mm 时，则伏、秋旱严重。南方秋旱影响水稻灌浆，会使其大幅度减产。北方秋旱对冬小麦播种、出苗、冬前生长非常不利，并影响土壤墒情，造成翌年春旱。

11.1.6.4　冬旱

我国冬季为干冷的极地大陆气团控制，雨雪稀少，一般形成冬旱。北方冬季为死冬（气温低于0 ℃），多数农田没有作物，仅部分土地为冬小麦所覆盖。由于冬小麦处于越冬期，耗水极少，故冬旱的直接危害不大。南方冬季温暖，田里有作物生长，需要消耗水分，但由于冬季降水变率很大，遇少雨年就会发生冬旱。冬季干旱，还会增大土壤温度波动，遇冷冬年，越冬作物往往因寒、旱交加而发生大面积死苗，并导致翌年春旱。

11.1.6.5　季节连旱

一些年份如干旱持续时间跨越2～3个季节，即会出现季节连旱。我国除西北和青藏以外的大部分地区，1951—1980年的30年中共出现了257次干旱，这些干旱可分三大类九小类，即一季旱（包括春旱、夏旱和秋旱）、两季旱（包括春夏连旱、夏秋连旱、冬春连旱和秋冬连旱）和三季旱（包括春夏秋连旱和秋冬春连旱）。一季旱30年内出现了156次，占干旱总次数的61%，两季连旱出现了88次，占34%，三季连旱次数最少，仅有13次，占总次数的5%。在两季连旱中，以夏秋连旱的次数最多，春夏连旱和冬春连旱次之。三季连旱虽是小概率事件，但由于其持续时间很长，对农业生产危害也最大，尤其需要特别注意。

11.2　农业干旱与干热风和热浪的关系

11.2.1　农业干旱与干热风

11.2.1.1　农业干旱与干热风的相互作用和影响

干热风发生跟前期气候背景有紧密联系。大多数情况下，干热风天气是在特别明显和长期农业干旱的时期形成的。干热风发生和危害小麦的时期，正是北方麦区春末初夏季风交替时段，也是雨季尚未来到之前的干旱少雨时段。此时北方麦区在变性大陆高压控制下，受干热气团的影响，整个北方麦区干旱少雨，干燥多风，辐射强烈，升温迅猛，这就是干热风形成的气候背景。

太阳辐射是维持地表温度的主要热源。地表接收太阳辐射后，不断向外辐射热能，这种热能容易被大气吸收产生辐射增温。春末夏初，整个北方麦区由于强烈的辐射增温，使近地层空气增温迅猛，月平均气温升高4～9 ℃，日平均气温升高0.2 ℃左右，而且，西部升温高于东部。强烈的辐射增温为干热风发生提供了有利的热源条件。

春末夏初大气和土壤干旱是干热风形成的重要气候特征。在北方小麦干热风发生季节，由于东亚大气环流在亚洲东海岸维持准常定的高空槽，槽后西北气流中盛行下沉运动，构成了我国北方春季少雨干旱的环流背景，因而，整个北方麦区干旱少雨，干燥多风。而气候湿润程度，尤其是小麦开花灌浆期各地降水和湿润程度总是与干热风密切相关。据研究，黄淮海冬麦区小麦灌浆成熟期（5—6月）干燥度与年平均干热风日数之间的相关系数为0.726，经检验为极显著相关。年平均干热风日数随干燥度的增加而增大。北方冬、春麦区小麦干热风发生时期降水少且变率大，而在小麦开花灌浆期又是需水较多时期，此时由于土壤水分亏缺，作物水分供需矛盾会加大，尤其是无灌溉条件的旱地小麦矛盾更加突出，因而必然加重干热风的危害程度（邓振镛等，2009a）。

11.2.1.2 农业干旱与干热风的异同点

从干热风发生的气候背景和环境条件可以看出，基本与干旱形成的重要气象因子即温度和水分有明显的关联。

干热风与农业干旱既有区别又有很大关联度。农业干旱与干热风的发生都包含高温、低湿干燥的气象因素影响。在北方干旱地区或干旱季节，干热风发生会对作物加重危害。在同一地点，连续发生多次干热风天气，就有可能导致严重的农业干旱灾害。

干热风与农业干旱的区别在于：农业干旱是一种较大尺度的气候灾害，在任何季节均可能会发生，气象要素的日变化正常，并且还有一定的持续性；而干热风是一种天气灾害，仅仅发生在暖季的作物生长茂盛期，温、湿、风等气象要素具有明显的突变性和短时性变化。它们在作物受害症状上也表现不同：农业干旱对作物的危害一般表现为延续性地发生萎蔫与枯黄；而干热风的危害则表现为作物在短期内发生青枯和灰白，甚至于逼熟死亡。在危害程度上，一般情况下农业干旱对作物的危害要远远大于干热风（邓振镛等，2009a）。

11.2.2 农业干旱与高温热浪

当高温天气频繁发生时，大气降水量就会明显减少。并且，高温会加快了土壤水分蒸发速度，从而造成农业干旱的发生或严重程度加重。

土壤水分与高温之间有着紧密的关系。谢安等（2003）利用实测土壤湿度资料研究了东北近 50 年农业干旱变化时发现，土壤湿度与降水量呈正相关，与平均气温呈负相关，相关系数均较高。尤其夏季（6—8 月）气温与土壤湿度呈显著负相关，绝大部分却能通过 $\alpha=0.05$ 的显著性水平检验。大气干旱指数的研究表明，降水与温度相比，无论降水量增加或减少，其变化趋势的相关系数绝对值都要比温度变化趋势绝对值小得多。通过计算龙江、哈尔滨、佳木斯三个站的温度与土壤湿度关系得出，当平均气温上升 1 ℃时，0～20 cm 土壤重量含水率会下降 10%左右（0.8～3.1 个百分点）。随着气温升高，尤其夏季气温升高，促使上层土壤干旱化，深层土壤水分散失速度加快，干旱程度加重。

降水也与高温有着较为密切的联系。大量研究资料表明，在我国大部分地区，尤其夏季月平均气温与降水量呈反相关关系，温度高就意味着降水少。高温天气日数增多，促使平均气温上升，导致地表蒸发量增加，夏季高温酷暑天气很可能会导致农业干旱的发生，或造成农业干旱的持续及加重。

马柱国等（2001）利用我国北方 160 个气象站的资料研究地表湿润指数发现，地表变干和降水量减少均与气温升高相关；地表变湿和降水量增多均与气温降低有关。20 世纪 90 年代降水量减少明显大于 80 年代，但温度增加幅度大于 80 年代，造成 90 年代地表干旱强于 80 年代，这其中温度增高对干旱加剧起了主要作用。

极端高温与农业干旱的周期同相位变化。我国北方夏季农业干旱范围及严重程度基本上与暖季极端气候变化相一致。极端最高气温偏高、高温热浪频繁发生，农业干旱趋势会逐步加重，范围也会逐步扩大，干旱的周期间距也在缩小，同时还会引起干旱显著的年代际变化。从全国范围讲，1950—1964 年、1983—1990 年是干旱面积较小的时段，其中 1950—1964 年比 1983—1990 年更小；1965—1982 年、1991—2000 年是干旱面积较大的时段，平均干旱面积逐步增大,极端高温年份的干旱面积扩大得尤其显著。夏季干旱面积呈逐年扩大趋势,干旱程度大于任何时段,大部分地方都与高温日数的变化相一致(邓振镛等,2009b)。

11.3　农业干旱对气候变化的响应

在全球气候变暖的背景下,近百年来我国年平均气温升高了 0.5~0.8 ℃。近 50 年的变暖趋势尤其明显,我国大部分地区呈增温趋势,以北方增暖最为明显。气候变暖使我国经济面临 4 大严峻挑战,其中挑战之首是极端气候事件趋强趋多。干旱对全球变暖的响应也表现得更为突出和敏感,已成为气候变化研究中的重点和热点问题之一。

当全球平均温度上升 1 ℃时,东北地区 25 个站的春季、夏季和秋季大气干旱指数会分别上升 0.08~0.40、0.00~0.40 和 0.15~0.55,上升幅度分别达到了 4%~16%、0~17%和 7%~22%。

华北地区降水在 1965 年前后发生一次气候跃变,1965 年以后华北地区降水量明显减少,20 世纪 80 年代比 50 年代降水减少了 20%左右,平均年降水量比 50 年代约减少了 1/3 左右,出现了干旱化趋势,这种趋势一直延续到 90 年代。

1986 年是西北地区气候变化明显转折的年份。西北地区年降水量 1987—2003 年与 1961—1986 年相比,西部呈增多趋势,东部呈减少趋势,增多区与减少区的分界线(差值的 0 mm 等值线)与黄河走向基本平行。年降水量增多区包括新疆、青海北部和甘肃河西地区的中东部。其中,新疆的北疆和南疆年降水量增加了 5~30 mm、天山山区增加了 30~90 mm,天山山区是增加最多的地方;青海北部增多 5~40 mm,甘肃河西地区的中东部增加了 10 mm 左右。年降水量减少区域包括青海南部、甘肃的河东、宁夏和陕西。其中,青海南部减少了 5~38 mm;甘肃河西西部和南疆的罗布泊地区减少了 10 mm 左右,甘肃的河东、宁夏和陕西分别减少 10~82 mm、10~50 mm 和 50~177 mm(其中,陕南减少了 70~177 mm,是降水量减少最多的地方)。西北地区西部呈暖湿趋势,东部呈暖干趋势。东部降水持续偏少,土壤水分亏缺增加,干旱大面积频繁发生(邓振镛等,2007)。

研究表明,由于区域气候变化的影响,近几十年来,西北干旱灌溉农业区玉米以及半干旱雨养农业区冬小麦、马铃薯的水分利用效率年际变化总体呈减小趋势。春玉米、冬小麦、马铃薯的水分利用效率年际变化平均减小速率分别为 0.22 $kg/(hm^2 \cdot mm \cdot a)$、0.04 $kg/(hm^2 \cdot mm \cdot a)$、2.59 $kg/(hm^2 \cdot mm \cdot a)$。水分利用效率减小最快的是马铃薯($P<0.01$),春玉米次之($P<0.05$),冬小麦减小得最慢。

11.4　农业干旱灾害管理

11.4.1　农业干旱灾害管理的内涵

农业干旱灾害管理是指政府及其相关部门在农业干旱灾害发生前预测预防、事发应对、事中处置和善后管理过程中,通过建立必要的应对机制,采取一系列必要措施,保障农业安全生产、公众生命财产安全，促进社会和谐健康发展的有关活动。并采取有组织、有步骤的一系列保障管理措施。

农业干旱灾害管理是对农业干旱灾害发生的全过程进行管理，它包括预警、应对、缓解和善后四个阶段。根据四个阶段可细分为预测预警、识别监控、紧急处置和善后管理四个过程。具体来讲，首先，是加强发生前的预警工作，根据对各种监测信息的收集、整理和综合分析，对可能要发生的农业干旱灾害风险做出准确的预报。其次，要建立警示系统，把预警信息及时传达到各级政府、农业有关部门、企业、社团及普通农户手中。第三，建立农业干旱灾害应急预案。第四，建立农业干旱灾害防御机制。第五，完善风险应对工作的组织管理。保证应对工作每个环节的有效衔接，使整个风险管理工作有序运转。农业干旱灾害风险管理涉及面广，社会因素和决策目标众多，结构复杂。因此，它也是一个完整的系统工程。

11.4.2 农业干旱灾害应急综合管理技术信息系统

11.4.2.1 综合监测系统

农业干旱监测任务之一就是及时获取农业干旱发生的范围、强度、持续时间、危害影响的风险性等信息，为国家和地方防灾减灾、保障经济社会可持续发展提供科学依据。农业干旱也是影响因子最为复杂、预测预报难度最大的一种自然灾害。关于农业干旱形成机理、变化特征及致灾规律、预测预报和风险评估等科学问题一直受到人们的普遍关注，但是至今仍然没有得到很好的解决，需要开展更多的科学研究工作。因此，农业干旱监测任务之二就是从气候系统内多圈层相互作用的角度，对大气圈、水圈、生物圈、冰冻圈和岩石圈之间的水分转化和运动特征进行长期监测，为农业干旱科学研究提供基本监测资料。

(1)地面监测

地面监测不仅要对生态系统的大气、农作物、土壤、水资源、病虫害等开展监测，还要对干旱灾害在时间、空间方面的变化进行监测和调查。地面监测包括空气温、湿度及降水监测、空中、地下和地表水监测、土壤湿度及降水渗透深度观测、地表水分蒸散观测、作物生理生态及长势监测、农业干旱灾害调查。

目前干旱地面监测网络已具规模。气象、军队、农业、民航、林业、水利等部门先后建立了约 4000 多个地面气象观测站，以及大量的自动观测气象站，承担了降水及温湿度等基本要素的观测任务。自 21 世纪以来，各地气象部门还根据自身业务发展的需求，建立了大量的区域气象观测站，用于区域地面干旱监测业务。土壤水分观测站点总数约 1000 多个，每旬逢 3 日和 8 日进行干土层厚度、10～100 cm 土壤相对湿度及灌溉信息的观测。部分站还进行深层(0～200 cm)土壤湿度观测。640 个农业气象观测站承担与农业干旱监测相关的生态与农业观测。水文观测网由 3130 个水文站、1073 个水位站、14454 个雨量站、565 个蒸发站和 11620 个地下水观测站等组成，主要开展水文干旱及其相关监测。近年来，还建立了大量自动化土壤水分观测网，并已逐步投入业务观测。

农业干旱灾害调查项目一般有：农业受旱作物品种、面积、程度、减产量；草场受旱面积、牧草及畜产品减产量；林业受旱面积、减产量；渔业受旱面积、减产量；湿地受旱面积、功能变化；城乡生活供水受旱面积、人(畜)数量、程度；及农业干旱对疾病和病虫害的发生发展、荒漠化、能源需求、区域水资源等的影响。

(2)遥感监测

遥感是应用传感器获取地表反射或辐射的能量,间接、客观地反映地表的综合特征的手段,它的优势在于可以频繁和持久地提供地表特征的信息。遥感技术具有宏观、快速、动态、经济的特点,特别是可见光、近红外和热红外波段能够较为精确地提取一些地表特征参数和热信息,解决了常规监测方法中存在的一些问题。因此,利用遥感技术进行大范围的农业干旱监测,并且充分利用地物表面的光谱、时间、空间和方向信息,对促进农业生产和区域可持续发展具有重要的现实意义。随着遥感技术和计算机科学与技术的发展,面上的农业干旱监测变得越来越重要,并且具有广阔的应用前景,已成为农业干旱监测的热点和前沿。目前常用方法有:基于土壤热惯量模型的干旱监测方法、基于植被指数的干旱监测方法、基于土地表面温度的干旱监测方法、集成了植被指数与土地表面温度的干旱监测方法、基于微波遥感数据的土壤水分反演、地表蒸散定量遥感监测等。

(3)基于 3S 的综合监测系统

利用遥感(remote senescing,RS)、地理信息系统(geographical information system,GIS)和全球定位系统(global positioning system,GPS)与现代通信技术有机地结合起来,可以有效地发挥 3S 技术在空间信息管理中的作用和功能。GPS 能够获取干旱野外采样与调查以及地面监测点精确的定位信息;卫星遥感可为农业干旱动态监测不断提供植被指数、地表温度、植被冠层温度等监测参数,而这些参数与植被类型、物候期、土壤类型、海拔高度紧密相关;利用 GIS 技术一方面可获得干旱监测所需的气候、土壤、地形、水文、植被类型、农业种植等背景数据,另一方面可对地面干旱监测数据进行空间内插,并在所有信息进行综合分析的基础上生成农业干旱监测产品。因此,3S 技术集成与综合运用是监测农业干旱的主要发展方向之一。

11.4.2.2　信息管理系统

农业干旱灾害信息管理系统是根据灾害发生与其影响因素之间的作用和相互关系,利用计算机技术进行系统模块设计。其功能应具有数据存储、查询、图形动态演示、统计分析和预测模型应用等。

整个信息管理系统应包括数据管理、图形处理、统计计算和模型应用等 4 个子系统。其中数据管理子系统中应将历年各种农业干旱灾害发生时间、发生范围、发生强度、危害程度、各种统计特征值、指标值以及各种资源环境信息逐项分类,建立和完善干旱防灾减灾综合信息平台,实现对农业干旱灾害信息资源共享。

通过建立实时信息数据库,便于信息快速查询检索,为统计分析、动态趋势演示、模型建立、预报、农业干旱灾害风险区划、评估和多目标决策提供便捷服务,提高系统管理的自动化、模块化和科学化水平,更好地为系统资源管理、改良及干旱防治和合理利用服务。

11.4.2.3　预测及评估系统

建立和完善国家、省、市、县四级农业干旱灾害预测体系,加强会商分析,实现对各种实时动态诊断分析、风险分析和预警预测。准确预报和风险评估是干旱灾害风险管理的基础,要千方百计地做好针对易发区的精细化预报和风险评估,加强针对性服务,尽可能做到定时、定点、定量预报和风险评估。建立和完善以监测、预报分析处理、风险评估区划、气象信息传输、预警信息发布和重大信息综合加工处理为主体的重大预警系统,提高预警能力。

要建立农业干旱灾害预报模型和风险区划模型,开发农业、生态、畜牧业、水资源、森林、草原等专业气象灾害预报预警及评估服务系统，有效开展各种农作物单项农业气象服务工作，扩大服务面。建立农业干旱灾害信息综合收集评估系统，为物资供应、救助、赔偿等决策提供科学依据。要充分利用新一代天气雷达、卫星云图、自动气象站等资料，加强预报逐级指导，提高预报精准度，努力提高服务质量。

11.4.3　农业干旱灾害管理机制和预案

11.4.3.1　管理机制

为了有效地防御农业干旱灾害，最大限度减轻灾害风险，应定期进行干旱灾害风险评估或者在每次灾害发生前后广泛利用社会各方力量全力抗灾、避灾，形成部门之间、部门内部上下之间齐心协力、有机联动、紧张有序的抗灾工作，根据风险管理工作需要，建立良好的风险管理体制，明确管理机构。要求加强各级政府的组织领导，各个部门要各司其职，各负其责，积极响应。各级气象部门应建立风险管理的专门责任机构，由专职人员承担值班任务，负责协调气象部门干旱风险管理工作，指导省级气象部门处置干旱灾害的气象保障工作。加强气象与新闻、水利、民政、安全监督、海洋、农业、林业、环境等部门的横向联动和紧密协作，把气象工作纳入各级政府的公共服务体系，加大气象灾情收集上报工作力度，建立气象灾情直报制度，加强向各级政府报送农业干旱重大气象信息的气象保障信息服务，做好气象干旱服务保障以及重大情况收集汇总等工作。

建立稳定的科研队伍，加强重大气象灾害与农林牧业、水利等的相互关系、内在制约机制以及预防、防御的科学研究、高新技术的推广和应用工作，加强国际合作交流。各级科研部门应抓住全球性自然环境保护热点，广泛开展多边或双边的国际合作，积极争取国外资金和技术援助。注重引进国外先进技术，为保护、防御、治理等管理工作提供支撑条件，提高我国农业干旱灾害的整体预防和防御水平。

11.4.3.2　应急管理预案

(1)工作原则

坚持以人为本，防灾与抗灾并举，以预防为主的原则；坚持政府统一领导、分级管理、部门分工负责、协调一致的原则；实行资源整合、信息共享，形成整体合力；坚持依靠科技进步，提高农业干旱灾害应急的现代化水平。做到早发现、早预警、早响应、早处置。

(2)组织体系

成立国家、省、地(市)重大气象灾害应急指挥部，由各级政府负责人担任总指挥，由各级政府分管副秘书长、气象局局长担任副总指挥。其他各有关部门分管领导为成员，并设立专门的办公室为日常事务处理机构。

职责分工：各级应急指挥部负责指挥协调干旱灾害等气象灾害预防、预警工作，在发生重大气象灾害时，负责指挥、协调、督促相关职能部门做好防灾、减灾和救灾工作。决定启动和终止实施本预案，以及其他气象灾害预警应急重大事项。

应急指挥部办公室负责执行应急指挥部调度指令，贯彻落实指挥部工作部署；协调处理气象灾害应急工作中的具体问题；组织有关部门会商灾害发生发展趋势；组织收集、调查和评估气象灾情；制定和实施气象灾害防御预案；管理气象应急物资和装备仪器；建设和完善气象信息监测预警体系。

应急指挥部成员单位中的气象主管机构负责干旱等灾害性天气气候的监测、预报预测、警报发布；负责气象灾害信息收集、分析、评估、审核和上报工作。水利、农牧、林业、国土资源、环保部门负责及时提供和交换的监测信息，对易遭受损害的地区和设施采取紧急处置措施，并加强监控，防止灾害扩大。民政部门负责组织转移、安置、慰问灾民及灾民生活救助、组织指导救灾捐赠、储备救灾物资。公安部门负责维护灾区社会秩序。卫生部门负责组织调度、抢救受灾伤病员，监督和防止灾区疫情、疾病的传播、蔓延等灾区防疫工作。广电、通信、安监、建设、财政等部门分别负责做好灾害信息播发、广播电视宣传动员、新闻报道、通信线路设施、公路、铁路的畅通、灾区安全生产监督检查、灾后恢复重建规划和工程建设、灾害应急资金拨款、灾区的抢险救援等相应的工作。

(3)预警和预防机制

信息监测与报告：各级气象主管机构归口管理本行政区域内的干旱灾害监测、信息收集和预测、影响和风险评估工作，其所属气象台站具体承担干旱灾害监测、预警预报和灾情收集任务。各级气象台站获取的气象灾害监测、预警最新信息应及时向省应急指挥部办公室报告。突发干旱灾害发生后，知情单位或个人应及时通过气象灾害报警电话等多种途径报告有关信息。报告内容包括：单位名称、联系人、联系方式、时间；干旱灾害种类和特征、发生时间、地点和范围；人员伤亡和财产损失情况，已经采取的措施等。

预警预防：各级气象主管机构根据干旱灾害监测、预报预测、警报和风险评估信息，对可能发生的气象灾害进行部署，并上报本级政府和应急指挥部。应急指挥部办公室对干旱灾害信息进行研究分析，达到预警级别的，及时向可能发生干旱灾害的市(州)、县(区)应急指挥部通报；对可能达到严重和特别严重预警级别的干旱灾害应及时报告应急指挥部，由应急指挥部提出预警措施和应对方案。

成员单位应按照各自职责分工，做好有关应急准备工作。省应急指挥部办公室根据需要进行检查、督促、指导，及时将准备情况报告省政府应急管理办公室。

预警级别：干旱灾害预警级别按照干旱灾害的影响范围、严重性和紧急程度，分为4级。一般(Ⅳ级，蓝色)；较大(Ⅲ级，黄色)；重大(Ⅱ级，橙色)和特别重大(Ⅰ级，红色)。

干旱灾害应急预案启动后，干旱发生地应急指挥部应及时向上一级应急指挥部办公室及气象主管机构报告。预案启动地所在气象主管机构及所属气象业务单位、气象台站的有关应急人员应全部到位，实行每天24小时主要负责人领班制度，全程跟踪灾害性天气的发展、变化情况，加强天气会商，做好跟踪服务工作。

11.5 农业干旱灾害风险防控技术

11.5.1 农业干旱灾害风险防御策略

11.5.1.1 优化资源配置，调整农业种植结构

农业对干旱最为敏感，也最为脆弱，受其影响也最大。可通过减轻干旱对农业的影响降低干旱灾害风险，实现农业跨越式发展及经济效益与生态效益双赢，是推进农业结构调整。

研究认为(邓振镛等，2004)，年降水量350～400 mm为农牧分界线。在年降水量400 mm

以下地域，可因地制宜，在荒山荒坡荒沟实行退耕还林草，并且以牧为主，以农林业为辅。种植业以耐旱作物和品种为主，如谷子、糜子、荞麦、莜麦、豆类、胡麻、马铃薯等作物。采取种地与养地相结合，重视发展沙草产业。在年降水量 400～550 mm 地域，实施农林牧比例协调综合发展，种植业选择耐旱作物和抗旱品种，秋粮作物的种植比例大于夏粮作物。年降水量在 550 mm 以上的地域，以农为主，林牧为辅，秋粮作物与夏粮作物比例协调。

11.5.1.2 适应气候变化，调整作物种植格局

气候变化会引起各地作物种植格局发生较大变化。如西北地区干旱灌溉区作物种植格局正在从以春小麦为主转变为以玉米和棉花为主，其次是春小麦；半干旱旱作农业区正在从春小麦为主转变为以冬小麦、春小麦、马铃薯为主，其次是玉米，搭配谷子和糜子种植；半湿润旱作区作物种植比例正在由冬小麦占 6 成和玉米占 4 成的格局转变为冬小麦、玉米、马铃薯各占 3 成的格局，搭配谷子和糜子种植（邓振镛等，2010）。

据专家预测，21 世纪我国气候将明显继续变暖，日最高和日最低气温都将显著上升，冬季极冷期可能缩短，夏季炎热期可能延长，高温热害、干旱等灾害愈发频繁。气候变暖，对越冬作物冬小麦等和喜温作物棉花等的生长发育和产量比较有利，其种植带可北移西扩，并向高纬度高海拔扩展，所以应适当扩大种植面积，对喜凉作物春小麦等应适当减少面积。玉米、水稻、棉花和特色农作物的净收益明显大于小麦，作物种植结构调整应趋向农业净收益最大化，可提高这些作物种植面积比例，实现区域农业经济快速发展。由于气候变化对粮食安全生产具有潜在威胁，在考虑净收益最大化的同时，在决策层面上还应根据国家和区域（或省）对粮食需求，确保必需的粮食种植面积，实行不同作物差别农业补贴政策，提高粮食作物补贴标准，实现农业经济和粮食安全协调发展。

虽然未来气候将呈持续变暖趋势，但在增暖的大背景下还必然会出现一些低温年份。不同气候年型对不同属性的作物产量和品质影响较大，所以应根据不同气候年型及时适当调整作物种植结构和种植比例。在低温气候年型适当降低冬小麦和喜温作物种植比例，根据降温幅度和降温时段，调整喜凉作物在不同适宜种植区域的种植比例；增暖气候年型正好相反。在干旱气候年型应控制喜水的水稻和玉米等作物种植比例，适当扩大谷子、糜子和马铃薯等耐旱作物种植。可以随气候变化及时调整作物种植格局，减轻不利气候年型对作物的影响，确保各种作物平衡发展、高产稳产（邓振镛等，2008）。

11.5.1.3 发展旱区特色作物，提高种植经济效益

在分析气候变化对作物影响以及气象条件与作物生长发育和产量之间关系的基础上，提出不同气候区域适宜发展的特色优势作物。已有研究表明（邓振镛等，2009），谷子和糜子适宜在温和的半干旱半湿润气候区旱作地发展；玉米适宜在温暖的半湿润或湿润气候区旱作地和温暖的干旱或半干旱气候区的灌溉区域发展；水稻则是温暖或温热的半湿润气候区和温和半干旱气候区的灌溉区域的优势作物；马铃薯则是冷凉半干旱半湿润气候区旱作地的优势作物；冬小麦则是温和半湿润或湿润气候区旱作地的优势作物；春小麦则是温凉的半湿润或湿润气候区旱作地和温凉的干旱或半干旱气候区的灌溉区域的优势作物。主要可采取如下措施：

大力发展地方特色农业和特色作物：利用当地特有的土壤和气候条件，调整作物结构，发展特色农业，打造特色农产品。如甘肃的油橄榄、黄花菜、百合、蕨菜、木耳、黑瓜子、啤酒大麦、啤酒花、酿酒葡萄、药材等特色农产品；新疆的棉花、甜菜、瓜果等特色农产品；西南及华南地区

的柑橘、芒果、荔枝、龙眼等特色农产品。特色农业要走专业化、规模化、产业化的路子，建立有地方特色的农产品品牌，提高农产品的知名度，扩大产品的外销量。

大力发展草地畜牧业：我国的主要牧区几乎全部集中在西部地区，大多在干旱半干旱区，畜牧业有很大的发展潜力和空间。这些地区要加强草场建设，增加人工牧草和改良草场面积；引进优质牧草，发展现代草业；并采用畜产品的先进加工技术，创办现代化的畜牧产业。在农区也要建设人工牧草基地，大力发展畜牧业。甘肃省酒泉、定西等地针对气候变化特点和经济发展的方向，积极发展牧草基地，已成为当地支柱产业之一，就是比较成功的范例。

11.5.1.4　精准确定适种范围，打造县域农业优势品种

受气候变化影响，农作物以及名优特种作物适宜种植区范围和种植结构正在发生明显改变，加之以往很少开展针对名优特种作物的精细化综合自然资源区划。所以，应从名优特种作物种植结构调整的实际出发，充分利用气候和自然资源优势，划分出每个"网格点"适宜种植的名优特种作物，具体区域可精细到 1 km，或村落。气象与农业部门密切配合，确定科学标准的区划指标体系，采用"3S"技术即地理信息系统、遥感技术、全球卫星定位系统，进行客观和定量化标准，制作"农作物综合农业自然资源精细化区划系统"，确定精准的各优特种作物的适宜种植区范围，提供精细化的各种农作物和名优特种作物种植结构调整方案。

11.5.1.5　建立农业生产管理科学模式，完善现代农业产业体系

在农作物适宜种植区内建立农作物种植基地或示范区，实现农工商产业系列服务链式体系。政府和农业部门应制定出台农作物尤其是特色作物等优势产业发展的政策措施；农业科技部门应研制和提出特色作物配套技术。并且，应该创建特色作物现代农业发展模式和管理新模式，建立一整套适应气候变化的农业生产机制来。

同时，应严格保护耕地，建设旱涝保收高标准农田，发挥气候资源优势，挖掘气候变化背景下的生态农业优势，推进循环农业和绿色生态农业，建立高产、优质、高效、生态、绿色安全的现代农业产业体系，发展具有本地特色及品牌效应的名特优产品，形成园艺产品、畜产品和水产品规模种养格局，加快发展设施农业和农产品加工业和流通业，促进农业生产经营专业化、标准化、规模化、集约化，建立形成抗旱能力强的现代特色农业体系。

11.5.2　农业干旱灾害风险防御技术

11.5.2.1　研发农业干旱防御决策服务系统

根据不同气候类型地区、不同作物不同生育阶段干旱的发生规律及危害机理，重点发展利用气象信息非工程性节水农业技术，包括根据气象条件、作物状况和土壤特性确定的优化灌溉模型和灌溉日程决策服务系统。针对华北地区采取土壤增墒保墒抗旱技术，提高作物水分利用效率；西北半干旱地区采取抑制蒸发技术和集水技术，并对已有抗旱技术进行最优化组装配套，形成综合技术体系；南方地区采取防御伏旱、季节性干旱的综合应变技术。同时，气候变暖导致作物发育期提前，气象和农业部门应加强作物适宜播种期预测预报服务，科学地躲避高温、干旱、霜冻等气象灾害对作物生长的影响。

11.5.2.2　加强农田科学管理

水肥管理是农业管理的重要环节。在土壤水分很低的情况下，养分的有效性及利用率会大大降低，施肥会使作物初期耗水量增加，引起后期更严重的水分胁迫，导致减产。所有应根

据作物生长季的土壤水分状况及作物长势（特别是在作物需水、需肥的关键生育期），科学灌溉，合理施肥，充分发挥水肥的积极作用。

根据不同地域气候特点和农业生产实际，采取针对不同作物的科学的田间管理技术，可有效地减轻干旱危害。对冬小麦而言，可从品种选择、地块选择、保护性耕作、灌溉新技术、测土平衡施肥、晚播、及时划锄镇压、叶面追肥、喷施抗旱剂等方面采取节水抗旱技术；对水稻而言，可采取选用耐旱品种、集中育秧、旱育稀播、药剂拌种、移栽技术和旱作旱管栽培技术，可有效地缓解干旱年份或干旱时段水分不足对水稻生产的威胁。

11.5.2.3 推广抗旱栽培技术

气候变暖使春季气温回升较快，一般多年生作物萌芽早或返青较早，春播作物应适时提前播种，加强早期管理，充分利用早春热量资源，弥补生育后期热量不足，躲避春旱、早晚霜冻、盛夏高温影响和生殖生长后期的低温危害。秋冬偏暖，越冬作物应适时推迟播种，并防止冬前生长过旺。作物生长季积温提高，生长季延长，有利于种植熟性偏中晚的品种高产；复种指数增大（邓振镛等，2005）。

同时，积极引进和培育抗旱农作物品种。研究表明，基因技术为应对气候变化提供了更多的可能，通过体细胞无性繁殖变异技术、体细胞胚胎形成技术、原生质融合技术等，培育选用抗逆性强、耐高温、耐干旱、抗病虫害、高产优质的作物新品种，对防御干旱具有重要意义，也是当前农业适应气候变化的技术发展趋势。要充分利用气候变暖、积温增加、生长季延长的条件，培育选用生育期长的冬小麦、水稻等作物中晚熟品种，另一方面也要选育光合能力强、综合抗性突出，适应性广的作物新品种，确保在干旱气候条件下作物的优质高产。

11.5.2.4 发展土壤水分利用技术

土壤可以看成是一个蓄水量相当大的水库，具有庞大的蓄水库容。如在黄土高原旱作农业区，作物用水的主要来源是自然降水，该区土壤质地良好，土层深厚，结构疏松，对水分具有良好的渗透性、持水性、移动性及其相对稳定性的特征和吐纳调节功能，素有“土壤水库”之称。科学地发挥好土壤水库的作用，是提高农田水资源利用率的关键。

经科学测算，在正常年份黄土高原 200 cm 厚的土层内可容纳 564～664 mm 的水分。但 200 cm 土层土壤水库平均贮水量只有 230～280 mm，只占库容量的 4～6 成。全年可接纳 800 mm或以上的降水量，在雨季可容纳 600～650 mm 的降水量，承载量很大。可以发挥土壤水库中季节间的调节作用，使“伏雨春用”、“春旱秋抗”。深层土壤水分对旱地作物供水十分重要，因为降水入渗深度能达到 2 m，甚至更深，而且 60～100 cm 以下的深层贮水具有更高的稳定性和有效性。当降水补给得不到满足时，可以发挥土壤深层贮水的调节作用。因此，麦收后应采取增加蓄水能力的农业综合生产措施。土壤贮水量是旱作区小麦生产力的最重要因素之一。试验表明，在降水正常年份，冬、春小麦土壤水分的生产力分别为 0.85 kg/mm 和 0.75 kg/mm。可见，旱作小麦仍有很大的生产潜力（邓振镛等，2011）。

因此，要采取增加土壤水库库容的各种措施。首先，深耕能起到提高土壤孔隙度和降水入渗速度及达到多蓄降水的目的；其次，在北方旱地农业区秋季作物收获后应积极早秋耕蓄纳秋雨，同时，黄土高原旱作区应推广“三耙三耱”方式，达到抑制土壤水分蒸散，提高持水能力，强化抗旱水平（邓振镛等，1999）。

11.5.2.5　实施集雨蓄水节灌技术

集雨蓄水技术是指在有坡度的区域，通过必要的地面处理和建造蓄水池或水窖，在雨水较多季节蓄集降水径流，将聚集水引入蓄水池或水窖中贮存，供作物在关键生育期遇干旱时进行有效补灌，以满足作物生长发育所需水分，从而使作物不完全依赖于降水，也使旱区农业抗旱由被动向主动转变，切实提高了自然降水利用率，平均节水可达30%以上。

据测算，半干旱半湿润地区，降雨在地面的分配比例大致是：20%～35%用于形成初级生产力，60%～70%用于无效蒸发，10%～15%形成了径流流失。如果采用集雨节灌技术，可以把降雨径流的1/2～1/3收集起来供灌溉利用。一般情况下，100 m^2 面积的硬化集流场或道路、场院、屋面等场地，在日降水量为10～25 mm(中雨)时，每10 mm降水可集水3～5 m^3 或6～8 m^3。对不同年降水量的集水深度以及集水深度供给人畜饮水和补灌的综合研究得出，半干旱半湿润气候区在年降水量为300～800 mm的地域推广集雨节灌技术具有普遍意义，在年降水量为400～700 mm地域推广该项技术的效果性最为显著(邓振镛等，2003)。

在半干旱半湿润地区，如果每户确保1个面积为100～200 m^2 的雨水集流场，配套修建2个蓄水窖，可收集雨水50～100 m^3，它既能在解决人畜饮水困难的同时又可发展666.7 m^2(1亩地)节灌面积的庭院经济或保收田。即“121”集雨节灌工程，效果非常好。这一工程被国际雨水集流系统协会认为，是人类社会在水利建设领域的一项创举，并荣获世界水论坛特等奖。该项技术具有强大的生命力和显著的生态、社会和经济效益(邓振镛等，2004)。

目前，集雨节灌技术仍有需要解决的问题。如传统的集雨节灌技术的雨水汇集、储存和利用水平均比较低，科技含量不太高。因此，需要融入高性能蓄水及输水防渗技术、喷灌、微灌和智能灌溉等节水灌溉技术及化学制剂保水技术和水肥耦合技术等。同时，集雨节灌技术还没有一套系统化、综合性的技术体系，需要将雨水的收集、储蓄、节水灌溉、农艺节水技术以及节水管理技术综合起来，实现各种技术的优势互补，形成集成节灌化技术，以发挥节灌技术的整体优势，实现其最大效益。

11.5.2.6　采用农田微集水技术

农田微集水技术是一种通过改变农田地表微地形，实现降水在田间的再分配，让无效降水有效化，使有限降水集中分布到作物根系区，减小田间无效蒸发，达到雨水就地富集、利用及储存的田间集水技术。

该技术的主要措施是在农田建造垄沟，垄面覆膜集雨，沟内种植作物，垄、沟相互作用实现雨水积蓄、保墒的功能。降水时，雨水通过垄面径流汇集于沟中，并向地下和垄下入渗；当长期无降水时，由于垄面覆膜抑制了地表蒸发，其含水量比沟内高，而沟内土壤因水分蒸发而含水量较低。此时，水体通过运动从垄上土壤中补给到沟内土壤中，作物的根系也会从土壤湿度大的部位转移到土壤比较干燥的区域。在长时间无降水时，作物根系也会把水分从垄下较湿润区输送到沟内干燥区。垄水反补沟水的作用，有效避免了由于长期干旱引起沟内土壤干燥而导致的作物干枯死亡，也便于在降水来临时迅速吸收利用水分和沟内的养分，对增强作物的抗旱能力，促使作物稳产高产具有重要的意义。

在黄土高原田间微集雨种植中，当覆膜垄的产流临界降水量为0.8 mm时，年平均径流效率为87%。在降水量为230～440 mm范围内，降水量较低时，这种方法对提高水分利用效率和增产的提高效果越明显。

甘肃采用的垄作沟灌技术是在田间起垄开沟，垄宽 30～50 cm，沟深 15～20 cm，垄上种 3～4 行小麦。在甘州、山丹、永昌的小麦种植中应用该技术，平均每亩用水 400 m^3、节水 100 m^3，节水率为 20%，平均亩产量 420 kg、增产 14.7 kg，增产率为 3.6%；在甘州、山丹、永昌的啤酒大麦上应用，平均亩用水 408 m^3，节水 94 m^3，节水率为 18.7%；平均亩产量 483 kg，增产 16 kg，增产率为 3.4%。宁夏南部旱作区小麦种植实验表明，垄作沟灌技术可使出苗提前 2～6 d，出苗率提高 11%～18%，供水能力提高 46%～158%，增产 31%～59%，水分利用效率提高 2～3.4 kg/(hm^2 · mm)。

沟垄宽度不同也会影响集雨保墒效果。对马铃薯产量和垄沟宽度进行回归分析表明，膜垄最佳沟垄比为 60：40 cm 时，马铃薯经济产量可以达到最大值。全膜双垄垄播产量和水分利用效率均略高于全膜双垄沟播，而且全膜双垄垄播和沟播均有利于提高大薯率和中薯率及降低绿薯率和烂薯率。

旱作玉米采用全膜双垄沟播集雨集成技术比半膜覆盖增加产值 2345.4 元/hm^2，平均单产增加了 30.4%；小麦采用垄膜田间微集雨技术比露地常规种植方法增加产值 758.25 元/hm^2，平均产量增加 25.2%（邓振镛等，2000）。

11.5.2.7 推广节水灌溉技术

农业节水措施分为工程节水、农艺节水和科学用水管理等三个方面。

（1）工程节水灌溉技术

工程节水灌溉技术有喷灌、滴灌、微喷灌、渗灌、交替灌溉、亏缺灌溉和智能灌溉。

① 喷灌技术：与一般沟灌技术相比，粮食和经济作物采用喷灌技术可省水 30%～50%，可增产 20%～30%，蔬菜可增产 1～2 倍。

② 滴灌技术：比喷灌省水 15%～25%，为地面灌溉用水的 1/4～1/5。与地面灌溉相比，其粮食作物可增产 30%左右。

③ 微喷灌技术：是介于喷灌与滴灌之间的一种节水灌溉技术。收集山涧水的微型蓄水池和微型滴灌组合而成的一种适用于水源匮乏山区的节水灌溉模式。利用山区自然地势落差获得输水压力，形成自流灌溉。采用微喷灌技术，可使灌溉水利用率达到 90%以上。

④ 渗灌技术：具有灌水质量高、保持土壤结构好、避免地表板结、蒸发损失少、能较稳定保持土壤水分、节约灌溉水量、占耕地少、便于机耕、灌水效率高等优势。

⑤ 交替灌溉技术：主要有分根交替、干湿交替、隔沟交替灌溉等技术，交替灌溉能在保持作物产量基本不变的前提下提高水分利用效率。该技术在实用中可改为隔沟交替灌溉系统和交替灌溉系统等。

⑥ 调亏灌溉技术：是在作物生长发育的某些阶段（主要是营养生长阶段）主动施加一定的水分胁迫，促使作物光合产物分配向人们需要的组织器官倾斜，以提高其经济产量的节水灌溉技术。

（2）农艺节水灌溉技术

地面节水灌溉技术主要需要确定合理的灌溉定额、灌溉时间及次数，以便把有限的水资源用在关键时期。

① 小畦"三改"灌水技术：在灌溉时，把长畦改短畦，宽畦改窄畦，大畦改小畦的灌溉方式，可节水 30%以上，增产 10%～15%。

② 长畦分段畦灌技术：该技术可省水 40%～60%，灌溉效率可提高 1 倍以上。

③ 宽窄式畦沟结合浸润灌技术：该技术适宜间作套种作物“二密一稀”种植的畦、沟相结合式的灌水方法，使畦田和灌水沟相间交替更换。优点是灌水定额小，次数少 1～2 次。

④ 封闭式直形沟沟灌技术：该沟灌技术不但能节水，还具备防止土壤表层板结等优点。

(3)智能灌溉技术

智能灌溉技术，是指通过对作为根区水分自动监测信息，自动根据作物生长规律，实时定量判断作物土壤水分的需求状态，并自动启动或调整滴灌或喷灌的供水模式，以达到作物产量和水分利用效率最高化。

掌握作物需水规律浇好关键水。禾谷类作物，自穗分化至抽穗期是需水的临界期，这一时段缺水对产量影响最大，其次是开花至灌浆期，在这两个时段灌水可提高水分利用效率(邓振镛等，2012)。

选用优化灌溉技术。通过多次试验，适当压缩灌溉次数和灌溉量，减少水分的无效消耗，达到用水少、产量高的效果。建立节水灌溉制度，制订适时适量灌水的具体方案，充分发挥水对作物生长环境的调节作用，收到增产、节水、节能的综合经济效益。在精准农业中采用精准灌溉管理系统，可以提高农业用水的有效性和作物单位面积产量。

11.5.2.8　推广农田覆盖技术

农田覆盖是改善农田小气候的重要措施之一，具有保护土壤结构、抗御水蚀风蚀、保墒蓄水、调节土温、抑制杂草生长等作用，它是节水农业的重点。国内外传统的覆盖材料有地膜、秸秆、沙石、卵石、树叶、谷草、油纸、瓦片、泥盆、铝箔和纸浆等，不同覆盖材料的优点各有侧重，目前使用最广泛的是塑料地膜。

(1)沙砾覆盖农田技术

砂田覆盖就是在土地上铺一层 10～15 cm 厚的沙砾层进行栽种，砂田具有抗旱保墒、增温防寒、抑盐压碱的作用。沙砾层是大到鹅卵石小到粗砂这个范围内的大小不等的砂石混合后覆盖在土层，是我国较早的一种独特的传统抗旱耕作种植模式，至今已有 300 多年的历史。据试验，砂田可抑制土壤水分蒸发 80%左右。目前西北的砂田主要集中在甘肃中部旱作区，尤以皋兰、景泰、永登、靖远等县和兰州市郊分布最广泛，约占砂田总面积的 90%以上，宁夏和青海也有零星分布。砂田可种植小麦、棉花、糜子、烟草、花生、瓜类、豆类、白菜和辣椒等作物。砂田抗旱保墒作用极其明显，在干旱年份只要能出现 10～15 mm 的雨量，砂田小麦就能保住全苗，而土田则播种都很困难。砂田的增产效果显著，在干旱年份尤其突出，素有“石头是个金蛋蛋，雨多丰收，雨少平收，大旱也有收”之说。砂田对于西北旱地农业增产保收起着特殊作用。据宁夏固原调查，一般砂田作物能增产 25%～150%，小麦增产幅度更大。在雨多年，砂田小麦增产 230%，平常年增产 250%；在干旱年，砂田小麦仍能获得亩产 40 kg 的产量，而不铺砂田则颗粒无收。一般种植粮食作物的砂田比土田的收成要提高 3 倍左右。

(2)地膜带田技术

地膜覆盖栽培技术是一项具有历史意义的非常成功的农业增产技术。

地膜带田是集增温保墒、集水调水、边行优势等农田小气候效应和作物高低空间层带性、生长时间演替性、不同品种性状差异互补性等生态效应于一体的高效综合丰产栽培技术。

地膜带田具有节水调水效应。越冬期覆膜麦田 100 cm 土层内含水量比单作麦田多 28～32 mm，土壤湿度高 1.1%～3.0%。玉米带覆膜田技术会使 100 cm 土层内含水量比单作田多 30～40 mm，土壤湿度高 1.5%～3.5%。当过程降水量在 15 mm 以上时，覆膜地带给相邻区增水 75%左右，而且降水量越大，其调水量越多，基本实现了两带降水一带用。

旱作小麦—玉米地膜带田，比对照单作小麦和单作地膜玉米增产 41%～163%。水分利用率为 1.02 kg/mm，比单作小麦水分利用率(0.58 kg/mm)和单作玉米(0.99 kg/mm)分别高 76%和 3%。在年降水量 450～600 mm 的半湿润区，≥10 ℃积温达到 2200～3000 ℃·d 的温和区，采用地膜覆盖在保墒增温方面作用很大，效益显著(邓振镛等，1999)。

(3)全膜双垄沟播技术

在甘肃陇东地区的推广全膜双垄集雨沟播为主的旱作农业综合新技术，从根本上解决了在春旱严重的情况下保墒保苗和增产增收的难题。

甘肃省黄土高原区年降水量在 300～600 mm，大多属于半干旱半湿润气候区，该地区以旱作农业为主。2014 年，全省推广全膜双垄沟播玉米 1231.4 万亩，平均亩产 642.6 kg，总产 791.3 万吨，比露地玉米平均亩产增加了 300 kg 以上，比半膜玉米平均亩产增加了 150 kg 以上。全省推广全膜垄作侧播黑膜马铃薯面积 297.3 万亩，平均每亩产鲜薯 2097.5 kg，比露地平均亩增 700 kg 以上。

全膜双垄沟播玉米或马铃薯的技术要点是：在覆盖方式上由半膜改为全膜，在种植方式上由平铺穴播改为沟垄种植，在覆盖时间上由播种时覆膜改为秋覆膜或顶凌覆膜即先在田间起大小双垄，并用地膜进行全覆盖，该技术不但起到大面积保墒作用，还能形成自然的集流面，使有限的降水被沟内种植的作物有效吸收，从而形成了地膜集雨、覆盖抑蒸和垄沟种植为一体的多重抗旱保墒新技术。试验示范表明，年降水量在 250～550 mm、海拔在 2300 m 以下的地区，采用这种新技术种植玉米比相同条件下的半膜平覆增产 35%以上，采用这种新技术种植马铃薯比露地栽培增产 30%以上，增产效果非常显著，大大提高了旱作农业的集约化水平和土地产出率。

11.5.2.9 推广农田覆膜加节灌技术

膜上灌是在膜上放苗孔或专门渗水孔向下渗水的一种灌溉方法；膜下灌是在灌水沟上蒙一层塑料薄膜，灌水在膜下沟中进行的一种暗水灌溉方法。膜灌可以大大提高灌水均匀度和有效利用率，一般与滴灌结合使用。膜灌技术主要应用于设施栽培以及我国西部干旱半干旱区露地栽培各种经济作物和大田作物。

(1)膜下滴灌技术

该技术是滴灌技术和覆膜种植的有机结合，利用管道系统使管内的有压水流通过水能滴头滴水，水滴缓慢、均匀、定量地浸润在作物根系区域，使作物主要根系活动区的土壤始终保持在最优含水状态的灌溉方式。具有施肥、施药与灌溉一体化技术特点，再加之地膜覆盖，大大减少了无效蒸发，最大限度地提高了水资源的利用效率。该技术主要在棉花、加工型番茄、专用型马铃薯、酿造型葡萄、制种玉米、蔬菜、瓜类等作物上应用。一般每亩可节水 250 m^3 以上，节水率高可达 50%左右。

如果在稀植作物上应用膜下滴灌技术，节水效果更加明显，增产作用也十分显著。该技术在敦煌、金塔和民勤的棉花种植中应用，平均每亩用水仅 243 m^3、可节水 204 m^3，节水率达 47%；平均亩产量为 381 kg、增产 31 kg，增产率约为 9%。在甘州、临泽的加工型番茄种植中应用，平均每亩用水 385 m^3、节水 190 m^3，节水率约为 33%；平均亩产量为 6940 kg，增产 2500 kg，增产率为 56%。尤其，膜下滴灌技术改变了番茄的生长环境，对防止番茄腐烂病具有明显作用。在永昌的制种玉米种植中应用，平均每亩用水 380 m^3、节水 223 m^3，节水率为 37%；平均每亩产量 420 kg，增产 50 kg，增产率为 14%。在嘉峪关的酿造葡萄和洋葱种植中应用，酿造葡萄平均亩用水 350 m^3，节水 200 m^3，节水率约为 57 %，平均亩产量 1130 kg，增产 100 kg，增产率约为 1%。洋葱平均亩用水 450 m^3，节水 200 m^3，节水率为 31%，平均亩产量 7700 kg，增产 700 kg，增产率为 10%。

(2)垄膜沟灌技术

该技术通过起垄，垄上覆膜。在垄面、垄侧或垄沟里种植作物，进行沟内灌溉的一种农艺集成节水技术，该技术可分为两种技术模式即全膜沟播沟灌和半膜垄作沟灌。

① 全膜沟播沟灌。将土地平面修成垄形，对田块进行全地面覆盖，防止水分无效蒸发，作物种在沟内，灌溉采用沟灌技术，水从输水沟进入灌水沟，并通过种植孔渗透湿润土壤，能减少土壤水分蒸发损失，适用于灌区玉米等宽行距的种植的作物。一般亩节水 150 m^3，每亩增收 120 元。

② 半膜垄作沟灌。将土地平面修成垄形，用地膜覆盖垄面与垄侧，在垄上或垄侧种植作物，按照作物生长期需水规律，将水浇灌在垄沟内，通过侧渗进入作物根区，不会破坏作物根部附近的土壤结构及导致田面板结。一般在 3 月上中旬耕作层解冻后就可以起垄，垄和垄沟宽窄要均匀，垄脊高低一致。主要适合在玉米、马铃薯、瓜菜等作物上应用。一般每亩节水 120 m^3，每亩增收 100 元。

据 2007—2008 年的试验示范，全膜沟播沟灌技术已经用于甘肃临泽和甘州的制种玉米上，平均亩用水为 353 m^3，节水 105 m^3，节水率为 23%，平均亩产量 430.8 kg，增产 33 kg，增产率为 8%；在玉门和凉州的大田玉米上应用，平均每亩用水 380 m^3，节水 150 m^3，节水率为 28%；平均亩产量为 798.3 kg，增产 83.6 kg，增产率为 11.7%。半膜垄作沟灌技术已在肃州、玉门、民勤、凉州和景泰的大田玉米种植中应用后，平均每亩用水 476 m^3，节水 113 m^3，节水率为 19%；平均亩产量 746.4 kg，增产 55.2 kg，增产率为 8%。在玉门、永昌、景泰的马铃薯种植中应用，平均每亩用水 425 m^3，节水 139 m^3，节水率为 24.6%；平均每亩产量 2225.6 kg，增产 243 kg，增产率为 12.3%。在高台、临泽的加工番茄种植中应用，平均亩用水约 444 m^3，节水 114 m^3，节水率为 20%；平均亩产量 6300 kg，增产 1137 kg，增产率为 22%。

从节水和增产综合效果来看，膜下滴灌的效果最好，全膜沟播沟灌次之，排第三的是半膜垄作沟灌，排第四是麦类垄作沟灌。

11.5.2.10　发展设施农业技术

最早用塑料大棚抗干旱成功的例子出现在波斯湾的阿拉伯联合酋长国。在我国北方温室、塑料大棚和小拱棚不但有增加热量的功能，在抗旱中也能发挥了明显作用。特别是它为高产的庭院经济发展提供了适宜的技术条件。

温室和塑料大棚节水效益非常显著。一般情况下可以节省一半的用水，并且产量还提高了 1 倍多。尤其，小拱棚在北方春季多风季节可以起到保护土表，减少土壤水分蒸发，防御干旱的重要作用。

11.5.2.11　保护性耕作技术

保护性耕作技术是对农田实行免耕和少耕，尽可能减少土壤耕作，并用作物秸秆和残茬覆盖地表，用化学药物来控制杂草和病虫害，从而减少土壤风蚀、水蚀、保墒，提高土壤肥力和抗旱能力的一项先进农业耕作技术。

保护性耕作技术最明显的效益主要有三方面：其一是社会效益主要包括减少风蚀、防止水土流失及减小沙尘天气和大气污染危害等方面；其二是生态效益，增加土壤储水量、提高水分利用效率、节约水资源、提高土壤肥力、改善土壤物理结构、增加土壤团粒结构和孔隙度等方面；其三是经济效益，主要包括减少作业工序、增加产量、增加农民收入等方面。保护性耕作有助于作物抗旱、土壤培肥、土壤保墒和增产等成效的发挥，对旱地农业效果更佳。

在自然条件下，黄土丘陵区旱作农业保护性耕作 10 年，明显提高了速效磷和土壤全磷的含量，土壤磷在 0～5 cm 地表土层聚化明显，保护性耕作技术的延长有利于土壤含磷量的增加。

在我国，保护性耕作技术虽然得到了重视和发展，但是目前区域发展布局的总体规划仍不完善。尤其对于不同区域，保护性耕作技术的制度特点与区域特征并不相适应，操作规程和技术标准不够完善，限制了保护性耕作技术的大面积推广。

11.5.2.12　水稻抗旱节水栽培技术

(1)选种、拌种、育秧技术

选用抗旱性水稻品种：一般旱稻比普通水稻品种耐旱，大穗少蘖型品种比小穗多蘖型品种抗旱，杂交种比常规种抗旱。应该因地制宜选用根须发达、耐旱性较强、生育期适宜的水稻品种。

药剂拌种：由于干旱往往伴随温度偏高，害虫越冬基数大，导致病虫害发生早且发生重，特别是螟虫和飞虱。需要加强病虫害测报，根据病虫情况，采用药剂拌种，做好防治工作。根据秧苗长势和干旱情况，从 3 叶期后喷施 1 至 2 次多效唑，每亩秧地用 300 ppm 多效唑可湿性粉剂 60 kg，均匀喷施，以促蘖控长，同等情况下可延长秧龄 10 天以上。

旱育稀播：一般选用地势平坦、背风向阳、土质肥沃、疏松透气、水源方便的田地作苗床。播种前，将床土浇水达饱和状态，催芽后及时播种。然后按每平方米 90～120 g，播种要均匀。播种后用细床土盖种，并将床土浇透水，实行旱育管理。

地膜覆盖技术：在整地施肥后至水稻播前，开沟灌水泡田及水干喷药后，进行地膜覆盖，并每孔播 4～5 粒芽谷，播种后用细土盖严膜孔，灌水(水到墒面即可)，出苗后采取旱管，增强秧苗抗旱性锻炼，视土壤墒情状况大致 20 天左右灌 1 次，以膜内土壤湿润为宜。雨后一般不再灌水。经研究，大田水稻采用干旱直全程地膜覆盖栽培可较常规栽培方法节水约 40%～50%。

集中育秧：集中育秧是新近发展的一种育秧方式，该方式能节约育秧成本和便于管理方便，干旱管理效率较高，有利于病虫害防治，可以确保秧苗的素质。一般选择近水源地集中育秧，便于技术指导，利于培育多蘖矮壮秧。可以通过统一管水、集中用水，不仅实现适期育秧，而且能节水 30%～40%。

(2)干耕水耙整田插秧与旱作旱管栽培技术

干耕水耙整田插秧：收获后先进行翻犁、旋耕、耙细和整平，进水泡田后再旋耕 1 次耙成泥糊状，然后再栽插。并且，按照常规栽培方法进行管理，以增强耕作层的保水性能，减少水分渗漏。该方法可较常规的先进水泡田后整地的方法节约用水 20%左右。发展旱作旱管栽培技术：水稻耐旱的农艺调节主要包括改变生育期、降低株高、减少叶面积、降低蒸腾、增大根冠比、增强吸水力。研究表明，水稻在营养生殖阶段适度受旱，虽然会减少有效穗数，但可通过增加粒数和千粒重来弥补，从而增加稻谷产量。因此，就水稻节水栽培的水分调配而言，在孕穗—齐穗灌浆阶段必须保证水分供应，但在稻株移栽成活后可减少灌水，尤其在分蘖盛期还应晒田。

第12章　干旱灾害风险管理与对策措施

灾害风险管理是指通过设计、实施和评价各项战略、政策和措施，以增进对灾害风险的认识，鼓励减少和转移灾害风险，并促进备灾、应对灾害和灾后恢复措施的不断完善，其目标是提高人类的安全、福祉、生活质量、应变能力和可持续发展(张强等，2014)。干旱灾害管理主要有两种模式，其一是灾害的危机管理模式，其二是灾害的风险管理模式。由于知识水平所限，灾害危机管理模式在灾害管理中一直占据着主导地位，但随着近年来风险概念的提出以及人们对防灾减灾的迫切需求，灾害风险管理模式开始慢慢发展起来(张强，2012)。它主要是指在一个肯定有干旱灾害风险的环境里把风险减至最低及有效应对风险的管理过程，主要包括了对风险的量度、评估和应变策略。干旱灾害风险管理是一种主动的管理模式，其本质是积极有效地预防和降低干旱灾害风险。其决策过程主要包括对干旱灾害风险的分析、评价和处置三个部分。干旱灾害风险分析又包括了对致灾因子危险性、承灾体暴露度和脆弱性的分析。干旱灾害风险评估的目的是判断风险的严重程度，为风险处置提供客观定量依据。干旱灾害处置的目的是通过选择和实施风险处置措施来降低或应对干旱灾害的风险，然后进行风险再评估。干旱灾害风险分析是干旱灾害风险评价的前提，而干旱灾害风险评估的结果又是干旱灾害风险处置或应对的重要依据。

12.1　干旱灾害风险管理

干旱灾害风险评估的重要性在于可以对干旱灾害及旱地进行风险预警，并科学指导个体、社会和政府采取针对性的应对措施，以实现通过干旱灾害风险管理更加有效地减缓干旱灾害影响的目的。干旱灾害风险管理实际上是一个包括行政指导和组织机构作用的发挥，干旱防御政策、策略和措施的实施及干旱灾害应对能力的提高等在内的系统化过程，也是通过预防、减缓和防备等行为和措施，避免、减少或转移干旱灾害不利影响的综合实践行为。其核心在于以经济和社会效益最大化为基本原则，对干旱灾害进行科学有效地分类防御。对风险性程度一般的干旱，可以采取干旱灾害损失保险、抗旱技术应用、公众干旱防范意识提高、饮食结构多元化及社会救济制度建立等日常性措施，并将其直接纳入农业制度之中，由个体农户和家庭的常规策略来自发应对。对风险性特别高的干旱，则需要采取风险管理和危机管理相结合的方式，启动各级地方政府或国家干旱灾害防御预案，动用社会和国家力量来帮助高风险地区防御干旱灾害，由公共风险防御方式来处理。对风险性大大超出风险预警的意外性严重干旱灾害，则需要采取应急性危机管理模式，临时启动地方政府甚至国家或国际救援机制，调动社会、国家和国际资源来共同救援干旱灾害地区，一般要以社会和国家为应对主体(张强等，2014)。

干旱灾害危机管理重点在于灾害发生时的应急救援或灾后的恢复与重建，而干旱灾害风险管理则重点强调了对从准备、预测和早期预警到应对和恢复等干旱灾害防御全程的重视。当前，应该将干旱灾害风险管理主流理念融入到干旱灾害防御规划及其实践活动中，加强地方、国家、区域和全球的合作，提高公众对干旱的认识和防备能力，制定抗旱政策和策略，并将政府和个人综合保险及财政战略纳入干旱灾害防御计划，建立干旱灾害紧急救助机制和安全联络网。尤其，要将抗旱救灾与防备和适应相结合，推行保护和修复森林等具有增强干旱适应性潜力和减缓干旱不利影响的土地管理行为；要将抗旱政策与可持续发展政策相结合，降低社会、经济和环境对干旱影响的脆弱性。并且由于环境条件的不断变化，应该对干旱灾害风险进行持续的和动态化的管理。

干旱灾害风险管理的目标不仅要使干旱灾害风险的总成本对整个国家或大多数个人来说是最小的，而且还应该对不同社会角色均具有激励性，引导全社会采取整体利益最大化和经济最优化的抗旱措施。不恰当的干旱风险管理要么只对某些社会成员具有激励性，而违背了社会共同利益，社会成员往往采取高风险的冒险行为方式，让政府或社会承担其冒险行为的后果；要么，由于没有干旱灾害风险分担机制，每个社会成员都过于谨慎以避免干旱风险，生产方式缺少创新精神和创造力，从而导致总体收益降低。

干旱灾害不仅会对人类生活生产造成不利影响，还会带来严重的社会经济风险，特别是对农作物生产和畜牧业发展的潜在风险十分明显。在气候变化背景下，干旱灾害管理将呈现以下显著特点(杨志勇等，2011)：

(1)干旱灾害应由危机管理向风险管理转变。近年来，随着干旱对人类生产生活造成的影响愈加严重，从当前世界干旱管理的发展趋势来看，传统的农业干旱灾害危机管理已经不再适用于当前水资源危机的严峻形势，必须实施风险管理，从被动抗旱向积极主动抗旱转变。

(2)应该充分考虑非气象因素。干旱指标的确定大多侧重于降水、温度与作物需水的关系及降水与产量关系等，所选取的指标缺乏农业生产过程中的非气象因素，如农业结构改变、经营管理投入、水利设施投入以及防灾减灾行为的作用等，这些非气象因素对农作物承灾体的脆弱性起着重要的作用，可对干旱起到有效的缓解或强化作用，进而影响最终灾情的形成。

(3)高新技术应用研究。随着计算机技术和遥感技术的发展，数据监测的精度和广度也随之增加，今后，在农业干旱监测和管理中，高新技术手段的加入将会使农业干旱管理达到更好的效果，从而减少旱灾损失。

12.1.1 干旱灾害风险管理控制策略结构概念模型

[彩]图 12.1 给出了针对不同风险控制因子的干旱灾害风险控制策略结构概念模型。一是对于致灾因子高危险性区域，要采取科学措施干预、影响致灾因子，主要策略包括加强人工增雨(张强，2008；张强，2010)，提高露水利用效率，规避高危险期(即暴露期与高危险期错开)，地膜覆盖减少蒸发等措施。二是对于承灾体高暴露性区域，要提高承灾体的抗旱机能，主要策略包括开发抗旱植物品种，提高干旱适应性；实施产业多样化战略，减少社会经济脆弱性；退耕或移民工程，减少干旱承灾体暴露度；改变作物生长期，缩短干旱承灾体暴露时间。三是对于孕灾环境高敏感区域，要改善干旱孕灾环境的条件，主要策略包括改善生态环境，提高水分涵养能力；改进水文条件，增强水资源保障能力；改进土壤条件，提高土壤保墒能力。四是对于防灾减灾能力弱的区域，要多方面增强干旱防灾能力，主要策略包括加强干旱减灾技术开发、加大抗旱工程建设；提高公众抗旱科学素养等多方面措施；加强干旱监测预警，提高风险管

理能力。

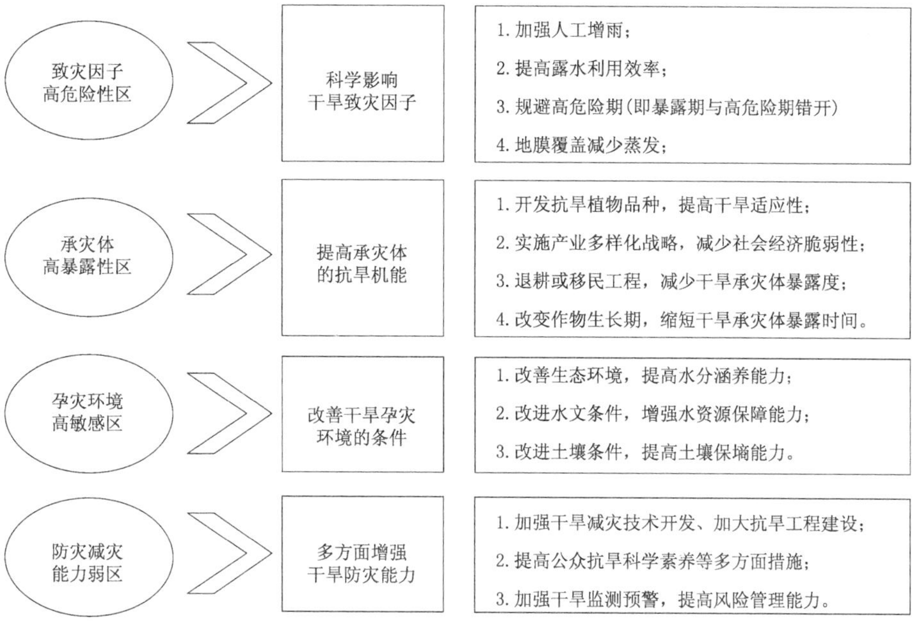

图 12.1　干旱灾害风险控制策略结构概念模型(针对风险因子)

[彩]图 12.2 给出了针对不同风险承受领域的干旱灾害风险控制策略结构概念模型。针对农业领域干旱灾害风险，一是要开展风险预警，建立干旱气象灾害的监测预警及响应体系；二是风险规避，形成可以有效规避干旱风险的精细化种植模式；三是风险控制，提高农田干旱灾害风险防控标准，适应发展多元化和规模化经营；四是风险应对，加强农业干旱适应技术的研发和推广，建立农业干旱灾害政策保险制度。

针对水资源干旱灾害风险，一是开展风险预警，建立干旱气象灾害的监测预警及响应体系；二是风险防控，提高水利工程和供水系统的安全运行标准，加强水资源调蓄管理和决策系统，严格落实“三条红线”制度；三是风险应对，加强重点区域防洪抗旱减灾体系建设，利用市场机制优化水资源配置效率。

针对生态系统干旱灾害风险，一是风险控制，建立自然生态红线和生态补偿机制，提高典型生态系统干旱灾害防御能力；二是风险应对，加强区域生态恢复和干旱灾害防控的试点示范，实施生态移民、旅游开发和生态保护项目。

12.1.2　干旱灾害风险控制策略

风险控制是应对和防御干旱灾害风险的重要措施。通过实施干旱灾害风险管理，采取干旱风险评估、缓解、转移、分担和应急准备等一系列措施，可以有效地减少脆弱性，提高适应能力，达到控制干旱风险的目的，实现对干旱灾害管理从被动向主动、从救灾向防灾、从临时应急向全程防御的系统转变。针对干旱灾害风险形成的特点，干旱灾害风险控制有如下几个方面的主要策略：

(1)制定科学合理的干旱灾害风险管理规划，保证风险管理政策的有效性和执行力及财务预算的早期响应能力。比如，成立由具有政治影响力单位牵头的、由部委、民间团体、企业及利

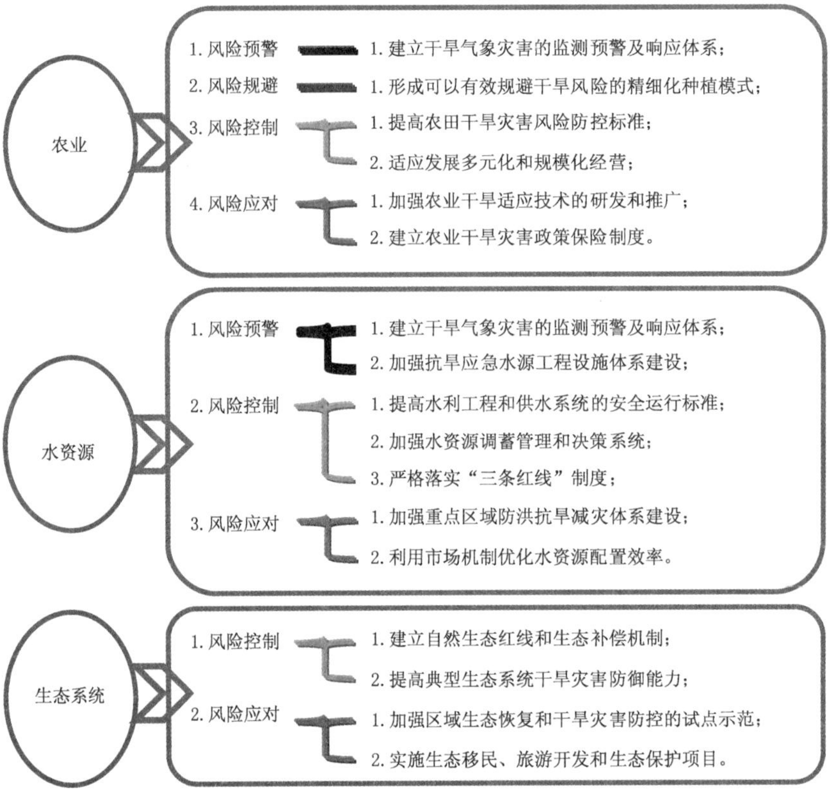

图 12.2　干旱灾害风险控制策略结构概念模型(针对不同风险承受领域)

益相关单位组成的干旱防御联盟,并建立相应的制度和机制确保其运行的持续性和运行效果。

(2)建立干旱灾害风险分析与评估系统,提高对干旱灾害风险的识别和早期预警水平,为采取具有针对性的防御措施提供科学依据。

(3)有效影响干旱灾害致灾因子。通过增强人工增雨能力和提高露水利用水平及改变自然降水地表分配利用方式等措施,减少气象干旱的频率和强度,从而降低干旱危险程度。

(4)综合提高干旱承灾体的抗旱机能。通过开发抗旱植物或作物品种,提高对干旱的适应性;通过实施产业多样化战略,减少社会经济的干旱脆弱性;通过退耕或移民工程等措施减少干旱承灾体的暴露度;通过改变作物生长期缩短干旱承灾体的暴露时间。

(5)科学地改善干旱孕灾环境的条件。通过改善作物生长的自然环境条件,降低无效蒸散量,提高水分涵养能力;通过改进水文条件,增强水资源的综合保障能力;通过改进土壤条件,提高土壤保墒性能。这些方面都能够有效地降低干旱孕灾环境的敏感性。

(6)多方面增强干旱防灾能力。可以通过提高政府和社会重视程度、加强干旱减灾防灾技术开发、加大抗旱工程建设、提高公众抗旱科学素养等多方面措施来提高干旱防灾水平。

(7)建立干旱灾害风险共担和转移制度。干旱灾害风险共担制度可以降低个体的干旱灾害风险性,干旱灾害风险转移制度可以降低短期的干旱灾害风险性,从而提高社会整体对干旱灾害风险的承担能力。

12.2　干旱灾害风险综合防御对策

12.2.1　充分发挥监测评估信息的防控决策作用

气候暖干化引发的干旱化趋势非常明显，干旱化的发生发展与生态环境、社会发展、经济建设关系十分密切，其影响程度非常深远。农业干旱灾害风险是一个自然变异的复杂大系统，除农业干旱灾害风险本身(孕灾环境、致灾因子、承灾体)外，还包括灾情评估、灾害监测与预警系统，以及减灾对策等。要重视和加强干旱灾害监测预测研究；建立干旱灾害监测预警平台，研究干旱灾害防御对策；建立具有较好的物理基础、较强监测和预测能力、有效服务功能的农业干旱灾害综合业务服务系统，及时就农业干旱灾害对区域内农业生产和水资源影响提供科学的技术评估和对策服务，为决策部门和社会用户提供优质服务。

对农业生态环境的动态监测，能及时了解农业生态环境对气候变化和人类活动的响应，是农业生态环境保护与建设的前提和基础性工作。要建立一套研究农业、森林、草原、土地资源和水资源等的农业生态环境科学评估方法和技术；建立地面监测和卫星遥感监测相结合的生态环境立体监测系统，为农业生态环境保护和建设提供连续、立体、动态的监测信息；并结合农业干旱灾害监测预测综合业务服务系统，定期和不定期发布农业干旱生态环境监测预警公报，为决策部门合理地开发与建设规划制定提供宏观科学决策依据。

加强对农业干旱灾害风险评估。农业干旱灾害风险评估是以探索灾害可能造成的损失为核心，其范围涉及灾害系统的各个环节。评估分析已确定的风险因素(或称致灾因子)对可能受影响的承灾体的重要性，以提供决策者权衡风险的大小定量化科学根据，并提出建议或减灾决策的科学依据。风险评估内容一般包括评估技术方法、评估模型、评估指标、风险水平等级分布及区划分析等。

12.2.2　充分发挥农田基础设施的作用

我国目前的农田水利基础设施建设工程大多始建于 20 世纪 50 年代，工程起点低，设施相对落后，渠系水利用效率低，蓄水集雨能力不足。应进一步加强农田基础设施建设，提高抗旱能力和水资源利用效率。同时，要加强水利基础设施管理，合理开发和优化配置现有水资源，完善农田水利建设机制，制定用水和节水的相关政策，根据当地水源实际情况，制定发展水利科学规划。另外，要广开水源，扩大农田灌溉面积，在平原和沿江沿海地区，修建引水灌溉工程，建机电排灌站网；在山区和丘陵区修造水库、塘坝，储集雨季降水，供少雨季节使用。整修梯田，通过坡改梯技术，增厚土层，培肥地力，控制水土流失，增加土壤含水量。改良土壤结构，减少汛期径流量，提高农田蓄水保肥能力，配套建设“三沟”、“三池”，可拦蓄地表水，提高农田抗旱能力。

12.2.3　加强生态环境保护与建设

农业环境是农业生产的物质基础，良好的气候、土壤及综合农业生态条件，不仅能促进作物生长，而且能减少干旱灾害的发生和发展。在气候变化脆弱区域实施退耕还林，退耕还草，农林结合，发展立体农林和复合型生态农业，建立和恢复良好的农业生态环境。保护和发展防护林、水源涵养林、植树造林、封山育林，营造绿色水库，减少水土流失。建立稳定的农业生态系统，积极发展生态农业和资源节约型农业，推行间套复种、多熟种植及“立体农业”和雨养农业，依据生态学原则发展大农业和旱地农林业。建设多种类型的稳定的农业生态系统，研究规划不同类型区农业资源承载系统的最大可能承载力，增加农业系统的抗逆性和可恢复性。

12.2.4 积极推广农业保险

立足各地实际，通过“企业＋基地＋农户”及“农村合作组织＋农户”等模式，积极开展中药材、设施蔬菜、现代种业、经济林果、畜草产业、肉牛、肉羊等地方特色鲜明的农作物农业保险，通过农业保险提高恢复生产能力。加强农业气象保险的“融合式”发展，建立气象保险灾害信息服务平台，开展政策性农业保险天气指数产品设计和研发工作，加强粮食作物及特色作物的干旱灾害评估，构建“三农”保险保障体系，有效减轻干旱灾害造成的损失。同时，保险也可以减轻政府财政的赈灾负担。

12.2.5 大力开发空中水资源

据计算，全球空中云水资源有 28 万亿 t(仅占全球总水量的 0.002%)，虽然总量少，但循环快，周期仅 8.7 d。一年之内空中水可以循环 42 次，空中水量就是 1176 万亿 t，远超出地表水的总量(为地表水的 8.4 倍)。在西北地区，有 85%左右的水汽穿过该地区上空直接出境，只有约 15%在本区域形成降水；在西南地区有 20%左右在本区域形成了降水，另有约 80%流出了该区域。

人工增雨(雪)是科学开发利用空中云水资源的主要途径之一。大量试验结果表明，在一定条件下对冷云催化可增加降水量 10%～25%。据统计测算，飞机人工增雨的投入和效益比在 1∶30 以上。因此开发空中水资源可有效缓解陆地水资源的不足。

由气象卫星探测资料分析得出，西北地区平均总云量最大区主要出现在天山、昆仑山和祁连山北坡一带，祁连山的空中水汽主要来自西风环流携带的大西洋上空水汽及欧亚大陆蒸散的水汽，是我国西北的 3 个主要水汽来源之一。据测算，祁连山区空中水汽特别是较高层的水汽资源比较丰富，容易具备形成降水的空中水汽条件，并通过祁连山脉地形的动力作用有利于形成降水的物理条件。应该充分利用这种有利条件，抓住有利时机，在祁连山区开展大规模人工增雨(雪)作业，会取得最佳的作业效果。

参考文献

安顺清,邢久星,1985.修正的帕默尔干旱指数及其应用[J].气象,**11**(12):17-19.

安顺清,邢久星,1986.帕默尔旱度模式的修正[J].应用气象学报,**1**(1):75-82.

白虎志,李耀辉,董安祥,等,2011.中国西北地区近500年极端干旱事件(1470—2008)[M].北京:气象出版社,72-75.

鲍文,2011.气象灾害对我国西南地区农业的影响及适应性对策研究[J].农业现代化研究,**32**(1):59-63.

北京市气象局,2007.北京气象灾害预警与防御手册[M].北京:气象出版社.

毕继业,王秀芬,朱道林,2011.地膜覆盖对农作物产量的影响[J].农业工程学报,**24**(11):172-175.

毕彦勇,高东升,王晓英,2005.根系分区灌溉对设施油桃生长发育、产量及品质的影响[J].中国生态农业学报,13(4):88-90.

边金霞,马忠明,2007.河西绿洲灌区3种作物垄作沟灌节水效果及栽培技术[J].甘肃农业科技,(11):47-50.

卞传恂,黄永革,沈思跃,等,2000.以土壤缺水量为指标的干旱模型[J].水文,**20**(2):5210.

蔡晓军,茅海祥,王文,2013.多尺度干旱指数在江淮流域的适应性研究[J].冰川冻土,**35**(4):978-989.

曹永强,李香云,马静,等,2011.基于可变模糊算法的大连市农业干旱风险评价[J].资源科学,**33**(5):983-988.

常文娟,梁忠民,2009.信息扩散理论在农业旱灾风险率分析中的应用[J].水电能源科学,**27**(6):185-187.

陈海,2007.近40年中国北方农牧交错带气候时空分异特征[J].西北大学学报:自然科学版,**8**(37):653-656.

陈海涛,黄鑫,邱林,等,2013.基于最大熵原理的区域农业干旱度概率分布模型[J].水利学报,**44**(2):221-226.

陈家金,王加义,李丽纯,等,2012.影响福建省龙眼产量的多灾种综合风险评估[J].应用生态学报,**23**(3):819-826.

陈家其,施能,1995.全球增暖下我国旱涝灾害可能情景的初步研究[J].地理科学,**15**(3):201-207.

陈建飞,2006.地理信息系统导论[M].3版.北京:科学出版社.

陈菊英,1991.中国旱涝的分析和长期预报研究[M].北京:农业出版社.

陈楠,张朝昌,刘涛,等,2013.基于GIS的河南省濮阳县冬小麦干旱灾害风险区划[J].中国农学通报,**29**(6):42-45.

陈守煜,2005.水资源与防洪系统可变模糊集理论与方法[M].大连:大连理工大学出版社.

陈维英,肖乾广,盛永伟,1994.距平指数在1992年特大干旱监测中的应用[J].环境遥感,**9**(2):106-112.

陈晓楠,段春青,刘昌明,等,2009.基于两层土壤计算模式的农业干旱风险评估模型[J].农业工程学报,**25**(9):52-55.

程建刚,晏红明,严华生,等,2009.云南重大气候灾害特征和成因分析[M].北京:气象出版社.

戴策乐木格,2014.草原牧区干旱灾害风险区划与分析[D].呼和浩特:内蒙古师范大学.

邓国,王昂生,李世奎,等,2001.风险分析理论及方法在粮食生产中的应用初探[J].自然资源学报,**16**(3):221-226.

邓国,王昂生,周玉淑,等,2002.中国省级粮食产量的风险区划研究[J].南京气象学院学报,**25**(3):373-379.

邓振镛,董安祥,郝志毅,等,2004.干旱与可持续发展及防旱减灾技术的研究[J].气象科技,**32**(3):187-190.

邓振镛,仇化民,1999.旱作小麦—玉米垄种沟盖地膜带田集水调水与增产效应研究[J].自然资源学报,**14**(3):253-257.

邓振镛，文小航，黄涛，等，2009. 干旱与高温热浪的区别与联系[J]. 高原气象，**28**(3)：702-709.

邓振镛，张强，2008. 西北地区农林牧业生产及农业结构调整对全球气候变暖响应的研究进展[J]. 冰川冻土，**30**(5)：836-842.

邓振镛，张强，宁惠芳，等，2010. 西北地区气候暖干化对作物气候生态适应性的影响[J]. 中国沙漠，**30**(3)：633-639.

邓振镛，张强，蒲金涌，2008. 气候变暖对中国西北地区农作物种植的影响. 生态学报(英文版)，**28**(8)：3760-3768.

邓振镛，张强，倾继祖，等，2009. 气候暖干化对中国北方干热风的影响[J]. 冰川冻土，**31**(4)：664-671.

邓振镛，张强，王强，等，2011. 甘肃黄土高原旱作区土壤贮水量对春小麦水分生产力的影响[J]. 冰川冻土，**33**(2)：425-430.

邓振镛，张强，王强，等，2012. 高原地区农作物水热指标与特点的研究进展[J]. 冰川冻土，**34**(1)：177-185.

邓振镛，张强，王润元，等，2012. 甘肃特种作物对气候暖干化的响应特征及适应技术[J]. 中国农学通报，**28**(15)：112-121.

邓振镛，张强，王润元，等，2012. 西北地区特色作物对气候变化响应及应对技术的研究进展[J]. 冰川冻土，**34**(4)：855-861.

邓振镛，张毅，郝志毅. 2003. 半干旱半湿润气候区实施集雨节灌农业技术的研究[J]. 中国农业气象，**24**(4)：16-18.

邓振镛，张宇飞，刘德祥，等，2007. 干旱气候变化对甘肃省干旱灾害的影响及防旱减灾技术的研究[J]. 干旱地区农业研究，**25**(4)：94-99.

邓振镛，1999. 干旱地区农业气象研究[M]. 北京：气象出版社：96-139.

邓振镛，2000. 陇东气候与农业开发[M]. 北京：气象出版社：108-111.

邓振镛，2005. 高原干旱气候作物生态适应性研究[M]. 北京：气象出版社：60-78.

丁瑞霞，贾志宽，韩清芳，2006. 宁南旱区微集水种植条件下谷子边际效应和生理特性的响应. 中国农业科学，**39**(3)：494-501.

董宏儒，邓振镛，1988. 带田农业气候资源的利用[M]. 北京：气象出版社.

杜继稳，2008. 陕西省干旱监测预警评估与风险管理[M]. 北京：气象出版社.

杜尧东，宋丽莉，毛慧琴，等，2004. 广东地区的气候变暖及其对农业的影响与对策[J]. 热带气象学报，**20**(3)：302-310.

范宝俊，1999. 灾害管理文库(第一卷)[M]. 北京：当代中国出版社.

冯海霞，秦其明，蒋洪波，等，2011. 基于 HJ-1A/1B CCD 数据的干旱监测研究[J]. 农业工程学报，**27**(增刊 1)：358-365.

冯佩芝，李翠金，李小泉，等，1985. 中国主要气象灾害分析[M]. 北京：气象出版社.

傅敏宁，邹武杰，周国强，2004. 江西省自然灾害链实例分析及综合减灾对策[J]. 自然灾害学报，**13**(3)：101-103.

高超，陈实，，翟建青，等，2014. 淮河流域旱涝灾害致灾气候阈值[J]. 水科学进展，**25**(1)：36-44.

高庆华，2007. 自然灾害评估[M]. 北京：气象出版社.

高庆华，2008. 自然灾害系统与减灾系统工程[M]. 北京：气象出版社.

高蓉，张燕霞，石圆圆，等，2009. 西北干旱半干旱过渡区近 50 年气候变化特征分析及对粮食产量的影响[J]. 安徽农业科学，**37**(14)：6493-6497.

葛全胜，邹铭，郑景云，等，2008. 中国自然灾害风险综合评估初步研究[M]. 北京：科学出版社：156-176.

顾颖，刘静楠，林锦. 2010. 近 60 年来我国干旱灾害情势和特点分析[J]. 水利水电技术，**41**(1)：71-74.

郭铌，王小平，王静，等，2015. 卫星遥感干旱应用技术回顾及面临的困难和机遇[J]. 干旱气象，**33**(1)：1-18.

韩兰英，张强，马鹏里，等，2015. 中国西南地区农业干旱灾害风险空间特征[J]. 中国沙漠，**35**(4)：1015-1023.

韩兰英，张强，姚玉璧，等，2014. 近60年中国西南地区干旱灾害规律与成因[J]. 地理学报，**69**(5)：632-639.

韩永翔，张强，2003-04-08. 干旱气候和荒漠化[N]. 中国气象报，第三版.

郝祺，2009. 气候变化对西北地区小麦生产影响的模拟研究[D]. 北京：北京林业大学.

何斌，武建军，吕爱峰，2010. 农业干旱风险研究进展[J]. 地理科学进展，**29**(5)：111-114.

贺楠，2009. 安徽省农业旱涝灾害风险分析[D]. 北京：中国气象科学研究院.

胡实，莫兴国，林忠辉，2015. 未来气候情景下我国北方地区干旱时空变化趋势[J]. 干旱区地理，**38**(2)：239-248.

黄崇福，刘新立，周国贤，等，1998. 以历史灾情资料为依据的农业自然灾害风险评估方法[J]. 自然灾害学报，**7**(2)：1-9.

黄崇福，2006. 自然灾害风险评价理论与实践[M]. 北京：科学出版社：86-94.

黄崇福，2006. 自然灾害风险分析的信息矩阵方法[J]. 自然灾害学报，**15**(1)：2-10.

黄崇福，2012. 自然灾害风险分析与管理[M]. 北京：科学出版社：182-222.

黄道友，彭廷柏，王克林，等，2003. 应用Z指数方法判断南方季节性干旱的结果分析[J]. 中国农业气象，**24**(4)：12-15.

黄会平，2010. 1949—2007年全国干旱灾害特征、成因及减灾对策[J]. 干旱区资源与环境，**24**(11)：94-98.

黄会平，2010. 1949—2007年我国干旱灾害特征及成因分析[J]. 冰川冻土，**32**(4)：659-665.

黄蕙，温家洪，司瑞洁，等，2008. 自然灾害风险评估国际计划述评——评估方法[J]. 灾害学，**23**(3)：96-101.

黄健，季枫，2014. 温室增温和灌溉量变化对棉花产量、生物量及水分利用效率的影响[J]. 中国农学通报，**30**(30)：152-157.

黄荣辉，杜振彩，2010. 全球变暖背景下中国旱涝气候灾害的演变特征及趋势[J]. 自然杂志，**4**(32)：187-195.

黄荣辉，郭其蕴，孙安健，等，1997. 中国气候灾害图集[M]. 北京：海洋出版社：190.

黄荣辉，李维京，1988. 热带西太平洋上空的热源异常对东亚上空副热带高压的影响及其物理机制[J]. 大气科学(特刊)：95-107.

黄晚华，隋月，杨晓光，等，2013. 气候变化背景下中国南方地区季节性干旱特征与适应：Ⅲ. 基于降水量距平百分率的南方地区季节性干旱时空特征[J]. 应用生态学报，**24**(2)：397-406.

黄晚华，隋月，杨晓光，等，2013. 气候变化背景下中国南方地区季节性干旱特征与适应：Ⅴ. 南方地区季节性干旱特征分区和评述[J]. 应用生态学报，**24**(10)：2917-2925.

黄晚华，隋月，杨晓光，等，2014. 基于连续无有效降水日数指标的中国南方作物干旱时空特征[J]. 农业工程学报，**30**(4)：125-135.

黄锡荃，苏法崇，梅安新，1995. 中国的河流——中国自然地理知识丛书[M]. 北京：商务出版社：1-88.

霍治国，李世奎，王素艳，等，2003. 主要农业气象灾害风险评估技术及其应用研究[J]. 自然资源学报，**18**(6)：692-703.

贾慧聪，王静爱，潘东华，等，2011. 基于EPIC模型的黄淮海夏玉米旱灾风险评价[J]. 地理学报，**66**(5)：643-652.

贾慧聪，王静爱，岳耀杰，等，2009. 冬小麦旱灾风险评价的指标体系构建及应用[J]. 灾害学，**24**(4)：20-25.

贾慧聪，王静爱，2011. 国内外不同尺度的旱灾风险评价研究进展[J]. 自然灾害学报，**20**(2)：132-140.

贾敬敦，等，2013. 中国农业应对气候变化研究进展与对策[M]. 北京：中国农业科学技术出版社：74-80，114-124.

蒋兴文，李跃清，李春，等，2007. 四川盆地夏季水汽输送特征及其对旱涝的影响[J]. 高原气象，**26**(3)：476-484.

金之庆，葛道阔，高亮之，等，1998. 我国东部样带适应全球气候变化的若干粮食生产对策的模拟研究[J]. 中国农业科学，**31**(4)：51-58.

鞠笑生，杨贤为，陈丽娟，等，1997. 我国单站旱涝指标确定和区域旱涝级别划分的研究[J]. 应用气象学报，**8**

(1):26-33.

康永辉,解建仓,黄伟军,等,2013.基于干旱综合指数的模糊信息分配法的农业干旱风险评估研究[J].干旱地区农业研究,**31**(6):175-180.

康永辉,解建仓,肖飞鹏,等,2012.广西大石山区干旱灾害模糊风险评估与区划研究[J].西北农林科技大学学报(自然科学版),**4**(40):223-229.

科技部国家计委国家经贸委灾害综合研究组,2000.灾害·社会·减灾·发展——中国百年自然灾害态势与21世纪减灾策略分析[M].北京:气象出版社.

李栋梁,魏丽,蔡英,等,2003.中国西北现代化气候变化事实与未来趋势展望[J].冰川冻土,**25**(2):135-142.

李芬,于文金,张建新,等,2011.干旱灾害评估研究进展[J].地理科学进展,**30**(7):891-898.

李红英,张晓煜,袁海燕,等,2013.宁夏农业干旱灾害综合风险分析[J].中国沙漠,**3**(3):882-887.

李克让,曹明奎,於琍,等,2005.中国自然生态系统对气候变化的脆弱性评估[J].地理研究,**24**(5):653-663.

李克让,郭其蕴,张家诚,1999.中国干旱灾害研究及减灾对策[M].郑州:河南科学技术出版社:47-76.

李克让,尹思明,沙万英,1996.中国现代干旱灾害的时空特征[J].地理研究,**15**(3):6-15.

李茂松,李森,李育慧,2003.中国近50年旱灾灾情分析[J].中国农业气象,**24**(1):7-10.

李美娟,陈国宏,陈衍泰,2004.综合评价中指标标准化方法研究[J].中国管理科学,**12**(10):45-47.

李世奎,1999.中国农业灾害风险评估与对策[M].北京:气象出版社,23-126.

李文芳,2012.基于非参数信息扩散模型的湖北水稻生产灾害风险评估[J].江西农业大学学报(社会科学版),**11**(1):58-62.

李文华,闵庆文,张强,等,2009.生态气象灾害[M].北京:气象出版社.

李忆平,王劲松,李耀辉,等,2014.中国区域干旱的持续性特征研究[J].冰川冻土,**36**(5):1131-1142.

李玉中,程延年,安顺清,2003.北方地区干旱规律及抗旱综合技术[M].北京:中国农业科学技术出版社:317-333.

李祚泳,1997.投影寻踪技术及其应用进展[J].自然杂志,**19**(4):224-227.

连彩云,马忠明,张立勤,2012.绿洲灌区垄作沟灌啤酒大麦的产量及节水效应研究[J].麦类作物学报,**32**(1):145-149.

梁成,申双和,2010.基于WAP指数的长江流域及其以南地区干旱气候特征分析[J].南京信息工程大学学报(自然科学版),**2**(2):166-174.

刘静,王连喜,马力文,等,2004.中国西北旱作小麦干旱灾害损失评估方法研究[J].中国农业科学,**37**(2):201-207.

刘德祥,董安祥,邓振镛,2005.中国西北地区气候变暖对农业的影响[J].自然资源学报,**20**(1):119-125.

刘兰芳,刘盛和,刘沛林,等,2002.湖南省农业旱灾脆弱性综合分析与定量评价[J].自然灾害学报,**11**(4):78-83.

刘明春,张强,邓振镛,等,2009.气候变化对石羊河流域农业生产的影响[J].地理科学,**29**(5):727-732.

刘荣花,朱自玺,方文松,等,2006.华北平原冬小麦干旱灾损风险区划[J].生态学杂志,**25**(9):1068-1072.

刘巍巍,安顺清,刘庚山,等,2004.帕尔默旱度模式的进一步修正[J].应用气象学报,**15**(1):1-10.

刘孝富,潘英姿,曹晓红,等,2012.旱灾对石漠化影响评估及灾后石漠化防治分区[J].环境科学研究,**25**(8):882-889.

刘亚彬,刘黎明,许迪,等,2010.基于信息扩散理论的中国粮食主产区水旱灾害风险评估[J].农业工程学报,**26**(8):1-7.

刘玉英,石大明,胡轶鑫,等,2013.吉林省农业气象干旱灾害的风险分析与区划[J].生态学杂志,**32**(6):1518-1524.

卢爱刚,葛剑平,庞德谦,等,2006.40年来中国旱灾对ENSO事件的区域差异响应研究[J].冰川冻土,**28**(4):535-542.

陆登荣，黄斌，王劲松. 甘肃河东雨养农业区旬降水变化及其与土壤湿度关系[J]. 干旱地区农业研究，2011，**29**(2)：230-235.

陆浩，2008. 旱作农业的一场革命——关于总结推广全膜双垄沟播技术的思考[J]. 甘肃日报，2008-08-06(1).

罗伯良，黄晚华，帅细强，等，2011. 湖南省水稻生产干旱灾害风险区划[J]. 中国农业气象，**32**(3)：461-465.

马晓群，张宏群，陈晓艺，等，2012. 安徽省冬小麦干旱风险评估和精细化区划[C]. 中国气象学会，S10：气象与现代农业发展.

马延庆，刘长民，1997. 渭北旱塬农田旱情分析与抗旱增产途径研究[J]. 西北农业学报，**6**(4)：69272.

马柱国，符淙斌，2001. 中国北方干旱区地表湿润状况的趋势分析[J]. 气象学报，**59**(6)：738-746.

马宗晋，1994. 中国重大自然灾害及减灾对策(总论)[M]. 北京：科学出版社.

聂高众，高建国，2001. 21 世纪中国的自然灾害发展趋势——以地震和旱涝灾害为例[J]. 第四纪研究，**21**(3)：249-261.

潘进军，2009. 北京市气象灾害应急防御体系建设需求分析与技术选择[M]. 北京：气象出版社.

齐述华，张源沛，牛铮，等，2005. 水分亏缺指数在全国干旱遥感监测中的应用研究[J]. 土壤学报，**42**(3)：367-372.

钱坤，王俊，杨书运，2011. 适应气候变化的农业措施[J]. 农技服务，**28**(10)：1487-1489.

秦大河，丁一汇，王绍武，等，2002. 中国西部环境变化与对策建议[J]. 地球科学进展，**17**(3)：314-319.

秦越，徐翔宇，许凯，等，2013. 农业干旱灾害风险模糊评价体系及其应用[J]. 农业工程学报，**29**(10)：83-91.

邱福林，张伟平，2000. 水分胁迫对水稻生长影响的研究进展[J]. 垦殖与耕作，**2**：7-8.

任国玉，郭军，徐铭志，等，2005. 近 50 年来中国地面气候变化基本特征[J]. 气象学报，**63**(6)：942-957.

任鲁川，1999. 区域自然灾害风险分析研究进展[J]. 地球科学进展，**14**(3)：242-246.

任小龙，贾志宽，陈小丽，2010. 不同雨量下微集水种植对农田水肥利用效率的影响[J]. 农业工程学报，**26**(3)：75-81.

沙莎，郭妮，李耀辉，等，2014. 我国温度植被旱情指数 TVDI 的应用现状及问题简述[J]. 干旱气象，**32**(1)：128-134.

单琨，刘布春，刘园，等，2012. 基于自然灾害系统理论的辽宁省玉米干旱风险分析[J]. 农业工程学报，**28**(8)：186-194.

施雅风，1996. 全球变暖影响下中国自然灾害的发展趋势[J]. 自然灾害学报，**5**(2)：102-117.

史培军，1991. 灾害研究的理论与实践[J]. 南京大学学报(自然科学版)，**11**：37-42.

史培军，1996. 再论灾害研究的理论与实践[J]. 自然灾害学报，**5**(4)：6-14.

史培军，2002. 三论灾害研究的理论与实践[J]. 自然灾害学报，**11**(3)：1-9.

史培军，2005. 四论灾害系统研究的理论与实践[J]. 自然灾害学报. **14**(6)：1-7.

史培军，2011. 中国自然灾害风险地图集[M]. 北京：科学出版社.

宋连春，邓振镛，董安祥，2003. 干旱[M]. 北京：气象出版社：54-56，99-111.

苏高利，苗长明，毛裕定，等，2008. 浙江省台风灾害及其对农业影响的风险评估[J]. 自然灾害学报，**17**(5)：113-119.

苏桂武，高庆华，2003. 自然灾害的分析要素[J]. 地学前缘，**10**(特刊)：272-279.

苏跃，廖婧琳，冯泽蔚，等，2008. 54 年来贵州旱灾及其对粮食生产的影响[J]. 贵州农业科学，**36**(1)：51-53.

孙斌，2007. 公共安全应急管理[M]. 北京：气象出版社.

孙光东，蔡勤，栾承淼，2011. 徐州农业生产面临气象灾害风险的评估[J]. 气象科学，**31**(增刊)：105-109.

孙洪泉，苏志诚，屈艳萍，2013. 基于作物生长模型的农业干旱灾害风险动态评估[J]. 干旱地区农业研究，**31**(4)：231-236.

孙可可，陈进，许继军，等，2013. 基于 EPIC 模型的云南元谋水稻春季旱灾风险评估方法[J]. 水利学报，**44**(11)：1326-1331.

孙荣强,1994. 干旱定义及其指标评述[J]. 灾害学,**9**(1):17-21.

孙嗣旸,2012. 气候变化对我国农业水旱灾害的影响[D]. 浙江大学.

谭海丽,2012. 农业干旱灾害风险规避途径——保险与再保险[J]. 现代商贸工业,**4**:292-293.

汤国安,杨昕,2007. ARCGIS地理信息系统空间分析实验教程[M]. 北京:科学出版社,141.

唐明,2008. 旱灾风险分析的理论探讨[J]. 中国防汛抗旱,**1**:38-40.

陶健红,王遂缠,王宝鉴,2007. 中国西北地区气温异常的特征分析[J]. 干旱区研究,**24**(4):510-515.

涂长望,黄士松,1944. 中国夏季风之进退[J]. 气象学报,**18**:1-20.

王澄海,王芝兰,郭毅鹏,2012. GEV干旱指数及其在气象干旱预测和监测中的应用和检验[J]. 地球科学进展,**27**(9):957-968.

王春林,陈慧华,唐力生. 2012. 广东省气象干旱图集[M]. 北京:中国科学技术出版社:**12**.

王春林,段海来,邹菊香,等,2014. 华南早稻干旱灾害评估模型及其时空特征[J]. 中国农学通报,**30**(18):40-48.

王春林,唐力生,谢乌,等,2014. 华南晚稻干旱影响评估及其时空变化规律[J]. 中国农业气象,**35**(4):450-456.

王春乙,王石立,霍治国,等,2005. 近10年来中国主要农业气象灾害监测预警与评估技术研究进展[J]. 气象学报,**63**(5):659-671.

王春乙,郑昌玲,2007. 农业气象灾害影响评估和防御技术研究进展[J]. 气象研究与应用,**28**(1):1-4.

王积全,李维德,2007. 基于信息扩散理论的干旱区农业旱灾风险分析——以甘肃省民勤县为例[J]. 中国沙漠,**27**(5):826-830.

王劲峰,1995. 中国自然灾害区划[M]. 北京:中国科技出版社.

王劲松,费晓玲,魏锋,2008. 中国西北近50a来气温变化特征的进一步研究[J]. 中国沙漠,**28**(4):724-732.

王劲松,郭江勇,倾继祖,2007. 一种 *K* 干旱指数在西北地区春旱分析中的应用[J]. 自然资源学报,**22**(5):709-717.

王劲松,李耀辉,王润元,等,2012. 我国气象干旱研究进展评述[J]. 干旱气象,**30**(4):497-508.

王劲松,张强,王素萍,等,2015. 西南和华南干旱灾害链特征分析[J]. 干旱气象,**33**(2):187-194.

王静爱,孙恒,徐伟,等,2002. 近50年中国旱灾的时空变化[J]. 自然灾害学报,**11**(2):1-6.

王连喜,耿秀华,孟丹,等,2013. 基于GIS的宁夏农业干旱风险评价与区划[J]. 自然灾害学报,**22**(5):213-220.

王林,陈文,2014. 标准化降水蒸散指数在中国干旱监测的适用性分析[J]. 高原气象,**33**(2):423-431.

王鹏,王婷,周斌,等,2014. 四川省干旱灾害孕灾环境敏感性研究[J]. 现代农业科技,**24**:221-222.

王鹏新,Wan Z M,龚健雅,2003. 基于植被指数和土地表面温度的干旱监测模型[J]. 地球科学进展,**18**(4):527-533.

王鹏新,龚健雅,李小文,2001. 条件温度植被指数及其在干旱监测中的应用[J]. 武汉大学学报·信息科学版,**26**(5):412-418.

王勤,刘会斌,甘建辉,等,2012. 基于作物旱度指标的农业干旱评价指标与模型研究[J]. 高原山地气象研究,**4**:76-79.

王润元,2010. 中国西北主要农作物对气候变化的响应[D]. 兰州:兰州大学.

王润元,邓振镛,姚玉璧,等,2015. 旱区名特优作物气候生态适应性与资源利用[M]. 北京:气象出版社:193-232.

王绍明,2012. 水稻抗旱节水栽培技术[J]. 现代农业科技,**14**:22-24.

王素萍,王劲松,张强,等,2015. 几种干旱指标在我国南方区域的适用性评价[J]. 高原气象,**34**(6):1616-1624.

王素艳,霍志国,李世奎,等,2005. 北方冬小麦干旱灾损风险区划[J]. 作物学报,**31**(3):267-274.

王婷，袁淑杰，王婧，等，四川省水稻干旱灾害承灾体脆弱性研究[J]. 自然灾害学报，2013，**22**(5)：221-226.

王小平，郭妮，2003. 遥感监测干旱的方法及研究进展[J]. 干旱气象，**21**(4)：76-81.

王莺，沙莎，王素萍，等，2015. 中国南方干旱灾害风险评估[J]. 草业学报，**24**(5)：12-24.

王莺，王劲松，姚玉璧，2014. 甘肃省河东地区气象干旱灾害风险评估与区划[J]. 中国沙漠，**34**(4)：1115-1124.

王志春，包云辉，史玉严，2012. 基于 GIS 的赤峰市干旱灾害风险区划与分析[J]. 中国农学通报，**28**(32)：271-275.

王芝兰，王劲松，李耀辉，等，2013. 标准化降水指数与广义极值分布干旱指数在西北地区应用的对比分析[J]. 高原气象，**32**(3)：839-847.

王芝兰，王静，王劲松，2015. 基于风险价值方法的甘肃省农业旱灾风险评估[J]. 中国农业气象，36(3)：331-337.

文传甲，1994. 论大气灾害链[J]. 灾害学，**9**(3)：1-6.

卫捷，马柱国，2003. Palmer 干旱指数、地表湿润指数与降水距平的比较[J]. 地理学报，**58**(S1)：117-124.

文世勇，赵冬至，陈艳拢，等，2007. 基于 AHP 法的赤潮灾害风险评估指标权重研究[J]. 灾害学，**22**(2)：9-14.

翁白莎，严登华，2010. 变化环境下我国干旱灾害的综合应对[J]. 中国水利，**7**：4-8.

吴洪宝，2000. 我国东南部夏季干旱指数研究[J]. 应用气象学报，**11**(2)：137-144.

吴绍洪，潘韬，贺山峰. 2011. 气候变化风险研究的初步探讨[J]. 气候变化研究进展，**7**(5)：363-368.

吴哲红，詹沛刚，陈贞宏，等，2012. 3 种干旱指数对贵州省安顺市历史罕见干旱的评估分析[J]. 干旱气象，**30**(3)：315-323.

肖名忠，张强，陈晓宏，2012. 珠江流域干旱事件的多变量区域分析及区域分布特征[J]. 灾害学，**27**(3)：12-18.

谢安，孙永罡，白人海，2003. 中国东北近 50 年干旱发展及对全球气候变暖的响应[J]. 地理学报，**58**(73)：75-82.

谢金南，李栋梁，董安祥，等，2002. 甘肃干旱气候变化及其对西部大开发的影响[J]. 气候与环境研究，**19**(3)：359-369.

谢梦莉，2007. 气象灾害风险因素分析与风险评估思路[J]. 气象与减灾研究，**30**(2)：57-59.

谢五三，王胜，唐为安，等，2014. 干旱指数在淮河流域的适用性对比[J]. 应用气象学报，**25**(2)：176-184.

熊光洁，王式功，李崇银，等，2014. 三种干旱指数对西南地区适用性分析[J]. 高原气象，**33**(3)：686-697.

徐磊，2012. 农业巨灾风险评估模型研究[D]. 北京：中国农业科学院.

徐磊，张峭，2011. 中国农业巨灾风险评估方法研究[J]. 中国农业科学，**44**(9)：1945-1952.

徐玲玲，侯英雨，韩丽娟，等，2010. 2009/2010 年度冬季气候对农业生产的影响[J]. 中国农业气象，**31**(2)：324-326.

徐瑞珍，王雷，1978. 我国近五百年旱涝的初步分析[M]//气象科学研究院. 全国气候变化学术讨论会文集(1978). 北京：科学出版社，1978：52-63.

徐新创，葛全胜，郑景云，等，2011. 区域农业干旱风险评估研究：以中国西南地区为例[J]. 地理科学进展，**30**(7)：883-890.

许世远，王军，石纯，等，2006. 沿海城市自然灾害风险研究[J]. 地理学报，**61**(2)：127-138.

许树柏，1998. 层次分析法原理[M]. 天津：天津大学出版社.

薛晔，陈报章，黄崇福，等，2012. 多灾种综合风险评估软层次模型[J]. 地理科学进展，**31**(3)：353-360.

薛晔，黄崇福，2009. 灾害风险评估中原始数据模糊不确定性的处理方法[J]. 太原理工大学学报，**40**(5)：545-549.

闫超君，欧阳蔚，金菊良，等，2014. 基于信息扩散和频率曲线适线的农业旱灾风险评估方法[J]. 水利水电技术，**45**(7)：107-111.

杨春燕，王静爱，苏筠，等，2005. 农业旱灾脆弱性评价[J]. 自然灾害学报，**14**(6)：88-93.

杨世刚，杨德保，赵桂香，等，2011. 三种干旱指数在山西省干旱分析中的比较[J]. 高原气象，**30**(5)：

1406-1414.

杨帅英，郝芳华，宁大同，2004. 干旱灾害风险评估的研究进展[J]. 安全与环境科学，**4**(2)：79-82.

杨小利，刘庚山，杨兴国，等，2005. 甘肃黄土高原帕尔默旱度模式的修正[J]. 干旱气象，**23**(2)：8-12.

杨小利，吴颖娟，王丽娜，等，2010. 陇东地区主要农作物干旱灾损风险分析及区划[J]. 西北农林科技大学学报(自然科学版)，**38**(2)：84-89.

杨晓光，李茂松，霍治国，2010. 农业气象灾害及其减灾技术[M]. 北京：化学工业出版社：10-70.

杨志勇，刘琳，曹永强，等，2011. 农业干旱灾害风险评价及预测预警研究进展[J]. 水利经济，**29**(2)：12-17.

姚国章，袁敏，2010. 干旱预警系统建设的国际经验与借鉴[J]. 中国应急管理，**17**(3)：43-48.

姚小英，张强，王劲松，等，2014. 甘肃冬小麦主产区 40 年干旱变化特征及影响风险评估[J]. 干旱地区农业研究，**32**(2)：2-6.

姚小英，张强，王劲松，等，2015. 近 30a 陇东南旱作区特色林果水分适宜性变化特征[J]. 干旱区研究，**32**(2)：229-234.

姚小英，张强，吴丽，等，2015. 广东近 40 年土壤水蒸散发时空变化特征[J]. 土壤通报，**46**(1)：87-92.

姚玉璧，李耀辉，石界，等，2014. 基于 GIS 的石羊河流域干旱灾害风险评估与区划[J]. 干旱地区农业研究，**32**(2)：22-28.

姚玉璧，王润元，邓振镛，等，2010. 黄土高原半干旱区气候变化及其对马铃薯生长发育的影响[J]. 应用生态学报，**21**(2)：379-385.

姚玉璧，王润元，王劲松，等，2014. 中国黄土高原春季干旱 10a 际演变特征[J]. 资源科学，**36**(5)：1029-1036.

姚玉璧，王润元，杨金虎，等，2011. 黄土高原半干旱区气候变暖对胡麻生育和水分利用效率的影响[J]. 应用生态学报，**22**(10)：2635-2642.

姚玉璧，王润元，杨金虎，等，2011. 黄土高原半湿润区气候变化对冬小麦生育及水分利用效率的影响[J]. 西北植物学报，**31**(11)：2290-2297.

姚玉璧，张强，李耀辉，等，2013. 干旱灾害风险评估技术及其科学问题与展望[J]. 资源科学，**35**(9)：1884-1897.

叶笃正，高由禧，1979. 青藏高原气象学[M]. 北京：科学出版社：279.

殷杰，尹占娥，许世远，等，2009. 灾害风险理论与风险管理方法研究[J]. 灾害学，**24**(2)：7-11.

尹晗，李耀辉，2013. 我国西南干旱研究最新进展综述[J]. 干旱气象，**31**(1)：182-193.

尹宪志，邓振镛，徐启运，等，2005. 甘肃省近 50a 干旱灾情研究[J]. 干旱区研究，**22**(1)：120-124.

尹占娥，2012. 自然灾害风险理论与方法研究[J]. 上海师范大学学报(自然科学版)，**41**(1)：99-103.

袁国富，唐登银，罗毅，等，2001. 基于冠层温度的作物缺水研究进展[J]. 地球科学进展，**16**(1)：49-54.

袁淑杰，王婷，王鹏，2013. 四川省水稻气候干旱灾害风险研究[J]. 冰川冻土，**35**(4)：1036-1043.

袁文平，周广胜，2004. 干旱指标的理论分析与研究展望[J]. 地球科学进展，**19**(6)：982-991.

袁文平，周广胜，2004. 标准化降水指标与 Z 指数在我国应用的对比分析[J]. 植物生态学报，**28**(4)：523-529.

翟建青，曾小凡，苏布达，等，2009. 基于 ECHAM5 模式预估 2050 年前中国旱涝格局趋势[J]. 气候变化研究进展，**5**(4)：220-225.

张存杰，高学杰，赵红岩，2003. 全球气候变暖对西北地区秋季降水的影响[J]. 冰川冻土，**25**(2)：157-164.

张存杰，王宝灵，刘德祥，等，1998. 西北地区旱涝指标的研究[J]. 高原气象，**17**(4)：381-389.

张德二，2004. 中国历史气候记录揭示的千年干湿变化和重大干旱事件[J]. 科技导报，(8)：47-49.

张德二，刘传志，1993.《中国近五百年旱涝分布图集》续补(1980—1992 年)[J]. 气象，**19**(11)：41-45.

张德二，刘传志，江剑民，1997. 中国东部 6 区域近 1000 年干湿序列的重建和气候跃变分析[J]. 第四纪研究，(1)：1-11.

张皓，孙凤军，李红艳，等，2011. 内蒙古通辽市农业干旱风险图研究[J]. 水利规划与设计，**6**(2)：59-62.

张继权，李宁，2007. 主要气象灾害风险评价与管理的数量化方法及其应用[M]. 北京：北京师范大学出版社.

张继权,严登华,王春乙,等,2012.辽西北地区农业干旱灾害风险评价与风险区划研究[J].防灾减灾工程学报,**32**(3):300-306.

张家团,屈艳萍,2008.近30年来中国干旱灾害演变规律及抗旱减灾对策探讨[J].中国防汛抗旱,(5):47-52.

张竞竞,2012.基于信息扩散理论的河南省农业旱灾风险评估[J].资源科学,**34**(2):280-286.

张明媛,刘妍,袁永博,2012.城市自然灾害综合风险评估问题研究[J].防灾减灾工程学报,**32**(2):176-180.

张强,2007-11-06.我国西北地区对气候变暖的响应更为敏感[N].中国气象报,第三版.

张强,2008-01-21.解决祁连山水资源短缺—人工增雨是触发性“按键”[N].中国气象报,第三版.

张强,2008-01-28.突出干旱特色,推进现代农业新发展[N].中国气象报,第三版.

张强,2010-01-07.西北气候环境能走出“暖干化”吗[N].中国气象报,第三版.

张强,2010-07-01.绿洲,抵御干旱气候的重要生态堡垒[N].中国气象报,第三版.

张强,2011-02-23.干旱——大地的伤,人类的痛[N].中国气象报,第三版.

张强,2012-04-25.我国干旱减灾防灾技术的挑战与希望[N].中国气象报,第三版.

张强,2012-10-10.气候变化对西北地区粮食食品安全具多重影响[N].中国气象报,第三版.

张强,2015-12-07.把气候从风险巅峰拉回安全常态[N].中国气象,第三版.

张强,2017-02-10.干旱防御:从危机管理转向风险管理[N].中国气象报,第三版.

张强,陈丽华,王润元,2012.气候变化与西北地区粮食和食品安全[J].干旱气象,**30**(4):509-513.

张强,高歌,2004.我国近50年旱涝灾害时空变化及监测预警服务[J].科技导报,**7**:21-24.

张强,韩兰英,郝小翠,等,2015.气候变化对中国农业旱灾损失率的影响及其南北区域差异性[J].气象学报,**73**(6):1092-1103.

张强,韩兰英,张立阳,等,2014.论气候变暖背景下干旱和干旱灾害风险特征与管理策略[J].地球科学进展,**29**(1):80-91.

张强,鞠笑生,李淑华,1998.三种干旱指标的比较和新指标的确定[J].气象科技,**2**:48-52.

张强,孙昭萱,陈丽华,等,2009.祁连山区空中云水资源开发利用研究综述[J].干旱区地理,**32**(3):381-390.

张强,王润元,邓振镛,等,2012.中国西北干旱气候变化对农业与生态影响及对策[M].北京:气象出版社:442-448.

张强,王文玉,阳伏林,等,2015.典型半干旱区干旱胁迫作用对春小麦蒸散及其作物系数的影响特征[J].科学通报,**60**(15):1384-1394.

张强,姚玉璧,李耀辉,等,2015.中国西北地区干旱气象灾害监测预警与减灾技术研究进展及其展望[J].地球科学进展,**30**(2):196-213.

张强,杨兴国,2003-04-15.解读干旱气候观测系统[N].中国气象报,第二版.

张强,张存杰,白虎志,等,2010.西北地区气候变化新动态及对干旱环境的影响——总体暖干化,局部出现暖湿迹象[J].干旱气象,**28**(1):1-7.

张强,张良,崔显成,等,2011.干旱监测与评价技术的发展及其科学挑战[J].地球科学进展,**26**(7):763-778.

张强,邹旭凯,肖风劲,等,2006.气象干旱等级:GB/T 20481—2006[S].北京:中国标准出版社,12-17.

张峭,王克,2011.我国农业自然灾害风险评估与区划[J].中国农业资源与区划.**32**(3):32-36.

张书余,等,2008,干旱气象学[M].北京:气象出版社:262-292.

张钛仁,王瑜莎,白月明,2013,甘肃省春玉米干旱灾损评估指标研究[J].中国农业气象,**34**(1):100-105.

张星,张春桂,吴菊薪,等,2009.福建农业气象灾害的产量灾损风险评估[J].自然灾害学报,**18**(1):90-94.

张养才,何维勋,李世奎,1991.中国农业气象灾害概述[M].北京:气象出版社.

张勇,王春林,罗晓玲,等,2000.广东干旱害的气候成因及其防御对策[J].热带地理,**20**(1):302-305.

张玉芳,王明田,刘娟,等,2013.基于水分盈亏指数的四川省玉米生育期干旱时空变化特征分析[J].中国生态农业学报,**2**:236-242.

章国材,2012.气象灾害风险评估与区划方法[M].北京:气象出版社:15-21.

赵福年,王瑞君,张虹,等,2012. 基于冠气温差的作物水分胁迫指数经验模型研究进展[J]. 干旱气象,**30**(4):522-528.

赵海燕,高歌,张培群,等,2011. 综合气象干旱指数修正及在西南地区的适用性[J]. 应用气象学报,**22**(6):698-705.

赵静,2012. 气候变化背景下豫北地区干旱灾害风险分析[D]. 东北师范大学.

赵俊晔,张峭,赵思健,2013. 中国小麦自然灾害风险综合评价初步研究[J]. 中国农业科学,**46**(4):705-714.

赵名茶,1993. 全球气候变化对中国自然地带的影响[M]//张翼,等. 气候变化及其影响. 北京:气象出版社:168-177.

赵一磊,任福民,李栋梁,等,2013. 基于有效降水干旱指数的改进研究[J]. 气象,**39**(5):600-607.

哲伦,2010. 世界各国应对干旱的对策及经验[J]. 资源与人居环境,**14**:61-63.

中国气象局,2006. 气象干旱等级:GB/T 20481—2006[S]. 北京:中国标准出版社.

中国气象局,2009. 气象灾害预警信号及防御指南[M]. 北京:气象出版社.

中国气象局应急管理办公室,2009. 气象部门应急预案选编(上、下册)[M]. 北京:气象出版社.

周惠成,张丹,2009. 可变模糊集理论在旱涝灾害评价中的应用[J]. 农业工程学报,**25**(9):56-61.

周盛茂,2013. 地膜覆盖方式对土壤物理和生物性状与作物生长的影响[D]. 保定:河北农业大学.

朱琳,叶殿秀,陈建文,等,2002. 陕西省冬小麦干旱风险分析及区划[J]. 应用气象学报,**13**(2):201-206.

朱增勇,聂凤英,2009. 美国的干旱危机处理[J]. 世界农业,**362**(6):17-19.

朱自玺,刘荣花,方文松,等,2003. 华北地区冬小麦干旱评估指标研究[J]. 自然灾害学报,**2**(1):145-150.

邹旭恺,任国玉,张强,2010. 基于综合气象干旱指数的中国干旱变化趋势研究[J]. 气候与环境研究,**15**(4):371-378.

Abbe C, 1894. Drought[J]. Mon Wea Rev, (22):323-3244.

Allen R G, Pereira L S, Raes D, et al, 1998. Crop Evapotranspiration Guidelines for computing crop water requirements[Z]. FAO Irrigation and Drainage Paper 56, Rome: FAO.

Alley W M, 1985. The Palmer Drought Severity Index as a measure of hydrological drought[J]. Water Resources Bulletin, **21**(1):105-114.

American Meteorological Society, 1997. Meteorological drought-Policy statement[J]. Bulletin of the American Meteorological Society, **78**:847-849.

Ashok K M, Vijay P S, 2010. A review of drought concepts[J]. Journal of Hydrology, **391**(1-2):202-216.

Blumenstock G Jr, 1942. Drought in the United States analyzed by means of the theory of probability[R]. Washington D C: United States Dept. of Agriculture.

Bohle H C, Downing T E, Watts M J, 1994. Climate change and social vulnerability[J]. Global Environmental Change,**4**(1):37-48.

Boken V K. 2009. Improving a drought early warning model for an arid region using a soil-moisture index[J]. Applied Geography, **29**:402-408.

Brabb E E, Pampeyan E H, Bonilla M G, 1972. Landslide susceptibility in San Mateo County, California[Z]. U. S. Geological Survey Miscellaneous Field Studies Map Mf-360. scale 1 : 62500.

Brown J F, Wardlow B D, Tadesse T, et al, 2008. The vegetation drought response index (VegDRI): A new integrated approach for monitoring drought stress in vegetation[J]. Giscience and Remote Sensing, **45**(1): 16-46.

Carlson T N, Gillies R R, Perry E M, 1994. A method to make use of thermal infrared temperature and NDVI measurements to infer soil water content and fractional vegetation cover[J]. Remote Sensing Reviews,**9**:161-173.

Dai A, 2010. Drought under global warming: a review[J]. WIREs Climatic Change,**2**:45-65.

Dickson R R, 1958. A note on the computation of agricultural drought days[J]. Weekly Weather and Crop Bulletin, Vol. XLV: 7-8.

Dracup J A, Lee K S, Paulson E G Jr, 1980. On the definition of droughts[J]. Water Resources Research, (16):297-302.

Duff G A, Myers B A, Williams R J, et al, 1997. Seasonal patterns in soil moisture. vapour pressure deficit. tree canopy cover and pre-dawn water potential in a northern Australian savanna[J]. Australian Journal of Botany, **45**(2):211-224.

Fabiano T, Evandro H J, 2008. The effect s of land tenure on vulnerability to droughts in Northeastern Brazil [J]. Global Environmental Change, **18**(4): 575-582.

Feyen L, Dankers R, 2009. Impact of global warming on streamflow drought in Europe[J/OL]. Journal of Geophysical Research. 114:D17116. doi:17110.11029/12008JD011438.

Fisher A C, Fullerton D, Hatch N, et al, 1995. Alternatives for managing drought: a comparative cost analysis[J]. Journal of Environmental Economics and Management, **29**:304-320.

Ghulam A, Qin Q, Zhan Z, 2007. Designing of the perpendicular drought index[J]. Environmental Geology, **52**(6): 1045-1052.

Gommes R, Petrassi F, 1994. Rainfall variability and drought in sub-Saharan Africa since 1960[R]. Agrometeorology Series Working Paper 9, Food and Agriculture Organization, Rome, Italy: 100.

Goodman R M, Goodman H, Hauptli A, et al, 1987. Gene transfer in crop improvement[J]. Science, **236**: 48-54.

Han L Y, Zhang Q, Ma P L, et al, 2016. The spatial distribution characteristics of a comprehensive drought risk index in southwestern China and underlying causes[J/OL]. Theoretical and Applied Climatology, **124**(3):517-528. doi:10.1007/s00704-015-1432-z.

Hayes M J, Olga V W, Cody L K, 2004. Reducing drought risk: bridging theory and practice[J]. Natural Hazards Review, **5**(2):106-113.

Hayes M J, Svoboda M D, Wilhite D A, et al, 1999. Monitoring the 1996 drought using the standardized precipitation index[J]. Bulletin of the American Meteorological Society, **80**: 429-438.

Henry A J, 1906. Climatology of the United States[M]. US Weather Bureau Bull 361, Washington D C: 51-58.

Herbst P H, Bredenkamp D B, Barker H M G, 1966. A technique for the evaluation of drought from rainfall data[J]. Journal of Hydrology, **4**:264.

Houghton J T, Ding Y, 2001. The Scientific Basis //IPCC Climate Change 2001: Summary for Policy Maker and Technical Summary of the Working Group I Report[M]. London: Cambridge University Press:98.

Houorou H N, Popov G F, See L, 1993. Agrobioclimatic of Africa[R]. Agrometeorology Series Working Paper 6, Food and Agriculture Organization, Rome, Italy: 227.

Huang C F, Liu X L, Zhou G X, et al, 1998. Agriculture natural disaster risk assessment method according to the historic disaster data[J]. Journal of Natural Disasters, **7**(2):1-9.

Huang R H, Li W J, 1987. Influence of the heat source anomaly over the tropical western Pacific on the subtropical high over East Asia. Proceedings of International Conference on the General Circulation of East Asia, Chengdu. Impact on the Northern Hemisphere summer circulation[J]. Journal of the Meteorological Society of Japan, **64**:373-400.

Huang R H, Huang G, Wei Z G, 2004. Climate variations of the summer monsoon over China[M]. Chang C P(ed) . East Asian Monsoon. Singapore: World Scientific Publishing Co. Pte. Ltd. : 213-270.

Huang R H, Wu Y F, 1989. Influence of ENSO on the summer climate change in China and it's mechanism [J]. Advances in Atmospheric Sciences, **6**:21-32.

Idso S B, Jackson R D, Pinter P J Jr, et al, 1981. Normalizing the stress degree day for environmental variability[J]. Agricultura Meteorology, **24**:45-55.

IPCC, 2007. Summary for Policymakers of the Synthesis Report of the IPCC Fourth Assessment Report[M]. Cambridge, UK: Cambridge University Press.

IPCC, 2012. Summary for Policymakers. In: Managing the Risks of Extreme Events and Disasters to Advance Climate Change Adaptation. A Special Report of Working Groups I and II of the Intergovernmental Panel on Climate Change[M]. Cambridge, UK: Cambridge University Press:1-19.

IPCC, 2014. Climate change 2014: impacts, adaptation, and vulnerability[M]. Cambridge, UK: Cambridge University Press.

Jackson R D, Idso S B, Reginato R J, 1981. Canopy temperature as a crop water stress indicator[J]. Water Resources Research, **17**:1133-1138.

Karl T R, 1986. The sensitivity of the palmer drought severity index and palmer's Z-Index to their calibration coefficients including potential evapotranspiration[J]. Journal of Climate and Applied Meteorology, **25**:77-86.

Keetch J J, Byram G M, 1968. A drought index for forest fire control[R]. USDA Forest Service Research Paper SE-38, Asheville, NC: Southeastern Forest Experiment Station: **33**.

Keyantash J A, Dracup J A, 2004. An Aggregate Drought Index: Assessing Drought Severity based on Fluctuations in the Hydrologic Cycle and Surface Water Storage[J]. Water Resources Research, 40, W09304, doi:10.1029/2003WR002610.

Kincer J B, 1919. The seasonal distribution of precipitation and its frequency and intensity in the United States [J]. Mon Wea Rev, (47): 624-631.

King R P, Robison L J, 1984. Risk efficiency models[M]//Barry P J, ed. Risk Management in Agriculture. Iowa: Iowa State University Press: 68-81.

Knutson C, Hayes M, Phillips T, 1998. How to reduce drought risk[Z]. Western Drought Coordination Council:26-33.

Kogan F N, 1995. Droughts of the late 1980s in the United States as derived from NOAA polar-orbiting satellite data[J]. B Am Meteoerol Soc, (76): 655-668.

Koleva E, Alexandrov V, 2008. Drought in the Bulgarian low regions during the 20th century[J]. Theoretical Applied Climatology, **92**(1):113-120.

Kunreuther H, 1996. Mitigating disaster losses through insurance[J]. Journal of Risk and Uncertainty, **12**(2/3):171-187.

Leathers D J, 1997. An evaluation of severe soil moisture droughts across the northeast United States[C]. Preprints 10th Conf on Appl Climatology, Reno, NV, Amer Meteor Soc:326-328.

Lu E, 2009. Determining the start, duration, and strength of flood and drought with daily precipitation: Rationale[J]. Geophysical Research Letters, 36:L12707, doi: 10.1029/ 2009GL038817.

Lu J, Vecchi G A, Reichler T, 2007. Expansion of the Hadleycell under global warming[J/OL]. Geophysical Research Letters, 34:L06805. doi:06810.01029/02006GL028443.

Marcovitch S, 1930. The measure of droughtiness[J]. Mon Wea Rev, (58): **113**.

McGuire J K, Palmer W C, 1957. The 1957 drought in the eastern United States[J]. Mon Wea Rev, (85): 305-314.

Mckee T B, Doeskn N J, Kleist J, 1993. The relationship of drought frequency and duration to time scales. Proceedings of Vulnerability[M]. Cambridge, UK: Cambridge University Press.

McKee T B, Doesken N J, Kleist J, 1995. Drought monitoring with multiple time scales[C]// Proceedings of the 9th Conference on Applied Climatology, Dallas T X, American Meteorological Society: 233-236.

McQuigg J, 1954. A simple index of drought conditions[J]. Weatherwise, (7): 64-67.

Mcvicar T R, Jupp D L B, 1998. The current and potential operational uses of remote sensing to arid decisions on drought exceptional circumstance in Australia: a review[J]. Agricultural Systems,**57**(3):399-468.

Mishra A K, Coulibaly P, 2010. Hydrometric network evaluation for Canadian water sheds[J]. Journal of Hydrology, **380**:420-437.

Mohan S, Rangacharya N C V, 1991. A modified method for drought identification[J]. Hydrological Sciences Journal, **36**(1):11.

Moran M S, Clarke T R, Inoue Y Vidal A,1994. Estimating crop water deficit using the relation between surface-air temperature and spectral vegetation index[J]. Remote Sensing of Environment,**49**(3):246-263.

Munger T T, 1916. Graphic method of representing and comparing drought intensities[J]. Mon Wea Rev, (44): 642-643.

Neelin J D, Munnich M, Su H, et al, 2006. Tropical drying trends in global warming models and observations [J]. Proceedings of the National Academy of Sciences, **103**:6110-6115.

Nelson R, Howden W, Smith M S, 2008. Using adaptive governance to rethink the way science supports Australian drought policy[J]. Environmental Science & Policy,**11**(3):588-601.

Nitta T S, 1987. Convective activities in the tropical western Pacific and their impact on the Northern Hemisphere summer circulation[J]. Meteorological Society of Japan, **65**:373-390.

Niu X Z, Easterling W, Hays C J, et al, 2009. Reliability and input-data induced uncertainty of the EPIC model to estimate climate change impact on sorghum yields in the U. S[J]. Great Plains Agriculture, Ecosys tems and Environment,**129**(1-3):268-276.

Palmer W C, 1965. Meteorological Drought[R]. Research Paper No. 45. Washington DC: U. S. Department of Commerce, Weather Bureau:45-58.

Palmer W C, 1968. Keeping track of crop moisture conditions, nationwide: The new crop moisture index[J]. Weatherwise,**21**(4):156-161.

Panda D K, Mishra A, Jena S K, James B K, Kumar A, 2007. The influence of drought and anthropogenic effects on groundwater levels in Orissa, India[J]. Journal of Hydrology,**343**:140-153.

Prabhakar S V R K, Shaw R, 2008. Climate change adaptation implications for drought risk mitigation: A perspective for India[J]. Climate Change,**88**(2):113-130.

Richard R, Heim J R, 2002. A review of twentieth century drought indices used in the United States[J]. Bulletin of American Meteorological Society,**83**(8):1149-1165.

Richter G M, Semenov M A, 2005. Modelling impacts of climate change on wheat yields in England and Wales: assessing drought risks[J]. Agricultural Systems,**84**:77-97.

Saaty T L, 1988. What is the analytic hierarchy process? [M]. Springer Berlin Heidelberg: 109-121.

Sandholt I, Rasmussen K, Andersen J, 2002. A simple interpretation of the surface temperature-vegetation index space for assessment of surface moisture status[J]. Remote Sensing of Environment,**79**(2/3): 213-224.

Sergio M, Vicente-Serrano, 2006. Differences in spatial patterns of drought on different time scales: An analysis of the Iberian Peninsula[J]. Water Resources Management,**20**:37-60.

Sergio M C, 2012. Performance of Drought Indices for Ecological, Agricultural and Hydrological Applications [J]. Earth Interact, **16**:1-27.

Shafer B A, Dezman L E, 1982. Development of a Surface Supply Index (SWSI) to assess the severity of dorought condition in snowpack runoff areas[C]//Proc, 50th Western Snow Conf, Reno,NV: 164-175.

Shahid S, Behrawan H, 2008. Drought risk assessment in the west part of Bangladesh[J]. Natural Hazards,

46(3):391-413.

Shear J A, Steila D, 1974. The assessment of drought intensity by a new index. Southeast[J]. Geogr, (13): 195-201.

Sheffield J, Wood E F, 2008. Projected changes in drought occurrence under future global warming from multimodel, multi-scenario, IPCC AR4 simulations[J]. Climate Dynamics, **31**:79-105.

Shen H W, Tabios III G Q, 1995. Drought analysis with reservoirs using tree-ring reconstructed flows[J]. Journal of Hydraulic Engineering, **121**(5):413-421.

Simelton E, Fraser E D G, Termansen M, et al, 2009. Typologies of crop-drought vulnerability: an empirical analysis of the socio-eco-nomic factors that influence the sensitivity and resilience to drought of three major food crops in China(1961-2001) [J]. Environmental Science & Policy, **12**:438-452.

Smith D I, Hutchinson M F, Mcarthur R J, 1993. Australian climatic and agricultural drought: Payments and policy[J]. Drought Network News, **5**(3):11-12.

Thornthwaite C W, 1948. An approach toward a rational classification of climate[J]. Geogr Rev, (38): 55-94.

Thornthwaite C W, Mather J R, 1955. The water budget and its use in irrigation[J]. Stefferud A, Eds, Water-Yearbook of Agriculture. US Dept of Agriculture: 346-358.

Thornthwaite C W, 1931. The climate of North America according to a new classification[J]. Geogr Rev, (21): 633-655.

Tol R S, Leek F, 1999. Economic analysis of natural disasters[M]. Downing T, Olsthoorn A, Tol R, eds. Climate Change and Risk. London: Routlegde: 308-327.

Tsakiris G, Pangalou D, Vangelis H, 2007. Regional drought assessment based on the reconnaissance drought index(RDI) [J]. Water Resources Management, **21**(5):821-833.

Van Bavel C H M, Verlinden F J, 1956. Agricultural drought in North Carolina[R]. Tech Bull 122, North Carolina Agricultural Experiment Station: 60.

Waggoner M L, O'Connell T J, 1956. Antecedent precipitation index[J]. Weekly Weather and Crop Bulletin, **43**: 6-7.

Wang J S, Wang S P, Zhang Q, et al, 2015. Characteristics of Drought Disaster-causing Factors Variation in Southwest and South China against the Background of Global Warming[J]. Polish Journal of Environmental Studies, **24**(5):2241-2251.

Wang S P, Wang J S, Zhang Q, et al, 2016. Cumulative Effect of Precipitation Deficit Preceding Severe Droughts in Southwestern and Southern China[J]. Discrete Dynamics in Nature and Society, (3):1-10.

Wang X C, Li J, 2010. Evaluation of crop yield and soil water estimates using the EPIC model for the Loess Plateau of China[J]. Mathematical and Computer Modelling, **51**(11/12):1390-1397.

Wang X P, Zhao C Y, Guo N, et al, 2015. Determining the canopy water stress for spring wheat by using canopy hyperspectral reflectance data in Loess Plateau semi-arid regions[J]. Spectroscopy Letters, **48**: 492-498.

Wilhite D A, 2000. Drought as a natural hazard: Concepts and definitions[J]. Drought: A global Assessment, **1**:3-18.

Wilhite D A, Glantz M H, 1985. Understanding the drought phenomenon: The role of definitions[J]. Water International, **10**(3):111-120.

William J P, Arthur A A, 1982. Natural Hazard Risk Assessment and Public Policy[M]. New York: Springer-Verlag Inc: 27-29.

Wilson R, Crouch E A C, 1987. Risk assessment and comparison: an introduction[J]. Science, **236**(4799):

267-270.

Xu L F, Xiang W M, Xue G X, 2014. Natural hazard chain research in China: A review[J]. Nat Hazards, **70**: 1631-1659.

Yamoaha C F, Walters D T, Shapiro C A, et al, 2000. Standardized precipitation index and nitrogen rate effects on crop yields and risk distribution in maize[J]. Agriculture, Ecosystems and Environment, **8**(1/2):113-120.

Young D, 1984. Risk concepts and measures in decision analysis[M]. Barry P J, ed. Risk management in agriculture. Ames, Iowa: Iowa State University Press:31-42.

Yuan X C, Tang B J, Wei Y M, et al, 2015. China's regional drought risk under climate change: a two-stage process assessment approach[J]. Natural Hazards, **76**:667-684.

Zhang Q, Han L Y, Jia J Y, et al, 2015. Management of drought risk under global warming[J/OL]. Theoretical and Applied Climatology. Doi:10.1007/s00704-015-1503-1.

Zhang Q, Han L Y, 2016. North-South differences in Chinese agricultural losses due to climate-change-influenced droughts[J/OL]. Theoretical and Applied Climatology, DOI: 10.1007/s00704-016-2000-x.

Zhang Q, Wang W Y, Wang S, 2016. Increasing Trend of Pan Evaporation over the Semiarid Loess Plateau under a Warming Climate, Journal of Applied Meteorology and Climatology[J/OL]. 2016, 55(9), DOI: http://dx.doi.org/10.1175/JAMC-D-16-0041.1.

Zierl B, 2001. A water balance model to simulate drought in forested ecosystems and it's a Deplication to the entire forested area in Switzerland[J]. Journal of Hydrology, (242):115-136.

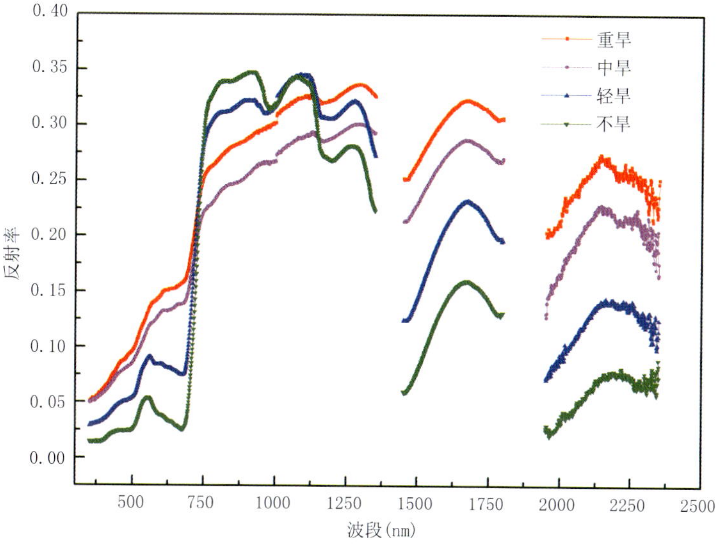

图 1.5 不同干旱状况下春小麦光谱曲线

(由中国气象局定西野外试验基地实地观测获得。不旱、轻旱、中旱和重旱分别表示土壤相对湿度>50%、40%<土壤相对湿度<50%、30%<土壤相对湿度<40%和土壤相对湿度<30%)(引自 Wang X P 等,2015)

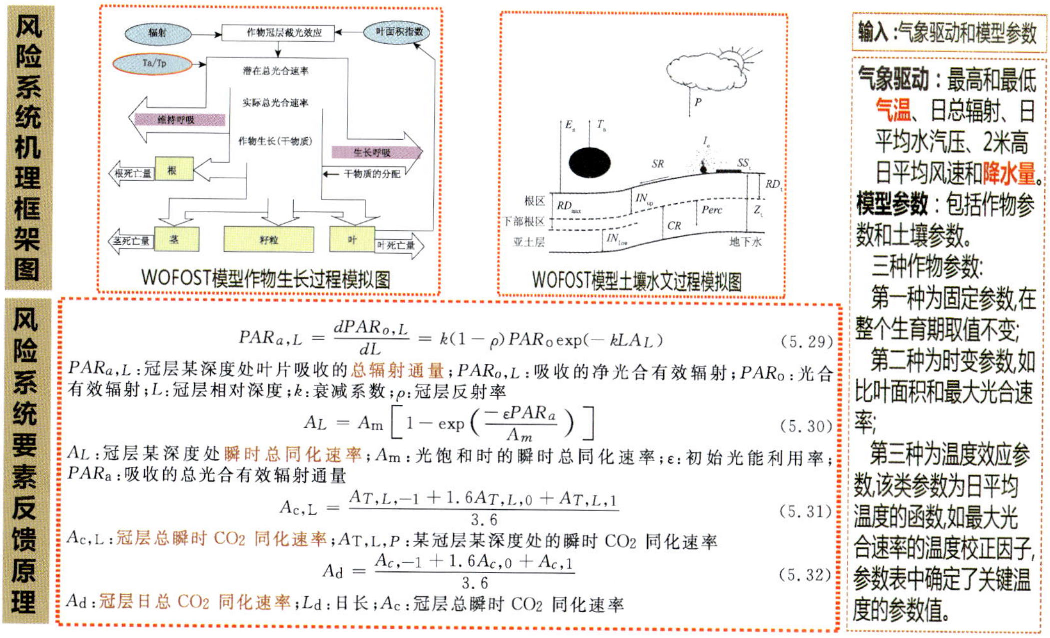

图 5.3 基于物理模型的风险评估原理

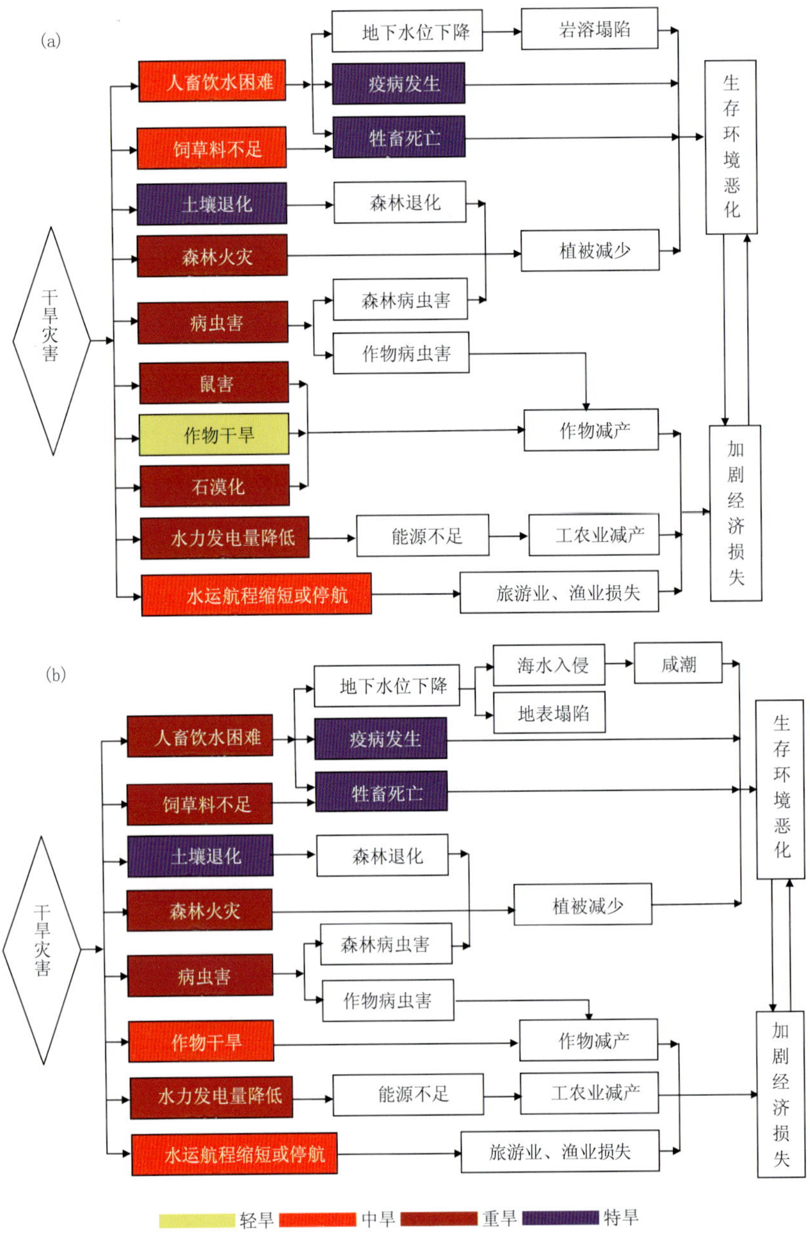

图 3.3　干旱灾害链(色标表示达到此等级干旱,旱灾可影响到相应的承灾体)(引自王劲松等,2015)
(a)西南;(b)华南

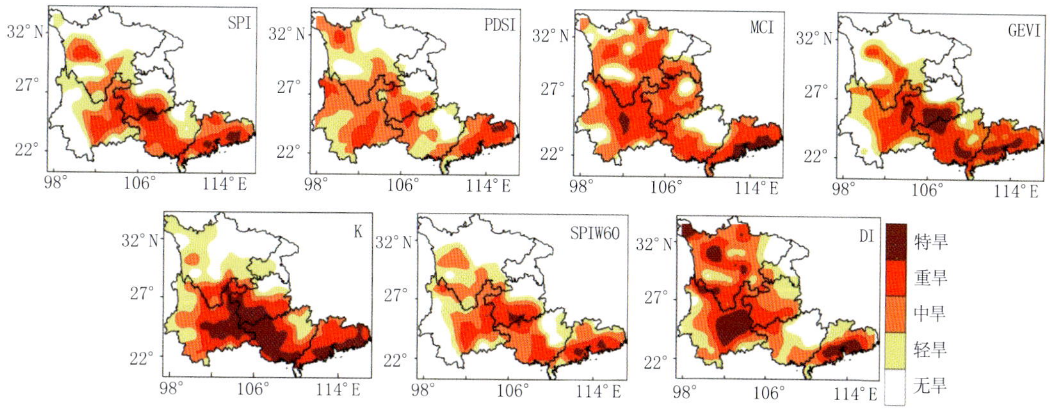

图 6.3　1963 年 4 月西南和华南干旱指数监测图

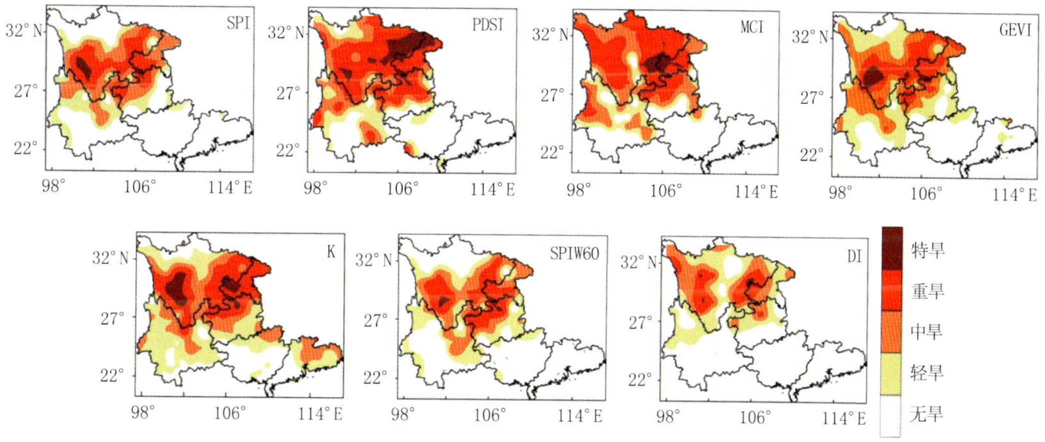

图 6.4　2006 年 8 月西南和华南干旱指数监测图

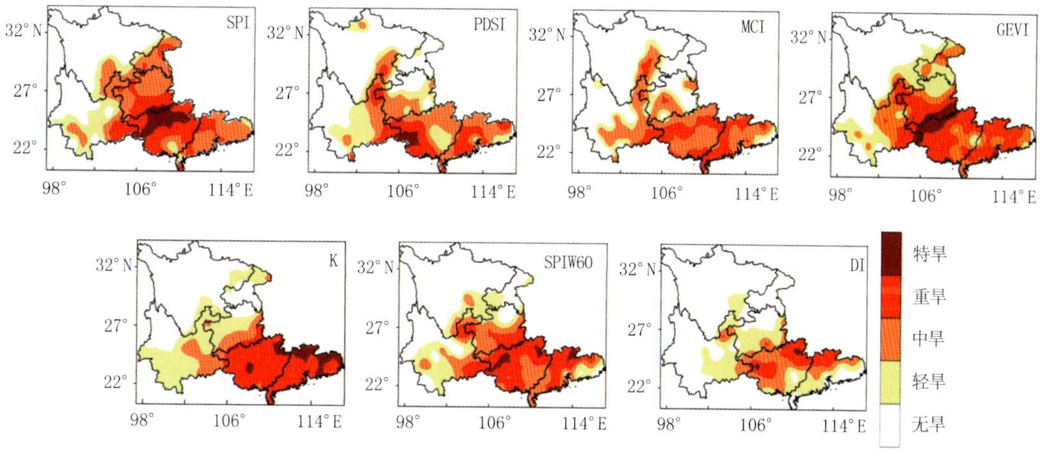

图 6.5　2004 年 10 月西南和华南干旱指数监测图

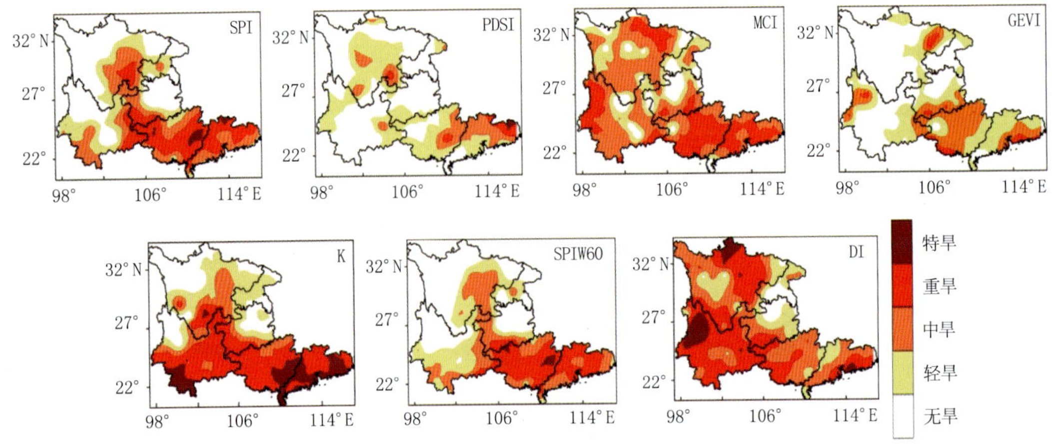

图 6.6　2009 年 2 月西南和华南干旱指数监测图

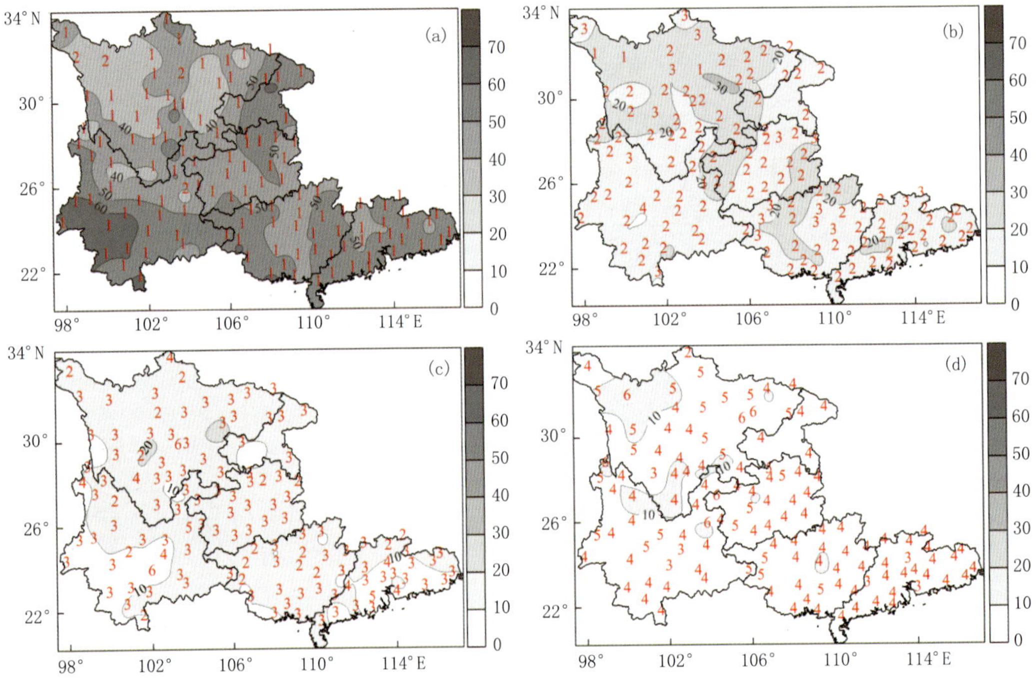

图 6.7　西南和华南各站前 4 个累积时间尺度(红色标记图,单位:月)及其导致的重大干旱过程占总过程的百分比(填充图,单位:%)(a. 第一;b. 第二;c. 第三;d. 第四累积时间尺度)

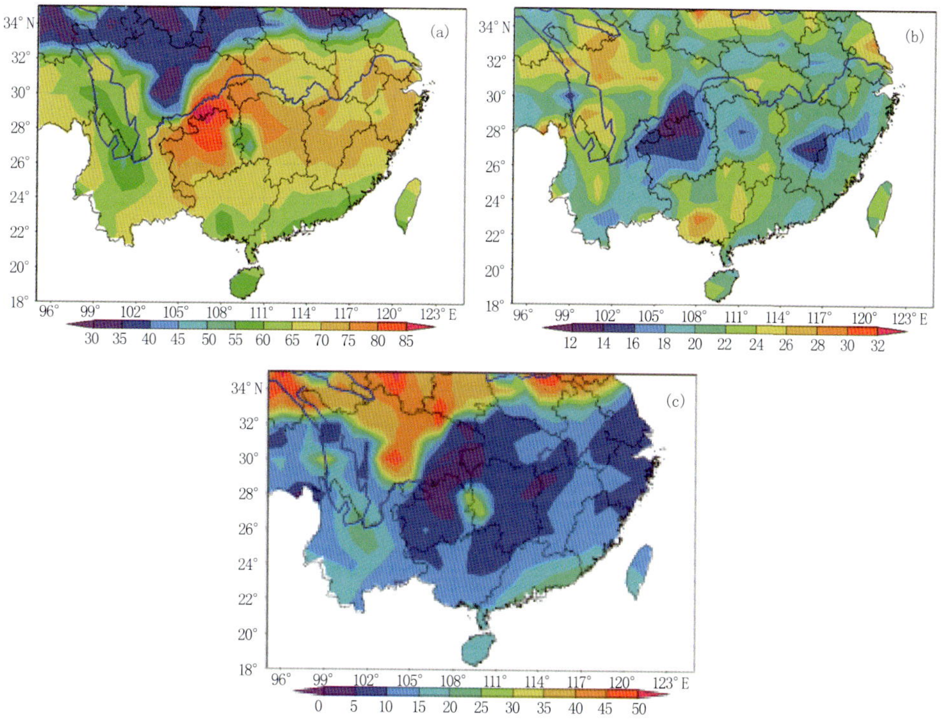

图 6.10　南方各类干旱过程发生频率的分布图

（a,b,c 分别表示干旱长度为 1 个月、2 个月、3 个月以上的干旱过程）

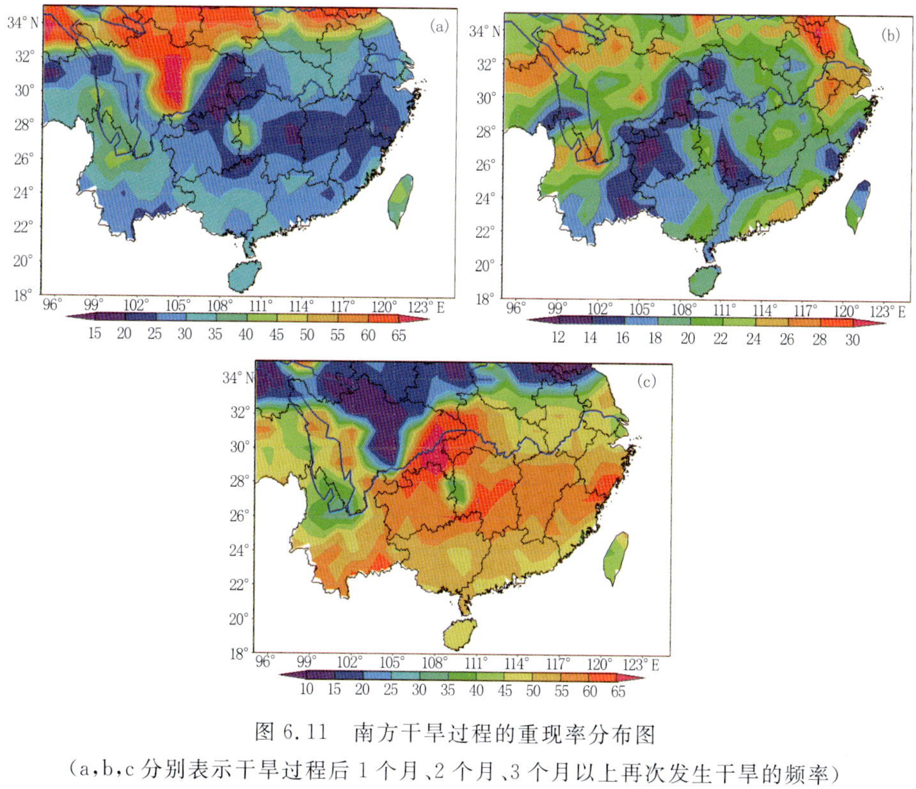

图 6.11　南方干旱过程的重现率分布图

（a,b,c 分别表示干旱过程后 1 个月、2 个月、3 个月以上再次发生干旱的频率）

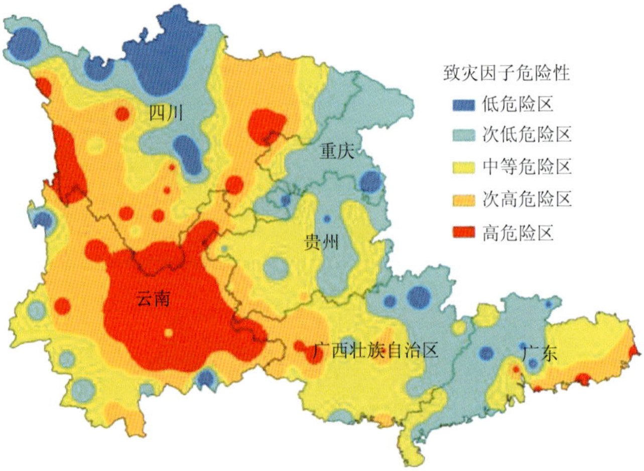

图 6.14　西南和华南干旱灾害致灾因子危险性区划图

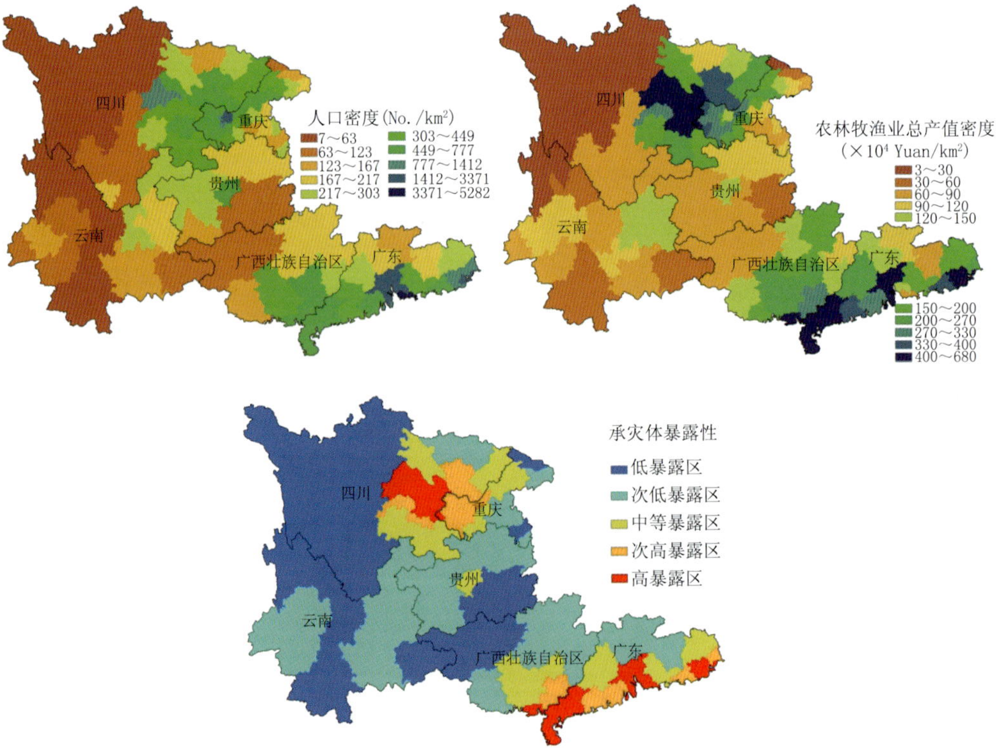

图 7.1　华南和西南干旱灾害承灾体因子及其暴露度评估

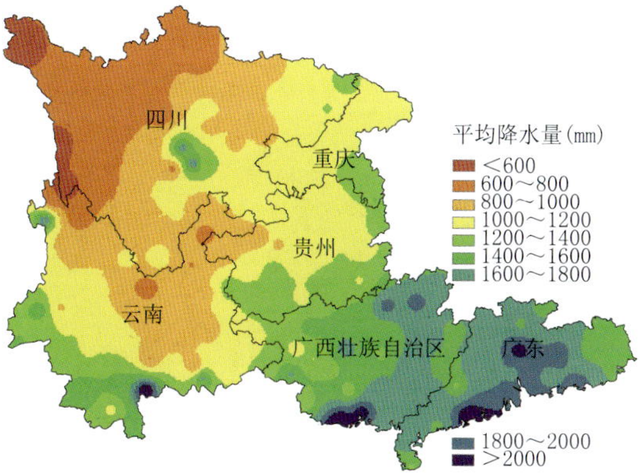
四川
重庆
贵州
云南
广西壮族自治区
广东
平均降水量(mm)
＜600
600～800
800～1000
1000～1200
1200～1400
1400～1600
1600～1800
1800～2000
＞2000

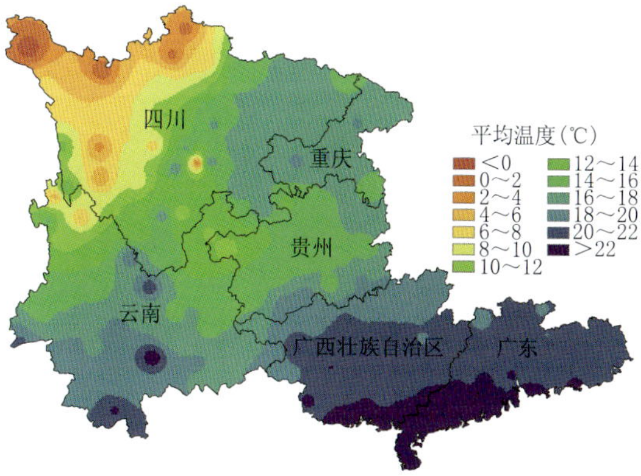
四川
重庆
贵州
云南
广西壮族自治区
广东
平均温度(℃)
＜0
0～2
2～4
4～6
6～8
8～10
10～12
12～14
14～16
16～18
18～20
20～22
＞22

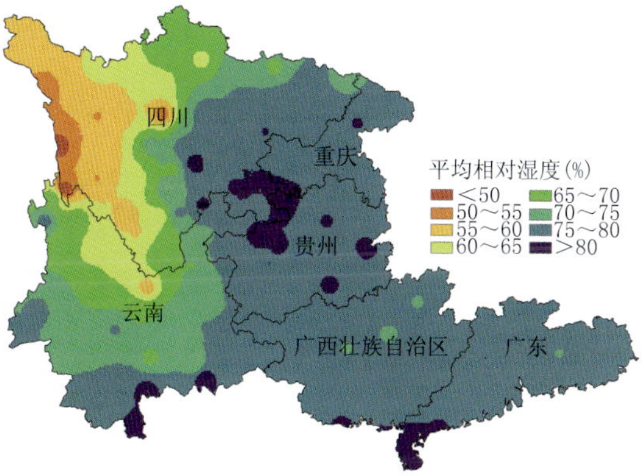
四川
重庆
贵州
云南
广西壮族自治区
广东
平均相对湿度(%)
＜50
50～55
55～60
60～65
65～70
70～75
75～80
＞80

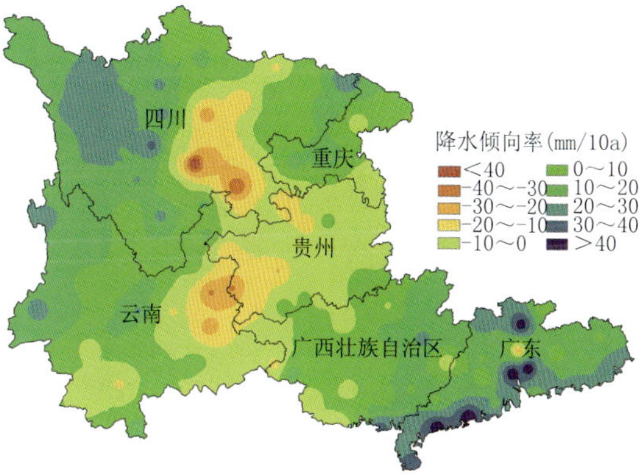
四川
重庆
贵州
云南
广西壮族自治区
广东
降水倾向率(mm/10a)
＜40
-40～-30
-30～-20
-20～-10
-10～0
0～10
10～20
20～30
30～40
＞40

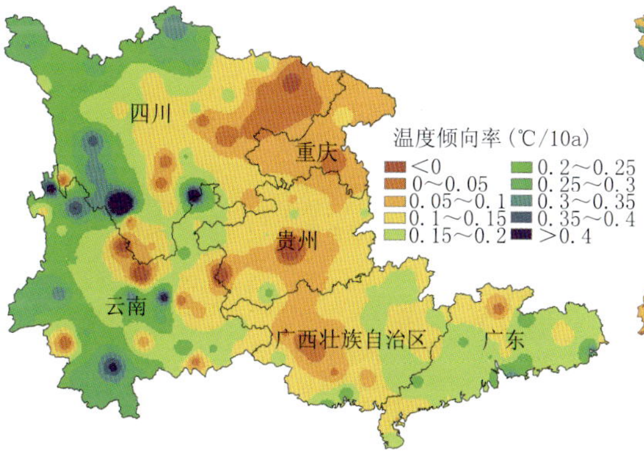
四川
重庆
贵州
云南
广西壮族自治区
广东
温度倾向率(℃/10a)
＜0
0～0.05
0.05～0.1
0.1～0.15
0.15～0.2
0.2～0.25
0.25～0.3
0.3～0.35
0.35～0.4
＞0.4

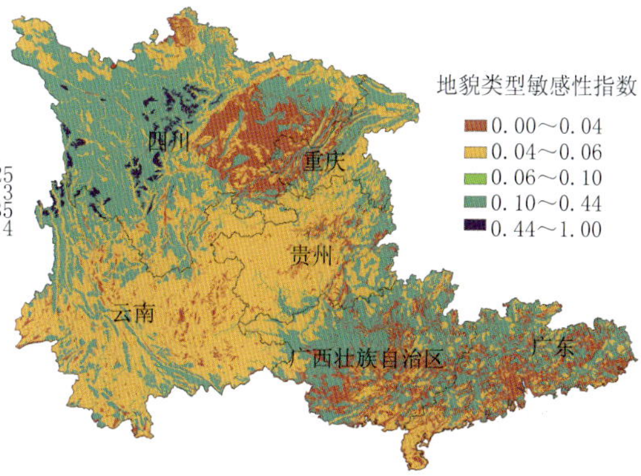
四川
重庆
贵州
云南
广西壮族自治区
广东
地貌类型敏感性指数
0.00～0.04
0.04～0.06
0.06～0.10
0.10～0.44
0.44～1.00

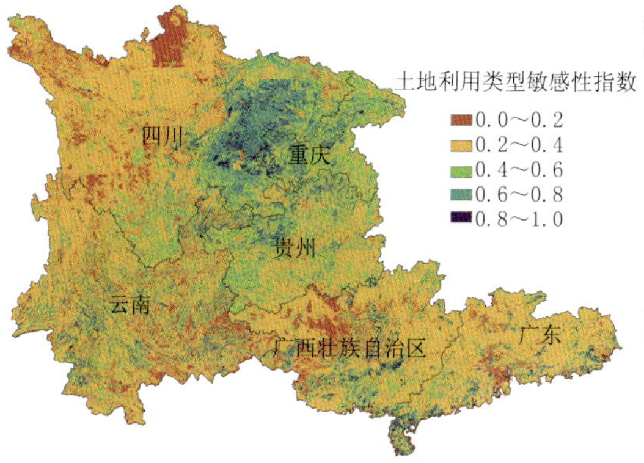
四川
重庆
贵州
云南
广西壮族自治区
广东
土地利用类型敏感性指数
0.0～0.2
0.2～0.4
0.4～0.6
0.6～0.8
0.8～1.0

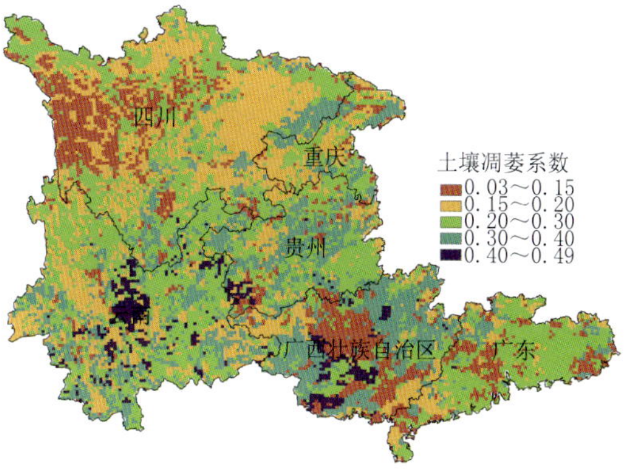
四川
重庆
贵州
广西壮族自治区
广东
土壤凋萎系数
0.03～0.15
0.15～0.20
0.20～0.30
0.30～0.40
0.40～0.49

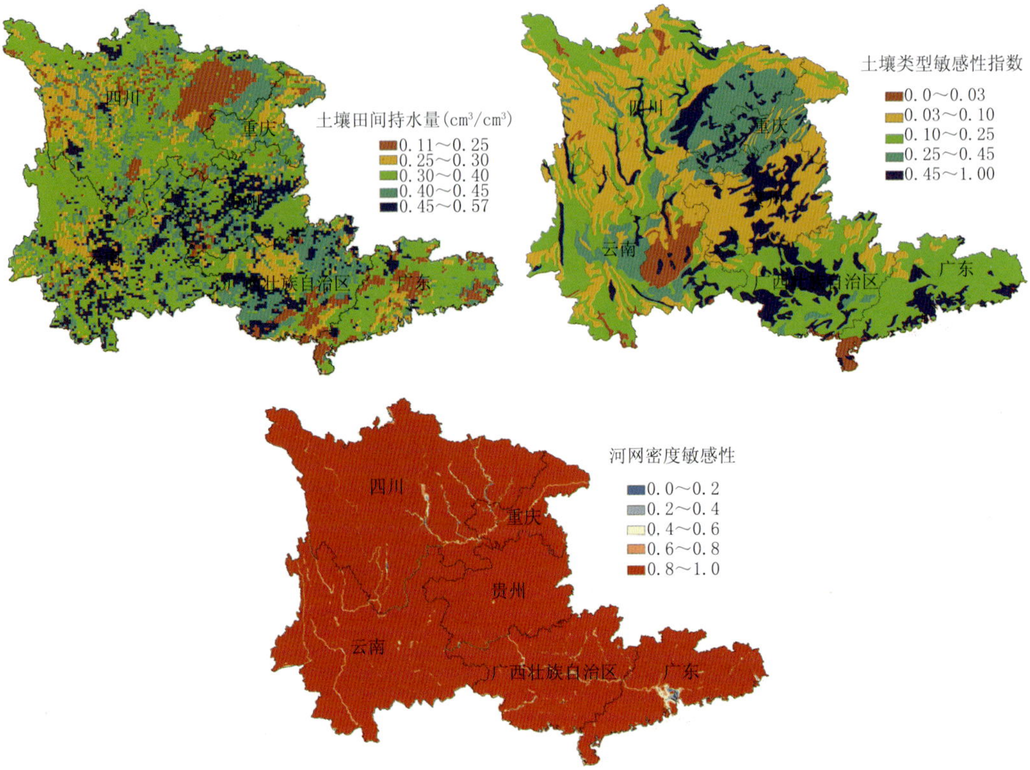

图 8.1　华南和西南地区孕灾环境影响因子的空间分布

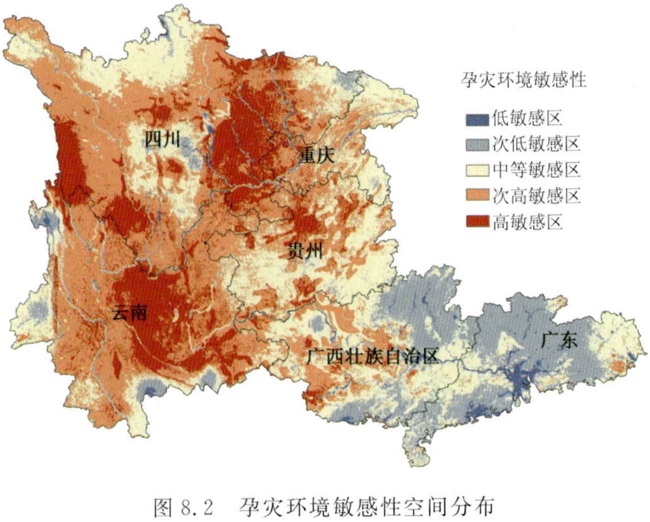

图 8.2　孕灾环境敏感性空间分布

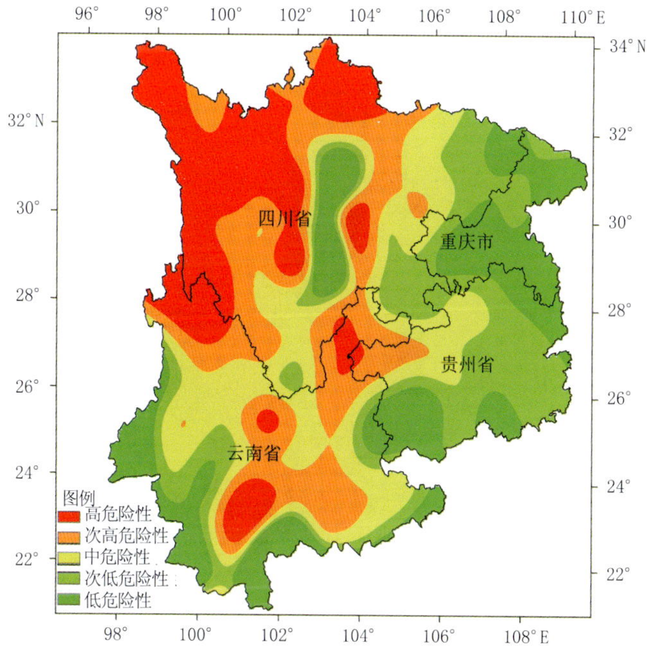

图 9.1　西南地区致灾因子危险性空间分布

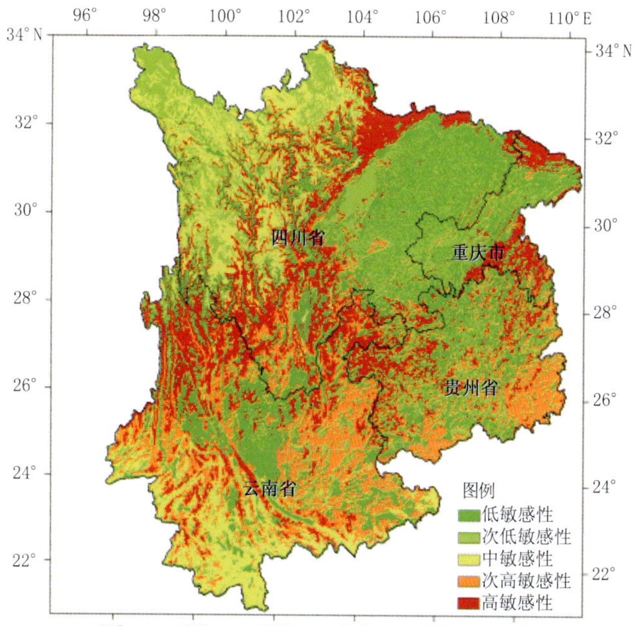

图 9.2　西南孕灾环境敏感性空间分布

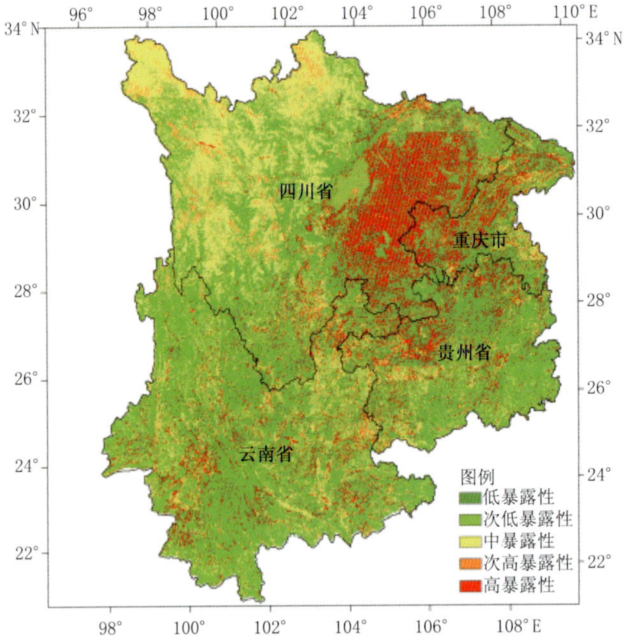

图 9.3　西南承灾体暴露度空间分布

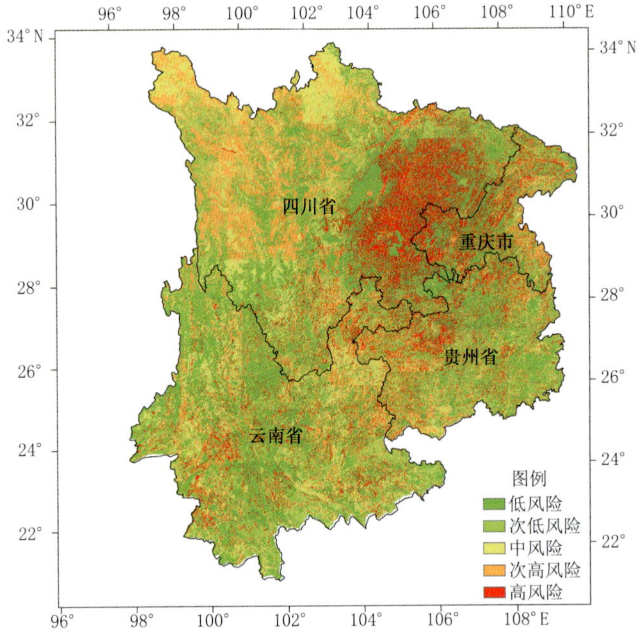

图 9.4　西南干旱灾害综合风险空间分布特征

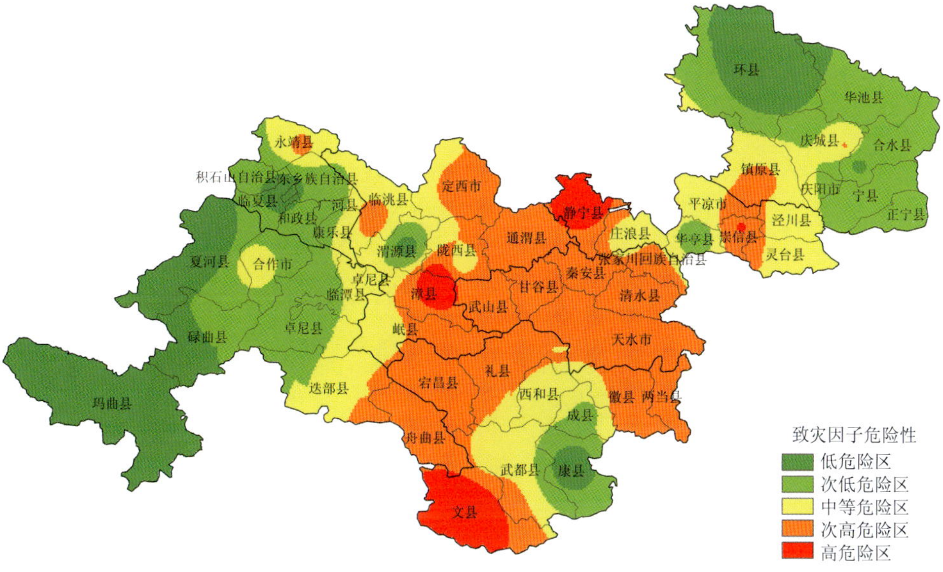

图 9.5　甘肃省河东地区干旱灾害致灾因子危险性区划

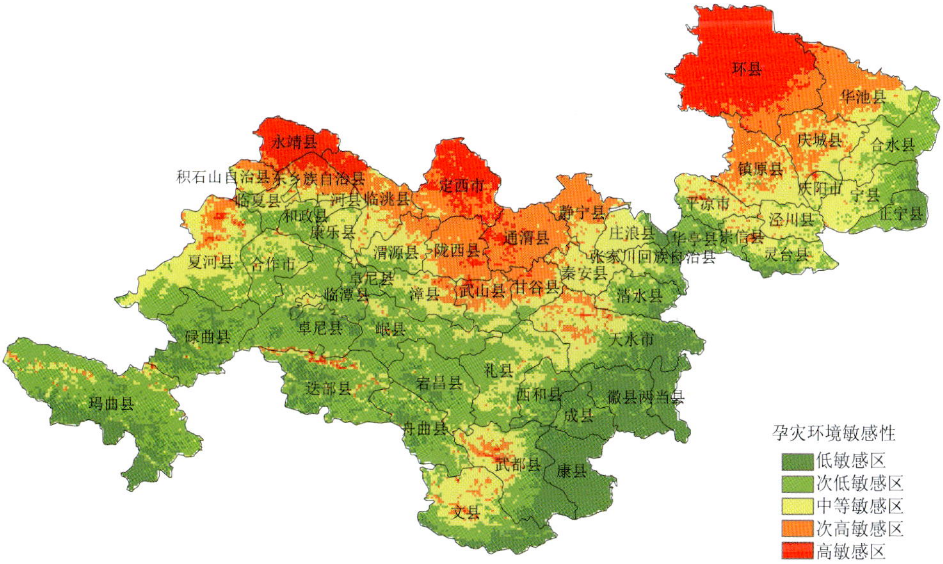

图 9.6　甘肃省河东地区干旱灾害孕灾环境敏感性区划

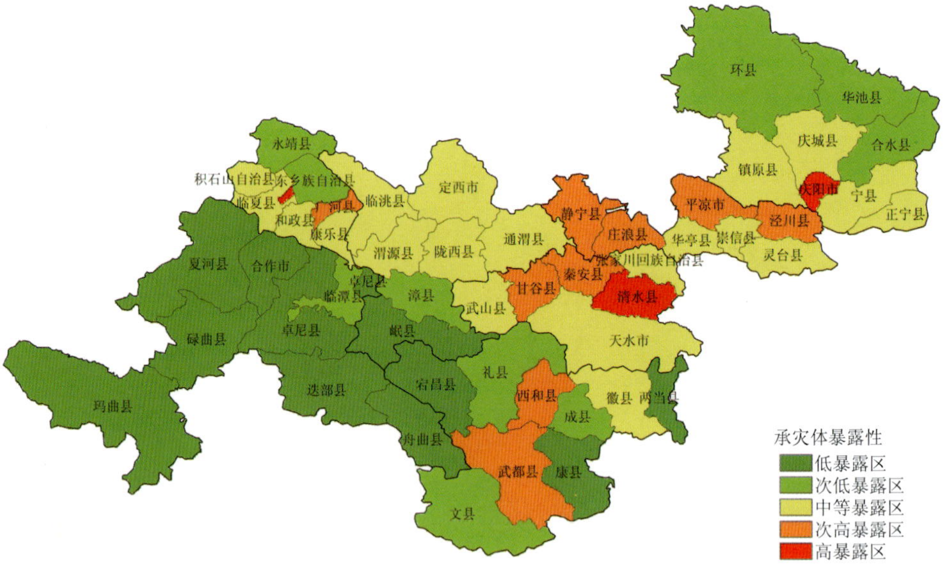

图 9.7　甘肃省河东地区干旱灾害承灾体暴露度区划

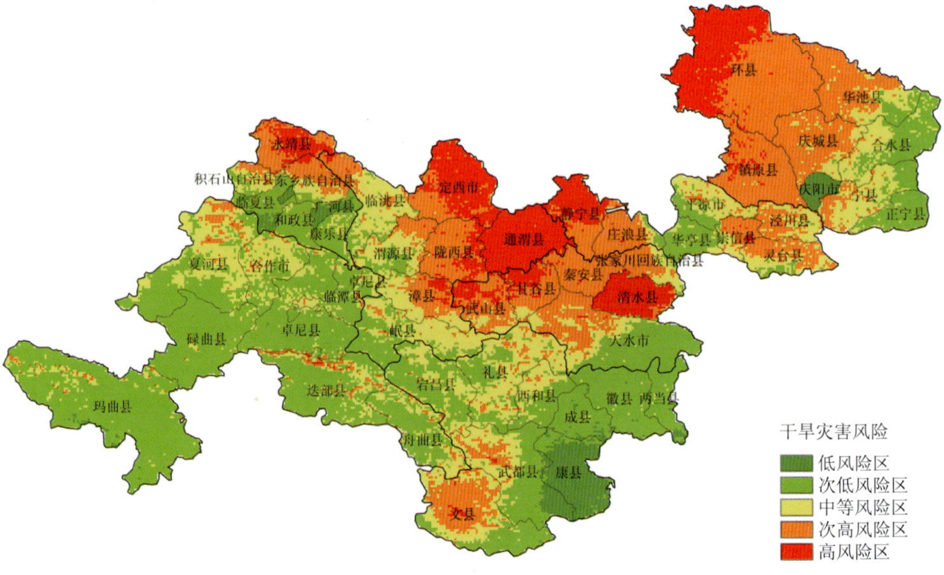

图 9.8　甘肃省河东地区干旱灾害风险区划

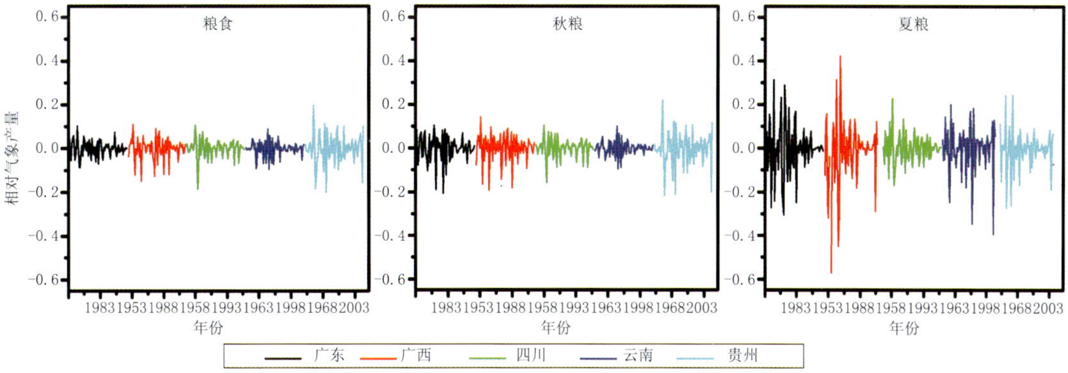

图 9.14　5 省(区)农作物相对气象产量

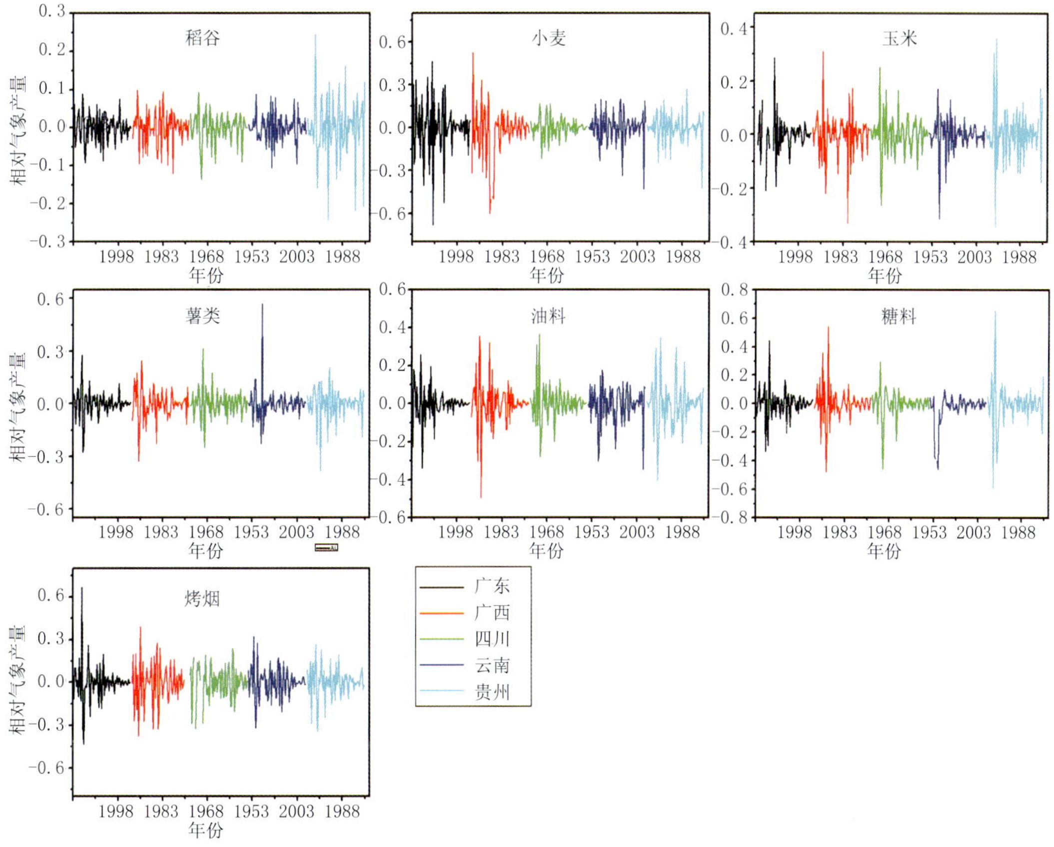

图 9.15　5 省(区)各类作物相对气象产量

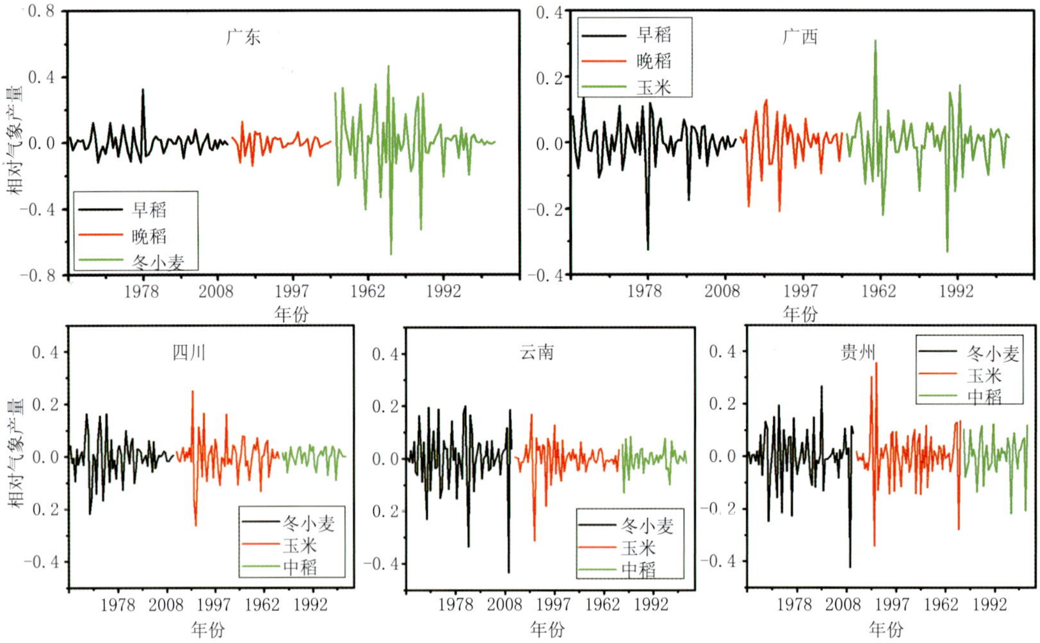

图 9.16　5 省(区)主要作物相对气象产量时间序列

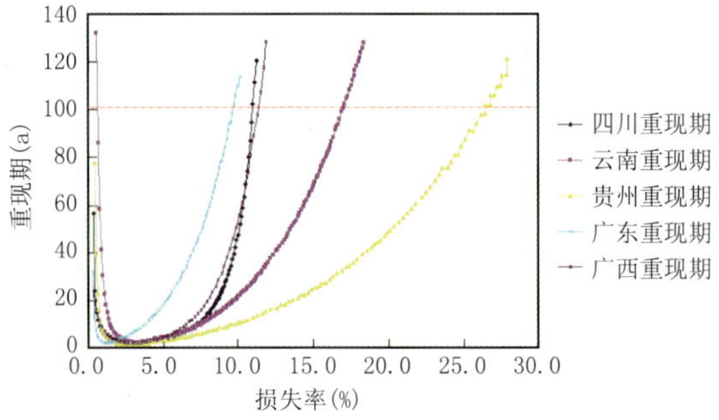

图 9.26　华南和西南 5 省(区)粮食干旱损失率重现期

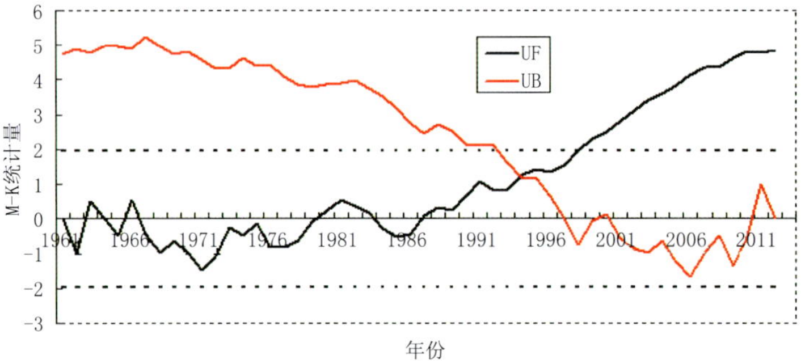

图 10.2　华南和西南 5 省(区)气温 Mann-Kendall 分析

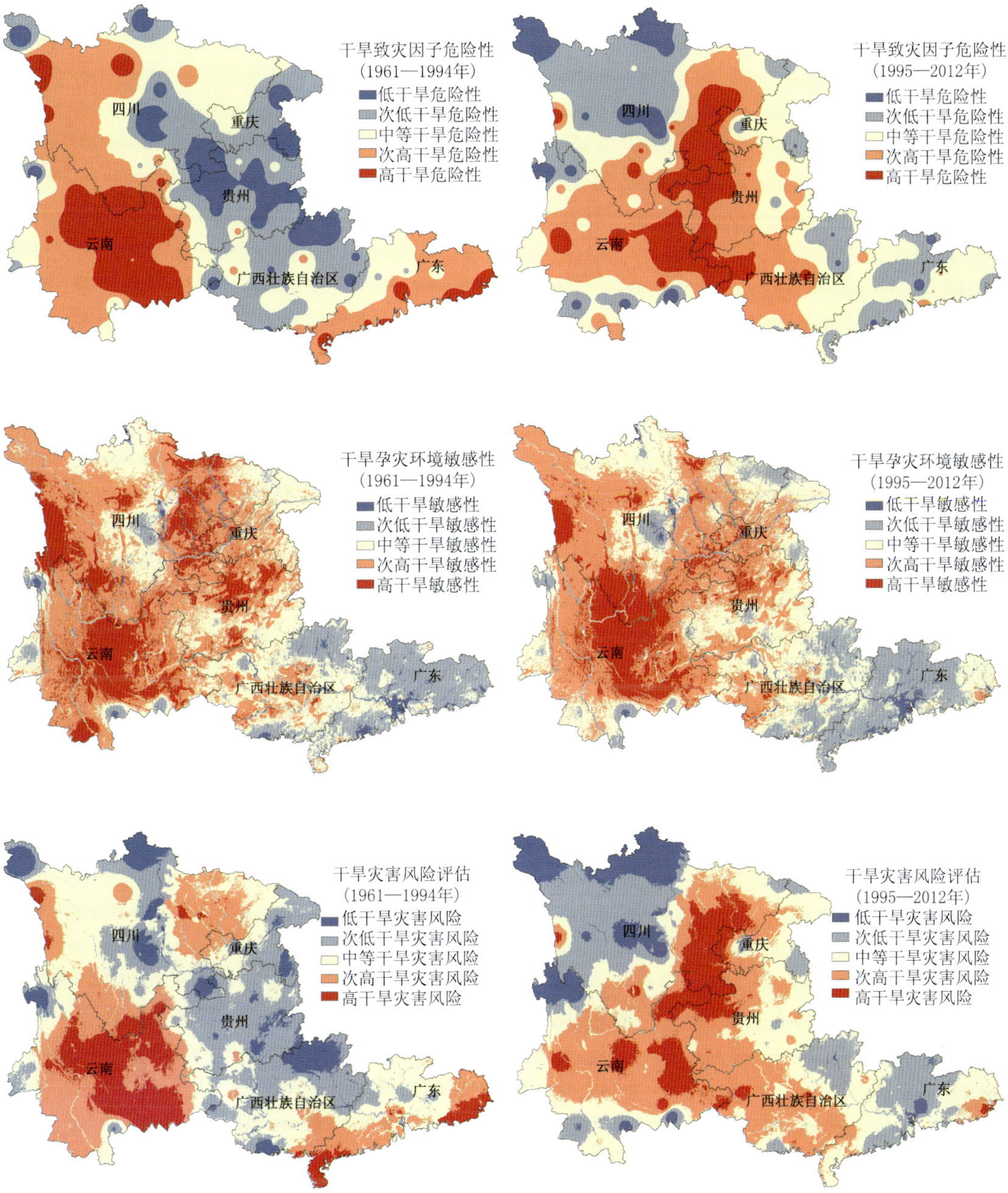

图 10.3　变暖突变前后华南和西南 5 省(区)干旱灾害风险的对比

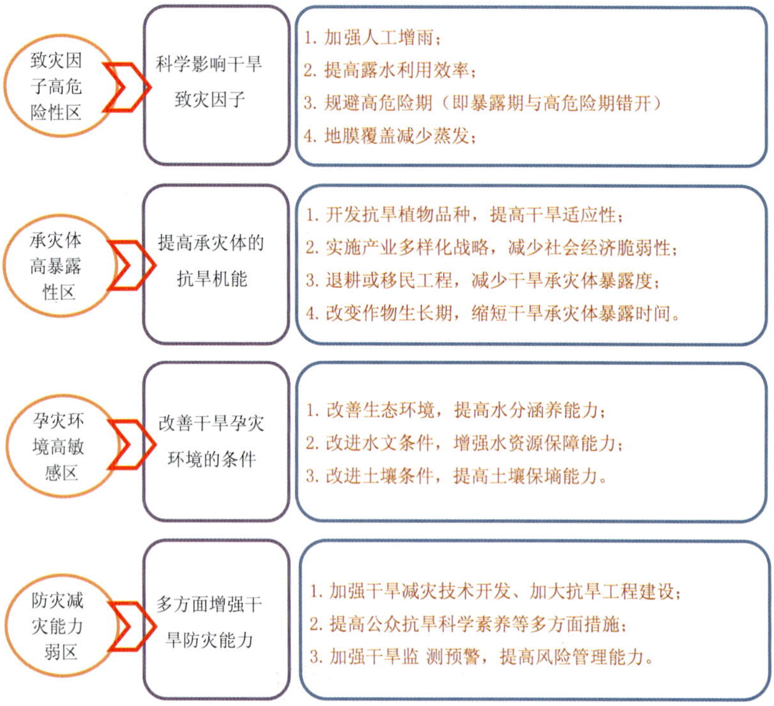

图 12.1　干旱灾害风险控制策略结构概念模型(针对风险因子)

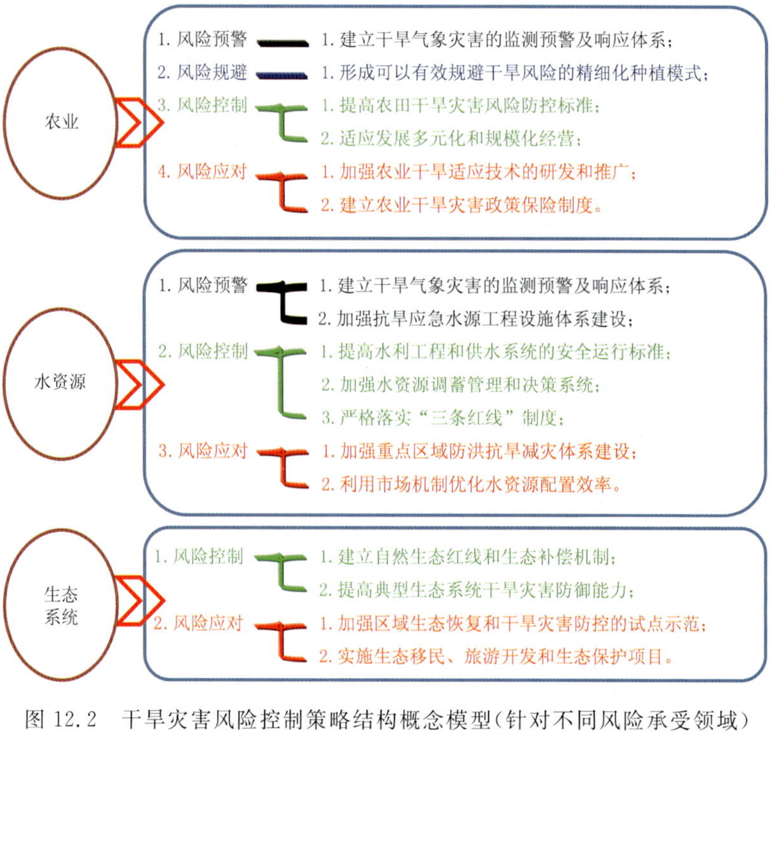

图 12.2　干旱灾害风险控制策略结构概念模型(针对不同风险承受领域)